Bewältigung marktinduzierter Komplexität in der industriellen Fertigung

Europäische Hochschulschriften
Publications Universitaires Européennes
European University Studies

Reihe V
Volks- und Betriebswirtschaft

Série V Series V
Sciences économiques, gestion d'entreprise
Economics and Management

Bd./Vol. 3244

PETER LANG
Frankfurt am Main · Berlin · Bern · Bruxelles · New York · Oxford · Wien

André Grübner

Bewältigung marktinduzierter Komplexität in der industriellen Fertigung

Theoretische Ansätze und empirische Ergebnisse des International Manufacturing Strategy Survey

PETER LANG
Europäischer Verlag der Wissenschaften

Bibliografische Information der Deutschen Nationalbibliothek
Die Deutsche Nationalbibliothek verzeichnet diese Publikation in der Deutschen Nationalbibliografie; detaillierte bibliografische Daten sind im Internet über <http://www.d-nb.de> abrufbar.

Zugl.: Mannheim, Univ., Diss., 2006

D 180
ISSN 0531-7339
ISBN-10: 3-631-56133-4
ISBN-13: 978-3-631-56133-1

www.peterlang.de

Für Martina

Geleitwort

Die starke Marktposition der Kunden führt häufig zu einer individualisierten und fragmentierten Nachfrage. Industrielle Unternehmen sehen sich in Reaktion auf dieses Phänomen veranlasst, die Vielfalt der von ihnen angebotenen Produkte und Varianten auszuweiten, um möglichst vielen oder gar allen Kundenwünschen entsprechen zu können. Die aus dieser Produkt- und Variantenvielfalt resultierende Komplexität der Betriebsprozesse muss entlang der fertigungsstrategischen Parameter Kosten, Qualität, Zeit und Flexibilität beherrscht werden, um wettbewerbsfähig zu sein. Herr Grübner hat die Bewältigung der marktinduzierten Komplexität in der industriellen Fertigung zum Thema seiner hier vorgelegten Studie gemacht, um die damit einhergehenden Fragen theoretisch zu klären und empirisch zu überprüfen.

Grübner weist mit Recht darauf hin, dass jede Generation von Unternehmern die Vergangenheit als relativ stabil und beherrschbar, die jeweilige Gegenwart jedoch als hochgradig dynamisch und komplex eingeschätzt hat. Die (exogene) Markt- und Umweltkomplexität steht in einem Abhängigkeitsverhältnis zu der (endogenen) Unter-nehmenskomplexität und wirkt sich auf die Leistungs- und Wettbewerbsfähigkeit aus; die zentrale Frage lautet, inwieweit Komplexität von außen (marktinduziert) in das Unternehmen hineingetragen wird. Um diese Frage zu beantworten, werden die zunächst konzeptionellen Ausführungen mit den konkreten Gegebenheiten von Industriebetrieben konfrontiert und daran überprüft. Dies erfolgt auf der Basis des „International Manufacturing Strategy Survey", einer internationalen Studie von Fertigungsstrategien und -praktiken im Industriebetrieb. Nachdem die Ergebnisse im Wesentlichen die These bestätigen, dass marktinduzierte Komplexität Einfluss auf verschiedene Bereiche der Fertigung nimmt, wird diskutiert, wie die drei grundsätzlichen Strategien zur Komplexitätsbehandlung – Reduzierung, Vermeidung und Beherrschung – sich auswirken und mit welchen Prioritätssetzungen der Betrieb zweckmäßigerweise vorgeht.

Die Arbeit von Grübner stellt ein bemerkenswertes Werk zu der Komplexitätsproblematik in der industriellen Fertigung dar. Sowohl die theoretische Diskussion des in vielen Wissenschaftsbereichen virulenten Komplexitätsbegriffs als auch die These, dass der Markt als externe Größe die internen Fertigungsprozesse im Betrieb beeinflusst, werden gekonnt dargestellt, auf umfassender Literaturbasis abgehandelt und empirisch überprüft.

Mannheim, im Oktober 2006 *Peter Milling*

„Wessen wir im Leben am meisten bedürfen, ist jemand, der uns dazu bringt, das zu tun, wozu wir fähig sind."

Ralph W. Emerson

Vorwort

In vielerlei Hinsicht ist auch die vorliegende Arbeit mit den Aspekten der Komplexität in Verbindung zu bringen, sowohl was das Ergebnis betrifft als auch im Hinblick auf den Entstehungsprozess. Dieses Buch besteht aus vielen einzelnen Worten; sind diese verbunden zu ganzen Sätzen, können sie plötzlich einen Sinn ergeben. Einen Sinn, der mehr verkörpert und mehr auszudrücken vermag als die Bedeutung der einzelnen Worte. So betrachtet stellt dieses Buch ein Phänomen der Emergenz dar. Nicht vorhersehbar ist es, welches Ergebnis sich einstellen wird. Weder beim Autor, der zu Beginn vor dem leeren Blatt sitzt, noch beim Leser, der, so er es bis zum Ende geschafft hat, bestimmte Gedanken und Einsichten für sich zurückbehält. Damit das Vorhaben sich nicht im beliebigen Spiel des Zufalls verliert, benötigt es Energie, eine Struktur und ein zielgeführtes Vorgehen. Damit dies gelingt, haben viele Menschen dazu beigetragen, ihnen zu Danken ist mir ein großes Anliegen. Meinem akademischen Lehrer und Doktorvater Professor Dr. Peter Milling schulde ich besonderen Dank für die Betreuung und Unterstützung meiner Arbeit. Ihm verdanke ich die Gelegenheit zur Teilnahme an einem Forschungsprojekt von internationalem Format, eine Chance und Herausforderung, wie sie sich einem nur selten bietet. Herrn Professor Dr. Hans-Jörg Hoitsch danke ich für die freundliche Übernahme des Korreferats. Gefördert wurde dieses Forschungsvorhaben durch die Landesgraduiertenförderung Baden-Württemberg, diese Unterstützung hat erheblich zum Gelingen meiner Arbeit beigetragen. Außerdem gilt mein Dank Frau Iris Scheuermann und Frau Gisela Wismann, die im Sekretariat des Industrieseminars der Universität Mannheim stets positiv auf formelle und informelle Aspekte meines Promotionsvorhabens eingewirkt haben.

Eine Grundlage dieser Arbeit bilden die Ergebnisse des International Manufacturing Strategy Survey (IMSS), in diesem Projekt fand ich mit den Herren PD Dr. Andreas Größler und Dr. Christoph Moos hervorragende Kollegen und Freunde, deren Zuspruch und Unterstützung weit über fachliche Aspekte hinaus ging, dafür schulde ich ihnen meinen besonderen Dank. Zum

Gelingen dieser Arbeit haben ebenso die Herren Dr. Jörn-Henrik Thun und Dr. Joachim Stumpfe einen großen Beitrag geleistet. Durch ihre unermüdliche Bereitschaft zur fachlichen Diskussion standen sie mir unterstützend zur Seite, stets mit dem Ziel den Entwicklungsstand der Arbeit voranzutreiben. Weiterhin haben sich die Kolleginnen und Kollegen des Industrieseminars einen großen Verdienst an der Entstehung dieser Arbeit erworben. Durch ihre offene Diskussionsbereitschaft erhielt ich viele wertvolle Anregungen, für die einem selbst oft der nötige Abstand fehlt.

Meinem Freund Dr. Jürgen Hasenpusch schulde ich besonderen Dank für die ungebrochene Zuversicht, die er mir vermittelt hat. Mit der Erfahrung desjenigen, der den Weg schon gegangen ist, hat er es verstanden auch in heiklen Situationen mich den Blick für das Ziel nicht verlieren zu lassen. Meinen Eltern, Hannelore und Edmund Grübner, habe ich viel zu verdanken. Durch sie habe ich gelernt unverzagt voranzuschreiten und über manche Hürde hinwegzugehen, auch oder gerade weil ich mir ihrer Unterstützung stets gewiss sein konnte. Martina Sonntag, meiner Ehefrau, möchte ich meinen tief empfundenen Dank aussprechen, für ihre Unterstützung, ihre Geduld und ihre Liebe. Sie hat ohne Zweifel mehr als jeder andere Mensch die Lasten, die diese Arbeit hervorgerufen hat, zu tragen gehabt, ihr ist diese Arbeit gewidmet.

André Grübner

Inhaltsverzeichnis

Abbildungsverzeichnis

Tabellenverzeichnis

A. Zur Bedeutung der Komplexität im Kontext betrieblicher Systemgestaltung

I. Vielfalt und Dynamik als Komplexitätstreiber

Unternehmen sowie deren Umfeld befinden sich in einem ständigen Prozess der Veränderung und Entwicklung. Viele Autoren schildern eine erhöhte Umweltdynamik und eine erhöhte Geschwindigkeit mit der sich Umweltveränderungen vollziehen.[1] Werden betriebswirtschaftliche Veröffentlichungen über einen langen Zeitraum hinweg betrachtet, so ist auffällig, dass die Probleme einer erhöhten Umweltdynamik und -vielfalt ein beständig wiederkehrendes Phänomen zu sein scheinen. In diesen Arbeiten finden sich Beschreibungen zur jeweiligen Zeit, die eine besonders dynamische Umwelt, „radikale" Veränderungen, Umbrüche und Turbulenzen beklagen.[2] Dem liegt häufig eine Verwechslung zwischen der Dynamik ökonomischer Entwicklung und der Unsicherheit bezüglich dieser Entwicklung zugrunde. Es ist

---

[1] Vgl. *March*, James G.: The future, disposable organizations, and the rigidities of imagination, in: Organization, Jhg. 2, Nr. 3/4, 1995, S. 428, auch bei *Thielen*, Carl Adolf Ludwig: Management der Flexibilität. Integriertes Anforderungskonzept für eine flexible Gestaltung der Unternehmung, Bamberg: Dissertation St. Gallen 1993, S. 24ff., vgl. auch *Schmidt*, Dieter: Strategisches Management komplexer Systeme, Frankfurt am Main u.a.: Peter Lang 1992, S. 12ff.

[2] Das Beklagen dieser Veränderungen ist keineswegs neu oder nur auf eine bestimmte Epoche beschränkt. Vgl. beispielsweise *Ansoff*, H. Igor und Richard G. *Brandenburg*: A Language for Organization Design: Part I, in: Management Science, Jhg. 17, Nr. 12, 1971, S. 705f.; auch bei *Drucker*, Peter F.: The Age of discontinuity : guidelines to our changing society, New York: Harper & Row 1969; eine ähnliche Auffassung findet sich auch bei *Ansoff*, H. Igor: Corporate Strategy, New York: 1965, S. 125ff. Bereits Schmalenbach nennt Veränderungen der Umwelt als besondere Herausforderung für unternehmerisches Handeln, vgl. *Schmalenbach*, Eugen: Die Betriebswirtschaftslehre an der Schwelle der neuen Wirtschaftsverfassung, in: Zeitschrift für handelswissenschaftliche Forschung, Jhg. 22, Nr. 5, 1928, S. 241-251.

nicht die Veränderung an sich, die Schwierigkeiten verursacht, sondern die Unkenntnis darüber, zu welchem Zeitpunkt und in welcher Qualität eine Veränderung eintritt.[3] „It is a world of change in which we live in, and a world of uncertainty."[4] Der Blick zurück in die Vergangenheit vermittelt das trügerische Gefühl stabiler und vor allem vorhersehbarer Entwicklungsverläufe, während die Ereignisse der Gegenwart und nahen Zukunft als ungewiss und nicht kalkulierbar eingeschätzt werden.[5] Aus dem Blickwinkel der Gegenwart erscheint oft die zurückliegende Entwicklung als relativ stabil und geordnet, während die aktuellen Veränderungsprozesse als besonders schwerwiegend eingeschätzt werden.[6] „While 'now' has always been turbulent, 'before' had someone always magically stabilized, the very same 'before' that used to be 'turbulent'. So the Sixties were turbulent, and then the Seventies became turbulent (not like those stable Sixties)..."[7] Der aktuellen Problemsituation wird gegenüber früheren Herausforderungen ein sehr viel größeres Gewicht beigemessen.[8]

Die Tatsache, dass sich unternehmerische Betätigung stets innerhalb eines von Bewegungen und Veränderungen gekennzeichneten Umfeldes vollzieht,

---

[3] Vgl. *Knight*, Frank H.: Risk, Uncertainty and Profit, Wiederabdruck der 4. Auflage, New York: Harper & Row 1965, S. 22ff. und S. 198.

[4] *Knight*, Frank H.: Risk, Uncertainty and Profit, 1965, S. 199.

[5] Vgl. *Stacy*, Ralph D.: Complexity and Creativity in Organizations, San Francisco: Berret-Koehler 1996, S. 8f. Vgl. auch *Mintzberg*, Henry: The Rise and Fall of Strategic Planning, New York et al.: The Free Press 1994, S. 204.

[6] Diskontinuitäten treten nicht erst seit den 60er Jahren auf sondern sind ein inhärentes Potenzial möglicher Umweltveränderungen. Die Wirtschaftskrise der 30er Jahre, Kriege oder die Ölpreisschocks der 70er Jahre sind solche Ereignisse. Deren Eintreten ist für die Menschen der jeweiligen Zeit nicht zu prognostizieren und löst das Gefühl aus, in besonders turbulenten, dynamischen Zeiten zu leben. Vgl. *Mintzberg*, Henry: Crafting Strategy, in: Harvard Business Review, Jhg. 65, Nr. 4, 1987, S. 73.

[7] *Mintzberg*, Henry: That's not 'turbulence' chicken little, it's really opportunity, in: Planning Review, Jhg. 22, Nr. 6, 1994, S. 7.

[8] Dieses Verhalten kann mit dem Prinzip der Überwertigkeit des aktuellen Motivs erklärt werden. Danach tendieren Menschen dazu, diejenigen Probleme beziehungsweise Aufgaben, die im Mittelpunkt ihres aktuellen Handelns stehen, stärker zu gewichten und deren Bearbeitung eine erhöhte Aufmerksamkeit zukommen zu lassen. Vgl. *Dörner*, Dietrich; Heinz W. *Kreuzig*; Franz *Reither* und Thea *Stäudel* (Hrsg.): Lohausen - Vom Umgang mit Unbestimmtheit und Komplexität, Bern u.a.: Hans Huber 1983, S. 24ff.

ist – ungeachtet ihrer Richtigkeit – als trivial zu bezeichnen.[9] Verändern sich die Anforderungen, mit denen Unternehmen konfrontiert werden, so ist dies ein Vorgang, den es schon immer gegeben hat, der weiterhin auftreten wird und dessen Existenz nicht überraschend ist. Trotz dieses Umstandes sind solche Veränderungen in der Lage, Unternehmen in Krisen zu stürzen und deren Fortbestand zu gefährden. Insbesondere die Fähigkeit schneller neue Produkte auf Märkten zu etablieren oder geringere Durchlaufzeiten in der Fertigung realisieren zu können, wird dann zu einem strategischen Vorteil im Wettbewerb mit anderen Unternehmen.[10] Die immer wiederkehrende Betonung, dass sich die Radikalität der Veränderungen erhöht und somit immer größere Probleme schafft, muss deshalb zumindest als fragwürdig bezeichnet werden, da diese oft als Begründung herangezogen wird, um von anderen Problemen abzulenken und die aktuelle Situation als besonders herausfordernd darzustellen.[11]

Unabhängig davon, zu welchem Zeitpunkt Umweltveränderungen diagnostiziert werden, stellen diese die Unternehmen vor die Herausforderung, diese bewältigen zu können.[12] Zwar ist die beispielsweise häufig geschilderte Verkürzung der Produktlebenszyklen[13] nicht von der Hand zu weisen, allerdings muss diese vor dem Hintergrund eines sich ebenfalls wesentlich vergrößerten Handlungsspielraums bewertet werden. Es steigt zwar das absolute Anforderungsniveau, aber gleichzeitig ermöglichen permanente Innovationen eine Ausweitung des unternehmerischen Möglichkeitsraums, um in angemessener Weise zu reagieren.

Es liegt nahe anzunehmen, dass sich die Umwelt und das Unternehmen in einem fortwährenden Veränderungsprozess befinden und nur vorübergehend

---

[9] Vgl. *Sterman*, John D.: Learning in and about complex systems, in: System Dynamics Review, Jhg. 10, Nr. 2-3, 1994, S. 291f. Vgl. auch *Wittmann*, Waldemar: Unternehmung und unvollkommene Information. Unternehmerische Voraussicht - Ungewißheit und Planung, Köln und Opladen: Westdeutscher Verlag 1959, S. 27.

[10] Vgl. *Stalk*, George Jr. und Thomas M. *Hout*: Competing against Time. How Time-based Competition is reshaping Global Markets, New York und London: The Free Press 1990, S. 28ff.

[11] Vgl. *Kieser*, Alfred: Moden & Mythen des Organisierens, in: Die Betriebswirtschaft, Jhg. 56, Nr. 1, 1996, S. 21f.

[12] Vgl. *Mintzberg*, Henry: The Rise and Fall of Strategic Planning, 1994, S. 237ff.

[13] Vgl. *Womack*, James P.; Daniel T. *Jones* und Daniel *Roos*: The machine that Changed the World, New York et al.: Rawson Assoc. 1990, S. 70f und S. 125ff.

eine Position des Stillstandes einnehmen werden. Es werden abwechselnd gewisse Teile der Unternehmensumwelt in mehr oder weniger einschneidenden Veränderungsprozessen begriffen sein, während andere Bereiche der Umwelt über einen begrenzten Zeitraum als relativ stabil bezeichnet werden können.[14] In der Vergangenheit bewährte und etablierte Problemlösungstechniken halten den veränderten Anforderungen in einer immer stärker vernetzten Ökonomie nicht mehr stand. Die vorhandene Dynamik und Vielgestaltigkeit des Handlungsfeldes droht Unternehmen in schwer zu steuernde, chaotische Zustände zu manövrieren.[15] Im Angesicht der tatsächlich vorhandenen Komplexität ihrer Umwelt können Unternehmen lediglich bemüht sein, eine bestmögliche Antwort darauf zu finden. Das Auffinden der optimalen Lösung ist aufgrund des herrschenden Komplexitätsausmaßes unmöglich.[16]

Entscheidungen in komplexen Systemen zu treffen wird von zwei, einander verstärkenden, Entwicklungen erschwert. Auf der einen Seite nimmt der Vernetzungsgrad der relevanten Einflussgrößen zu und verstärkt damit die Undurchschaubarkeit komplexer Systeme, auf der anderen Seite beschleunigt sich das Tempo der Veränderungen dieser Größen.[17] Es ist allerdings nicht die Veränderung selbst, die zu Problemen führt, sondern die Tatsache, dass die Kenntnis zukünftiger Ereignisse ungewiss ist. Im Idealfall vollkommener Voraussicht wäre die Anpassung an veränderte Bedingungen nur von geringer Problematik, da eine rechtzeitige Anpassung erfolgen kann und sich allein aufgrund von Veränderungen keine Ertragsunterschiede im Markt etablieren können.[18] Aus der Tatsache, dass realiter kein Unternehmen über vollkommene Voraussicht verfügt, erwachsen aus Veränderungen sowohl Ertragsmöglichkeiten als auch Verlustrisiken. Es soll festgehalten werden, dass sich unternehmerisches Handeln in einem dynamischen Umfeld abspielt,

---

[14] Vgl. *Mintzberg*, Henry: The Pitfalls of Strategic Planning, in: California Management Review, Jhg. 35, Nr. 3, 1993, S. 36. Vgl. auch *Huy*, Quy Nguyen und Henry *Mintzberg*: The Rhythm of Change, in: Sloan Management Review, Jhg. 44, Nr. 4, 2003, S. 79ff.

[15] Vgl. *Bleicher*, Knut: Das Konzept Integriertes Management, 3. Auflage, Frankfurt am Main, New York: Campus-Verlag 1995, S. 15-18.

[16] Vgl. *Simon*, Herbert A.: The Sciences of the Artificial, 3. Auflage, Cambridge, Massachusetts: The MIT Press 1999, S. 28f.

[17] Vgl. *Vester*, Frederic: Die Kunst vernetzt zu denken. Ideen und Werkzeuge für einen neuen Umgang mit Komplexität, München: DTV 2002, S. 18.

[18] Vgl. *Knight*, Frank H.: Risk, Uncertainty and Profit, 1965, S. 198ff.

dessen künftige Entwicklung nur unvollständig bekannt ist und somit für die Unternehmensführung eine Entscheidungssituation großer Komplexität entsteht.

Eine komplexe Entscheidungssituation ist im Wesentlichen gekennzeichnet durch die große Anzahl zu beachtender Variablen, deren Status quo nicht vollständig bekannt ist sowie einen hohen Vernetzungsgrad der Variablen.[19] Zum einen ist das System, bezüglich dessen eine Entscheidung zu treffen ist, häufig von großer Komplexität[20], es enthält eine Vielzahl verschiedener Elemente, deren Zustand und Entwicklung nicht vollständig bekannt ist und die ein umfangreiches Netz von miteinander in Verbindung stehenden Rückkopplungsbeziehungen bilden.[21] Solche Systeme können komplexe Zustandsfolgen erzeugen, deren scheinbare Zufälligkeit den Eindruck erweckt, dass es sich um chaotische Systeme handelt die keinerlei Regelmäßigkeit besitzen. Dort wo keine Muster erkennbar sind, scheinen keine Kausalitäten zu existieren, die ein gezieltes Eingreifen durch das Management ermöglichen. Ähnlich dem molekularen Chaos eines physikalischen Systems in dem keine Ordnung zu erkennen ist, dessen unstrukturierter Zustand somit als zufällig und nicht beeinflussbar eingeschätzt wird. Die dahinter vermutete Strukturlosigkeit verstärkt die Tendenz solche Systeme als nicht beherrschbar anzusehen und die Möglichkeit einer zielgerichteten Beeinflussung zu verwerfen.

Die tatsächlichen Entscheidungssituationen, mit denen sich die Entscheidungsträger eines Unternehmens konfrontiert sehen, erschweren die Wahrung von Rationalität innerhalb des Entscheidungsprozesses in beträchtlichem Maße. Ganzheitlichkeit und Optimalität der Entscheidung können nicht simultan erreicht werden, da die Problemlösungskapazität gegenüber der Komplexität des Entscheidungsproblems zurückfällt.[22] Komplexe Entscheidungssituationen entstehen in vielen Bereichen, nicht nur bei der Führung

---

[19] Vgl. *Dörner*, Dietrich: Die Logik des Mißlingens. Strategisches Denken in komplexen Situationen, 15. Auflage, Reinbek bei Hamburg: Rowohlt 2002, S. 58ff.

[20] Was in diesem Fall unter Komplexität zu verstehen ist, wird an anderer Stelle dieser Arbeit ausführlich diskutiert. Vergleiche dazu Kapitel B.I.

[21] Vgl. *Milling*, Peter: Organisationales Lernen und seine Unterstützung durch Managementsimulatoren, in: *Wildemann*, Horst *Albach* und Horst: Lernende Unternehmen, Zeitschrift für Betriebswirtschaft, Ergänzungsheft 3/95: 1995, S. 95f. Vgl. auch *Wittmann*, Waldemar: Unternehmung und unvollkommene Information, 1959, S. 27.

[22] Vgl. *Milling*, Peter: Systemtheoretische Grundlagen zur Planung der Unternehmenspolitik, Berlin: Duncker & Humblot 1981, S. 60ff.

von Unternehmen. Das grundlegende Muster einer komplexen Entscheidungssituation ist allerdings stets sehr ähnlich, so dass auch aus anderen Problembereichen wertvolle Erkenntnisse für einen besseren Umgang mit komplexen Entscheidungssituationen bei der Führung von Unternehmen gewonnen werden können.[23] Der menschliche Entscheidungsprozess folgt keinen eindeutig definierten Ableitungsregeln, denen ein vollständiges Zahlenwerks zugrunde liegt. Häufig werden qualitative Informationen und zum Teil nur ungefähre Aussagen zur Entscheidungsfundierung herangezogen.[24] Des Weiteren ist die individuelle Entscheidungsfindung geprägt durch die persönlichen Werthaltungen und vielfältigen Motivationen eines Individuums sowie der Gruppe innerhalb derer eine Entscheidung getroffen wird.[25] Als dritte limitierende Komponente beschränken die individuellen Kenntnisse, Fähigkeiten und Erfahrungen des Entscheidungsträgers die Fähigkeit in komplexen Situationen rational entscheiden zu können.[26] Um in komplexen Situationen entscheidungsfähig bleiben zu können, müssen die Menge der zur Auswahl stehenden Handlungsalternativen, die Restriktionen des Entscheidungsfeldes sowie die anzustrebende Zielfunktion, welche eine Bewertung der Alternativen im Hinblick auf ihre Zielerreichung zulässt, bekannt sein.[27]

Weiterhin sind es psychologische und physiologische Eigenschaften der Entscheider, die den Umgang mit komplexen Entscheidungssituationen erschweren. Die Rationalität des Entscheidungsträgers wird begrenzt durch die Verarbeitungsgeschwindigkeit und -kapazität der mentalen Prozesse des menschlichen Gehirns. Schon deshalb erscheint es kaum möglich, die Vielzahl relevanter Variablen einer Entscheidungssituation sowie die Verflech-

---

[23] Vgl. *Roberto*, Michael A.: Lessons from the Everest: The Interaction of Cognitive Bias, Psychological Safety and System Complexity, in: California Management Review, Jhg. 45, Nr. 1, 2002, S. 137f.

[24] Vgl. *Milling*, Peter: Entscheidungen bei unscharfen Prämissen - Betriebswirtschaftliche Aspekte der Theorie unscharfer Mengen, in: Zeitschrift für Betriebswirtschaft, Jhg. 52, Nr. 8, 1982, S. 716f.

[25] Vgl. *Milling*, Peter M.: Kybernetische Überlegungen beim Entscheiden in komplexen Systemen, in: *Milling*, Peter (Hrsg.): Entscheiden in komplexen Systemen, Berlin: Duncker & Humblot 2002, S. 14f.

[26] Vgl. *Simon*, Herbert A.: Administrative Behavior, 2nd Ed., New York: Macmillan 1960, S. 38ff.

[27] Vgl. *Milling*, Peter: Entscheidungen bei unscharfen Prämissen, 1982, S. 724.

tungen untereinander vollständig zu erfassen.[28] Das Management wird mit einer Vielzahl schlecht strukturierter, zum Teil widersprüchlicher Informationen konfrontiert, welche die Wahrung von Rationalität bei der Entscheidungsfindung erschweren.[29]

Ein häufiger Fehler ist beispielsweise in der Übergewichtung versunkener Kosten zu finden.[30] Ein rationaler Entscheider sollte sein Entscheidungskalkül abhängig machen von den Grenzkosten und -nutzen einer Entscheidungsalternative. Sehr häufig spielen Entscheidungen der Vergangenheit aber eine große Rolle. In der Realität besteht die Tendenz dazu, eine solche Investitionsentscheidung nachträglich zu rechtfertigen und an dieser Investition festhalten zu wollen; ein einmal eingeschlagener Kurs wird dadurch fixiert und eine unter Umständen notwendige Umkehr wird damit verhindert. Auch sich abzeichnende große Schwierigkeiten reichen häufig nicht aus, um die Umkehr in einer solchen Situation einzuleiten.[31] Wurde eine irreversible Investition in der Vergangenheit vorgenommen, so sollten diese in künftigen Entscheidungen keine Rolle spielen, sie stellen versunkene Kosten dar.

Das Problem liegt in dem bindenden Charakter solcher Entscheidungen, sollen sie korrigiert, schlimmsten Falls rückgängig gemacht werden, so ist dies nur unter Aufwendung zusätzlicher Kosten möglich. Einmal eingesetzte

---

[28] Vgl. *Miller*, Georg A.: The Magical Number Seven, Plus or Minus Two: Some Limits on Our Capacity for Processing Information, in: Psychological Review, Jhg. 63, 1956, S. 81-97. Vgl. auch *Espejo*, Raúl: Management of Complexity in Problem Solving, in: *Espejo*, Raúl und Markus *Schwaninger* (Hrsg.): Organisational Fitness. Corporate Effectiveness through Management Cybernetics, Frankfurt und New York: Campus Verlag 1993, S. 83.

[29] Vgl. *Ginsberg*, Ari und N. *Venkatraman*: Institutional Initiatives for Technological Change: From Issue Interpretation to Strategic Choice, in: Organization Studies, Jhg. 16, Nr. 3, 1995, S. 426.

[30] Eine Übersicht bekannter Phänomene die eine Verletzung der Prinzipien rationalen Entscheidens darstellen findet sich bei *Eisenführ*, Franz und Martin *Weber*: Rationales Entscheiden, 4., neu bearbeitete Auflage, Berlin u.a.: Springer 2003, S. 366ff.

[31] Das Beispiel einer fehlgeschlagenen Expedition zum Mount Everest zeigt, dass selbst in einer lebensbedrohlichen Situation die Bergsteiger nicht zur Umkehr bereit sind und einen aussichtslosen Aufstieg zum Gipfel unternehmen. Nachdem sehr hohe Kosten von den Expeditionsmitgliedern aufgebracht werden mussten und erhebliche Strapazen bewältigt wurden, um so weit vorzudringen, sollte der Aufstieg zum Gipfel unter allen Umständen erzwungen werden. Vgl. *Roberto*, Michael A.: Lessons from the Everest, 2002, S. 139ff.

Mittel können nicht vollständig zurückgewonnen werden.[32] Die Irreversibilität getroffener Entscheidungen gibt komplexen Systemen eine Historizität. Investitionsentscheidungen binden die Ressourcen eines Unternehmens und bestimmen den Weg, dem ein solches System folgt.[33] Der Entwicklungspfad eines Systems wird durch Entscheidungen, die auf Entscheidungsmustern der Vergangenheit beruhen festgeschrieben und führt auf ein bestimmtes Ziel hin, welches konsequent verfolgt wird. Es bedarf großer Anstrengungen ein System von seinem Kurs abzubringen und auf einen alternativen Zielzustand auszurichten. Es besteht deshalb grundsätzlich ein Bedarf, einmal getätigte Investitionsentscheidungen rückgängig machen zu können oder an veränderte Gegebenheiten anpassen zu können.

II. Auswirkungen des Komplexitätsproblems auf die Leistungs- und Wettbewerbsfähigkeit von Unternehmen

Die Komplexität eines Unternehmens verursacht nicht nur Führungs- und Entscheidungsprobleme, sie hat direkten Einfluss auf betriebswirtschaftliche Zielgrößen wie Kosten und Erlöse. Das im Zusammenhang mit Unternehmen zu betrachtende Komplexitätsproblem lässt sich in zwei Bereichen verorten: die exogene Markt- und Umweltkomplexität sowie die endogene Unternehmenskomplexität.[34] Beide sind jedoch nicht unabhängig voneinander. Die exogene Komplexität drückt sich beispielsweise durch das Hinzutreten von Wettbewerbern, die zunehmende Globalisierung der Märkte und die Individualisierung der Kundenbedürfnisse aus.[35]

---

[32] Vgl. *Kruschwitz*, Lutz: Investitionsrechnung, 5., durchgesehene Auflage, Berlin und New York: Walter de Gruyter 1993, S. 17ff. Vgl. auch *Coenenberg*, Adolf G.: Kostenrechnung und Kostenanalyse, 4., aktualisiert Auflage, Landsberg/Lech: Verlag moderne Industrie 1999, S. 53f.

[33] Vgl. *Ghemawat*, Pankaj und Patricio *del Sol*: Commitment versus Flexibility?, in: California Management Review, Jhg. 40, Nr. 4, 1998, S. 28.

[34] Vgl. *Piller*, Frank T. und Daniela *Waringer*: Modularisierung in der Automobilindustrie - neue Formen und Prinzipien. Modular Sourcing, Plattformkonzept und Fertigungssegmentierung als Mittel des Komplexitätsmanagements, Aachen: Shaker Verlag 1999, S. 5.

[35] Vgl. *Boutellier*, Roman; Günther *Schuh* und Hans Dieter *Seghezzi*: Industrielle Produktion und Kundennähe - Ein Widerspruch?, in: *Schuh*, Günther und Hans-Peter *Wiendahl* (Hrsg.): Komplexität und Agilität, Berlin u.a.: Springer 1997, S. 41-43.

Die steigende Komplexität des Entscheidungsfeldes betriebswirtschaftlicher Fragestellungen erfordert die breitere Anwendung komplexitätstheoretischer Ansätze, wie beispielsweise der Chaostheorie, Synergetik oder System Dynamics, um die sprunghafte Entwicklung komplexer Systeme und Vielfalt der an sie gestellten Anforderungen besser verstehen zu können.[36]

Durch die exogene Komplexität werden Vielschichtigkeit und Veränderbarkeit interner Strukturen, zum Beispiel die hergestellte Sortimentsbreite und -tiefe oder die gewählte Organisationsform, beeinflusst.[37] So führt die Heterogenität der Kundenwünsche zu einer Unterteilung des Gesamtmarktes in eine Vielzahl in sich homogener Teilmärkte, auf denen ein spezielles Produkt beziehungsweise eine Produktvariante angeboten wird. Die Vielfalt bearbeiteter Marktsegmente ist von großer Bedeutung für das Gesamtvielfaltniveau, das ein Unternehmen verarbeiten muss.[38] Es müssen die neuen Produktvarianten nicht nur hergestellt und entwickelt werden, unter Umständen erfordern sie auch eine veränderte Vertriebsystematik und müssen durch einen anderen Distributionskanal vermarktet werden.[39] Bei einem nicht beliebig ausdehnbaren Marktgesamtvolumen führt eine fortschreitende Segmentierung zu sinkenden Stückzahlen pro Variante, da mit jeder neu angebotenen Variante die Anzahl potenzieller Käufer sinkt.[40]

Eine überhöhte Variantenvielfalt gilt als ein zentraler Komplexitätstreiber entlang der gesamten Wertschöpfungskette produzierender Unternehmen. Neben anderen Funktionen, z.B. Entwicklung und Logistik, sind in der Produktion sind die Kostenwirkungen einer erhöhten Variantenanzahl besonders

---

[36] Vgl. *Warnecke*, Hans-Jürgen: Agilität und Komplexität - Gedanken zur Zukunft produzierender Unternehmen, in: *Schuh*, Günther und Hans-Peter *Wiendahl* (Hrsg.): Komplexität und Agilität, Berlin et al.: Springer 1997, S. 6f.

[37] Vgl. *Wildemann*, Horst: Komplexitätsmanagement durch Prozeß- und Produktgestaltung, in: *Adam*, Dietrich (Hrsg.): Komplexitätsmanagement, Schriften zur Unternehmensführung Bd. 61, Wiesbaden: Gabler 1998, S. 49. Vgl. auch *Boutellier*, Roman; Günther *Schuh* und Hans Dieter *Seghezzi*: Industrielle Produktion und Kundennähe, 1997, S. 58.

[38] Vgl. *Bohne*, Fabian: Komplexitätskostenmanagement in der Automobilindustrie. Identifizierung und Gestaltung vielfaltinduzierter Kosten, Wiesbaden: Gabler 1998, S. 24.

[39] Vgl. *Adam*, Dietrich: Die Komplexitätsfalle, in: *Adam*, Dietrich (Hrsg.): Komplexitätsmanagement, Schriften zur Unternehmensführung Bd. 61, Wiesbaden: Gabler 1998, S. 8.

[40] Vgl. *Piller*, Frank T. und Daniela *Waringer*: Modularisierung in der Automobilindustrie - neue Formen und Prinzipien, 1999, S. 16f.

hoch.[41] Im Bereich der Planung und Steuerung des Fertigungssystems steigen die Koordinationskosten durch Erhöhung des Detaillierungsgrad mit dem Abläufe und Materialfluss geplant werden müssen. Durch einen vermehrten Sortenwechsel beziehungsweise kleine Losgrößen entstehen sich permanent verändernde Engpässe, Rüstkosten und wachsende Leerkosten innerhalb der Produktion. Eine Anpassung der Planung an unvorhergesehene Änderungen ist nur bedingt möglich.[42]

Von wenigen Produktgrundtypen ausgehend wird oft eine Vielzahl weiterer Zusatzvarianten hergestellt, während die Produktionsmenge der Standardprodukte demgegenüber zurückgeht, hierdurch verflacht die Häufigkeitsverteilung produzierter Produkte zunehmend. Die Variantenanzahl bedingt sich hierbei nicht nur aus der Anzahl Produktvarianten, sondern beinhaltet auch Varianten innerhalb der Inputrelationen, also die variantenbedingte Teilevielfalt in der Fertigung insgesamt. Insbesondere die Primärbedarfsplanung ist bei hoher Variantenvielfalt erschwert, woraus große Unsicherheiten der gesamten Bedarfsplanung resultieren, die häufig zu erhöhten Umlaufbeständen führen.[43] Die Komplexität der innerbetrieblichen Logistik steigt mit der Anzahl Fertigungsstufen und der Teilevielfalt.[44] Die Variantenvielfalt eines Industriebetriebs schließt also auch die Teile- und Prozessvielfalt ein, welche mit steigender Anzahl zu kostenwirtschaftlichen Nachteilen führt.[45] *Child et al.* berichten, dass vielfaltabhängige Zusatzkosten, resultierend aus Prozess- und Produktvielfalt, zwischen 10 und 40 Prozent der Ge-

---

[41] Vgl. *Coenenberg*, Adolf G. und Martin *Prillmann*: Erfolgswirkungen der Variantenvielfalt und Variantenmanagement, in: Zeitschrift für Betriebswirtschaft, Jhg. 65, Nr. 11, 1995, S. 1235 und S. 1248f.

[42] Vgl. *Lingnau*, Volker: Variantenmanagement. Produktionsplanung im Rahmen einer Produktdifferenzierungsstrategie, Berlin: Schmidt 1994, S. 131ff

[43] Vgl. *Hoitsch*, Hans-Jörg und Volker *Lingnau*: Probleme und Aspekte der Produktionsplanung bei Variantenfertigung - Ergebnisse einer empirischen Untersuchung, in: Journal für Betriebswirtschaft, Jhg. 44, Nr. 6, 1994, S. 254f. Vgl. auch *Matern*, Christian: Systemwirtschaftliches Variantenmanagement. Operationalisierung und Quantifizierung des integrierten Variantenmanagements, Göttingen: Vandenhoeck & Ruprecht 2000, S. 15ff. Vgl. auch *Bohne*, Fabian: Komplexitätskostenmanagement in der Automobilindustrie, 1998, S. 27ff.

[44] Vgl. *Funk*, Jeffrey L.: Just-in-time manufacturing and logistical complexity: a contingency model, in: International Journal of Operations & Production Management, Jhg. 15, Nr. 5, 1995, S. 63.

[45] Vgl. *Stalk*, George Jr. und Thomas M. *Hout*: Competing against Time, 1990, S. 41f.

samtkosten ausmachen.[46] In einer empirischen Studie für die Automobilindustrie zeigen *MacDuffie et al.*, dass ein negativer Zusammenhang zwischen der betrieblichen Teilvielfalt und Produktivitätskennzahlen eines Werkes besteht. Die Zeit, welche benötigt wird um ein Fahrzeug zu produzieren, steigt mit zunehmender Teileanzahl. Ein ähnlicher Wirkungszusammenhang findet sich für die Variantenvielfalt sowie Variantenvariabilität, d.h. wie stark sich die verschiedenen produzierten Varianten tatsächlich voneinander unterscheiden.[47] Im Fall der Variantenvielfalt und Anzahl hergestellter Produkte kann auch von der Leistungskomplexität, im Fall der Prozess- und Teilevielfalt von der Innenkomplexität, gesprochen werden.[48] Die Beherrschung der Leistungskomplexität, die im Allgemeinen nutzenstiftend ist, bedingt eine bestimmte Innenkomplexität, deren Komplexitätskosten dem vermarktbaren Nutzen eines ausdifferenzierten Produktangebots gegenüberstehen.

Der durch Vielfalt bedingte Kostenanstieg ist überproportional, dagegen steigen die durch zusätzliche Vielfalt erzielbaren Deckungsbeiträge unterproportional.[49] Bei jeder hinzugefügten Variante fallen nicht nur die variantenbedingten zusätzlichen Kosten an, zum Beispiel Kosten für die Entwicklung einer Produktvariante, sondern eine Vielzahl indirekter Kosten entstehen. Dazu zählen der erhöhte Koordinationsaufwand durch eine umfangreichere Material- und Fertigungsdisposition, weiterhin können ablaufbedingte Engpässe in der Fertigung entstehen, was wiederum zu Warteschlangen, Stillstandszeiten und sinkender Kapazitätsauslastung führt.[50]

Die Verringerung der Ausbringungsmenge je Produktvariante führt zusätzlich zu einer verringerten Möglichkeit Lerneffekte, in der Produktion zu realisieren. Der Erfahrungskurveneffekt bezieht sich allgemein auf eine

---

[46] Vgl. *Child*, Peter; Raimund *Diederichs*; Falk-Hayo *Sanders* und Stefan *Wisniowski*: The management of complexity, in: The McKinsey Quarterly, Jhg. 27, Nr. 4, 1991, S. 53.

[47] Vgl. *MacDuffie*, John P.; Kannan *Sethuraman* und Marshall L. *Fisher*: Product Variety and Manufacturing Performance: Evidence from the International Automotive Assembly Plant Study, in: Management Science, Jhg. 42, Nr. 3, 1996, S. 360ff.

[48] Vgl. *Rathnow*, Peter J.: Integriertes Variantenmanagement. Bestimmung, Realisierung und Sicherung der optimalen Produktvielfalt, Göttingen: Vandenhoeck & Ruprecht 1993, S. 8.

[49] Vgl. *Bohne*, Fabian: Komplexitätskostenmanagement in der Automobilindustrie, 1998, S. 51. Vgl. auch *Coenenberg*, Adolf G. und Martin *Prillmann*: Erfolgswirkungen der Variantenvielfalt und Variantenmanagement, 1995, S. 1237.

[50] Vgl. *Adam*, Dietrich: Produktionsmanagement, 1998, S. 47.

Stückkostendegression durch Lern- und Skaleneffekte durch Vergrößerung der Ausbringungsmenge.[51] Skaleneffekte resultieren aus Größenvorteilen (economies of scale) und Auflagendegressionseffekten (economies of scope). Diese Effekte sind statischer Natur und resultieren beispielsweise aus erhöhter Kapazitätsauslastung oder effizienteren Nutzung betrieblicher Funktionen (z.B. Beschaffung). Erfahrungskurveneffekte sind im Gegensatz dazu dynamisch und erzielen eine Stückkostenreduzierung durch die wiederholte Verrichtung immer wiederkehrender Tätigkeiten in der Herstellung der Produkte.[52] Das Erfahrungskurvenkonzept beruht auf der Annahme einer durch Lerneffekte ermöglichten effizienteren Nutzung bestehender Ressourcen. Sowohl die Produktionskapazität als auch die Lernfähigkeit kann als kapazitative Größe verstanden werden.[53] Durch eine Erhöhung der Variantenvielfalt werden tendenziell weniger dieser Kapazitäten genutzt, was zu einer Verringerung der Kostendegressionsvorteile, im Extremfall zu einer Erhöhung der Stückkosten, führt.[54] *Wildemann* berichtet in diesem Zusammenhang auch von einem negativen Erfahrungskurveneffekt. Nach einer empirischen Studie führt eine Verdoppelung der Variantenanzahl zu einer Steigerung der Stückkosten um 20 bis 30%.[55]

Neben diesen negativen Lerneffekten durch die Produktion zusätzlicher Varianten ist allerdings ein positiver Lerneffekt zu berücksichtigen. Wie oben dargestellt, verschlechtern sich zwar die Lerneffekte, wenn eine größere Variantenvielfalt produziert wird; dies gilt aber nur in Bezug auf die Herstellung eben dieser Varianten, da eine Routinisierung der Abläufe durch geringere Wiederholungszahl erschwert wird. Ein anderer Aspekt der Lernens bezieht sich auf das Erwerben gänzlich neuer Abläufe; durch die Änderung bestehender Verhaltensmuster und die Anwendung neuer Tätigkeiten wird das Spektrum bestehender Handlungsmöglichkeiten erweitert.[56] Werden

---

[51] Vgl. *Coenenberg*, Adolf G.: Kostenrechnung und Kostenanalyse, 1999, S. 199ff.

[52] Vgl. *Coenenberg*, Adolf G.: Kostenrechnung und Kostenanalyse, 1999, S. 199-201.

[53] Vgl. *Lingnau*, Volker: Variantenmanagement, 1994, S. 124ff.

[54] Vgl. *Boutellier*, Roman; Günther *Schuh* und Hans Dieter *Seghezzi*: Industrielle Produktion und Kundennähe, 1997, S. 44.

[55] Vgl. *Wildemann*, Horst: Die Fabrik als Labor, in: Zeitschrift für Betriebswirtschaft, Jhg. 60, Nr. 7, 1990, S. 617.

[56] Vgl. *Bea*, Franz Xaver: Prozessorientierte Produktionstheorie und Lernen, in: Zeitschrift für Betriebswirtschaft - Ergänzungsheft 3, Jhg. 65, 1995. Vgl. auch *Moldoveanu*, Mihnea C. und *Bauer*, Robert M.: On the Relationship between Organizational Complexity and Organizational Structuration, in: Organization Science, Jhg. 15, Nr. 1, 2004, S. 41ff.

also neue Varianten aufgenommen, so erhöht sich nicht die spezifische Kompetenz zur Fertigung eines bestimmten Produktes, es findet eine Erweiterung des Handlungsspielraumes an sich statt, da zusätzliche Kenntnisse erlernt werden. Dazu ist zum einen die Fähigkeit zur Umstellung an sich zu nennen, die erforderlich ist, um überhaupt eine Anpassung an veränderte Gegebenheiten zu ermöglichen, als auch der Aufbau eines Flexibilitätspotenzials, welches den Handlungsmöglichkeiten weitere Optionen hinzufügt.[57] Es finden variantenzahlabhängige Lerneffekte statt, die geeignet sind Kompetenzen in der Fertigung aufzubauen. Wie groß diese Effekte sind, und ob deren Auswirkungen so groß sind, dass die negativen Skaleneffekte einer Variantenerhöhung kompensiert werden können, ist grundsätzlich nicht zu entscheiden. Bei der betriebswirtschaftlichen Abwägung zugunsten oder zu ungunsten weiterer Varianten sollten diese Effekte aber berücksichtigt werden, da hierdurch langfristige Kompetenzen entwickelt und die zusätzlichen Kosten einer Variantenerhöhung gemildert werden können.[58]

Grundsätzlich können sich komplexitätsinduzierte Kosten auf alle Funktionsbereiche des Unternehmens erstrecken. Das Problem wird allerdings dadurch verstärkt, dass eine bestimmte Erhöhung der Leistungskomplexität seine Kostenwirkung über verschiedene Funktionsbereiche hinaus entfalten wird. Durch diese Zersplitterung kann die Kostenwirkung auf einzelne Verantwortungsbereiche oder Kostenstellen relativ gering sein, hierdurch werden die kumulierten Auswirkungen auf das Gesamtunternehmen nicht ausreichend berücksichtigt.[59] Die durch Komplexität anfallenden Kosten sind zu einem großen Teil Gemeinkosten, da eine produktindividuelle Kostenzurechnung nicht möglich ist beziehungsweise nicht erfolgt. Dadurch wird ein Unternehmen gegenüber Beschäftigungsschwankungen stärker anfällig, bereits ein geringer Beschäftigungsrückgang kann genügen um in die Verlustzone zu geraten.[60] Die Nichtzurechenbarkeit solcher Kosten zieht ein weiteres Prob-

[57] Um einen Umstellungsprozess erfolgreich durchführen zu können ist es notwendig, Fähigkeiten zu Aneignung bisher unbekannter Fähigkeiten zu besitzen. Zum innovativen Lernen, dem sogenannten „double-loop-learning", vgl. *Argyris*, Chris und Donald A. *Schön*: Organizational Learning: A Theory of Action Perspective, Reading: Addison-Wesley 1978, S. 140ff. Vgl. auch *Milling*, Peter: Organisationales Lernen, 1995, S. 98.

[58] Vgl. *Werkmeister*, Clemens: Lerneffekte in einer prozessorientierten Variantenkalkulation, in: Zeitschrift für betriebswirtschaftliche Forschung, Jhg. 55, 2003, S. 382f. und S. 398.

[59] Vgl. *Rathnow*, Peter J.: Integriertes Variantenmanagement, 1993, S. 23f.

[60] Vgl. *Adam*, Dietrich: Produktionsmanagement, 1998, S. 48.

lem nach sich. Da die Komplexitätskosten häufig in Form von Gemeinkosten auftreten, erfolgt über die Gemeinkostenzuschlagsrechnung eine ungerechtfertigte Belastung der Standarderzeugnisse während die zusätzlichen Varianten zu gering beaufschlagt werden. Sukzessive werden die Standardprodukte aus dem Markt kalkuliert. Die Standardprodukte werden mit einem Wettbewerbsnachteil schlechtergestellt, Exoten werden durch diese Quersubventionierung besser gestellt. Diese Exoten stoßen zwar beim Kunden auf eine höhere Preisbereitschaft, diese ist in den meisten Fällen aber nicht ausreichend, um die zusätzlichen Kosten zu decken.[61] Das zuvor als Volumenmodell produzierte Standardprodukt verliert an Deckungsbeitrag und wird, falls Preisanpassungen nach oben vom Markt nicht akzeptiert werden, tendenziell seine Wettbewerbsfähigkeit einbüssen und sinkende Absatzvolumen ausweisen. Gleichzeitig erhöht sich die Gefahr durch einen Wettbewerber, der sich ausschließlich auf das Segment der Standardprodukte konzentriert, preislich unterboten zu werden, woraus ein weiterer Absatzrückgang des einstigen Volumenproduktes resultiert.[62] Hierdurch kommt ein sich selbst verstärkender Prozess in Gang, der ein Unternehmen in die in Abbildung 1 dargestellte Komplexitätskostenfalle treibt.

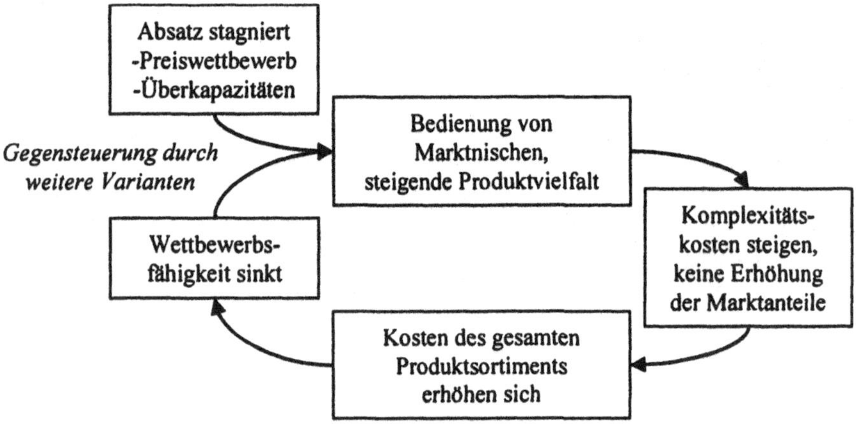

Abbildung 1: Die Komplexitätskostenfalle

[61] Vgl. *Boutellier*, Roman; Günther *Schuh* und Hans Dieter *Seghezzi*: Industrielle Produktion und Kundennähe, 1997, S. 58.

[62] Vgl. *Piller*, Frank T. und Daniela *Waringer*: Modularisierung in der Automobilindustrie - neue Formen und Prinzipien, 1999, S. 15ff.

Durch die Aufnahme weiterer Produktvarianten wird die Häufigkeitsverteilung abgesetzter Produkte gestaucht, das Standardvolumenprodukt sinkt in seiner Absatzmenge, da durch Kannibalisierungseffekte die Käufer des Standardproduktes auf kundenindividualisierte Produkte ausweichen. In Abbildung 2 ist dieser Effekt dargestellt. In Verbindung mit dem oben geschilderten Problem der nichtverursachungsgerechten Kostenverteilung ergeben sich zwei wesentliche Nachteile einer Sortimentsverbreiterung um Nischenprodukte. Zum einen werden die Exoten bei einer verursachungsgerechten Kostenverteilung Verluste ausweisen, da die erhöhte Preisbereitschaft der Kunden nicht ausreicht, um die tatsächlichen Kosten zu decken. Zum anderen werden die Standardprodukte mit zusätzlichen, nicht von diesen verursachten Kosten belastet, was einen Kostennachteil im Wettbewerb bedeutet.

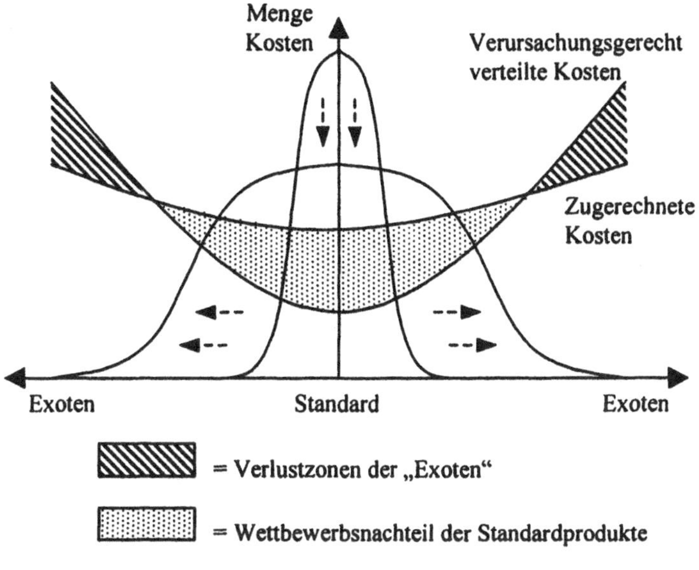

Abbildung 2: Betriebswirtschaftliche Effekte einer Ausweitung der Produktsortimentsbreite[63]

Einschränkend ist darauf hinzuweisen, dass eine Sortimentverbreiterung nicht grundsätzlich negativ zu beurteilen ist. Häufig liegt gerade in einer

[63] Vgl. *Boutellier*, Roman; Günther *Schuh* und Hans Dieter *Seghezzi*: Industrielle Produktion und Kundennähe, 1997, S. 58.

gezielten Nischenstrategie[64] ein Wettbwerbsvorteil, dieser aber wird sich nur dann in einen langfristigen Erfolg verwandeln, wenn einer Komplexitätserhöhung durch zusätzliche Varianten auch höhere Erlöse gegenüberstehen. Nicht immer geht eine solche Komplexitätserhöhung auch mit einer höheren Preisbereitschaft der Kunden einher.

Hinsichtlich der Entwicklung von Komplexitätskosten ist zu beobachten, dass die Kostenwirkungen oft erst zeitverzögert auftreten[65] und ein asymmetrisches Verhalten der Kostenreversibilität besteht. So bedingt die Schaffung zusätzlicher Kapazitäten und Strukturen einen unmittelbaren Kostenanstieg, während bei einem Rückgang der Vielfalt, beispielsweise durch die Eliminierung absatzschwacher Varianten die Kostensenkung nicht in gleicher Weise folgt.[66] Die vollständige Rückgewinnung der eingebrachten Ressourcen, die zur Herstellung der Varianten benötigt wurden, ist nicht möglich. Diese Irreversibilität fördert die Tendenz eine einmal aufgebaute Kompetenz – die Produktion zusätzlicher Varianten – aufrechtzuerhalten, im Sinne der Komplexitätskostenfalle gegebenenfalls sogar auszubauen und weitere Varianten in das Produktprogramm aufzunehmen. Erzielen die zusätzlichen Produktvarianten nicht den gewünschten Erfolg, so verbleiben Kostenpositionen, diese stellen Remanenzkosten dar, denen keine Ertragsmöglichkeit mehr gegenübersteht, es bildet sich eine strukturelle Ertragslücke.[67]

Ein weiteres Problem der Komplexitätskosten stellt das Auseinanderfallen von Komplexitätsverursachung und Kostenwirkung dar. Über die Aufnahme neuer Produkte oder Varianten wird in Unternehmen zumeist in der Marketing- und Vertriebsabteilung entschieden, während der Kostenanfall in den

---

[64] Diese Art der strategsichen Ausrichtung wird auch als Differenzierungsstrategie bezeichnet. *Porter* unterscheidet in drei genereische Wettbewerbsstrategien: Kostenführerschaft, Differenzierung und Konzentration auf Schwerpunkte. Vgl. *Porter*, Michael E.: Competitive Strategy - Techniques for Analyzing Industries and Competitors, New York: Free Press 1980, S. 62ff. Vgl. auch *Boutellier*, Roman; Günther *Schuh* und Hans Dieter *Seghezzi*: Industrielle Produktion und Kundennähe, 1997, S. 55f.

[65] Beispielsweise führt eine inkrementelle Erhöhung der Variantenzahl zunächst zu keinen Mehrkosten in der Fertigung. Erst wenn durch weiter steigende Variantenanzahl die Menge zusätzlicher Fertigungslose die Einstellung weiterer Mitarbeiter oder die Anschaffung weiterer Maschinenkapazität notwendig macht, führt dies zu Kostensteigerungen.

[66] Vgl. *Rathnow*, Peter J.: Integriertes Variantenmanagement, 1993, S. 25f. Vgl. auch *Coenenberg*, Adolf G. und Martin *Prillmann*: Erfolgswirkungen der Variantenvielfalt und Variantenmanagement, 1995, S. 1239f.

[67] Vgl. *Coenenberg*, Adolf G.: Kostenrechnung und Kostenanalyse, 1999, S. 54ff.

Bereichen der Entwicklung und in der Fertigung zu verantworten ist. Es zeigt sich, dass Komplexität als vielgestaltiges Problemfeld im Bereich der betrieblichen Unternehmensführung anzutreffen ist. Entscheidungen, die eine Steigerung der Vielfalt verursachen, sollten sorgfältig abgewogen, sowie deren Auswirkungen auf langfristige Kosten- und Erlösstrukturen ermittelt werden. Gerade die Irreversibilität solcher Entscheidungen erfordert es einen möglichst weiten Planungshorizont zu wählen, auch wenn dieser durch größere Ungewissheit gekennzeichnet ist.

Aus den bisher angestellten Überlegungen wird die Problematik ansteigender Komplexität für die Führung und Gestaltung von Unternehmen deutlich. Obwohl die Tatsache in der Literatur weithin als akzeptiert angesehen wird, ist ein einheitliches, allgemein akzeptiertes Verständnis des Komplexitätsbegriffs in der betriebswirtschaftlichen Literatur bisher nicht auszumachen. Insbesondere die Erkenntnisse der interdisziplinär ausgerichteten Komplexitätstheorie haben bislang nur geringe Beachtung in der betriebswirtschaftlichen Forschung gefunden. In Verbindung mit der Systemtheorie, die einen großen Durchdringungsgrad in der Betriebswirtschaftslehre gefunden hat, kann ein tieferes Verständnis des Komplexitätsproblems erzielt werden. Für diese Arbeit dienen deshalb folgende Forschungsfragen als Schwerpunkte des weiteren Vorgehens:

(1) Definition eines systemtheoretischen Komplexitätsbegriffs, der den Facettenreichtum des Komplexitätsphänomens weithin abzudecken in der Lage ist.

(2) Entwicklung eines Bezugsrahmens, innerhalb dessen der Entwicklungsprozess komplex-adaptiver Systeme, insbesondere Unternehmen, verstanden werden kann.

(3) Konzeptualisierung und Operationalisierung des theoretisch abgeleiteten Komplexitätsbegriffs für die Messung der Marktkomplexität industrieller Fertigungsunternehmen

(4) Untersuchung der Beziehungen unterschiedlicher Komplexitätsgrade auf verschiedenen Ebenen der betrieblichen Systemgestaltung sowie deren Auswirkungen auf Erfolgsgrößen, Organisationstypen und Verbesserungsprozesse der industriellen Fertigung.

Um diesen Forschungsfragen gerecht werden zu können, wird im Rahmen einer theoriegestützten Voruntersuchung eine Konzeptualisierung des Komplexitätsbegriffs erarbeitet. Dieser bildet den Ausgangspunkt, um das Verhalten von Systemen in komplexen Umwelten sowie die Adaption an veränderte Komplexitätsgrade erfassen zu können. Es wird unterstellt, dass die

Adaptionsfähigkeit eine Voraussetzung zur Existenzsicherung in komplexen Unternehmensumwelten ist. Der Komplexitätsbegriff stellt ein theoretisches Konstrukt dar, welcher nicht nur durch einen einzigen Indikator erfasst werden kann. Es ist deshalb notwendig ein geeignetes Instrumentarium vorzusehen, welches in der Lage ist die inhaltlich unterschiedlichen Aspekte der Komplexität hinreichend zu erfassen. Dazu ist eine thematische Konkretisierung des Anwendungsfeldes erforderlich. Dieses Instrumentarium wird abgeleitet aus den Besonderheiten der Märkte, mit denen sich industrielle Fertigungsunternehmen konfrontiert sehen.

B. Komplexität und komplexes Systemverhalten – Vielfalt, Dynamik und Anpassung

I. Theoretischer Bezugsrahmen zur Untersuchung des Komplexitätsphänomens

Eine Vielzahl verschiedener Zweige wissenschaftlicher Forschung beschäftigen sich – zum Teil schon seit langer Zeit – mit dem Begriff und dem Phänomen der Komplexität. Als Beispiele einzelner Disziplinen seien an dieser Stelle einige aufgezählt, ohne jedoch den Anspruch auf Vollständigkeit zu erheben. In den Naturwissenschaften[68], der Biologie[69], der Informationstheorie[70] sowie in der Mathematik[71] finden sich zumeist reduktionistische Auseinandersetzungen mit komplexen Phänomenen. In den geisteswissenschaftlichen Disziplinen lassen sich beispielhaft Arbeiten aus der Philosophie[72], Soziologie[73] oder Psychologie[74] anführen.

---

[68] Vgl. *Nicolis*, Grégorie und Ilya *Prigogine*: Die Erforschung des Komplexen. Auf dem Weg zu einem neuen Verständnis der Naturwissenschaften., München und Zürich: Piper 1987. Vgl. auch *Haken*, Hermann: Synergetik, 2. Auflage, Berlin u.a.: Springer 1983.

[69] Vgl. *Kauffman*, Stuart A.: The Origins of Order. Self-Organization and Selection in Evolution, New York et al.: Oxford University Press 1993.

[70] Vgl. *Shannon*, Claude E. und Warren *Weaver*: The Mathematical Theory of Communication, Urbana et al.: The University of Illinois Press 1969.

[71] Vgl. *Mandelbrot*, Benoit: Fractals: Form, Chance and Dimension, San Francisco: Freeman 1977. Vgl. auch *Kolmogorov*, Andrej N.: Three approaches to the quantitative definition of information, in: Problems of Information Transmission, Jhg. 1, Nr. 1, 1965, S. 1-7.

[72] Vgl. *Rescher*, Nicholas: Complexity: A Philosophical Overview, New Brunswick et al.: Transaction Publishers 1998. Auch bei *Mainzer*, Klaus: Thinking in Complexity: The Complex Dynamics of Matter, Mind, and Mankind, 3. Auflage, Berlin: Springer 1997.

[73] Vgl. *Luhmann*, Niklas: Soziale Systeme. Grundriß einer allgemeinen Theorie, 6. Auflage, Frankfurt am Main: Suhrkamp 1996.

Neben diesen einzelwissenschaftlichen Betrachtungen ist die Herausbildung einer selbstständigen Komplexitätstheorie festzustellen, die, losgelöst von fachgebietsspezifischen Fragestellungen, die grundlegenden Strukturen von Komplexität und komplexen Systemen zu ergründen sucht. So arbeitet beispielsweise am Santa Fe Institute in New Mexiko, USA eine interdisziplinäre Gruppe von Wissenschaftlern, zusammengesetzt aus Physikern, Mathematikern, Biologen, Chemikern, Psychologen und Wirtschaftwissenschaftlern an der Erforschung des Komplexen, um Merkmale zu identifizieren, die allen komplexen Phänomenen gemein sind.[75] Es bietet sich eine Vielzahl unterschiedlicher Herangehensweisen, um das Phänomen der Komplexität zu erklären. In den folgenden Kapiteln sollen diejenigen Aspekte aus den verschiedenen Forschungsrichtungen extrahiert werden, die eine möglichst große Allgemeingültigkeit für unterschiedliche Anwendungen besitzen und eine Übertragung auf betriebswirtschaftliche Probleme ermöglichen.

Ein Leitmotiv der Komplexitätswissenschaften besteht darin, dass einzeldisziplinäre Wissenschaften trotz immer weiter verfeinerter Untersuchungsmethoden an Grenzen stoßen, dass Verhalten komplexer Systeme zu erklären. Die Aggregation detaillierter Einzelbeobachtungen führt nicht zur Erklärung emergenter Phänomene auf Gesamtsystemebene. Die häufig zitierte Anmerkung, dass das Ganze mehr ist als die Summe seiner Teile, stellt die Kernannahme komplexitätswissenschaftlicher Forschung dar. Die Tatsache, dass komplexen Systemen über viele verschiedene Fachgebiete hinweg bestimmte Gesetzmäßigkeiten gemeinsam sind, soll im Weiteren als Ausgangspunkt dafür dienen, die Komplexität von Unternehmen, im Speziellen industrieller Fertigungsunternehmen zu untersuchen und Ansatzpunkte für eine betriebswirtschaftliche Gestaltung der Unternehmenskomplexität zu erarbeiten. Diejenigen Theorien sowie ihre Hauptvertreter, welche die Grundlage für den komplexitätstheoretischen Ansatz dieser Arbeit bilden, sind in Tabelle 1 zusammengefasst. Aus diesen Theorien sollen Erkenntnisse für eine systemtheoretische Betrachtung des Komplexitätsphänomens in betriebswirtschaftlichen Systemen zusammengeführt werden. In den folgenden Abschnitten wird gezeigt, dass eine der zentralen Aussagen der noch jungen Komplexitätstheorie darin besteht, dass komplexe adaptive Systeme in der

---

[74] Vgl. *Dörner*, Dietrich; Heinz W. *Kreuzig*; Franz *Reither* und Thea *Stäudel* (Hrsg.): Lohausen - Vom Umgang mit Unbestimmtheit und Komplexität, 1983, S. 19ff.

[75] Vgl. *Waldrop*, M. Mitchell: Complexity. The Emerging Science at the Edge of Order and Chaos, New York et al.: Simon & Schuster 1992.

Lage sind geordnete Strukturen am Rande von Chaos und Zufall einzunehmen und diese aufrechtzuerhalten.

Wissenschaftliches Fachgebiet	Hauptvertreter	Theoretisches Konzept
Physik und Chemie	Ilya Prigogine	Theorie dissipativer Systeme
	Nicolas Carnot William Thompson	Thermodynamik
	Hermann Haken	Synergetik/Lasertheorie
	Manfred Eigen	Theorie der molekularen Evolution
Biologie	Heinz von Foerster	Theorie selbstorganisierender Systeme
	Stuart Kauffman	Theorie komplexer adaptiver Systeme
	Humberto Maturana Francisco Varela	Theorie autopoietischer Systeme
	Robert May	Nichtlineare Populationsdynamik
Mathematik	Benoit Mandelbrot	Theorie fraktaler Strukturen
	Mitchell Feigenbaum	Chaostheorie
	Claude Shannon	Informationstheorie

Tabelle 1: Theoretische Ansätze zur Erklärung komplexen Systemverhaltens

In den folgenden Kapiteln werden verschiedene Konzepte und Begriffe zur Erklärung komplexer Phänomene diskutiert. Dabei wird auf die naturwissenschaftlichen Ausgangspunkte der Auseinandersetzung mit komplexen Phänomenen zurückgegriffen, insbesondere um verschiedene Termini, welche im Kontext der Komplexität diskutiert werden, zu verdeutlichen. Chaos, Entropie, Ordnung und Selbstorganisation[76] stellen einen Ausschnitt des

[76] Der Begriff Selbstorganisation wird in der Physik, teilweise auch in der neueren betriebswirtschaftlichen Literatur mit dem Begriff Synergetik tituliert. Dieser Begriff entstammt der physikalischen Forschung des Laserlichtes, vgl. *Haken*, Hermann: Synergetik, 1983, vgl. auch *Niemeier*, Norbert: Organisationaler Wandel aus Sicht der Synergetik: Das Beispiel ökologischer Veränderungsprozesse, Wiesbaden: Deutscher Universitätsverlag 2000.

Begriffapparates dar, welcher in Beiträgen zu dem Thema Komplexität häufig zu finden und auch in dieser Arbeit von grundlegender Bedeutung ist, um ein Verständnis dafür zu entwickeln, welche Gemeinsamkeiten in allen Phänomenen, die mit dem Begriff Komplexität in Verbindung gebracht werden, zu finden sind. Insbesondere liefert der Entropiebegriff als Konzept zur Beschreibung molekularer Unordnung einen Ansatzpunkt, um den Ordnungsgrad innerhalb eines Systems zu beschreiben. Die Übertragung naturwissenschaftlicher Konzepte auf den in dieser Arbeit thematisierten Gegenstandsbereich der Unternehmenskomplexität kann aufgrund von Unterschieden des untersuchten Objekts nicht vollständig gelingen, es ist deshalb notwendig gewisse Einschränkungen zu akzeptieren beziehungsweise Ergänzungen vorzunehmen. Vor einer bloßen Übernahme metaphorischer Ähnlichkeiten ist zu warnen, da sich die Entwicklung künstlich geschaffener Systeme von der Evolution natürlicher, physikalischer oder biologischer Systeme unterscheidet.[77] Eine systemtheoretische Betrachtungsweise erleichtert einen Vergleich zwischen Systemen unterschiedlicher Disziplinen, Erkenntnisse zu übertragen sowie bei der Formulierung von Hypothesen neue Ansatzpunkte aufzuzeigen.[78]

1. Zur Komplexität des Systemverhaltens

So vielschichtig wie die wissenschaftlichen Disziplinen, die sich mit Komplexität beschäftigen, sind auch die Definitionsansätze des Begriffs. Grundsätzlich ist zwischen objekt- oder subjektbezogen Komplexitätsbegriffen zu unterscheiden. Während die subjektbezogenen Ansätze den Beobachter und dessen Fähigkeiten in den Blickpunkt der Betrachtung stellen, ist ein objektbezogener Begriff auf ein bestimmtes Problem oder System gerichtet. Dabei

---

Vgl. auch *Mainzer*, Klaus: Chaos, Selbstorganisation und Symmetrie, in: *Krohn*, Wolfgang; Hans-Jürgen *Krug* und Günter *Küppers* (Hrsg.): Selbstorganisation. Jahrbuch für Komplexität in den Natur-, Sozial- und Geisteswissenschaften. Band 3, Konzepte von Chaos und Selbstorganisation in der Geschichte der Wissenschaften, Berlin: Duncker & Humblot 1992, S. 259ff.

[77] Vgl. dazu *Kieser*, Alfred und Michael *Woywode*: Evolutionstheoretische Ansätze, in: *Kieser*, Alfred (Hrsg.): Organisationstheorien, Stuttgart: Kohlhammer 2001, S. 253ff. Vgl. dazu insbesondere Kapitel B.I.4.

[78] Vgl. *Heinen*, Edmund: Industriebetriebslehre als Entscheidungslehre, in: *Heinen*, Edmund (Hrsg.): Industriebetriebslehre. Entscheidungen im Industriebetrieb, Wiesbaden: Gabler 1978, S. 40.

sind systemorientierte Ansätze von aufwandsorientierten Ansätzen zu unterscheiden. Letztere entstammen der Mathematik und Informatik, und thematisieren hauptsächlich den Aufwand, beispielsweise in Form von Rechenoperationen oder Zeit, der benötigt wird, um ein mathematisch formuliertes Problem zu lösen. Die systemtheoretischen Ansätze können weiter unterschieden werden in objektstrukturbezogene und objektverhaltensbezogene Ansätze. Während erstere sich auf die Zusammensetzung von System beziehen, steht bei letzteren die dynamischen Verhaltensänderungen im Vordergrund der Begriffsdefinition.[79]

In einer subjektbezogenen Interpretation wird der Begriff Komplexität oft umgangssprachlich für eine Vielzahl von Sachverhalten verwendet, die den Umstand umschreiben sollen, dass eine bestimmte Gegebenheit aufwendig zu verstehen oder nur sehr schwer einer anderen Person zu vermitteln ist. Die Bedienungsanleitung einer Maschine oder das Erlernen einer neuen Sprache erscheint einem Individuum mehr oder weniger komplex, oder besser gesagt kompliziert. Für das genannte Beispiel ist der Begriff kompliziert beziehungsweise Kompliziertheit die bessere Wortwahl, da dem Wort Komplexität noch eine weitere charakterisierende Eigenschaft innewohnt – die der Dynamik. Beispielsweise kann das Erstellen eines Produktionsplans oder die Anleitung zur Bedienung einer Maschine kompliziert sein, in dem Sinne, dass viele Elemente berücksichtigt werden müssen, unbekannte Begriffe verwendet werden oder eine Person keine Erfahrung mit der Lösung einer solchen Aufgabe hat. Komplex wird ein Sachverhalt jedoch erst dadurch, dass nicht nur die Zusammensetzung der Aufgabe umfangreich und vernetzt ist, sondern das der Zustand des Systems variiert, d. h. es nimmt in einer bestimmten Zeitspanne eine Vielzahl verschiedener Zustände oder Strukturen ein, deren Abfolge ungewiss ist.[80]

Einen interdisziplinären Bezugsrahmen zu Untersuchung der Komplexität stellt die Systemtheorie zu Verfügung. Die Systemtheorie stellt einen Metaansatz dar, der wesensgleiche Sachverhalte verschiedener wissenschaftlicher Disziplinen zu erklären versucht. Ziel dieses Ansatzes ist es, eine gemeinsame Sprache für im Kern vergleichbare Objekte in verschiedenen wissenschaftlichen Forschungsgebieten bereitzustellen, damit einer gegenseitigen

[79] Vgl. *Schiemenz*, Bernd: Die Komplexität von Geschäftsprozessen und Möglichkeiten zu deren Handhabung, in: Wildemann, Horst (Hrsg.): Geschäftsprozeßorganisation, München: Transfer-Centrum-Verlag 1997, S. 109f.

[80] Vgl. *Ulrich*, Hans und Gilbert J.B. *Probst*: Anleitung zum ganzheitlichen Denken und Handeln. Ein Brevier für Führungskräfte, 4. Auflage, Bern u.a.: Haupt 1995, S. 57ff.

Übertragung relevanter Ergebnisse aus unterschiedlichen Fachgebieten der Weg bereitet wird.[81] In den weiteren Ausführungen werden eine systemstrukturbezogene und eine systemverhaltensbezogene Begriffsinterpretation der Komplexität unterschieden.

Bezogen auf die Systemstruktur ist zunächst festzulegen, was unter einem System zu verstehen ist. Ein System besteht aus einer Anzahl miteinander in Beziehung stehender Elemente. Folglich setzt es sich aus mindestens zwei unterscheidbaren Elementen und mindestens einer Beziehung zwischen diesen zusammen, wobei die Systemelemente entweder in direkter oder indirekter Beeinflussung zueinander stehen.[82] Wird die Systembetrachtung auf das Systemverhalten erweitert, so führt das gemeinsame Wirkungsgefüge dazu, dass in das System nicht eingegriffen werden kann, ohne den Gesamtcharakter des Systems zu verändern. Teile eines Systems können wiederum als Subsysteme verstanden werden, die sich selbst zu neuen Systemen zusammenschließen können.[83] Die Umwelt eines Systems besteht ebenfalls aus Elementen oder Systemen, die den Zustand des Systems beeinflussen können. Aufgrund von Interaktion zwischen den Systemelementen beziehungsweise mit Elementen außerhalb des Systems entsteht ein bestimmter Systemzustand, welcher als eine Zeitpunktbetrachtung aller relevanten Systemeigenschaften zu verstehen ist.[84]

Ausgangspunkt der systemtheoretischen Betrachtungsweise ist eine Differenzierung zwischen System und Umwelt. Die Grenzziehung zwischen System und Umwelt beziehungsweise die Regulierung dieser Grenze macht eine systemtheoretische Betrachtung erst möglich. Die Berücksichtigung der Systemgrenze bedeutet keine Unterbrechung von Zusammenhängen, sie soll lediglich feststellen, dass für bestimmte Prozesse, welche die Systemgrenzen überschreiten, andere Bedingungen gelten.[85] Die Bestandteile eines Systems – seine Elemente – können vielfältiger Art sein, z.B. Mitarbeiter eines Un-

[81] Vgl. *Boulding*, Kenneth E.: General Systems Theory - The Skeleton of Science, in: Management Science, Jhg. 2, Nr. 3, 1956, S. 199ff.

[82] Vgl. *Ackoff*, Russell L.: Towards a System of Systems Concepts, in: Management Science, Jhg. 17, Nr. 11, 1971, S. 662f. Zur Anwendung des Systembegriffs auf den Industriebetrieb vgl. *Heinen*, Edmund: Industriebetriebslehre als Entscheidungslehre, 1978, S. 36ff.

[83] Vgl. *Vester*, Frederic: Die Kunst vernetzt zu denken, 2002, S. 25.

[84] Vgl. *Ackoff*, Russell L.: Towards a System of Systems Concepts, 1971, S. 663.

[85] Vgl. *Luhmann*, Niklas: Soziale Systeme, 1996, S. 34ff.

ternehmens, Maschinen oder Materialien, auch immaterielle Bestandteile können als Systemelemente verstanden werden, z.B. Informationen oder Rechte. Ferner können sich die Elemente eines Systems wiederum zu unterscheidbaren Subsystemen zusammenfinden und die interne Differenzierung erhöhen. Steigt das Maß an Differenzierung innerhalb eines Systems, so steigt der Komplexitätsgrad eines Systems.[86]

Nach Ansicht der Systemtheorie entspricht die Realität nicht dem klassischen Kausalschema singulärer Ursache-Wirkungsbeziehungen. Deshalb ist es notwendig, umfangreiche Kausalnexus[87] und Rückkopplungsbeziehungen zu verwenden, um die Komplexität realer Phänomene besser beschreiben zu können.[88] Ein solches Beziehungsgeflecht führt dazu, dass einfache Ursache-Wirkungsbeziehungen nicht unterstellt werden können. Das Auseinanderfallen von Ursache und Wirkung in temporaler und lokaler Hinsicht führt weiterhin dazu, dass die Steuerungsinstanz eines komplexen Systems von der Verhaltensvarietät des Systems überrascht wird beziehungsweise nicht verhindert werden kann, dass unerwünschte Systemzustände erreicht werden.[89] Das zugrundliegende Problem liegt nicht, wie häufig vermutet, in einer unzureichenden Informationsversorgung bezüglich der Ausgangssituation, sondern in der Nichtberücksichtigung der dynamischen Auswirkungen solcher komplexer Beziehungsnetze.[90] Hier zeigt sich eine Parallele zu naturwissenschaftlichen Phänomenen komplexen Verhaltens; auch hier ist eine vollständige Kenntnis des Status quo nicht nur eine naturgesetzliche Unmöglichkeit, sie ist auch per se nicht geeignet, die durch dynamische Verhaltensweisen entstehende Komplexität aufzulösen. Durch Rückkopplungseffekte, Selbststeuerung und -organisation ist ein komplexes System in der Lage, vielfältige Verhaltens- und Strukturmuster zu erzeugen; diese sind Ergebnis der Gesamtheit des Beziehungsgefüges. Eine separate Betrachtung einzelner Sys-

[86] Vgl. *Luhmann*, Niklas: Soziale Systeme, 1996, S. 41f.

[87] Nexus (lat. nectere) = knüpfen, zusammenbinden.

[88] Vgl. *Grochla*, Erwin: Systemtheoretisch-kybernetische Modellbildung betrieblicher Systeme, in: *Grochla*, Erwin; Herbert *Fuchs* und Helmut *Lehmann* (Hrsg.): Systemtheorie und Betrieb, Opladen: Westdeutscher Verlag 1974, S. 12.

[89] Vgl. *Milling*, Peter: Systems Research and Corporate Policy Making, in: Lasker, George E.; Tetsunori Koizumi und Jens Pohl (eds.): Advances in Information Systems Research, Windsor: The international Institute for Advanced Studies in Systems Research and Cybernetics 1991, S. 46f.

[90] Vgl. *Milling*, Peter: Systems Research and Corporate Policy Making, 1991, S. 46

temelemente und -beziehungen liefert keinen kausalen Zusammenhang zwischen makroskopischem Systemverhalten und Eigenschaften einzelner Elemente oder Beziehungen.[91]

Unternehmen können innerhalb des Systemansatzes als in statischer und dynamischer Hinsicht komplexe Systeme verstanden werden.[92] Ein dynamisches System verändert seinen Zustand im Zeitverlauf, es kann unterschiedliche Formen und Zustände annehmen. Zum einen kann von zustandserhaltendem Systemverhalten gesprochen werden, wenn ein favorisierter Systemzustand durch das vorhandene Verhaltensrepertoire aufrechterhalten wird. In diesem Fall steht dem System nur eine begrenzte Auswahl unterschiedlicher Verhaltensweisen zur Verfügung, und das System reagiert auf Veränderungseinflüsse, das Verhalten ist vollkommen bestimmt durch das auslösende Moment des externen Impulses.

Dagegen wird zielsuchendes Systemverhalten unterschieden, welches auf verschiedene Verhaltensweisen zurückgreifen kann, um auf unterschiedliche Veränderungsimpulse zu reagieren. Das Ziel, welches ein solches System zu erreichen sucht, ist das zentrale Auswahlkriterium zur Bestimmung des Verhaltensmusters. Daraus folgt, dass ein solches System unter konstanten Bedingungen ein angestrebtes Ziel auf verschiedene Weise erreichen kann. Gleiches gilt auch für Systeme die mehr als nur ein Ziel verfolgen.[93]

Über dieses zielorientierte Systemverhalten hinaus kann von einem zweckorientierten System gesprochen werden, wenn das Bündel verfolgter Ziele einem gemeinsamen Kontext zugeordnet werden kann. Beispielsweise ist ein Computer, der verschiedene Spiele (Schach, tic tac toe) zu spielen in der Lage ist, ein zweckorientiertes System, da die verschiedenen Ziele alle einen gemeinsamen Kontext aufweisen: das Spiel zu gewinnen.[94] Der Systemzweck übt eine steuernde Funktion bezüglich des Systemverhaltens

---

[91] Vgl. *Vester*, Frederic: Die Kunst vernetzt zu denken, 2002, S. 31ff.

[92] Vgl. *Ulrich*, Hans: Die Unternehmung als produktives soziales System. Grundlagen einer allgemeinen Unternehmungslehre, 2., überarbeitete Auflage, Bern und Stuttgart: Haupt 1970, S. 158.

[93] Vgl. *Klir*, George J.: Facets of Systems Science, New York und London: Plenum Press 1991, S. 165f. Vgl. auch *Ackoff*, Russell L.: Towards a System of Systems Concepts, 1971, S. 665ff..

[94] Vgl. *Ackoff*, Russell L.: Towards a System of Systems Concepts, 1971, S. 666.

aus, wobei die Systemstruktur Mittel zur Erfüllung des Systemzwecks ist.[95] Der Zweck leitet sich ab aus einem zukünftigen Zustand oder Geschehnis, um dessen Willen das System existiert beziehungsweise bestimmte Verhaltensweisen verfolgt. Ziel und Zweck eines Systems werden im weiteren Verlauf dieser Arbeit von zentraler Bedeutung sein, da sie das dynamische Systemverhalten stark beeinflussen. Nach diesen Festlegungen wird im Folgenden dargestellt, welche vielschichtigen Reaktionen als komplexes Systemverhalten verstanden werden können.

Allgemein können Systeme als komplex bezeichnet werden, wenn sie die Eigenschaft besitzen, eine große Zahl verschiedener Zustände einnehmen zu können.[96] Ist die Abfolge unterschiedlicher Zustände oder Strukturfolgen von großer Unregelmäßigkeit gekennzeichnet, ohne das ein Muster oder eine Wiederholung von Zustandsfolgen erkennbar ist, so wird ein solches, scheinbar zufälliges Verhalten als chaotisch[97] bezeichnet. Um komplexes Systemverhalten besser verstehen zu können, liefert die Chaostheorie wertvolle Hinweise, welche eine Anwendung auf das dynamische Verhalten von Unternehmen, Industriesektoren oder Volkswirtschaften nahe legen.[98] In höherdimensionalen Systemen, beispielsweise Unternehmen, ist der analytische Nachweis für chaotisches Verhalten schwierig, gleichfalls ist bisher noch weitgehend ungeklärt, welche allgemeinen strukturellen Eigenschaften für das Auftreten chaotischen Verhaltens als konstituierend angenommen werden können.[99] Das Verhalten eines Systems zu verstehen und zielgerichtet in ein solches System einzugreifen ist in einem solchen Fall ein schwieriges Unterfangen. Zur Beschreibung eines solchen unerwarteten Auftretens bestimmter Strukturen in komplexen Systemen werden in der Literatur unterschiedliche Begriffe verwendet. Manche Autoren titulieren diese Tatsache

[95] Vgl. *Luhmann*, Niklas: Zweckbegriff und Systemrationalität, Tübingen: J. C. B. Mohr (Paul Siebeck) 1968, S. 35f.

[96] Vgl. *Ulrich*, Hans und Gilbert J.B. *Probst*: Anleitung zum ganzheitlichen Denken und Handeln, 1995, S. 58.

[97] Etymologisch leitet sich das Wort Chaos aus der griechischen Sprache ab und bedeutet „gestaltlose Urmasse", in der Alltagssprache wird es allgemein gleichgesetzt mit der Abwesenheit beziehungsweise dem Nichtvorhandensein erkennbarer Ordnung.

[98] Vgl. *Levy*, David: Chaos Theory and Strategy: Theory, Applications, and Managerial Implications, in: Strategic Management Journal, Jhg. 15, Nr. 2, 1994, S. 167ff.

[99] Vgl. *Loistl*, Otto und Iro *Betz*: Chaostheorie: Zur Theorie nichtlinearer dynamischer Systeme, München: Oldenbourg 1993, S. 47.

mit dem Begriff Evolution[100], andere Autoren versuchen sich von einer „übernatürlichen“ Erklärungshypothese für das Entstehen neuer Ordnungsmuster zu lösen und verwenden den Begriff der Selbstorganisation.[101] Selbstorganisation beschreibt den Umstand, dass eine entstehende Struktur nicht zentral vorgegeben wird, sondern durch Interaktion der Systemelemente untereinander entsteht, ohne das explizite Regeln das Ziel der organisierenden Tätigkeit vorgeben. Strukturen oder Systemzustände entstehen dann autonom, ohne dass ein verursachender Grund hierfür ausgemacht werden kann, dieses Phänomen wird auch als Emergenz bezeichnet.[102]

Das Auftreten neuer Strukturen stellt Strukturbrüche dar, alte Strukturen werden verworfen und durch neue Strukturen ersetzt. Komplexes Systemverhalten ist gekennzeichnet durch Verzweigungen der Zustandsverläufe, Bruchstellen im Vergleich zu linearen Abfolgen. Dies wird auch als evolvierendes Systemverhalten bezeichnet, durch solche Bruchstellen wird Historizität und Irreversibilität die Entwicklungsgeschichte eines Systems beeinflussen.[103] Ein solcher Verzweigungspunkt wird auch als Bifurkation bezeichnet, welcher die unterschiedlichen Entwicklungsphasen gewissermaßen durch einen irreversiblen Entwicklungssprung voneinander abkoppelt und einen diskontinuierlichen Verlauf festlegt.[104] Am Bifurkationspunkt erfolgt eine Symmetriebrechung in Bezug auf die zuvor geltenden Gesetzmäßigkeiten und die in dem vorherigen Phasenraum[105] gültige Struktur.[106]

---

[100] Vgl. *Malik*, Fredmund: Strategie des Managements komplexer Systeme. Ein Beitrag zur Management-Kybernetik evolutionärer Systeme, 6., unveränderte Auflage, Bern und Stuttgart: Haupt 2000, S. 93ff. Vgl. auch *Laszlo*, Erwin: Evolution. Die neue Synthese, Wien: Europa Verlag 1987.

[101] Vgl. *Haken*, Hermann: Synergetik, 1983, S. 15.

[102] Vgl. *Küppers*, Günter und Wolfgang *Krohn*: Selbstorganisation. Zum Stand einer Theorie in den Wissenschaften, in: *Krohn*, Wolfgang und Günter *Küppers* (Hrsg.): Emergenz. Die Entstehung von Ordnung, Organisation und Bedeutung, Frankfurt am Main: Suhrkamp 1992, S. 15. Vgl. auch *Holland*, John H.: Emergence. From Chaos to Order, Oxford et al.: Oxford University Press 2000.

[103] Vgl. *Cramer*, Friedrich: Chaos und Ordnung: Die komplexe Struktur des Lebendigen, 3. Auflage, Stuttgart: Deutsche Verlags-Anstalt 1989, S. 120.

[104] Vgl. *Cramer*, Friedrich: Chaos und Ordnung, 1989, S. 122ff.

[105] Eine Phase bezeichnet in der Naturwissenschaft einen chemisch-physikalisch homogenen Zustand der Materie. Zwar können auf Teilchenebene viele verschiedene Konfigurationen einer bestimmten Phase zugehörig sein aber deren makroskopische Auswirkungen sind identisch. Zum Beispiel Wasser in flüssiger Form und unterschiedlicher Temperatur. Ein Phasenübergang

Zwar kann die Bewegung zwischen zwei Bifurkationspunkten vollständig deterministischer Natur sein und eine Vorhersage des künftigen Systemverhaltens in Form von Gesetzmäßigkeiten erlauben, die Existenz eines Verzweigungspunktes bewirkt jedoch ein chaotisches Verhaltenselement, welches zwei Entwicklungsperioden voneinander trennt.[107] Bevor ein System an einem Bifurkationspunkt einen Entwicklungssprung vollzieht, werden möglicherweise vorhandene Störsignale aus der Umwelt ignoriert oder vollständig ausgeglichen. Am Bifurkationspunkt reagiert das System dann allerdings mit makroskopischen Veränderungen seiner Struktur und trifft eine Entscheidung zugunsten des einen oder der anderen Entwicklungspfades.[108]

Die an einem Bifurkationspunkt anzutreffenden Alternativen sind grundsätzlich gleichberechtigt; welcher Weg von einem System beschritten wird, lässt sich a priori nicht vorhersagen.[109] Es liegt eine Instabilität der Bewegung bezüglich kleinster Variationen in den Anfangsbedingungen vor. Zwei zu Beginn eng beieinander liegende Verläufe können nach kurzer Zeit weit auseinanderlaufen. Somit führt eine kleine Unkenntnis der Anfangsbedingungen zu einer weitgehenden Unsicherheit bezüglich des langfristigen Systemverhaltens. Ein komplexes System folgt innerhalb eines relativ kurzen Zeitraums quasi-kontinuierlichen Entwicklungsgesetzen, es ist also nicht vollkommen dem beliebigen Spiel des Zufalls ausgeliefert. Ähnlich wie Wettervorhersagen für den kommenden Tag, können kurzreichweitige Aussagen bezüglich der Entwicklung eines Unternehmens durchaus getroffen werden. Es besteht die Möglichkeit relativ verlässliche Aussagen bezüglich der nahen Zukunft zu treffen. Solche Aussagen sind zumeist relativ präzise, da die kausalen Wirkungsbeziehungen bekannt sind und die Auswirkungen möglicher Verlaufsverschiebungen noch nicht eingetreten sind. Der Versuch eine vergleichbar inhaltsreiche Aussage für einen langfristigen Planungs-

---

bezeichnet das Verlassen eines solchen homogenen Zustandes und die Annahme eines veränderten Zustandes, zum Beispiel, wenn Wasser über eine bestimmte Temperatur hinaus erhitzt wird und einen gasförmigen Zustand annimmt.

[106] Vgl. *Pohlmann*, Ludwig und Uwe *Niedersen*: Dynamisches Verzweigungsverhalten bei Wachstums- und Evolutionsprozessen, in: *Niedersen*, Uwe und Ludwig *Pohlmann* (Hrsg.): Selbstorganisation. Jahrbuch für Komplexität in den Natur-, Sozial- und Geisteswissenschaften. Band 1, Selbstorganisation und Determination, Berlin: Duncker & Humblot 1990, S. 65ff.

[107] Vgl. *Cramer*, Friedrich: Chaos und Ordnung, 1989, S. 159.

[108] Vgl. *Pohlmann*, Ludwig und Uwe *Niedersen*: Dynamisches Verzweigungsverhalten, 1990, S. 77f.

[109] Vgl. *Cramer*, Friedrich: Chaos und Ordnung, 1989, S. 148.

horizont zu treffen ist aber praktisch zum Scheitern verurteilt;[110] eine langfristige Vorhersage ist sowohl mit Bezug auf das Wetter als auch zur Prognose der künftigen Unternehmentwicklung unmöglich.[111] „Long-range forecasting (two years or longer) is notoriously inaccurate."[112] So treten beispielsweise technologische Diskontinuitäten gerade in der oben skizzierten Art und Weise auf – plötzlich und unerwartet. "An environment may be stable for years, even decades, and then suddenly go all to hell; then planers have to stop extrapolating."[113] Die langfristige Planung kann nur unter der Prämisse gestaltet werden, dass ein Unternehmen darauf vorzubereiten ist, dass alternative Umweltkonstellationen kompensiert werden können, ohne jedoch eine konkrete Situation vorzugeben. Angesichts dieser Tatsachen sollte das Ziel unternehmerischer Langfristplanung und -steuerung verstärkt den Aufbau von Reaktionskompetenzen zum Inhalt haben, in dem Sinne, dass die Auswirkungen unvorteilhafter Umweltkonstellationen ausgeglichen werden können und das Unternehmen in die Lage versetzt wird seine Ziele auch unter diesen Bedingungen erreichen zu können.

Dieses Systemverhalten zeigt sich auch bei Unternehmen, deren Strategie oder Struktur solche Phasenübergänge durchlaufen. Ein zunächst graduell verlaufender Veränderungsprozess erzeugt plötzlich einen Zustandsübergang, der mit großer Geschwindigkeit abläuft und evolutorische Entwicklungssprünge in dem betreffenden System hervorruft, die dazu führen, dass neu geschaffenen Strategien verfolgt oder Strukturen eingeführt werden.[114] Innerhalb eines Unternehmens sind es häufig Investitionsentscheidungen zugunsten bestimmter Ressourcen, die einen solchen irreversiblen Entwicklungssprung erzeugen und die Entwicklung des Unternehmens auf längere Zeit festlegen. Eine relativ wenig beachtete Eigenschaft einer Ressource besteht gerade darin, wie leicht diese Investitionen wieder rückgängig gemacht werden kann, beispielsweise durch eine Veräußerung auf einem Markt. Nur wenn eine Ressource handelbar oder verwendungsunabhängig ist, kann ein Unternehmen die Richtung eines einmal eingeschlagenen Entwicklungspfads

---

[110] Vgl. *Mintzberg*, Henry; Bruce *Ahlstrand* und Joseph *Lampel*: Strategy Safari. A Guides Tour through the Wilds of Strategic Management, New York: The Free Press 1998, S. 46ff.

[111] Vgl. *Levy*, David: Chaos Theory and Strategy, 1994, S. 170f.

[112] *Hogarth*, Robin M. und Spyros *Makridakis*: Forecasting and Planning: An Evaluation, in: Management Science, Jhg. 27, Nr. 2, 1981, S. 122.

[113] *Mintzberg*, Henry: The Rise and Fall of Strategic Planning, 1994, S. 238.

[114] Vgl. *Mintzberg*, Henry: Crafting Strategy, 1987, S. 71f.

wieder korrigieren und gleichzeitig zumindest einen Teil der Aufwendungen am Markt erlösen.[115]

Solche Übergänge können durch bewusste, zielgerichtete Steuerungsimpulse der Unternehmensführung erzeugt werden als auch durch die Fähigkeit zur Selbstorganisation einzelner Unternehmensteile. In sozialen Systemen ist, da die in ihnen befindlichen Individuen einen mehr oder minder großen Handlungsspielraum besitzen, beziehungsweise danach streben, diesen zu erweitern, immer von einem gewissen Anteil Selbstorganisation auszugehen. Die Leistungsfähigkeit einzelner Subsysteme oder des Gesamtsystems zu verbessern ist ein Hauptmotiv für selbstorganisierendes Verhalten: „... a self-organizing system is a system that tends to improve its performance in the course of time by making its elements better organized for achieving the goal. This formulation includes the special case in which the goal is to achieve a high degree of organization (order) of relevant entities from low degree of their organization (disorder, chaos)."[116] Die Fähigkeit zur Selbstorganisation entsteht aus einem Zusammenspiel zwischen formellen und informellen Regelungen, die aus persönlichen Absprachen oder Vereinbarungen bestehen können, welche nicht aus objektiven organisatorischen Regelungen abgleitet werden können.[117]

2. Entropie als Maß für Ordnung und Vielfalt in komplexen Systemen

Ein erster naturwissenschaftlicher Ansatz, Komplexität und zeitliche Irreversibilität zu erfassen, ist in der energetischen Wärmelehre zu finden: der – auf den Arbeiten von *Carnot* und *Clausius* zugrundeliegenden – Thermodynamik.[118] Der zentrale Begriff, welcher die Thermodynamik in Verbindung

---

[115] Vgl. *Ghemawat*, Pankaj und Patricio *del Sol*: Commitment versus Flexibility?, 1998, S. 39f.

[116] Vgl. *Klir*, George J.: Facets of Systems Science, 1991, S. 156.

[117] Vgl. *Kieser*, Alfred: Konstruktivistische Ansätze, in: *Kieser*, Alfred (Hrsg.): Organisationstheorien, Stuttgart: Kohlhammer 2001, S. 305ff.

[118] Vgl. *Prigogine*, Ilya und Isabelle *Stengers*: Dialog mit der Natur. Neue Wege naturwissenschaftlichen Denkens, 4. Auflage, München und Zürich: R. Piper & Co. Verlag 1983, S. 107ff. Der erste Hauptsatz der Thermodynamik ist der sogenannte Energieerhaltungssatz. Demnach ist die in der Natur vorhandene Energiebilanz stets ausgeglichen. Die quantitative Beschreibungsgröße dieses Satzes ist die Menge systeminterner Energie. Die Menge an Energie, welche beispielsweise in eine Maschine eingeleitet wird, wird

mit Fragestellungen der Komplexität und Ordnung von Systemen bringt, ist die Entropie und geht auf *Clausius* zurück. Die Entropie stellt eine Zustandsgröße dar, die den sich ständig vermindernden Vorrat an nutzbarer, in Arbeit umwandelbarer Energie eines Systems beschreibt.[119] Bei der Entropieerzeugung sind unterschiedliche Wirkungsweisen zu unterscheiden. Eine mechanische Apparatur gibt die von außen erhaltene Arbeitsenergie wieder in Form von Arbeit ab. Ursache und Wirkung entsprechen einander, eine solche Maschine folgt dem strengen Kausalitätsprinzip. Im Gegensatz dazu, liegt einer Wärmekraftmaschine eine Zustandsänderung zugrunde, die Phasenübergänge der Materie umfasst. Nicht die einfache Übertragung von Bewegungsimpulsen ist zu beobachten, sondern eine innere Veränderung des Systems – durch Volumenveränderung erzeugte Bewegungsenergie.[120] Im Bereich der

---

auch durch diese wieder abgegeben. Eine Energiedifferenz eines nicht-abgeschlossenen Systems kann nur durch einen Energietransport über die Systemgrenze hinweg, durch das Verrichten von Arbeit, die Übertragung von Wärme oder einen Materiefluss erfolgen. Vgl. dazu *Baehr*, Hans D.: Thermodynamik, 8. Auflage, Berlin et al.: Springer 1992, S. 35ff. und S. 44f. Vgl. auch *Laszlo*, Erwin: Evolution, 1987, S. 30.

Der zweite Hauptsatz der Thermodynamik ist der sogenannte Entropiesatz. Er besagt, dass ein verlustfreier Energie-Wärme-Übergang grundsätzlich ausgeschlossen ist. Der Begriff der Entropie stellt hier das notwendige Maß für den Energieverlust in Form von verringerter Ordnung dar. Energiereiche Systeme zeichnen sich durch einen höheren Ordnungsgrad, also eine geringere Entropie aus. Die Entropie dient hier als quantitative Zustandsgröße eines Systems. Ein einfaches Beispiel soll diesen Zusammenhang verdeutlichen. Gegeben sei ein Behälter, der durch eine vertikale Trennwand in zwei Kammern A und B geteilt ist. In Kammer A befinde sich ein bestimmtes Gas, während Kammer B unbefüllt ist. Wird nun eine Verbindung zwischen beiden Kammern geöffnet, so strömt das Gas solange in die Kammer B, bis das Gemisch in beiden Kammern ausgeglichen ist. An dem Durchgang könnte sich eine Turbine befinden, die durch den Strömungsverlauf Energie erzeugt. Entscheidend ist, dass sich das System von einem Zustand höherer Ordnung mit einem großen Anteil freier Energie bewegt hat hin zu einem Zustand geringerer Ordnung und erhöhter Entropie. Der Prozess ist zunächst irreversibel, das Gas wird von allein nicht wieder in den Ausgangspunkt (gesamte Menge in Kammer A) zurückkehren. Soll dieser Prozess umgekehrt werden, so ist mehr Energie notwendig, als durch das Strömungsverhalten erzeugt werden konnte. Es ist somit gleichzeitig der Beweis geliefert für die Existenz irreversibler Prozesse. Die Entropie eines Systems nimmt solange zu, wie Energiedifferenzen bestehen und strebt dem thermodynamischen Gleichgewicht entgegen. Vgl. dazu *Cramer*, Friedrich: Chaos und Ordnung, 1989, S. 30ff. und S. 249ff. Vgl. auch *Baehr*, Hans D.: Thermodynamik, 1992, S. 79ff.

[119] Vgl. *Baehr*, Hans D.: Thermodynamik, 1992, S. 81ff.

[120] Vgl. *Prigogine*, Ilya und Isabelle *Stengers*: Dialog mit der Natur, 1983, S. 115. Vgl. auch *Mainzer*, Klaus: Thinking in Complexity, 1997, S. 58ff.

Thermodynamik werden erstmals Effekte wie Selbstorganisation, Ordnung, Irreversibilität und komplexes Verhalten anhand relativ einfacher Systeme sichtbar.[121]

Entropie wird als die Ursache für die Irreversibilität von Prozessen angesehen, sie verkörpert die tendenzielle Entwertung der Energie eines Objektes.[122] Die Menge verfügbarer Energie nimmt kontinuierlich ab, im gleichen Zug wächst die Entropie, die denjenigen Energievorrat umfasst, der sich in einem Zustand der Nicht-Verfügbarkeit oder Gebundenheit befindet.[123] Interessanterweise liegen die Wurzeln, die zur Entdeckung dieser Gesetzmäßigkeiten führten, in einer in hohem Maße ökonomischen Fragestellung, deren Ziel es war, die Effizienz von Dampfmaschinen zu erhöhen. Aus einer bestimmten Menge freier Wärmeenergie sollte das Maximum mechanischer Arbeit gewonnen werden. Die Grundtatbestände ökonomischer Problemstellungen, gekennzeichnet durch Knappheit und effiziente Verwendung knapper Ressourcen, halfen maßgeblich bei der Entdeckung der energetischen Wär-

---

[121] Als Beispiel ist auf die thermische Konvektion hinzuweisen. Dabei wird eine Flüssigkeit, beispielsweise Wasser, durch kontinuierliche Energiezufuhr dazu veranlasst, einen Zustand des molekularen Chaos zu verlassen und durch einen geordneten Zustand zu ersetzen. Überschreitet der Temperaturgradient eine bestimmte Schwelle, so bilden sich innerhalb der Flüssigkeit rotierende Zellen, sogenannte bérnadsche Konvektionszellen, die einen effizienten Wärmetransport innerhalb der Flüssigkeit organisieren. Die Struktur bildet sich selbstständig aus dem System heraus, es entsteht ein quasi abgestimmtes Verhalten auf molekularer Basis. Dabei sind benachbarte Zellen immer gegenläufig rotierend. Durch die Energiezufuhr von außerhalb des Systems stabilisiert sich ein hochgeordneter Zustand, der bei Anliegen eines bestimmten Temperaturgradienten stets wiederkehrt. Dessen genaue Abfolge, ob die erste Zelle links- oder rechtsrotierend ist, kann jedoch nicht kontrolliert beziehungsweise vorhergesagt werden. Die Rotationsreihenfolge ist von kleinsten Variationen der Anfangsbedingungen abhängig. Fernab des Gleichgewichtszustandes kann sich das System somit auf verschiedene Weisen an einen externen Impuls anpassen und verändert seine Struktur, um einen geordneten Zustand einzunehmen. Das Beispiel zeigt, dass es für offene Systeme möglich ist, fernab des Gleichgewichts entropiearme Zustände mit höherem Ordnungsgrad zu erreichen. Vgl. dazu *Nicolis*, Grégorie und Ilya *Prigogine*: Die Erforschung des Komplexen, 1987, S. 20-29.

[122] Vgl. *Ebeling*, Werner: Selbstorganisation und Entropie in ökologischen und ökonomischen Prozessen, in: *Beckenbach*, Frank und Hans *Diefenbacher* (Hrsg.): Zwischen Entropie und Selbstorganisation: Perspektiven einer ökologischen Ökonomie, Marburg: Metropolis 1994, S. 31.

[123] Vgl. *Rifkin*, Jeremy: Entropie. Ein neues Weltbild, Hamburg: Hoffmann und Campe 1982, S. 46.

melehre.[124] Aus diesem Grund kann das Entropiegesetz für sich in Anspruch nehmen als das „ökonomischste" aller physikalischen Gesetze zu gelten.[125]

Die grundlegenden Bedingungen thermodynamischer Prozesse werden im Folgenden erläutert, diese verdeutlichen die Konsequenzen dynamischer Strukturänderungsprozesse in komplexen Systemen. Ein einzelner, durch inhomogene Temperaturverteilung gekennzeichneter Körper wird nach *Fouriers* Gesetz der Wärmeausbreitung allmählich einen Zustand des thermischen Gleichgewichts annehmen. Ein solcher Vorgang ist ohne Einwirkung von außen unumkehrbar. Noch nie wurde beobachtet, dass Materie spontan ihr thermodynamisches Gleichgewicht verlässt und zu einer ungleichmäßigen Temperaturverteilung übergeht. Wärme transformiert Materie und setzt mechanische Energie frei.[126] Dabei ist die Gesamtmenge der Energie konstant, lediglich deren Erscheinungs- oder Speicherungsform verändert sich. Energie kann weder geschaffen noch vernichtet werden. Bei der Verrichtung mechanischer Arbeit treten jedoch Reibung, Verformung und ähnliche Verluste auf, die als dissipative[127] Effekte bezeichnet werden und einen vollständig reversibeln Prozess nicht zulassen. „Nothing is destroyed..., but everything is scattered to the four winds."[128] Die im System vorhandene Energie nimmt deshalb durch dissipative Effekte kontinuierlich ab, die Entropie steigt.[129] Jedes System besitzt ein bestimmtes Maß an Entropieerzeugung, welches nur durch Austauschprozesse mit der Systemumwelt verändert werden kann, für irreversible Prozesse ist diese niemals negativ.[130] Solange ein System sich

---

[124] Vgl. *Georgescu-Roegen*, Nicholas: The Entropy Law and the Economic Process, Cambridge, Massachusetts: Harvard University Press 1971, S. 276ff.

[125] Vgl. *Georgescu-Roegen*, Nicholas: The Entropy Law and the Economic Process, 1971, S. 280.

[126] Grundlage ist das gedankliche Experiment einer reversiblen Wärme-Kraft-Maschine, des carnotschen Kreisprozesses. Vgl. *Baehr*, Hans D.: Thermodynamik, 1992, S. 2.

[127] Lat. dissipare = verteilen

[128] Vgl. *Georgescu-Roegen*, Nicholas: The Entropy Law and the Economic Process, 1971, S. 142.

[129] Vgl. *Baehr*, Hans D.: Thermodynamik, 1992, S. 18ff. und S. 79ff. Der zweite Hauptsatz verbietet die Existenz eines sogenannten Perpetuum mobile zweiter Art, wonach beliebige Energieumwandlungen möglich wären. Die vollständige Rückgewinnung von erzeugter Arbeit ist nicht möglich. Gleichzeitig verbietet der erste Hauptsatz ein perpetuum mobile erster Art, da keine Energie aus dem Nichts erzeugt werden kann. Vgl. auch *Rifkin*, Jeremy: Entropie, 1982, S. 44ff.

[130] Vgl. *Baehr*, Hans D.: Thermodynamik, 1992, S. 82.

selbst überlassen bleibt, wird eine Entropiezunahme stattfinden; die Menge an frei verfügbarer Energie sinkt. Dies geschieht solange, bis das System seinen thermodynamischen Gleichgewichtszustand – den sogenannten Wärmetod – erreicht und die Entropie ihren Maximalwert erlangt.[131] Die systeminhärente Tendenz zu maximaler Entropie gilt allerdings nur für isolierte, sich selbst überlassene Systeme. Für offene Systeme ist Entropieexport beziehungsweise Negentropieimport über die Systemgrenzen hinweg möglich. Die Umwandlung von Energie, beispielsweise in Arbeit oder Wärme bewirkt eine „Zerstreuung" (Dissipation) vorhandener und verfügbarer Energie in einen Zustand nicht-verfügbarer Energie. Jeder Arbeitsprozess bewirkt, je nach Wirkungsgrad, einen Verlust freier Energie.[132]

Soll ein Prozess vollständig rückgängig gemacht werden, so ist es notwendig aus der Systemumwelt auf das System einzuwirken. Innerhalb eines geschlossenen Systems ist eine Entropiereduzierung ausgeschlossen.[133] Alles ökonomische Handeln unterliegt entropischen Eigenschaften, freie, ungeformte Energie wird transformiert, um Gegenstände höherer Ordnung zu schaffen. Dabei wird Materie mit niedriger Entropie umgewandelt und erreicht Zustände höherer Entropie. Energie geht bei diesem Prozess verloren und zerstreut in die Umwelt.[134] So besitzt beispielsweise das Eisenerz vor seiner Weiterverarbeitung eine geringe Entropie, im Zuge der Bearbeitung durch ökonomisch-technische Prozesse entsteht daraus Stahl. Durch die Erzbearbeitung wird Entropie erzeugt, der Stahl beinhaltet einen größeren Anteil gebundener Energie als das Erz in seinem Urzustand, allerdings entweicht ein Teil der aufgewendeten Energie in die Umwelt. Es darf aber nicht der Eindruck entstehen, dass die Konsequenz ökonomischen Handelns kausal die Entropiemaximierung auf diesem Planeten erzeugt. Geschlossene Systeme bewegen sich stets, auch ohne menschliches Zutun auf den Zustand maximaler Entropie zu, so auch das Ökosystem des Planeten Erde. Das Ökosystem der Erde kann beispielsweise als ein quasi geschlossenes System ange-

---

[131] Vgl. *Kluge*, Gerhard und Gernot *Neugebauer*: Grundlagen der Thermodynamik, Heidelberg u. a.: Spektrum 1994, S. 55.

[132] Vgl. *Rifkin*, Jeremy: Entropie, 1982, S. 46.

[133] Das ganze Universum kann als ein geschlossenes System verstanden werden, innerhalb dessen die Entropie kontinuierlich steigt. Sämtliche physikalischen Prozesse führen zu einem Anstieg der Entropie, zu einem Verlust an Ordnung und führen das Universum dem Wärmetod entgegen. Es ist allerdings noch nicht sicher, ob das Universum ein geschlossenes System ist oder nicht.

[134] Vgl. *Ebeling*, Werner: Selbstorganisation und Entropie, 1994, S. 37ff.

sehen werden, wenn man von der Sonnenenergie absieht die konstant der Erde zufließt. Wird die Entropieerzeugung aber durch ökonomisches Handeln gelenkt, statt dem autonomen Streben zu maximaler Entropie überlassen zu werden, so ist in jedem Fall ein effizienterer Weg der Entropieerzeugung möglich. Dies ist verbunden mit dem zusätzlichen Nutzen, dass hochgeordnete Zustände fernab des thermodynamischen Gleichgewichts erreicht werden können. Mit anderen Worten die positive Beeinflussung der Lebensumstände auf diesem Planeten.[135]

Auf Grundlage der Arbeiten des österreichischen Physikers *Boltzmann* zur statistischen Mechanik[136] wurden die weitreichenden Konsequenzen der Entropie deutlich.[137] Danach wird die Entropieproduktion als eine zunehmende Desorganisation der Elemente innerhalb eines bestimmten Systems bezeichnet. Es konnte gezeigt werden, dass der wahrscheinlichste Zustand den ein System einnehmen wird, derjenige Zustand ist, an dem sich die Wirkungen aller im System ablaufenden Prozesse untereinander statistisch ausgleichen. Eine bestimmte Wahrscheinlichkeitsverteilung der Teilchenbewegungen korrespondiert dabei mit einem bestimmten Makrozustand, z.B. einer Temperatur der Materie von 20°C. Die Unordnung des Systems misst sich anhand der Anzahl unterschiedlicher Möglichkeiten molekularer Bewegungsmuster, die einem bestimmten Makrozustand entsprechen, dies entspricht einer mehr oder weniger stark gestauchten Wahrscheinlichkeitsverteilung. Der makroskopische Zustand 20°C kann durch eine größere Anzahl verschiedener Mikrozustände erreicht werden und hat eine stärker gestauchte Verteilungskurve im Vergleich zu der Temperatur 10°C.[138] Systemweite Parameter wie die Temperatur eines Körpers stellen eine Mittelwertbetrachtung dar, die unempfindlich gegenüber einzelnen Fluktuationen ist.[139] Bei

---

[135] Vgl. *Georgescu-Roegen*, Nicholas: The Entropy Law and the Economic Process, 1971, S. 281f.

[136] Vgl. *Boltzmann*, Ludwig: Über die mechanische Bedeutung des zweiten Hauptsatzes der Wärmetheorie, in: *Hasenohrl*, F. (Hrsg.): Boltzmann, Ludwig: Wissenschaftliche Abhandlungen, Ausgabe 1, Leipzig, Neuauflage 1968, New York: 1866, S. 9-33.

[137] Vgl. *Binswanger*, Mathias: Information und Entropie. Ökologische Perspektiven des Übergangs zu einer Informationswirtschaft, Frankfurt und New York: Campus 1992, S. 34ff.

[138] Aus dem Makrozustand, der den absoluten Nullpunkt repräsentiert, folgt lediglich ein einzig möglicher Mikrozustand des Systems, nämlich der des vollkommenen Stillstandes aller Moleküle.

[139] Vgl. *Prigogine*, Ilya und Isabelle *Stengers*: Entwicklung und Irreversibilität, in: Niedersen, Uwe und Ludwig Pohlmann (Hrsg.): Selbstorganisation. Jahrbuch für Komplexität

minimaler Entropie ist die potenzielle Energie am größten und die Konzentration der Elemente am stärksten. Im Zustand maximaler Entropie besteht keinerlei Ordnung, die Elemente befinden sich gleichmäßig über das System verteilt.[140] Die Ordnung innerhalb eines Systems sinkt mit zunehmender Entropie, aus diesem Grund wird er Entropiebegriff häufig mit Unordnung gleichgesetzt. Die Ordnung der Teilchen ist im thermodynamischen Gleichgewicht an einem Minimum angelangt, die daraus resultierende Entropie ist maximal.[141] Es ist darauf hinzuweisen, dass der Ordnungsbegriff mit dem Problem behaftet ist, dass dieser nur im Hinblick auf den verfolgten Zweck zu beurteilen ist.[142] Ob Ordnung einer Unordnung vorzuziehen ist, kann nicht grundsätzlich entschieden werden.

Das folgende Beispiel soll diesen Zusammenhang verdeutlichen.[143] Gegeben sei ein Gasbehälter, der in zwei gleich große, miteinander verbundene Bereiche untergliedert ist. Der Einfachheit halber soll in diesem Beispiel von vier verschiedenen Elementen (a, b, c, d) ausgegangen werden. Drei Makrozustände lassen sich unterscheiden: Alle Elemente befinden sich in einer der beiden Hälften des Behälters, drei Elemente befinden sich in einer Hälfte und ein Element in der anderen Hälfte oder je zwei Elemente in beiden Hälften. Die N=4 Moleküle verteilen sich innerhalb des Behälters auf die beiden Hälften, wobei sich die Anzahl möglicher Verteilungen W aus der Kombinatorik ergibt, diese sind in Tabelle 2 dargestellt. Mehrere Mikrozustände entsprechen einem bestimmten Makrozustand, in diesem Beispiel existieren sechs verschiedene Möglichkeiten den Makrozustand „je zwei Moleküle befinden sich in einer Hälfte“ zu realisieren. Je größer die Anzahl der Moleküle, desto größer wird die Anzahl möglicher Verteilungen, wobei die Gleichverteilung der Moleküle stets die größte Anzahl der Möglichkeiten

---

in den Natur-, Sozial- und Geisteswissenschaften. Band 1, Selbstorganisation und Determination, Berlin: Duncker & Humblot 1990, S. 12f.

[140] Vgl. *Rifkin*, Jeremy: Entropie, 1982, S. 56.

[141] Vgl. *Nicolis*, Grégorie und Ilya *Prigogine*: Die Erforschung des Komplexen, 1987, S. 94f. und vgl. *Paslack*, Rainer: Urgeschichte der Selbstorganisation: zur Archäologie eines wissenschaftlichen Paradigmas, Wiesbaden: Vieweg 1991, S. 34f.und vgl. *Haken*, Hermann: Synergetik, 1983, S. 2.

[142] Von Unordnung wird deshalb auch besonders häufig gesprochen, wenn ein bestimmter Ordnungszustand im Widerspruch zu einer aktuellen Zweckvorstellung vorliegt, auch wenn im Hinblick auf einen anderen Zweck sich dieses System in perfekter Ordnung befinden kann. Vgl. *Georgescu-Roegen*, Nicholas: The Entropy Law and the Economic Process, 1971, S. 142.

[143] Vgl. *Binswanger*, Mathias: Information und Entropie, 1992, S. 35ff.

repräsentiert. Für beliebige N ist die Anzahl verschiedener Möglichkeiten W, eine bestimmte Verteilung (N_1, N_2, ..., N_m) zu realisieren, wie folgt zu berechnen:

$$W = \frac{N!}{(N_1! \cdot N_2! \cdot \ldots \cdot N_m!)}$$

Sollen die Zustände nach ihrem Ordnungsgrad beurteilt werden, so stellt der Zustand „alle Moleküle befinden sich in einer Hälfte" die größtmögliche Ordnung dar, da ein Beobachter durch Kenntnis dieses Makrozustandes vollständige Information bezüglich des Aufenthaltsortes jedes einzelnen Moleküls besitzt. Dieser Makrozustand übermittelt einem Beobachter sehr viele Informationen, die vollständig auf einen einzigen Mikrozustand hinweisen. Das Gegenteil ist der Fall, wenn eine Gleichverteilung der Moleküle herrscht. Aus diesem Makrozustand erwachsen nur wenig Information für einen Beobachter, da die Möglichkeiten zur molekularen Verteilung sehr viel größer sind. Aus der Kenntnis dieses Makrozustandes kann der Beobachter nicht auf eine konkrete Teilchenverteilung schließen. Dieser Zustand wird deshalb auch mit maximaler Unordnung beziehungsweise Unkenntnis gleichgesetzt.

Makrozustand	**Moleküle in linker Hälfte**	**Moleküle in rechter Hälfte**	**Verteilungsmöglichkeiten W**
Alle Moleküle in einer Hälfte	a, b, c, d	-	W = 1
Verhältnis 3 zu 1	a, b, c	d	W = 4
	a, b, d	c	
	a, c, d	b	
	b, c, d	a	
Zwei Moleküle in jeder Hälfte	a, b	c, d	W = 6
	a, c	b, d	
	a, d	b, c	
	b, c	a, d	
	b, d	a, c	
	c, d	a, b	

Tabelle 2: Verteilungsmöglichkeiten eines Gases mit 4 Molekülen

Für Systeme mit sehr großer Zahl von Elementen gilt entsprechend, dass ein Zustand, der vom Gleichgewicht beziehungsweise der Gleichverteilung abweicht sehr unwahrscheinlich ist. Je weiter ein Zustand vom Gleichgewicht entfernt liegt, desto unwahrscheinlicher ist er.[144] Die Entropie ist in diesem Fall diejenige Menge Information, die in dem Mikrozustand eines Systems enthalten ist, einem Beobachter dieses Systems auf der Makroebene allerdings verborgen bleibt.[145] Isolierte Systeme streben stets einen Zustand höchster Entropie an. Für diesen Zustand ist die Gesamtzahl mikroskopischer Zustände maximal, bei gleichzeitiger makroskopischer Äquivalenz der Einzelzustände.[146] Das Anwachsen der Entropie bedeutet das Eintreten des Wahrscheinlichen, es ist dabei zu berücksichtigen, dass damit keine bestimmte Struktur eines Systems gemeint sein kann, sondern nur die wahrscheinlichste Struktur, die eine Teilchenpopulation einnehmen wird. Ein strukturloser Zustand im Sinne vollkommener Unordnung ist a priori jedoch sehr unwahrscheinlich.[147] Durch eine Zunahme der Entropie wird die Beschreibung eines Systems immer schwieriger, da die Wahrscheinlichkeit, dass sich das System in einer bestimmten Konfiguration befindet, immer geringer wird. Eine Entropiezunahme entspricht somit einem Verfall verfügbarer Information bezüglich des betrachteten Systems.[148] Der Entropiebegriff beinhaltet also zwei Aspekte zur Systembeschreibung: zum einen ist er ein Maß für die Wertlosigkeit der in einem Objekt enthaltenen Energie, gleichzeitig ist Entropie ein Maß für die molekulare Unordnung eines Systems.[149]

3. Ansätze einer Quantifizierung der Systemkomplexität

Im Zuge einer Diskussion über die Komplexität stellt sich zwangsläufig die Frage, auf welche Art die Systemkomplexität ermittelt werden kann. Eine Beantwortung dieser Frage ist erforderlich, sobald zwei verschiedene Systeme im Hinblick auf ihre Komplexität verglichen oder die Komplexitätsveränderungen eines Systems im Zeitverlauf beurteilt werden sollen. Die grundlegenden Ansätze, den Komplexitätsbegriff einer Quantifizierung zu-

---

[144] Vgl. *Prigogine*, Ilya und Isabelle *Stengers*: Dialog mit der Natur, 1983, S. 132f.

[145] Vgl. *Binswanger*, Mathias: Information und Entropie, 1992, S. 52.

[146] Vgl. *Nicolis*, Grégorie und Ilya *Prigogine*: Die Erforschung des Komplexen, 1987, S. 93f.

[147] Vgl. *von Weizsäcker*, Carl Friedrich: Aufbau der Physik, 3. Auflage, München: DTV 1994, S. 179f.

[148] Vgl. *Prigogine*, Ilya und Isabelle *Stengers*: Dialog mit der Natur, 1983, S. 215f.

[149] Vgl. *Ebeling*, Werner: Selbstorganisation und Entropie, 1994, S. 32.

gänglich zu machen, entstammen der Mathematik beziehungsweise der Informationstheorie. Die dargestellten Möglichkeiten zur Quantifizierung der Komplexität zielen grundsätzlich darauf ab, eine möglichst kurze Form der Systembeschreibung zu finden, die den Inhaltsreichtum des zu beschreibenden Systems vollständig wiedergibt.

Zur Verdeutlichung der Probleme, die eine Quantifizierung des Komplexitätsbegriffs mit sich bringt, soll ein kleines Beispiel dienen. Ein System besteht aus fünf Elementen, z.B. Personen, die gemeinsam an einer bestimmten Aufgabe arbeiten. Diese hängen in ihren Arbeitsschritten voneinander ab und können in unterschiedlicher Art und Weise miteinander kommunizieren. Ein möglicher Fall wäre, dass diese Personen nicht miteinander kommunizieren können[150], in Abbildung 3 entspricht dies dem Fall A. In dieser Konfiguration ist die Beschreibung des Systems relativ einfach. Um dieses System vollständig zu beschreiben, ist lediglich eine kurze Aussage erforderlich. Werden Verbindungen zwischen den Systemelemente hinzugefügt, desto aufwendiger gestaltet sich die Beschreibung des Systems. In den Fällen B und C werden bestimmte Kommunikationsverbindungen zugelassen und erhöhen damit den Umfang der Systembeschreibung. Allerdings ist eine eindeutige Beurteilung schwierig. Die Konfigurationen sind unterschiedlich und eine Differenzierung, welches System eine umfangreichere Beschreibung erfordert, lässt sich nicht eindeutig treffen. Einen interessanten Fall stellt der Fall D, „alle Elemente sind miteinander verbunden", dar. Da alle Elemente miteinander verbunden sind, könnte es bedeuten, dass es sich hier um den Fall mit der höchsten Komplexität handelt. In Bezug auf die Beschreibungslänge ist dieses System aber gleichzusetzen mit Fall A, „keine Elemente sind miteinander verbunden". Die Beschreibungslänge beider Fälle ist ähnlich kurz und in beiden Fällen sehr viel kürzer als für die Fälle B und C. Demnach wäre für die Fälle A und D die gleiche Komplexität anzunehmen.[151] Ein solcher Ansatz liefert also nur eine grobe Annäherung an die Komplexität eines Systems und ist nicht frei von widersprüchlichen Ergebnissen.

---

[150] In diesem Fall wird angenommen, dass die systemkonstituierenden Relationen aus der Bewältigung einer gemeinsamen Aufgabe resultieren. Die Systemelemente stehen also miteinander in Beziehung, da sie zur Zielerreichung erforderliche, voneinander abhängige Tätigkeiten vollziehen. Betrachtet wird aber hier nur die Möglichkeit Tätigkeiten durch gegenseitige Abstimmung zielgerichtet gestalten zu können.

[151] Vgl. *Gell-Mann*, Murray: Das Quark und der Jaguar, 2000, S. 70ff.

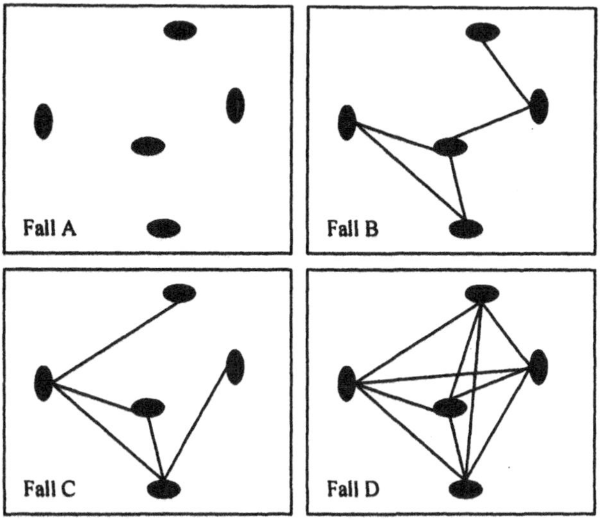

Abbildung 3: Komplexität als Länge der Systembeschreibung[152]

Algorithmische Komplexität (AIC)[153]

Der AIC stellt einen aufwandsbezogenen Komplexitätsbegriff dar, welcher den Grad der Komprimierbarkeit einer vollständigen Systembeschreibung beinhaltet.[154] Die Komplexität wird in diesem Fall durch den algorithmischen Informationsgehalt (AIC) ausgedrückt. Der Begriff geht auf *Kolmogorow*[155] zurück und bezeichnet die Länge der kürzesten Zeichenfolge, welche eine bestimmte, theoretisch unendliche, binäre Zeichenfolge zu erzeugen vermag. Ausschlaggebend ist dabei nicht die absolute Länge einer Bitfolge, es ist vielmehr die Komprimierbarkeit einer Folge, die den AIC bestimmt.[156]

[152] In Anlehnung an *Gell-Mann*, Murray: Das Quark und der Jaguar. Vom Einfachen zum Komplexen, 3. Auflage, München: Piper 2000, S. 70.

[153] AIC = Algorithmic Information Content.

[154] Vgl. *Gell-Mann*, Murray: What is Complexity?, in: *Quadrio Curzio*, Alberto und Marco *Fortis* (eds.): Complexity and Industrial Clusters, Heidelberg und New York: Physica 2002, S. 13ff.

[155] *Kolmogorov*, Andrej N.: Three approaches to the quantitative definition of information, 1965, S. 1-7.

[156] Vgl. *Gell-Mann*, Murray: Das Quark und der Jaguar, 2000, S. 74ff.

Liegt ein einfaches System vor, so würde ein einfaches Schema ausreichen, um es zu beschreiben. Die Komplexität des Systems wäre dann die Größe des Schemas im Verhältnis zur Größe des gesamten Systems. Allerdings lässt sich diese Interpretation nur dann anwenden, wenn ein Algorithmus existiert, mit dessen Hilfe eine vollständige Beschreibung überhaupt möglich ist.[157] Ist eine Folge nicht komprimierbar, so wird sie als algorithmisch zufällig bezeichnet. Für ein System, welches keine erkennbare Struktur aufweist, ist die Wiedergabe in Form eines komprimierten Modells unmöglich. Zur Beschreibung des Systems ist es notwendig, es selbst vollständig wiederzugeben.

Ein solch unbestimmbares System wird als fundamental komplex bezeichnet.[158] Bei der Erfassung und Beschreibung des Komplexen geht es demnach um die Erkennung von Strukturen innerhalb eines Systems oder von Mustern im Zeitverlauf. Hierfür sind exakte Messwerte weit weniger wichtig als die Beziehungen, die zwischen verschiedenen Variablen und Zuständen bestehen. Ist ein solches Muster erkannt, liefert es weit verlässlichere Aussagen über ein System, als von Zufälligkeiten und Ungenauigkeiten geprägte Messwerte, die sich zudem im Zeitverlauf verändern.[159]

Der AIC erreicht sein Maximum unter der Bedingung, dass eine Folge vollkommen zufällig ist und keine erkennbare Regelmäßigkeit existiert. Hinter einer vollständigen Systembeschreibung verbergen sich, ausgenommen an den beiden Extrempunkten, zwei verschiedene Komponenten. Zum einen aus dem Anteil, der die Regelmäßigkeiten einer Zahlenfolge umfasst – der effektiven Komplexität, zum anderen aus einem Anteil, der die Zufälligkeiten einer Folge beinhaltet. Die effektive Komplexität ist demnach die Länge der Beschreibung der regelmäßigen Bestandteile einer Folge. Die zufälligen Elemente entziehen sich einer exakten Beschreibung und werden nicht als Teil der Komplexität interpretiert.[160]

Ein Problem bei der Anwendung dieser Vorgehensweise auf soziale Systeme liegt in ihrer Veränderlichkeit. Gerade die Entwicklungsprozesse inner-

---

[157] Vgl. *Binswanger*, Mathias: Information und Entropie, 1992, S. 74.

[158] Vgl. *Cramer*, Friedrich: Chaos und Ordnung, 1989, S. 276f. Der Algorithmus zur Beschreibung der Reihe a, a, a, a, a ... ist sehr einfach: Schreibe hinter jedem a erneut ein a. Besteht die Reihe aus a, a, b, a, b, b, a, b, a, b, b, b, a, b, a, a, a, b, a, b, b, a, b ... ist keine Struktur erkennbar und die Folge lässt sich nicht auf einen Algorithmus reduzieren, der kleiner ist als die Reihe selbst.

[159] Vgl. *Vester*, Frederic: Die Kunst vernetzt zu denken, 2002, S. 21f.

[160] *Gell-Mann*, Murray: What is Complexity?, 2002, S. 14ff.

halb sozialer Systeme verhindern eine zuverlässige Beschreibung durch deterministische Algorithmen.[161] Weiterhin liegt eine kontextspezifische Abhängigkeit in der Aufteilung des AIC in einen regelbehafteten und einen zufälligen Teil. Die Bestimmung, was als zufällig angenommen wird, kann nicht absolut getroffen werden, sie ist vielmehr eine Entscheidung darüber, welche Aspekte von Bedeutung sind und welche als vernachlässigbar kategorisiert werden.[162] Die Anwendung des AIC ist auf Systeme begrenzt, die sich als eine mathematische Folge ausdrücken lassen. Der Facettenreichtum sozialer Systeme ist davon nur schwer zu erfassen beziehungsweise es besteht die Gefahr all diejenigen Aspekte, die sich einer mathematischen Ausdrucksweise entziehen, als zufällig anzunehmen und somit bei der Ermittlung der Komplexität außer Acht zulassen. Außerdem widerspricht das Konzept des AIC dessen, was intuitiv als Komplexität wahrgenommen wird, da der AIC nur bei vollkommener Zufälligkeit maximal wird.

Ein Beispiel soll dieses Problem veranschaulichen. Würde man beispielsweise einen Affen vor eine Schreibmaschine setzen und mehrere hundert Seiten tippen lassen, so existiert eine Wahrscheinlichkeit größer Null, dass am Ende ein Buch, wie beispielsweise die vorliegende Arbeit, entsteht. Auch wenn die Wahrscheinlichkeit, so zumindest die Hoffnung eines jeden Autors, unvorstellbar klein ist, so ist es dennoch möglich. Welcher Text besitzt aber den größeren algorithmischen Informationsgehalt? Das Werk des Affen, dessen Arbeit das Ergebnis eines vollkommenen Zufallsprozesses ist oder die bewusste Arbeit eines Autors. Das Werk eines Autors enthält die grammatischen und semantischen Regeln der Sprache in der es verfasst wurde, es enthält somit einen großen Anteil nichtzufälliger Struktur. Es sind also gerade die nichtzufälligen Bestandteile, die Muster und Strukturen, die eine wesentlich bessere Übereinstimmung mit dem was als Komplexität wahrgenommen wird aufweisen.[163]

Entropie: Ein informationstheoretischer Ansatz zur Quantifizierung der Komplexität

Ein zweiter Ansatz zur Quantifizierung der Komplexität eines Systems entstammt aus der Informations- und Kommunikationstheorie.[164] Die Kom-

---

[161] Vgl. *Binswanger*, Mathias: Information und Entropie, 1992, S. 74.

[162] Vgl. *Gell-Mann*, Murray: What is Complexity?, 2002, S. 14.

[163] Vgl. *Gell-Mann*, Murray: Das Quark und der Jaguar, 2000, S. 91ff.

[164] Zu den Grundlagen dieser Theorie vgl. *Shannon*, Claude E. und Warren *Weaver*: The Mathematical Theory of Communication, 1969,

plexität eines Systems entspricht hier der potenziellen Information, die innerhalb eines Systems enthalten ist. Die Menge an Information, die benötigt wird, um den Zustand eines Systems exakt zu beschreiben beziehungsweise die zum Verständnis eines Systems gehörende Unsicherheit zu eliminieren.[165] Der informationstheoretische Komplexitätsbegriff weist starke, insbesondere formale Parallelen zum physikalischen Entropiebegriff nach *Boltzmann*[166] auf. Eine Grundannahme dieses Denkansatzes liegt in der Überlegung, dass sich jede Information durch eine Kombination von binären Entscheidungen (bits) erzeugen lässt. Um eine gegebene Information von einem Sender zu einem Empfänger zu übertragen ist auf beiden Seiten ein Auswahlvorgang notwendig, um eine komplexe Information durch einen binären Code übermitteln zu können.[167] Angenommen ein System umfasst acht verschiedene Informationen oder Zustände (A, B, C, D, E, F, G, H). Zur Auswahl einer bestimmten Information, z.B. F ist eine drei bit umfassende Entscheidung notwendig. Abbildung 4 zeigt diesen Auswahlvorgang, der durch drei aufeinanderfolgende 0/1-Entscheidungen gekennzeichnet ist.

Um in diesem System eine eindeutige Information bezüglich seines Zustandes zu kennzeichnen, ist es erforderlich, die einzelnen Zustände mit einer Informationsmenge von mindestens drei bit voneinander zu differenzieren. Grundsätzlich besitzt diese Art der Kodierung die Eigenschaft, die geringst mögliche Informationsmenge festzulegen, die notwendig ist, um einen bestimmten Zustand eindeutig identifizieren zu können. Es ist allerdings möglich, die notwendige Informationsmenge zu reduzieren, wenn nicht alle Zustände mit der gleichen Wahrscheinlichkeit auftreten. Treten alle Informationen (N) mit der gleichen Wahrscheinlichkeit auf, so stellt *ld*N die minimale Anzahl notwendiger Binärzeichen dar.

---

[165] Vgl. *Klir*, George J.: Facets of Systems Science, 1991, S. 116. Vgl. auch *Binswanger*, Mathias: Das Entropiegesetz als Grundlage einer ökologischen Ökonomie, in: *Beckenbach*, Frank und Hans *Diefenbacher* (Hrsg.): Zwischen Entropie und Selbstorganisation: Perspektiven einer ökologischen Ökonomie, Marburg: Metropolis 1994, S. 28f.

[166] Vgl. *Boltzmann*, Ludwig: Bedeutung des zweiten Hauptsatzes der Wärmetheorie, 1866, S. 9-33. Vgl auch *Heinemann*, Volker: Zur Überführbarkeit des Entropiekonzepts in die Ökonomie, in: *Beckenbach*, Frank und Hans *Diefenbacher* (Hrsg.): Zwischen Entropie und Selbstorganisation: Perspektiven einer ökologischen Ökonomie, Marburg: Metropolis 1994, S. 202ff.

[167] Vgl. *Steinbuch*, Karl: Kommunikationstechnik, Berlin et al.: Springer 1977, S. 42f.

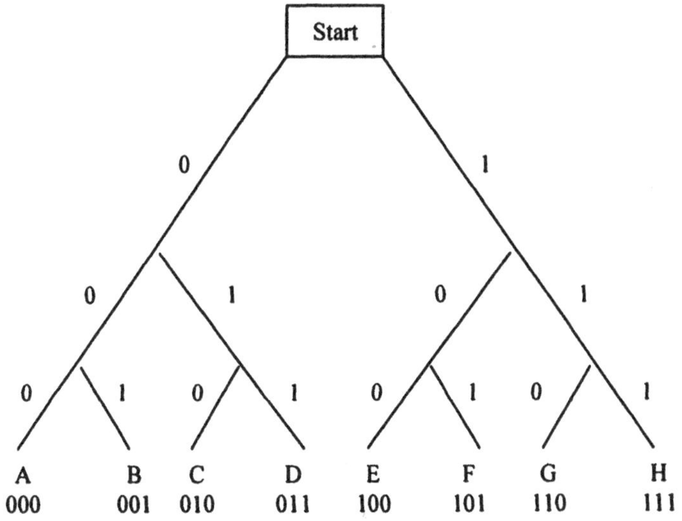

Abbildung 4: Binäre Informationscodierung[168]

Die benötige Informationsmenge reduziert sich, wenn die möglichen Informationen, hier die Systemzustände, nicht mit gleicher Wahrscheinlichkeit anzutreffen sind. Es existieren unterschiedliche Wahrscheinlichkeiten (p_i) für das Auftreten einer bestimmten Information (i). Jedem Zustand (x_i), den ein System einzunehmen in der Lage ist, wird eine Eintrittswahrscheinlichkeit zugeordnet. Die zugrundeliegende Wahrscheinlichkeitsverteilung beinhaltet also ein a priori Wissen über ein System, welches nicht mehr durch die binäre Codierung abgebildet werden muss.[169] Hierdurch wird es möglich dieselbe Informationsvielfalt mit weniger bits abzubilden. Häufig auftretende Informationen (Zustände) werden mit einem geringeren Entscheidungsgehalt, d.h. mit weniger Binärzeichen, codiert. Dagegen werden selten auftretende

[168] Die Menge verschiedener Information, die sich mit Hilfe von Binärsignalen abbilden lässt beträgt 2^n, mit n als Anzahl der Binärsignale. Es ergibt sich, dass sich mit zehn bits 2^{10}=1024 Informationen abbilden bzw. auswählen lassen. Daraus folgt im Umkehrschluss, dass man zur Auswahl aus N Informationen ld *N* bits (ld = Logarithmus Dualis) benötigt, bspw. ergeben sich so 5,64, also 6 bit um aus 50 Informationen eindeutig auswählen zu können. Da Bruchteile eines Binärzeichens nicht dargestellt werden können, ist auf die nächste ganze Zahl aufzurunden. Vgl. *Steinbuch*, Karl: Kommunikationstechnik, 1977, S. 44f.

[169] Vgl. *Binswanger*, Mathias: Information und Entropie, 1992, S. 45.

Informationen durch mehr bits repräsentiert, also mit einem größeren – im Vergleich zum gleichwahrscheinlichen Auftreten – Entscheidungsgehalt ausgestattet.[170] Der Informationsgehalt einer einzelnen Information errechnet sich deshalb aus folgender Gleichung.

$$h_i = ld \frac{1}{p_i} bit$$

Für das Gesamtsystem ergibt sich somit der mittlere Informationsgehalt (H), indem man über alle Einzelinformationen des Systems summiert.

$$H = \sum_{i=1}^{N} p_i ld \frac{1}{p_i}$$

In obiger Formel spiegelt sich der informatorische Aufwand wider, um zu entscheiden in welchem Zustand sich ein System befindet.[171] Sind die Wahrscheinlichkeiten gleichverteilt ($p_1=p_2=,...=p_N$), so geht dieser Ausdruck in *ld*N über. Ist dem Beobachter eines Systems bekannt in welchem Zustand sich dieses befindet, so beträgt die Wahrscheinlichkeit für diesen Zustand $p_i=1$ und die Wahrscheinlichkeit aller übrigen Zustände ist gleich Null. Liegen auf der anderen Seite keinerlei Kenntnisse bezüglich der Eintrittswahrscheinlichkeiten der Systemzustände vor, so müssen sie alle als gleichwahrscheinlich angenommen werden. Die Unwissenheit ist maximal und der Informationsgehalt erreicht mit *ld*N seinen maximalen Wert H_{max}.[172] Der mittlere Informationsgehalt stellt somit ein Maß für die potenzielle Informationsmenge eines Systems dar. Er drückt aus, was ein Beobachter eines Systems zu einem bestimmten Zeitpunkt über ein System wissen könnte, aber noch nicht weiß.[173] Hier zeigt sich eine Analogie zur Entropie, die ausdrückt, wie viel ein Beobachter, der den Makrozustand eines Systems kennt, über die zugrundeliegenden Mikrozustände wissen kann.[174] Mit Fortschreiten der Zeit

[170] Sollen zum Beispiel vier Zustände (A, B, C, D) unterschieden werden und treten diese mit den unterschiedlichen Wahrscheinlichkeiten auf (p_A=0,5; p_B=0,25; p_C=0,125; p_D=0,125), so genügen 1,75 bit zur eindeutigen Differenzierung. Bei gleichwahrscheinlichem Auftreten der Zustände wären dagegen 2 bit erforderlich gewesen. Zur ausführlichen Herleitung vgl. *Steinbuch*, Karl: Kommunikationstechnik, 1977, S. 45ff.

[171] Vgl. *von Weizsäcker*, Carl Friedrich: Aufbau der Physik, 1994, S. 192ff.

[172] Vgl. *Binswanger*, Mathias: Information und Entropie, 1992, S. 45.

[173] Vgl. *Binswanger*, Mathias: Information und Entropie, 1992, S. 52.

[174] Vgl. dazu Kapitel B.I.2.

wird mit hoher Wahrscheinlichkeit die vorhandene Informationsmenge bezüglich des vorliegenden Makrozustandes abnehmen, gleichzeitig nimmt die Menge der potenziellen Information (der Entropie) eines Systems zu.[175] Je größer die potenzielle Information eines Systems, desto schwieriger ist es aus dem Ergebnis der Systembeobachtung auf die tatsächliche Konfiguration des Systems zu schließen.[176] Je größer die potenzielle Informationsmenge innerhalb eines Systems ist, desto mehr tatsächliche Information ist notwendig, um eine Zunahme der Entropie zu vermeiden.[177] Die obigen Ausführungen einer informationstheoretischen Betrachtung haben gezeigt, dass die Menge potenzieller Information (H) innerhalb eines Systems eine Messgröße seiner Komplexität darstellt. Diese erfasst den informatorischen Aufwand der erforderlich ist, um vollständige Kenntnis über ein System zu erlangen. Je mehr potenzielle Information in einem System vorhanden ist, desto komplexer ist es. Die Anzahl und Verschiedenheit seiner Elemente, sowie deren Beziehungen untereinander sind ursächlich für diese Informationsmenge.[178] Analog zur Informationstheorie nach Shannon[179] ergibt sich für die Komplexität (C) folgender Zusammenhang:[180]

$$C = H - \sum_i p_i \cdot \ln(p_i)$$

Bestimmten Makrozuständen liegen, wie bereits angedeutet, unterschiedliche Mikrozustände zugrunde. Die Menge unterschiedlicher Mikrozustände eines Systems, die mit einem Makrozustand korrespondiert, bilden die Zustandsverteilung eines Systems. An den Extremalpunkten dieser Zustandsverteilungen stehen zwei grundsätzlich verschiedene Makro-zustände. Einerseits keinerlei Struktur der beteiligten Elemente und andererseits eine einzige

[175] Vgl. *von Weizsäcker*, Carl Friedrich: Aufbau der Physik, 1994, S. 180.

[176] Vgl. *Lindblad*, Göran: Non-Equilibrium Entropy and Irreversibility, Dordrecht et al.: D. Reidel 1983, S. 22f.

[177] Vgl. *Binswanger*, Mathias: Das Entropiegesetz als Grundlage einer ökologischen Ökonomie, 1994, S. 31f.

[178] Vgl. *Binswanger*, Mathias: Information und Entropie, 1992, S. 73.

[179] Vgl. *Shannon*, Claude E. und Warren *Weaver*: The Mathematical Theory of Communication, 1969,

[180] Die potenzielle Information (H) ist die maximale Informationsmenge, die in einem System enthalten sein kann. Der in Subtraktion gebrachte Term stellt die dem Beobachter zugängliche Menge an Information dar, welche seinem vorhandenen Wissen über ein System entspricht.

monolithische Struktur, welche als äquivalent komplex betrachtet werden kann. In diesen Fällen ist die Menge aktueller Information maximal und gleichzeitig die potenzielle Information sehr gering. Daraus folgt, dass strukturvielfältigere Konfigurationen sehr viel reicher an potenzieller Information sein müssen und deshalb auch wahrscheinlicher sind als strukturarme Zustände.[181] Der informationstheoretische Ansatz stellt im Vergleich zum AIC einen weniger speziellen Weg zur Messung der Systemkomplexität dar. Grundsätzlich kann dieses Konzept auch auf soziale Systeme angewandt werden, da weder mathematische Reduktion noch eine Formalisierung der System-zusammenhänge erforderlich sind. Allerdings ist die Frage, wie und auf welche Weise die potenzielle Informationsmenge eines Systems ermittelt werden kann, nicht geklärt. Zumindest aber bietet dieser Ansatz eine Möglichkeit, wie sich dem Quantifizierungsproblem im Grundsatz genähert werden kann. Die Information beruht dabei auf der Voraussetzung, dass unterscheidbare Sachverhalte innerhalb des Systems festgestellt werden können, beispielsweise unterschiedliche Zustände oder Elemente vorliegen. Ist diese Unterscheidbarkeit nicht gegeben, so kann auch die informationstheoretische Komplexitätsbewertung nur unzureichende Ergebnisse liefern.

Objektivität und Subjektivität der Systemkomplexität

Bisher wurde implizit die Annahme getroffen, dass die Komplexität eines Systems einen objektiven Tatbestand darstellt. Diese Annahme kann aber nur unter bestimmten Voraussetzungen akzeptiert werden. Insbesondere die Komplexitätsmessung sozialer Systeme obliegt aber bestimmten Eigenschaften, die eine objektive Komplexitätsmessung erschweren. Aus diesem Grund müssen subjektbezogene Kriterien für eine umfassende Betrachtung des Komplexitätsproblems herangezogen werden. Die Beschreibung eines Systems ist keine einem System innewohnende Eigenschaft, da sie sowohl von dem Beschreibenden als auch von einem potenziellen Empfänger dieser Beschreibung abhängig ist.[182] Damit beinhaltet sie ein hohes Maß Subjektivität und kann nicht losgelöst vom Betrachter oder der gewählten Interpretationssprache beziehungsweise -perspektive betrachtet werden.[183] So

---

[181] Vgl. *von Weizsäcker*, Carl Friedrich: Aufbau der Physik, 1994, S. 186f.

[182] Vgl. *Rosen*, Robert: Complexity and System Descriptions, in: *Hartnett*, William E. (ed.): Systems, Approaches, Theories and Applications, Dordrecht: Reidel Publishing 1977, S. 169ff.

[183] Vgl. *Klir*, George J.: Facets of Systems Science, 1991, S. 114f. Vgl. auch *Gell-Mann*, Murray: What is Complexity?, 2002, S. 14f. Vgl. auch *Espejo*, Raúl: Management of Complexity in Problem Solving, 1993, S. 81f. Vgl. auch *Dörner*, Dietrich: Die Logik des Mißlingens, 2002, S. 61.

kann ein bestimmtes Ausmaß an Systemkomplexität in verschiedenartigen Situationen beziehungsweise von zwei verschiedenen Individuen höchst unterschiedlich wahrgenommen werden. Eine Situation soll hier als Sammelbegriff für diejenigen Faktoren verstanden werden, innerhalb derer die strukturelle Beschreibung einer bestimmten Systemkonfiguration stattfindet. Es spielen individuelle Faktoren wie Ausbildung, Erfahrung, Routine oder kognitive Fähigkeiten eine Rolle.[184] „Was komplexe Systeme komplex und meist sehr schwierig zu handhaben macht, wird im Kopf des Betrachters entschieden."[185] Soll beispielsweise eine Fertigungslinie beschrieben werden, so benötigt eine Person, die mit den Prinzipien des Fertigungsablaufes vertraut ist, eine kürzere Beschreibung um das System zu erfassen, als eine Person die noch nie mit einem solchen System konfrontiert wurde. Der erfahrene Beobachter wird also die Komplexität des Systems als wesentlich geringer wahrnehmen, als der ungeschulte Beobachter. Dies gilt sowohl für das beschreibende Subjekt selbst, wie für einen potenziellen Empfänger einer solchen Beschreibung.

Neben diesen subjektiven Einflussgrößen auf die Größe der Komplexität ist die Grobkörnigkeit oder der Maßstab der verwendeten Systembeschreibung von Bedeutung für die wahrgenommene Komplexität. Das bedeutet, dass ein System in weitere Teilsysteme zerlegt wird. Das Problem liegt hier in der Auswahl eines geeigneten Auflösungsgrades. Dieser sollte anhand des verfolgten Ziels und der Art und Weise der beabsichtigten Einwirkung auf die Funktionsweise des betrachteten Systems gewählt werden.[186] Wird eine Fertigungslinie lediglich anhand von Input-Output-Relationen beschrieben, ist die Beschreibung sehr viel kürzer als eine detaillierte Angabe zu der alle an dem Prozess beteiligten Menschen, Maschinen, Materialien und Informationen herangezogen werden. Nur wenn der Auflösungsgrad zweier Systembeschreibungen vergleichbar ist, kann ein Komplexitätsvergleich vorgenommen werden.[187] Je feiner der Auflösungsmaßstab einer Systembeschrei-

---

[184] Vgl. *Roters*, Monica: Komplexität und Dynamik als Einflußgrößen der Effizienz von Organisationen. Eine empirische Untersuchung, Frankfurt am Main u.a.: Peter Lang 1989, S. 14ff.

[185] Vgl. *Dörner*, Dietrich und Cornelius *Buerschaper*: Denken und Handeln in komplexen Systemen, in: *Ahlemeyer*, Heinrich W. und Roswita *Königswieser* (Hrsg.): Komplexität managen - Strategien, Konzepte und Fallbeispiele, Wiesbaden: Gabler 1997, S. 79.

[186] Vgl. *Dörner*, Dietrich; Heinz W. *Kreuzig*; Franz *Reither* und Thea *Stäudel* (Hrsg.): Lohausen - Vom Umgang mit Unbestimmtheit und Komplexität, 1983, S. 40f.

[187] Vgl. *Gell-Mann*, Murray: Das Quark und der Jaguar, 2000, S. 68f.

bung gewählt wird, desto umfangreicher ist die zur Beschreibung notwendige Informationsmenge. Wird der Auflösungsgrad weiter verfeinert, so erhöht sich die Menge unterscheidbarer Zustände. Zustände, die zuvor noch als gleichwertig betrachtet wurden, müssen bei höherem Auflösungsgrad differenziert werden. Die Informationsmenge übersteigt dann häufig die zur Verfügung stehende Informationsverarbeitungsfähigkeit, im Ergebnis ist es dem Beobachter unmöglich das System zu verstehen beziehungsweise darin enthaltene Muster zu erkennen.[188] Der richtige Auflösungsgrad kann nur derjenige sein, welcher die Abhängigkeiten einer Zielvariablen, welche es zu beeinflussen gilt, vollständig darstellt.[189] Somit wird deutlich, das die Komplexität eines Systems keine intrinsische Eigenschaft eines Systems ist, sie ist abhängig von dem Diskriminierungsniveau, sei es durch einen Beobachter gewählt oder aufgrund von bestimmten Eigenschaften des Beobachters vorbestimmt.[190] Es ist unmöglich, ein objektives Maß für einen Auflösungsgrad zu definieren, eine Maximierung ist zugleich nicht erstrebenswert. Ergebnisse aus der mathematischen Forschung zeigen die Absurdität einer immer weiter vorangetriebenen Verfeinerung der Betrachtung. Ab einem bestimmten Niveau werden nur noch marginale Erkenntnisfortschritte durch eine weitere Detaillierung erreichbar. Diese wird stets zu einer fraktalen Struktur der Selbstreferenzierung führen, ohne qualitative Verbesserungen der Systembeschreibung zu ermöglichen.[191]

Ein hoher Detaillierungsgrad wird zur Informationsüberflutung führen, die den Blick für wesentliche Makrogrößen verstellt. Zusätzliche Informationen bedeuten nicht zwangsläufig eine bessere Informiertheit des Betrachters.[192] Die Komplexität eines Systems bezieht sich auf die Beschreibbarkeit dessel-

---

[188] Großer Detailreichtum betont analytische Denkstrukturen, welche die Unterschiedlichkeit der Elemente stark betonen. Wird hingegen eine gewisse Unschärfe zugelassen, beginnt das menschliche Gehirn, fehlende Elemente selbstständig zu ersetzen und Beziehungsmuster zwischen den Elementen herzustellen. Dieses Prinzip macht sich auch die in der Fertigungstechnik verwendete „fuzzy logic" zunutze. Abläufe werden nicht mit punktgenauen Daten gesteuert, sondern Wechselwirkungen zwischen Bereichen sorgen für eine Mustererkennung, vgl. *Vester*, Frederic: Die Kunst vernetzt zu denken, 2002, S. 53ff. und S. 179ff.

[189] Vgl. *Dörner*, Dietrich: Die Logik des Mißlingens, 2002, S. 115f.

[190] Vgl. *Ashby*, W. Ross: An Introduction to Cybernetics, New York: Wiley & Sons 1958, S. 125.

[191] Vgl. *Mandelbrot*, Benoit: Fractals: Form, Chance and Dimension, 1977,

[192] Vgl. *Vester*, Frederic: Die Kunst vernetzt zu denken, 2002, S. 19f.

ben. Eine CNC-Maschine ist schwieriger zu beschreiben als ein einfaches Werkzeug wie beispielsweise ein Hammer.[193] Komplexe Systeme können aufgrund ihrer Vielschichtigkeit nicht vollständig beschrieben werden. Die Gründe hierfür können unterschiedlich sein, Raum-, Mittel- oder Zeitrestriktionen des Beobachters oder eine Kombination aus diesen Beschränkungen sind geeignet den Umstand eines Beschreibungsdefizits hervorzurufen. Somit bildet sich Komplexität stets nicht bloß als zusätzliche Eigenschaft eines Systems, sondern auch immer als ein, den Beobachter eines Systems charakterisierendes Merkmal.[194]

Die Wahrnehmung von Komplexität geht einher mit der Existenz von Mustern, die nach einer Übereinstimmung mit dem Beobachteten trachten. Die Erkennung solcher Muster ist zunächst eine dem Menschen intuitiv gegebene Fähigkeit. Die menschlichen Sinnesorgane sind darauf konditioniert, Muster in ihrer Umwelt zu erkennen und zu interpretieren. Es ist jedoch falsch anzunehmen, dass sich ein Muster stets enthüllt, wenn es nur lange und gründlich genug betrachtet wird. In den Fällen, bei denen ein solches Vorgehen funktioniert, bedeutet es lediglich, dass die Sinnesorgane bereits den Theoriebildungsprozess bezüglich möglicher Kausalitätsbeziehungen vorweggenommen haben. In allen anderen Fällen ist eine neue Klasse von Erscheinungen zu definieren, um spezielle Phänomene einer eigenen Klasse von Objekten zuordnen zu können.[195] Aus diesem Grund erscheinen beispielsweise die Gesetzmäßigkeiten der Physik nach einem Blick in eine Formelsammlung relativ einfach. Ohne ein solches Hilfsmittel, durch bloße Beobachtung ist ein exaktes Verständnis physikalischer Vorgänge ein schwieriges Unterfangen. Das Erkennen von Mustern setzt voraus, dass der Betrachter bereits über einen theoretischen Rahmen und ein methodisches Instrumentarium verfügt, um Strukturen erkennen zu können. Fehlen solche Denkwerkzeuge, wird die betrachtete Komplexität als vollkommen zufällig wahrgenommen, deren Informationsreichtum ist zwar maximal, besitzt aber

[193] Vgl. *Cramer*, Friedrich: Chaos und Ordnung, 1989, S. 275.

[194] Die entstehende Orientierungsproblematik sorgt beim Beobachter für unterschiedliche Formen der Komplexitätsreduktion, beispielsweise statistische Beschreibungsmethoden, Rationalitätsannahmen, Ceteris-paribus-Klauseln oder Abstraktion in leichter handhabbare Modelle, vgl. *Blaseio*, Helmuth: Das Kognos-Prinzip: zur Dynamik sich-selbts-organisierender wirtschaftlicher und sozialer Systeme, Berlin: Duncker & Humblot 1986, S. 25.

[195] Vgl. *von Hayek*, Friedrich A.: Die Theorie komplexer Phänomene, Tübingen: J. C. B. Mohr (Paul Siebeck) 1972, S. 10f.

eine andere Qualität.[196] In Abbildung 5 ist der Zusammenhang zwischen Informationsreichtum und Zufälligkeit einer Informationsfolge dargestellt.

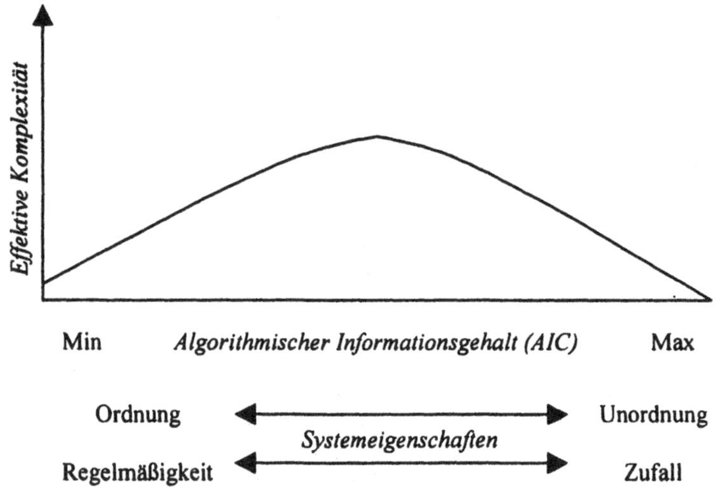

Abbildung 5: Effektive Komplexität zwischen Zufall und Regelmäßigkeit[197]

Wird eine vollkommen zufällige Bitfolge betrachtet, so existiert kein Muster, kein Schema, um die Informationsmenge zu verdichten. Aufgrund dieser Zufälligkeit wird das Schema zur Beurteilung dieser Bitfolge die Länge Null haben, die effektive Komplexität ist gleich Null. Hinter einer zufälligen Folge können keine Ursache-Wirkungszusammenhänge vermutet werden, es ist deshalb zwecklos dort Muster erkennen zu wollen, da kein verwendbares Wissen am Ende eines solchen Prozesses stehen würde.[198] Anders verhält es sich bei einer vollkommen regelmäßigen Bitfolge, die beispielsweise nur aus dem Element a besteht. Die Struktur besteht aus einer

[196] Vgl. *Niedersen*, Uwe und Ludwig *Pohlmann*: Komplexität, Singularität und Determination. Die Koordination der Heterogenität, in: Niedersen, Uwe und Ludwig Pohlmann (Hrsg.): Selbstorganisation. Jahrbuch für Komplexität in den Natur-, Sozial- und Geisteswissenschaften. Band 1, Selbstorganisation und Determination, Berlin: Duncker & Humblot 1990, S. 37.

[197] Vgl. *Gell-Mann*, Murray: Das Quark und der Jaguar, 2000, S. 107.

[198] Vgl. *von Hayek*, Friedrich A.: Die Theorie komplexer Phänomene, 1972, S. 12-15.

konstanten Folge von a, sie ist sehr kurz und von geringer Komplexität. Effektive Komplexität kann nur zwischen maximalem und minimalem Informationsgehalt existieren.[199] „Somewhere however between the specific that has no meaning and the general that has no content, there must be ... for each purpose and each level of abstraction, an optimal degree of generality."[200] Es ist dieser Zwischenraum, auf dem sich komplexe adaptive Systeme bewegen, zwischen vollkommener Regelmäßigkeit und beliebig erscheinender, chaotischer Zufälligkeit. Er entspricht dem, was *Kauffman* als „edge of chaos" bezeichnet. Die Grenze, an der sich komplexe Systeme fern des thermodynamischen Gleichgewichts etablieren, stets in der Gefahr in vollkommen erratisches Zufallsverhalten zu stürzen.[201] Es kommt entscheidend darauf an, die Komplexität zu organisieren; gewählte Regeln oder selbstorganisierende Kräfte fungieren dabei als Ordner und erzeugen erkennbare Muster neben dem Zufälligen. Nur durch solche Strukturen, so der scheinbare Widerspruch, können Kreativität und Innovation entstehen, welche durch die schöpferische Kraft der Selbstorganisation erzeugt werden.[202]

4. Einschränkungen bei der Übertragung naturwissenschaftlicher Erkenntnisse auf betriebswirtschaftliche Fragestellungen

Die Anwendung von Erkenntnissen, welche aus naturwissenschaftlichen Theorien gewonnen werden, auf den betriebswirtschaftlichen Gegenstandsbereich ist nicht unproblematisch. Die Eigenschaften des Untersuchungsobjekts sind von großer Unterschiedlichkeit und schränken die Übertragbarkeit ein. Dennoch können verschiedene Erkenntnisse in die betriebswirtschaftliche Disziplin integriert werden beziehungsweise bieten die Erkenntnisse der Naturwissenschaften eine Ausgangsbasis, um von dieser aus die Besonderheiten des betriebswirtschaftlichen Untersuchungsobjektes in einem interdisziplinären Ansatz zu berücksichtigen.

---

[199] Vgl. *Gell-Mann*, Murray: Das Quark und der Jaguar, 2000, S. 105f.

[200] *Boulding*, Kenneth E.: General Systems Theory, 1956, 197-198.

[201] Vgl. *Kauffman*, Stuart A.: The Origins of Order, 1993, S. 232. Vgl. *Kauffman*, Stuart A.: At Home in the Universe. The Search for the Laws of Self-Organization and Complexity, New York und Oxford: Oxford University Press 1995, S. 90f.

[202] Vgl. *Niedersen*, Uwe und Ludwig *Pohlmann*: Komplexität, Singularität und Determination, 1990, S. 37.

Grundsätzliche Unterschiede bezüglich des untersuchten Objekts

Ein Ausgangspunkt der Komplexitätsforschung ist im Entropiebegriff zu sehen. Dieser ist strenggenommen nur für geschlossene physikalische Systeme gültig. Zwar sind betriebswirtschaftliche Systeme grundsätzlich dissipativer[203] und nicht-deterministischer Natur[204], der Entropiebegriff kann, angewandt auf ökonomische Fragestellungen nur in einer weiten Fassung des Begriffs verwendet werden. Eine exakte Berechnung der Entropie für ein ökonomisches System ist kaum möglich, da innerhalb des Systems eine ungleich größere Anzahl von Freiheitsgraden existiert als in physikalischen Systemen und unscharfe beziehungsweise nicht streng determinierbare Systemgrenzen vorliegen.[205] Die Bestimmung von Systemzuständen stößt im Fall sozialer Systeme auf zusätzliche Probleme. Während in physikalischen Systemen einerseits Messungenauigkeiten eine exakte Bestimmung erschweren, erlaubt andererseits die Unschärferelation auch grundsätzlich keine vollständige Exaktheit. Gleiches gilt auch für soziale Systeme. Die dort herrschende Verschiedenheit von Elementen und Relationen verschärft dieses Problem weiter und schränkt die Möglichkeit zusätzlich ein, den Status quo eines sozialen Systems ermitteln zu können.[206]

Die Elemente physikalischer Systeme sind im Gegensatz zu Elementen sozialer Systeme von extrem geringer Individualität und hoher Autonomie gekennzeichnet.[207] Die einzelnen Personen, welche Teil eines sozialen Systems sind, besitzen eigene und zum Teil höchst unterschiedliche Werthaltungen, Zielvorstellungen, Erfahrungen etc. Hieraus, sowie aus der Interaktion mit anderen, ihrerseits ebenfalls durch individuelle Werthaltungen und Zielvorstellungen geprägten Mitgliedern des Systems entwickelt sich Dynamik

[203] Vgl. *Loistl*, Otto und Iro *Betz*: Chaostheorie, 1993, S. 14.

[204] Vgl. *Milling*, Peter M.: Kybernetische Überlegungen beim Entscheiden in komplexen Systemen, 2002, S. 16f. Vgl. auch *McCarthy*, Ian P.: Manufacturing strategy: understanding the fitness landscape, in: International Journal of Operations & Production Management, Jhg. 24, Nr. 2, 2004, S. 126.

[205] Vgl. *Binswanger*, Mathias: Information und Entropie, 1992, S. 20f.

[206] Vgl. *Levy*, David: Chaos Theory and Strategy, 1994, S. 169.

[207] Vgl. *Hejl*, Peter M.: Konstruktion der sozialen Konstruktion. Grundlinien einer konstruktivistischen Sozialtheorie, Einführung in den Konstruktivismus, München und Zürich: Piper Verlag 1998, S. 130f.

innerhalb des Systems.[208] Ein weiterer daraus abzuleitender Unterschied ist in den Individuen selbst zu sehen. Diese besitzen Erfahrungen und Erinnerungen aus unterschiedlich erfolgreichen Systembildungsversuchen der Vergangenheit, welche sich zu einer abhängigen Folge verbinden und einen Entwicklungspfad beschreiben.[209]

Die an der Bildung eines sozialen Systems beteiligten Elemente, sind in den meisten Fällen Mitglieder mehrerer verschiedener sozialer Systeme, gleiches gilt nicht für physikalische Systeme.[210] Neben den relativ klaren Zielvorstellungen und Strukturen des Systems, ausgedrückt durch die Organisationsstruktur und deren Zielvorgaben, existieren außerdem weitere, weniger offensichtliche Strukturen. Diese entstehen beispielsweise aus den persönlichen Arbeitsbeziehungen der Organisationsmitglieder und bilden eine informelle Organisation.[211] Darin spiegelt sich ein fundamentaler Unterschied zu physikalischen Systemen wieder. Beide Ebenen sozialer Systeme, die der formellen Organisation und die der informellen Organisation, interagieren wiederum miteinander und erzeugen Verhaltensweisen die sich einer präzisen Vorhersage entziehen. Dabei ist es die formale Organisation, die nach Gleichheit und Konformität strebt, während die informelle Organisation Diversität und Individualität begünstigt.[212]

Systeme, welche durch physikalische Gesetzmäßigkeiten beschrieben werden können, besitzen im Gegensatz zu biologischen oder sozialen Systemen eine weitaus geringere Komplexität. Zwar enthalten physikalische Sys-

[208] Vgl. *Milling*, Peter M.: Kybernetische Überlegungen beim Entscheiden in komplexen Systemen, 2002, S. 15.

[209] Vgl. *Hejl*, Peter M.: Konstruktion der sozialen Konstruktion, 1998, S. 131.

[210] Ein Individuum ist stets als Element vieler Systeme zu verstehen. Es ist integriert in ein soziales System wie ein Unternehmen es darstellt aber gleichzeitig auch Teil einer Familie. Weiterhin stellen auch die sozialen Strukturen der Freizeitgestaltung soziale Systeme dar, beispielsweise der Freundeskreis, der Sportverein usw. Vgl. *Hejl*, Peter M.: Konstruktion der sozialen Konstruktion, 1998, S. 135. Vgl. auch *Morel*, Benoit und Rangaraj *Ramanujam*: Through the Looking Glass of Complexity: The Dynamics of Organizations as Adaptive and Evolving Systems, in: Organization Science, Jhg. 10, Nr. 3, 1999, S. 288.

[211] Vgl. *Kieser*, Alfred und Herbert *Kubicek*: Organisation, 3., völlig neubearbeitete Auflage, Berlin und New York: de Gruyter 1992, S. 16ff sowie S. 449ff.

[212] Vgl. *Anderson*, Philip: Complexity Theory and Organization Science, in: Organization Science, Jhg. 10, Nr. 3, 1999, S. 222. Vgl. auch *Stacy*, Ralph D.: Complexity and Creativity in Organizations, 1996, S. 47ff.

teme eine Elementmenge von unvorstellbarem Ausmaß, aber die dynamische Komplexität, die daraus erzeugt wird, ist vergleichsweise gering. Wenn die Dynamik sozialer Systeme und die zu ihrer Erzeugung notwendige Anzahl und Verschiedenartigkeit der Systemelemente betrachtet werden, wird schnell deutlich, dass solche Systeme einen höheren Komplexitätsgrad besitzen.[213]

Eine eng an physikalischen Gesetzmäßigkeiten angelehnte Betrachtungsweise ist für die Untersuchung von Unternehmen, von sozialen Systemen allgemein, nur begrenzt zulässig, da hier eine überaus große Individualität und Autonomie des Handelns mit vielfältigen Wechselwirkungen festzustellen ist.[214] Es handelt sich bei physikalischen Systemen um Phänomene „einfacher" Komplexität, da sich in diesem Fall die individuellen Erscheinungsformen komplexen Verhaltens nahezu vollständig beschreiben lassen. Damit ist es möglich eine Kausalität zwischen Ursache und Wirkung zu ermitteln.[215] Während sich physikalische Systeme an unveränderbare Gesetzmäßigkeiten halten, variieren solche Kausalbeziehungen in sozialen Systemen, so sie den überhaupt bestimmt werden können. Eine Eigenschaft komplexer Systeme liegt darin, emergente Strukturen und Verhaltensweisen zu besitzen, die aus der komplexen Interaktion einer Vielzahl seiner Elemente resultieren und nicht auf eine einzelne Ursache zurückgeführt werden können.[216] Sie sind nicht selten das Objekt gezielter, bewusst herbeigeführter Veränderungen seitens der Unternehmensführung.[217] Das Entscheidungsverhalten innerhalb des Systems Unternehmung erfolgt jedoch nicht immer anhand der vorgegebenen Zielsetzungen des steuernden Subsystems. Es besteht die Möglichkeit, dass verschiedene Subsysteme Entscheidungen treffen, die eine veränderte Zielrichtung des Gesamtsystems bewirken.[218] Ein soziales System ist in der

---

[213] Vgl. *von Hayek*, Friedrich A.: Die Theorie komplexer Phänomene, 1972, S. 12f.

[214] Vgl. *Der*, Ralf: Über den heuristischen Wert physikalischer Erfahrung für die ökonomische Theorie, in: *Beckenbach*, Frank und Hans *Diefenbacher* (Hrsg.): Zwischen Entropie und Selbstorganisation: Perspektiven einer ökologischen Ökonomie, Marburg: Metropolis 1994, S. 48f.

[215] Vgl. *von Hayek*, Friedrich A.: Die Theorie komplexer Phänomene, 1972, S. 15.

[216] Vgl. *Morel*, Benoit und Rangaraj *Ramanujam*: Through the Looking Glass of Complexity, 1999, S. 279.

[217] Vgl. *Levy*, David: Chaos Theory and Strategy, 1994, S. 169.

[218] Vgl. *Mintzberg*, Henry: Patterns in Strategy Formation, in: Management Science, Jhg. 24, Nr. 9, 1978, S. 945ff.

Lage neue oder nicht intendierte Verhaltensmuster zu erzeugen. Es lassen sich die Bedingungen, unter denen ein soziales System entsteht oder verändert, nicht annähernd so exakt und verlässlich bestimmen, wie dies für physikalische Systeme möglich ist. Der Raum möglicher Bedingungen ist für soziale Systeme nicht vollständig beschreibbar.[219] Damit ist eine vollständige Voraussage und Kontrolle unmöglich.[220] Selbst wenn es möglich wäre diesen Raum zu beschreiben, so wäre die Anzahl der Möglichkeiten so groß, dass eine Beurteilung aller Alternativen ausgeschlossen ist.

Unterschiede im Ablauf dynamischer Veränderungsprozesse

Die Prozesse, welche in der Ökonomie oder in sozialen Systemen zu beobachten sind, können im Vergleich zu physikalischen Abläufen als Prozesse höherer Ordnung bezeichnet werden. Zur Beschreibung ist eine alleinig an den physikalischen Gesetzmäßigkeiten orientierte Interpretation als nicht ausreichend anzusehen, dennoch können solche Prozesse den Gesetzmäßigkeiten der Physik nicht widersprechen.[221] Trotz der offensichtlichen Analogien, die zwischen der Verhaltenskomplexität physikalischer und sozialer Systeme existiert, ist zu beachten, dass in dem wohlorganisierten Verhalten auf molekularer Basis nur eine scheinbare Abstimmung erfolgt, es findet keine tatsächliche Kommunikation zwischen den Elementen statt. Dagegen bilden sich innerhalb sozialer Systeme tatsächlich individuelle und kollektive Beeinflussungsmechanismen und verändern die Strukturbildung sozialer Systeme.[222] Hierdurch wird dem System neben den Umweltbindungen eine weitere Zwangsbedingung auferlegt, die gewissermaßen selbsterzeugt ist und ihrerseits Ergebnis eines komplexen Rückkopplungsprozesses ist. Durch innovatives Verhalten verändert sich der Möglichkeitsraum, innerhalb dessen ein soziales System zu agieren in der Lage ist. Physikalische Systeme bewegen sich stets in fest definierten Möglichkeitsräumen, es bewegt sich demnach immer von einem definierten Zustand zu einem anderen definierten Zustand, während ein soziales System in der Lage ist, einen definierten Zu-

[219] Vgl. *Hejl*, Peter M.: Konstruktion der sozialen Konstruktion, 1998, S. 131.

[220] Vgl. *von Hayek*, Friedrich A.: Die Theorie komplexer Phänomene, 1972, S. 25.

[221] Vgl. *Ebeling*, Werner: Selbstorganisation und Entropie, 1994, S. 32, vgl. auch *Gell-Mann*, Murray: Das Quark und der Jaguar, 2000, S. 61. Vgl. auch *Simon*, Herbert A.: The Sciences of the Artificial, 1999, S. 191.

[222] Vgl. *Nicolis*, Grégorie und Ilya *Prigogine*: Die Erforschung des Komplexen, 1987, S. 316f.

stand zu verlassen und einen neuen, nichtdefinierten Zustand anzustreben.[223] Die hohe Spezifität physikalischer Systeme im Vergleich zu sozialen Systemen wird oft vernachlässigt, was bedeutet, dass ein bestimmter Systembildungsprozess innerhalb sozialer Systeme nicht exakt wiederholbar ist. Dagegen werden physikalische Abläufe bei wiederholten Versuchen identische Ergebnisse produzieren, es wird stets ein qualitativ gleichwertiges Systemverhalten erzeugt. Wesentliche Unterschiede zwischen physikalischen und sozialen Systemen sind in Tabelle 3 zusammengefasst.

Unterscheidungsmerkmal	**Physikalisches System**	**Soziales System**
Individualität der Elemente	Gering	Hoch
Art der Relationen	Einfach	Vielgestaltig
Systemzugehörigkeit	Singulär	Pluralistisch
Anzahl der Ziele	Singulär	Pluralistisch
Ebenen der Zielbildung	Eine	Viele
Arten von Kausalität	Fix	Variabel
Möglichkeitsraum	Begrenzt	Theoretisch unbegrenzt
Kommunikation	Keine	Vielfältig
Spezifität der Systementwicklung	Gering	Hoch, Nichtwiederholbarkeit

Tabelle 3: Unterschiede zwischen physikalischen und sozialen Systemen

Das Instrumentarium der formalanalytischen Logik stößt bei der Darstellung innovativen Systemverhaltens an seine Grenzen, da in der mathematischen Beschreibung die Darstellung neuer Sachverhalte nur schwerlich erreicht werden kann und zu einem kreislaufartigen, sich stets wiederholenden Verhalten führt. Gerade eine Innovation ist es, die zu einer mehr oder weniger radikalen Verschiebung der Entwicklungspfade eines Systems führt.[224]

223 Vgl. *Blaseio*, Helmuth: Das Kognos-Prinzip, 1986, S. 111ff.

224 Vgl. *Schumpeter*, Joseph A.: Theorie der wirtschaftlichen Entwicklung, 5. Auflage, Berlin: Duncker & Humblot 1952, S. 89ff. Zu den Problemen einer formalen Darstellung

Trotz der angeführten Einschränkungen, die sowohl die Übertragung naturwissenschaftlicher Ansätze auf betriebswirtschaftliche Fragestellungen, als auch die Entwicklung eigenständiger Gesetzmäßigkeiten bezüglich der Komplexität sozialer Systeme beeinträchtigen, ist die Beschäftigung mit komplexen Phänomenen in diesem Wissenschaftsgebiet keinesfalls vergeblich. Das Ziel muss es sein, allgemeingültige Muster und Strukturen zu identifizieren, deren Entstehung unter kontrollierten Bedingungen zu beobachten ist; auch wenn eine vollständige Beschreibung der Kausalitäten nicht möglich ist. So ist es zumindest möglich, allgemeine Bedingungen zu erkennen, welche mit der Entstehung bestimmter Muster einhergehen, mit dem Ziel, diese in realen Systemen herzustellen.[225] Aus diesem Grund ist es für die Erforschung komplexer Phänomene erforderlich, zuerst eine Theorie bezüglich der untersuchten Gesetzmäßigkeiten zu entwickeln und diese dann empirisch zu überprüfen. Der umgekehrte Weg, durch bloße Beobachtung empirischer Kovariation einen Zusammenhang zu erkennen, erscheint aufgrund der Unbestimmbarkeit der Ausgangssituation und der Vielzahl in Frage kommender Variablen nicht sinnvoll.[226]

5. Komplexität – ein systemtheoretischer Ansatz

In der vorangegangenen Argumentation sind die Relevanz und Ubiquität des Komplexitätsphänomens dargelegt worden. Aus diesen Überlegungen lassen sich Gemeinsamkeiten komplexer Phänomene extrahieren, um zu einem Komplexitätsbegriff zu gelangen. Mit Hilfe systemtheoretischer Begriffsgrundlagen soll im Folgenden eine Begriffspräzisierung erfolgen.

a) Ableitung eines Komplexitätsbegriffs

Jeder Mensch hat individuelle Vorstellungen davon, was unter Komplexität zu verstehen ist. Relativ große Zustimmung wird sich finden, wenn Komplexität mit Hilfe der Anzahl der zu betrachtenden Variablen oder Elemente beschrieben wird. Das ökonomische System einer Volkswirtschaft mit seiner

---

evolutionären Systemverhakten vgl. auch *Blaseio*, Helmuth: Das Kognos-Prinzip, 1986, S. 136ff.

[225] Vgl. *von Hayek*, Friedrich A.: Die Theorie komplexer Phänomene, 1972, S. 25-28.

[226] Vgl. *von Hayek*, Friedrich A.: Die Theorie komplexer Phänomene, 1972, S. 37f.

Vielzahl von individuell handelnden Akteuren oder die biologischen Abläufe eines lebendigen Organismus sind ohne Zweifel von großer Komplexität. Wie aber verhält es sich mit den 10^{19} Molekülen H_2O, die in einem Kubikzentimeter Wasser versammelt sind? Diese schwer vorstellbar große Anzahl von Elementen vermittelt nicht direkt den Eindruck, dass hier ein System von großer Komplexität vorliegt. Innerhalb dieser großen Anzahl von Elementen lässt sich zunächst keine Koordination, Formgebung oder Dynamik entdecken. Sollte ein solches System beschrieben werden, so würde die Beschreibung relativ einfach ausfallen, da sich die Gesamtheit der Moleküle als eine gestaltlose Masse darstellt, die keine umfangreiche Beschreibung nötig macht. Es liegt vielmehr ein als chaotisch wahrgenommenes System vor, dass zwar aufgrund seiner Größe schwer vorstellbar, aber als solches nicht als komplex empfunden wird. Dieselbe Flüssigkeit erreicht eine ganz andere Art der Komplexität, wenn sie aufgrund externer Einflüsse unter den Gefrierpunkt abgekühlt wird und sich ein Eiskristall in Dendrit-Form bildet. Hier entsteht durch die entstehenden Verknüpfungen zwischen den einzelnen Molekülen plötzlich ein komplexes System, deren Entstehung und Veränderung zunächst nicht eindeutig erklärbar beziehungsweise vorhersehbar ist. Besonders die auftretende Strukturbildung kann aus den zuvor vorhandenen Elementen allein nicht vorhergesagt werden.[227] Erst wenn sich scheinbar überraschend Strukturen herausbilden oder Ordnungen innerhalb eines Systems erkannt werden, stellen sich Fragen nach Gründen hierfür, nach Ursache-Wirkungszusammenhängen.[228] Somit stellen sich einem Beobachter eines solchen Systems Fragen nach dem Grund für diese Ordnung und dem Zweck dem eine Struktur dient. Um einen bisher unbekannten Sachverhalt zu verstehen, müssen Informationen bezüglich des beobachteten Systems zusammengetragen und in Übereinstimmung mit vorhandenen oder neu zu definierenden Strukturschemata gebracht werden.[229]

Allgemein ist festzustellen, dass die gegensätzlichen Begriffe Einfachheit und Komplexität sich definitorisch nicht auf ein einziges Kriterium zurückführen lassen. Kein Definitionsansatz vermag es, die vielschichtigen Bedeutungen der Komplexität vollständig zu erfassen.[230] „Komplexität ist einer

[227] Vgl. *Nicolis*, Grégorie und Ilya *Prigogine*: Die Erforschung des Komplexen, 1987, S. 17-19.

[228] Vgl. *von Hayek*, Friedrich A.: Die Theorie komplexer Phänomene, 1972, S. 8ff.

[229] Vgl. *Dörner*, Dietrich; Heinz W. *Kreuzig*; Franz *Reither* und Thea *Stäudel* (Hrsg.): Lohausen - Vom Umgang mit Unbestimmtheit und Komplexität, 1983, S. 39ff.

[230] Vgl. *Gell-Mann*, Murray: What is Complexity?, 2002, S. 13f.

jener Begriffe, deren Definition ganz wesentlich mit zu den Problemen gehört, die er aufwirft."[231] Häufig wird der Begriff Komplexität gleichgesetzt mit dem Wort Vielfalt, damit ist die Vielfalt der Elemente[232] eines Systems gemeint, ihre Kenntnis ist erforderlich, um ein System vollständig beschreiben zu können.[233] Auch kann unter Vielfalt der Grad der Vielschichtigkeit, Vernetzung und Folgelastigkeit funktionaler Differenzierung eines sozialen Systems verstanden werden.[234] Der Komplexitätsbegriff stellt einen zentralen Aspekt der neueren Systemtheorie dar und zielt auf die Probleme ab, die aus der Vielschichtigkeit und Unübersehbarkeit komplexer Systeme resultieren.[235] Eine an den Informationsbegriff angelehnte Definition bezeichnet die Komplexität eines Systems als den Logarithmus der Anzahl unterschiedlicher Zustände, die ein System anzunehmen in der Lage ist.[236] Andere Definitionsansätze betrachten auch einen zeitlich-quantitativen Aspekt der Vielfalt. Demnach ist eine Situation erst dann als komplex zu bezeichnen, wenn der Bedarf an Zeit zur Lösung eines Problems größer als die zur Verfügung stehende Menge an Zeit ist[237], beziehungsweise wenn die Vielschichtigkeit der Objekte sich einer umfassenden Beurteilung entzieht.[238] Die Vielzahl existierender Begriffsdefinitionen, deren Darstellung an dieser Stelle keineswegs vollständig ist, zeigt, dass auch die Definition des Komplexitätsbegriffs ein kompliziertes Unterfangen darstellt.

Die Ursprünge der Komplexitätsforschung lassen sich auf zwei Hauptströmungen reduzieren. Einerseits wird Komplexität in einer reduktionistischen Herangehensweise mit der Vielfalt von Elementen und Relationen assoziiert.[239] Dies ist im Fall der Entropie sowie den daraus abgeleiteten

---

[231] *Nicolis*, Grégorie und Ilya *Prigogine*: Die Erforschung des Komplexen, 1987, S. 58.

[232] Vgl. *Ashby*, W. Ross: An Introduction to Cybernetics, 1958, S. 124f.

[233] Vgl. *von Hayek*, Friedrich A.: Die Theorie komplexer Phänomene, 1972, S. 12.

[234] Vgl. *Wilke*, Helmut: Systemtheorie, 4., überarbeitete Auflage, Stuttgart und Jena: G. Fischer 1993, S. 24.

[235] Vgl. *Wilke*, Helmut: Systemtheorie, 1993, S. 19.

[236] Vgl. *Cramer*, Friedrich: Chaos und Ordnung, 1989, S. 275.

[237] Vgl. *Providoli*, Alexa: Die Organisationstheorie am Bifurkationspunkt: die epistemologische Umorientierung der Organisationstheorie, Frankfurt am Main: Peter Lang 1998, S. 3f.

[238] Vgl. *Bohne*, Fabian: Komplexitätskostenmanagement in der Automobilindustrie, 1998, S. 20.

[239] Vgl. Kapitel B.I.2.

ordnungs- und informationstheoretischen Betrachtungen festzustellen. Auf der anderen Seite wird Komplexität holistisch interpretiert. Betrachtet wird hier eine sich bildende Systemstruktur beziehungsweise Muster auf Gesamtsystemebene. Eine Abfolge von Systemzuständen erzeugt dynamische Entwicklungsverläufe, die sowohl von Konstanz und Vorhersehbarkeit als auch von instabilen Perioden geprägt sein können. Komplexität bezieht sich hier auf die Vielfalt unterschiedlicher Systemzustände und deren Abfolge im Zeitverlauf. Manche Ansätze vereinigen beide Sichtweisen, ohne jedoch eine Begriffsexplikation zu liefern.[240]

Der Komplexitätsbegriff lässt sich auf zwei zentrale Gesichtspunkte zurückführen, wobei keine Unabhängigkeit beider Aspekte – der Vielfalt und Dynamik – unterstellt werden kann, sie stehen vielmehr in direkter Beziehung zueinander. Eine auf diesen zwei Komponenten basierende Begriffsdefinition findet sich bei *Niedersen* und *Pohlmann*. „Ein System ... besitzt die Eigenschaft Komplexität, wenn es eine heterogene Vielzahl der untereinander im Allgemeinen hierarchisch koordinierenden Zusammenhänge aufweist (Komponente des Seins) und zugleich solche Potentialsituationen existieren, dass bei Auslösungen durch das konkrete Einzelne mitunter spontan Innovationen auftreten (Komponente des Werdens).“[241] *Senge* unterscheidet Komplexität ebenfalls in zwei verschiedene Dimensionen: Detailkomplexität, die aus der Vielzahl der Systemelemente besteht, und dynamische Komplexität, die aus Ursache-Wirkungsketten resultiert und im Zeitverlauf zu nicht-vorhersehbaren Ergebnissen führt. Dynamische Komplexität entsteht vor allem dann, wenn eine bestimmte Aktion, die innerhalb des Systems durchgeführt wird, kurzfristig zu vollkommen anderen Ergebnissen führt als dies auf lange Sicht der Fall ist.[242] Ähnliches findet sich bei *Rosen*, dessen Ausgangspunkt der Komplexitätsdefinition die Systembeschreibung ist, welche sich aus der Bewertung einzelner Zustandsvariablen sowie den Veränderungen der Systemzustände zusammensetzt.[243] Eine starke Betonung der Dynamik findet sich in der Definition von *Nicolis/Prigogine*, nach der die Komplexität eines Systems ausgedrückt wird, „...als die Fähigkeit eines

[240] Vgl. Kapitel B.I.1.

[241] *Niedersen*, Uwe und Ludwig *Pohlmann*: Komplexität, Singularität und Determination, 1990, S. 28.

[242] Vgl. *Senge*, Peter: The Fifth Discipline - The Art and Practice of the Learning Organization, New York: Currency & Doubleday 1990, S. 71f.

[243] Vgl. *Rosen*, Robert: Complexity and System Descriptions, 1977, S. 170f.

Systems, bei Veränderung der Umweltbedingungen zwischen verschiedenen Verhaltensweisen umschalten zu können."[244] Hier findet eine Unterscheidung von Zustand und Zustandsfolgen statt. Auf der einen Seite existiert ein auf welche Weise auch immer erreichter Zustand, der sich durch bestimmte Elemente und Relationen beschreiben lässt, komplementär dazu befindet sich ein System stets in einem Entwicklungsprozess, dessen Momentaufnahme die aktuelle Struktur eines Systems darstellt. Eine ähnliche Komplexitätsdefinition verwendet auch *Bohne*, dort wird in Komplexität als die Vielschichtigkeit von Objekten sowie die Veränderung ihrer Beziehungen untereinander definiert.[245] Um einer struktur- und verhaltensbezogenen Sichtweise des Komplexitätsbegriffs gerecht zu werden, ist sowohl das „Sein" als auch das „Werden" für die Definition des Komplexitätsbegriffs zu betrachten.

b) Komplexität aus Vielfalt

Je größer ein System, d.h. je mehr Elemente sich innerhalb der Systemgrenzen befinden und umso mehr Verbindungen zwischen ihnen bestehen, desto größer ist die Komplexität des betrachteten Systems.[246] Unternehmen sind demnach komplexe Systeme, da sie aus vielen verschiedenen, miteinander in Verbindung stehenden und interagierenden Menschen, Organisationsteilen, Maschinen, Materialien und Informationen bestehen.[247] Das Vorhandensein einer Vielzahl von Elementen erschwert die Möglichkeit, ein System in seiner Gesamtheit zu verstehen und erhöht seine Detailkomplexität.[248]

---

[244] *Nicolis*, Grégorie und Ilya *Prigogine*: Die Erforschung des Komplexen, 1987, S. 289.

[245] Vgl. *Bohne*, Fabian: Komplexitätskostenmanagement in der Automobilindustrie, 1998, S. 20.

[246] Vgl. *Simon*, Herbert A.: The Sciences of the Artificial, 1999, S. 183f. Vgl auch *Schiemenz*, Bernd: Kybernetik und Systemtheorie als Hilfen zur Lösung komplexer Probleme, in: *Schiemenz*, Bernd (Hrsg.): Interaktion - Modellierung, Kommunikation und Lenkung in komplexen Organisationen, Berlin: Duncker & Humblot 1994, S. 9ff. Vgl. auch *Reiß*, Michael: Komplexitätsmanagement (I), in: WISU, 1993, S. 54.

[247] Vgl. *Morel*, Benoit und Rangaraj *Ramanujam*: Through the Looking Glass of Complexity, 1999, S. 279. Vgl. auch *Heylighen*, Francis: Building a Science of Complexity, in: *Fatmi*, Hanif A. (Hrsg.): Proceedings of the Annual Conference of the Cybernetics Society, London: Cybernetics Society, King's College 1988, S. 3f.

[248] Vgl. *Lapré*, Michael A. und Luk N. *Van Wassenhove*: Managing Learning Curves in Factories by Creating and Transferring Knowledge, in: California Management Review, Jhg. 46, Nr. 1, 2003, S. 53ff.

Es ist darauf hinzuweisen, dass nicht allein die mathematische Kombinatorik aus Systemelementen und Relationen als ursächlich für die Komplexität anzusehen ist. Wäre dies der Fall, würde dies eine Substitutionsbeziehung zwischen Elementen und Relationen voraussetzen. Unterstellt man eine solche Austauschbeziehung, so würde seine Anwendung Widersprüche verursachen, da keine allgemein gültige Funktion existiert, in welchem Verhältnis ein gegenseitiges Abwägen zu erfolgen hat. Wird die Komplexität zweier Systeme verglichen, so kann dieselbe mathematische Kombinatorik erreicht werden durch wenige Elemente mit vielen Verbindungen, wie durch viele Elemente mit wenigen Verbindungen. Ob ein zusätzliches Element die Systemkomplexität gleich einer zusätzlichen Relation erhöht, ist zu bezweifeln. Die Anzahl kombinatorischer Möglichkeiten wird durch die Verbindungsintensität der hinzugekommenen Elemente erhöht, da diese aber abhängig ist vom Element selbst und gleichzeitig vom Ort seiner Integration in das System, kann ein allgemeines Austauschverhältnis nicht unterstellt werden. Von einer höheren Komplexität eines Systems A soll im Folgenden nur dann gesprochen werden, wenn hinsichtlich der Systemelemente und deren Relationen untereinander ein Mehr gegenüber einem System B festzustellen ist.[249]

Eine eindimensionale Vorstellung der Systemkomplexität, bezüglich nur der Anzahl zu betrachtender Elemente und Relationen, greift jedoch zu kurz und würde die qualitativen Aspekte, die in den Verbindungen der Elemente untereinander zu suchen sind, vernachlässigen.[250] Deshalb ist der Komplexitätsbegriff um die Art der Elemente und Relationen innerhalb des Systems zu erweitern. Komplexe Systeme bestehen aus einer Vielzahl verschiedener Elemente, die durch unterschiedliche Beziehungen in Verbindung stehen.[251] Relationen entstehen in sozialen Systemen insbesondere durch unterschiedliche funktionale Verbindungen. Es ist zu beachten, dass diese nicht allein durch ihre Anzahl von Bedeutung sind, sondern durch die Tatsache, dass ihre Qualität das Ergebnis eines selektiven Prozess darstellt. Bestimmte Eigenschaften des Gesamtsystems werden erst durch die Selektion, d.h. das Weglassen anderer möglicher Relationen erreicht.[252] Ein durch steuernde Instan-

---

[249] Vgl. *Luhmann*, Niklas: Soziale Systeme, 1996, S. 48ff.

[250] Vgl. *von Hayek*, Friedrich A.: Die Theorie komplexer Phänomene, 1972, S. 18ff. Vgl. auch *Milling*, Peter: Systemtheoretische Grundlagen zur Planung der Unternehmenspolitik, 1981, S. 91f.

[251] Vgl. *Morel*, Benoit und Rangaraj *Ramanujam*: Through the Looking Glass of Complexity, 1999, S. 279.

[252] Vgl. *Luhmann*, Niklas: Soziale Systeme, 1996, S. 41ff.

zen strukturiertes System zeichnet sich gerade dadurch aus, dass bestimmte Relationen gebildet werden, während ganz bewusst andere Relationen nicht oder auf andere Art und Weise etabliert werden. Durch zielgerichtete Auswahl bestimmter Strukturen nimmt die Konnektivität es System bestimmte Formen an.[253] Häufig bestehen die Relationen aus Rückkopplungsmechanismen, bei denen sich die verbundenen Elemente gegenseitig beeinflussen.[254]

Eine Besondertheit sozialer Systeme liegt, wie in Kapitel B.I.4 dargestellt in der großen Individualität seiner Elemente. Es ist deshalb notwendig, diesen Aspekt bei der hier vorgeschlagenen Komplexitätsdefinition zu berücksichtigen. Die Anzahl und Unterschiedlichkeit der Systemelemente sowie die Anzahl und Unterschiedlichkeit der Systemrelationen begründen die Vielfalt innerhalb des Systems.[255] Die Intensität der Verflechtungen der Systemelemente (N) wird auch als Konnektivität bezeichnet; hierfür gilt, dass die Konnektivität K bei geschlossenen Systemen zwischen einer Untergrenze (N-1) und der Obergrenze (N^2) liegt. Im Fall maximaler Konnektivität sind alle Systemelemente miteinander verbunden; sind weniger als N-1 Relationen vorhanden, so existieren isolierte Elemente die nicht Teil des Systems sind.[256]

Die Komplexität eines Systems setzt sich aus der Art und Anzahl unterschiedlicher Elemente und Beziehungen zwischen den Systemelementen zusammen.[257] Detailkomplexität im Sinne von Vielfalt und Verschiedenartigkeit besteht deshalb aus drei Komponenten:

---

[253] Vgl. *Ashby*, W. Ross: Principles of the Self-Organizing System, in: *von Foerster*, Heinz und George W. *Zopf* (Hrsg.): Principles of Self-Organization, New York: Pergamon Press 1962, S. 271f. Vgl. auch *Heylighen*, Francis: Self-Organization, Emergence and the Architecture of Complexity, Proceedings of the 1st European Conference on System Science, Paris: AFCET 1989, S. 24.

[254] Vgl. *Morel*, Benoit und Rangaraj *Ramanujam*: Through the Looking Glass of Complexity, 1999, S. 279.

[255] Vgl. *von Hayek*, Friedrich A.: Die Theorie komplexer Phänomene, 1972, S. 18ff.

[256] Vgl. *Milling*, Peter: Systemtheoretische Grundlagen zur Planung der Unternehmenspolitik, 1981, S. 92.

[257] Vgl. *Simon*, Herbert A.: The Architecture of Complexity, in: Proceedings of the American Philosophical Society, Jhg. 106, 1962, S. 458. Vgl. auch *Franken*, Rolf und Herbert *Fuchs*: Grundbegriffe zur allgemeinen Systemtheorie, in: *Grochla*, Erwin; Herbert *Fuchs* und Helmut *Lehmann* (Hrsg.): Systemtheorie und Betrieb, Opladen: Westdeutscher Verlag 1974, S. 35.

- Quantität: Anzahl der Elemente, Objekte oder Variablen.
- Konnektivität: Anzahl der Relationen zwischen den Elementen, Objekten oder Variablen.
- Diversität: Verschiedenartigkeit der Elemente, Objekte, Variablen oder der Relationen.

Wie an früherer Stelle[258] bereits diskutiert definiert sich aus diesen drei Dimensionen die Menge an Informationen, die notwendig ist, um ein System oder eine Situation vollständig beschreiben zu können.[259] Auch wenn, im Sinne dieser Definition, eine vollständige Quantifizierung der angeführten Teilkomponenten zu fordern ist, so ist dennoch festzustellen, dass die verschiedenen Komponenten unterschiedlich hohe Anforderungen an das Beurteilungsvermögen eines Systembeobachters stellen. Die vorgeschlagenen Komponenten werden auch von *Duncan* verwendet, um die Komplexität sowie die daraus resultierende Unsicherheit von Entscheidungsfeldern zu bestimmen.[260] Quantität und Konnektivität erlauben prinzipiell eine zahlenmäßige Bewertung. Dagegen ist eine Bestimmung der Diversität ein ungleich schwierigeres Unterfangen, besonders wenn es sich um soziale Systeme handelt. Um zu einer Lösung des Bewertungsproblems zu kommen ist eine Zusammenfassung wesensgleicher Relationen in Betracht zu ziehen. Mit Bezug auf technisch-organisatorische Sachverhalte liefert beispielsweise das Konzept der Modularisierung einen Ansatz, wie eine solche Komplexitätsreduktion, sowohl in Bezug auf eine Bewertung als auch als Methode des Komplexitätsmanagements, umgesetzt werden kann. Über eine gemeinsame Systemarchitektur wird die Unabhängigkeit einzelner Module erreicht und ermöglicht die freie Integration einzelner Module in funktionsfähige Komponenten.[261] Die einzelnen Beziehungen der Module untereinander werden dabei über standardisierte Schnittstellen integriert, damit entfällt die Spezi-

---

[258] Vgl. Kapitel B.I.3.

[259] Vgl. *Klir*, George J.: Facets of Systems Science, 1991, S. 115f. *Klir* bezeichnet diesen Teilaspekt der Komplexität auch als „descriptive complexity", weil sie alle Informationen enthält, um eine vollständige Beschreibung eines Systems zu liefern.

[260] Vgl. *Duncan*, Robert B.: Characteristics of Organizational Environments and Perceived Environmental Uncertainty, in: Administrative Science Quarterly, Jhg. 17, Nr. 3, 1972, S. 314-316.

[261] Vgl. *Piller*, Frank T. und Daniela *Waringer*: Modularisierung in der Automobilindustrie - neue Formen und Prinzipien, 1999, S. 38f.

fität einzelner Relationen und ermöglicht eine Zusammenfassung aller technisch möglichen Relationen.

Die vorgeschlagenen Teilkomponenten der Detailkomplexität ermöglichen eine quantitative Bewertung der Systemkomplexität mit dem Ziel, die Informationsmenge, die innerhalb der verschiedenen Strukturkomponenten vorhanden ist zu bewerten. Gleichwohl ist anzumerken, dass die Komplexität sozialer Systeme so groß ist, dass eine vollständige Beschreibung eines Systems – selbst wenn es von relativ bescheidener Größe ist – nicht möglich ist.[262] Häufig erzeugt eine solche quantitative Interpretation die Illusion, dass eigentliche Komplexitätsproblem sei dem Prinzip nach gelöst, es sei lediglich notwendig, die notwendige Menge mathematischer Lösungskapazität bereitzustellen, um die Komplexität zu beherrschen.[263] Im Folgenden wird deshalb argumentiert, dass eine solche Definition nicht ausreicht und der Komplexitätsbegriff um eine weitere Dimension zu erweitern ist. Die alleinige Kenntnis der Detailkomplexität versetzt einen Beobachter des Systems nicht in die Lage zu verstehen, welche Bedeutung diese Struktur hat, da die Wirkungen, die davon ausgehen sich erst im Zeitverlauf entfalten. Sowohl für das Systemverständnis, die Systementwicklung und auch für die Systemsteuerung liefert die Kenntnis der Detailkomplexität eines Systems keine ausreichenden Informationen.

---

[262] Angenommen ein System besteht aus 300 Variablen, welche nur zwei verschiedene Zustände annehmen können, ein- oder ausgeschaltet. Als Beispiel können die Maschinen in einer Fabrik dienen. Der Zustandsraum umfasst somit 2^{300} verschiedene Möglichkeiten. Dies entspricht in etwa einer Informationsmenge von 10^{92} bit. Alternativ kann man sich auch die Zahl von 92 Variablen mit jeweils zehn unterscheidbaren Zuständen vorstellen. Zum Vergleich, um die Größe dieser Zahl ermessen zu können, soll auf die Anzahl Atome eines großen Objektes hingewiesen werden. Der Planet Erde besteht beispielsweise aus ca. 10^{49} Atomen, die Anzahl aller Atome im Universum wird auf etwa 10^{78} geschätzt. Aus diesem kleinen Beispiel wird die explosive Kraft, welche in kombinatorischer Vielfalt steckt, deutlich. Die Informationsmenge eines Systems besteht aus der Anzahl unterscheidbarer Zustände. Um diese Informationsmenge verarbeiten zu können, ist es notwendig einen Computer von unvorstellbarer Größe zu konstruieren. Insbesondere, wenn man berücksichtigt, dass reale Systeme von einer Größe sind, die sehr häufig weitaus mehr als 300 Variablen beziehungsweise weitaus vielfältigern Zuständen besteht als in diesem Beispiel. Vgl. dazu *Klir*, George J.: Facets of Systems Science, 1991, S. 121-126. Vgl. auch *Beer*, Stafford: Brain of the Firm, 2nd Ed., Chichester, New York u.a.: Wiley 1981, S. 48f. Vgl. auch *Bremermann*, Hans J.: Optimization through Evolution and Recombination, in: *Yovits*, Marshall C.; George T. *Jacobi* and Gordon D. *Goldstein* (eds.): Self-organizing Systems, Washington D. C.: Spartan Books 1962, S. 93-106.

[263] Vgl. *Blaseio*, Helmuth: Das Kognos-Prinzip, 1986, S. 21.

Bei genauer Betrachtung wird insbesondere bei nicht-linearen Systemverhalten deutlich, dass auch eine vollständige mathematische Beschreibung eines komplexen Systems nicht ausreicht, dem Systemverhalten seine Komplexität zu nehmen, da eine Vielzahl von Einflussfaktoren die Komplexität des Verhaltens erzeugen, stochastische Prozesse darstellen beziehungsweise eine so große Ausgangswertsensibilität besitzen, dass sich deren Ergebnis analytisch nicht vorherbestimmen lässt. Somit verbleibt selbst bei quantitativer Vollständigkeit die Betrachtung der Systemkomplexität unvollständig, da die sich daraus ergebenden Konsequenzen für künftige Zeitpunkte unerkannt bleiben.

Selbst Systeme von relativ geringer Detailkomplexität können hochkomplexe Verhaltensmuster erzeugen.[264] Die in einem Liter Wasser enthaltenen Elemente H_2O liegen in extrem hoher Zahl vor, sind aber vollkommen identisch und beeinflussen einander nur in geringem Maße. Komplexität entsteht in diesem System erst, wenn eine dynamische Betrachtungsebene berücksichtigt wird. Wenn Veränderungen sichtbar werden, deren Auftreten nicht durch die Informationen, die eine statische Betrachtung liefert, erwartet werden können. Die alleinige Kenntnis der Systembestandteile vermittelt keinen Erkenntnisfortschritt, um die in einem System verborgene Komplexität erkennen oder beschreiben zu können. Der Beobachter eines Systems kann nur dann Erkenntnis erlangen, wenn es ihm gelingt Zusammenhänge über den Zeitverlauf zu erkennen, da der Output eines Systems beziehungsweise eine zielgerichtete Beeinflussung des Systems stets einen dynamischen Sachverhalt darstellt. Der Komplexitätsbegriff ist deshalb um eine dynamische Perspektive zu erweitern.

c) Komplexität aus Dynamik

Der Aspekt der zeitlichen Veränderlichkeit wird häufig bei der Interpretation des Komplexitätsbegriffs vernachlässigt. Ein Grund dafür ist darin zu finden, dass die kognitiven Fähigkeiten des Menschen eher dazu geeignet sind Formen, Gestalten und Einzelheiten zu erkennen als Veränderungen und Bewegungen zu identifizieren.[265] Ein Systemelement oder eine Relation kann dann

---

264 Vgl. *Sterman*, John D.: System Dynamics: Tools for learning in a complex World, in: California Management Review, Jhg. 43, Nr. 4, 2001, S. 10f.

265 Vgl. *von Foerster*, Heinz: Sicht und Einsicht, Braunschweig und Wiesbaden: Vieweg 1985, S. 173f.

als dynamisch bezeichnet werden, wenn mindestens eine seiner Eigenschaften abhängig ist von einem anderen Parameter, beispielsweise der Zeit.[266] Durch die Dichotomie statisch-dynamisch wird die Welt in das Bewegungslose, Invariante sowie das Sich-Bewegende und Zeitlich-Verändernde unterschieden. Die Begriffe sind allerdings nicht voneinander isolierbar, sie sind komplementär zueinander, der eine setzt stets die Existenz des anderen voraus.[267] *Cramer* unterscheidet zwischen einer statischen und dynamischen Komplexität. Die statische Form der Komplexität resultiert aus der Struktur des Systems und wird als intrinsisch bezeichnet. Dagegen wird die dynamische Komplexität als sich zeitlich und räumlich verändernde Systemevolution betrachtet.[268]

Eine solche Abgrenzung erlaubt allerdings keine exakte Trennung zwischen statischer und dynamischer Komplexität, da das evolutionäre Verhalten des Systems im Prinzip bereits in seiner Struktur vorhanden ist.[269] Beides kann nicht unabhängig voneinander betrachtet werden. Der Begriff der Dynamik ist quasi im Statischen bereits enthalten. Die im Begriff der Detailkomplexität zusammengefassten Größen erzeugen das dynamische Systemverhalten, ohne jedoch eine vollständige Determiniertheit des Verhaltens zu bedingen. Der statische Zustand ist lediglich eine Momentaufnahme des Systems und als solcher zugleich End- und Ausgangspunkt von Veränderungsprozessen im Zeitverlauf. Der Begriff statisch im Sinne von stillstehend und ruhend trifft nicht den Kern derjenigen Faktoren in dieser Arbeit unter dem Begriff der Detailkomplexität verstanden werden. Die Elemente der Detailkomplexität erzeugen das dynamische Verhalten eines Systems, sie sind die Ursache für die Dynamik. Die Elemente und Relationen unterliegen häufig ebenfalls Veränderungen im Zeitverlauf. Statik bezieht sich auf unbewegte und unveränderte Objekte, welche in den hier betrachteten Systemen lediglich von untergeordneter Bedeutung sind.

Das Begriffspaar statisch-dynamisch erscheint deshalb nicht geeignet, um eine sinnvolle Trennung der darunter verstandenen Variablen zu ermöglichen. In dieser Arbeit wird deshalb eine statische Komplexitätsinterpretation nicht vorgenommen. Wie oben dargestellt lassen sich die Vielfalt der

---

[266] Vgl. *Franken*, Rolf und Herbert *Fuchs*: Grundbegriffe zur Allgemeinen Systemtheorie, 1974, S. 31.

[267] Vgl. *Blaseio*, Helmuth: Das Kognos-Prinzip, 1986, S. 61.

[268] Vgl. *Cramer*, Friedrich: Chaos und Ordnung, 1989, S. 276.

[269] Vgl. *Sterman*, John D.: Learning in and about complex systems, 1994, S. 308.

Elemente und Relationen als Detailkomplexität definieren, während die dynamische Komplexität die Veränderlichkeit eines Systems und seiner Elemente umfasst. Über die Zeit generiert ein System eine Zustandsfolge und veränderte seine Struktur, zu deren Beschreibung eine bestimmte Informationsmenge benötigt wird und die als Maßgröße zur Beschreibung seiner Komplexität interpretiert werden kann.[270] Ein Zustand setzt sich zusammen aus Größen, die das System oder Teile davon im Hinblick auf einen bestimmten Sachverhalt beschreiben. Solche Größen können im Bereich der Fertigung beispielsweise die Materialbestände in der Fertigung oder die Durchlaufzeit von Produktionsaufträgen sein. Zustand und Struktur eines Systems sind nicht starr, sie variieren im Zeitverlauf und dienen als Beschreibungsgrößen für die Dynamik eines Systems.

In den Naturwissenschaften hat durch die Einführung des zweiten Hauptsatzes der Thermodynamik eine Diskussion bezüglich des Zeitverhaltens komplexer Systeme stattgefunden. Herrschte bis dahin die Vorstellung einer mechanistisch geprägten Umkehrbarkeit komplexer Phänomene, so trat an diese Stelle das Bewusstsein, dass eine Vielzahl unterschiedlicher Erscheinungen existiert, deren Verhalten nicht reversibel ist. Die Irreversibilität stellt damit nicht mehr einen bloßen Parameter der Bewegung dar, sondern ist Maßstab einer inneren Entwicklung in Zuständen des Nichtgleichgewichts.[271] Eine solche Auffassung gewährt einer alternativen Betrachtungsweise komplexer Phänomene Raum. Nach dieser ist es möglich sich von einer Interpretation von Quantitäten zu lösen und eine Betrachtung von Qualitäten in den Vordergrund zu stellen, die sich mit dem „Werden", der Entwicklung und Entstehung von Strukturen und Ordnungen auseinandersetzt.[272] Es ist deshalb in Bezug auf die Dynamik von Bedeutung, dass eine Veränderung der Systemkonfiguration auch durch das Weglassen bestimmter Systemkomponenten steigende Komplexität erzeugt. Werden Elemente oder Relationen aus dem Systemverbund herausgelöst, so wird hierdurch eine Komplexität der Veränderung erzeugt, da ein System, um seine Funktionsfähigkeit zu erhalten, auch auf eine Reduzierung von Systemelementen reagieren und eine veränderte Struktur einnehmen muss. Eine aufwandslose Rückkehr zu einem System von geringerer Detailkomplexität ist nicht möglich. Der Veränderungsprozess an sich, unabhängig von seiner Richtung erzeugt Komplexität, da sich ein System unter diesen Umständen neu kon-

---

[270] Vgl. Kapitel B.I.2 und B.I.3.

[271] Vgl. *Prigogine*, Ilya und Isabelle *Stengers*: Dialog mit der Natur, 1983, S. 25.

[272] Vgl. *Prigogine*, Ilya und Isabelle *Stengers*: Dialog mit der Natur, 1983, S 41f.

stituiert und/oder Veränderungen des Systemverhaltens verursacht. Wären Systeme reversibel oder würde ihr Funktionieren keinem bestimmten Zweck dienen, so würde nur eine Richtung der Veränderung, nämlich die Erhöhung der Detailkomplexität, Komplexität verursachen. Da aber Umkehrungen nicht aufwandslos durchführbar sind, stellt eine Reduktion des Detailreichtums ein System vor die Aufgabe seinen Zweck auf veränderte Art und Weise erfüllen zu müssen.

Die Verhaltensvielfalt eines Systems resultiert aus der Interaktion seiner Elemente und wird beeinflusst durch den verfolgten Zweck.[273] Liegen wenige einfache lineare Beziehungen vor, so resultiert daraus nur eine geringe dynamische Komplexität. Viele nicht-lineare Beziehungszusammenhänge zeigen hingegen ein komplexes, nicht-vorhersagbares Systemverhalten, das zum Teil als chaotisch bezeichnet werden kann.[274] Wird in einem System, welches ein hohes Maß Konnektivität besitzt, eine Veränderung durch Hinzunahme oder durch Weglassen bestimmter Elemente durchgeführt, so können sich aufgrund der hohen Abhängigkeit der Elemente untereinander eine Vielzahl unterschiedlicher Zustände einstellen. Da aufgrund einer als gegeben anzunehmenden Zweckfestlegung eines Systems nicht alle Zustände gleichermaßen erwünscht sind, ist die Auswahl geeigneter Eingriffsmöglichkeiten erschwert. Die Unsicherheit, welcher Zustand sich einstellen wird, ist erhöht. Auch hier wird deutlich, dass Detailkomplexität und dynamische Komplexität nicht losgelöst voneinander betrachtet werden können, da sie miteinander in Wechselwirkung stehen. Abhängigkeiten innerhalb des Systems verstärken die dynamische Vielfalt eines Systems, gemessen an den Zustandsfolgen, die ein System einzunehmen in der Lage ist. Durch Nicht-linearität erzeugten Verhaltensmuster erschweren die Steuerung komplexer Systeme und verhindern zielgerichtete Entscheidungsfindung. Der dynamische Aspekt der Komplexität kann ein System in schwer steuerbare Zustände führen. Entscheidungen, die zu einem bestimmten Zeitpunkt rational waren, können sich durch Veränderungen im Zeitablauf kontraproduktiv erweisen.

Die dynamisch erzeugte Komplexität tritt in Gestalt zweier Komponenten auf. Zum einen verändert sich innerhalb eines Systems die Konfiguration durch Rekombination und/oder Hinzunahme beziehungsweise Entfernen vorhandener Systemelemente und Relationen. Zum anderem bildet sich im Zeitverlauf eine Abfolge makroskopischer Zustandsfolgen auf Gesamtsys-

---

[273] Vgl. *Espejo*, Raúl: Management of Complexity in Problem Solving, 1993, S. 80f.

[274] Vgl. *Sterman*, John D.: Learning in and about complex systems, 1994, S. 297f.

temebene heraus. Die Komplexität eines Systems steigt deshalb mit zunehmender Anzahl unterscheidbarer Zustände an. Die Größe des Zustandsraumes, innerhalb dessen ein System auszuwählen in der Lage ist, wird auch als Varietät bezeichnet.[275] Für die dynamische Interpretation des Komplexitätsbegriffs ergeben sich folgende zwei Komponenten:

- Veränderlichkeit der Systemstruktur und seiner Komponenten. Rekombination, Hinzunahme oder Entfernung von Strukturkomponenten.
- Zustandsfolge dynamisch erzeugter Zustandsgrößen und Systemparameter, die das Gesamtsystem beschreiben.

Ein dynamisches System ist gekennzeichnet durch den Übergang von einem historischen Systemzustand zu einem neuen Systemzustand, dessen Erreichen durch eine Übergangsfunktion beschrieben werden kann. Ein vollkommen deterministischer Verlauf ist zunächst vorgezeichnet, erst die Herausbildung neuer, endogener Übergangsfunktionen ermöglicht autonome selbstorganisierende Strukturbildungsprozesse, die zwei Entwicklungsphasen voneinander trennen.[276] In Abhängigkeit vergangener Systemkonfigurationen und Zustandsfolgen entstehen Übergänge, durch die eine kontinuierliche Entwicklung betrieben wird. Diese Entwicklung ist gekennzeichnet durch den stetigen Verfall und Neuentwurf der herrschenden Ordnungsmuster. Es ist anzunehmen, dass sich dynamische Systeme stets in einem Wechselspiel zwischen Stabilität und Instabilität befinden. Um in einer sich verändernden Umwelt existieren zu können sind permanentes Verwerfen alter Strukturen und gleichzeitige Schaffung neuer Strukturen unumgänglich.[277]

Getrieben wird eine solche Entwicklung sowohl durch Impulse außerhalb des Systems als auch durch Rückkopplungsmechanismen zwischen den Systemelementen. Strukturbildung und Selbstorganisation in sozialen Systemen

---

[275] Vgl. *Ashby*, W. Ross: An Introduction to Cybernetics, 1958, S. 124ff. Vgl. auch *Beer*, Stafford: Brain of the Firm, 1981, S. 41. Der Begriff Varietät wird bei *Beer* und auch bei *Ashby* nicht einheitlich verwendet. Zum einen wird von „variety" gesprochen und gemeint ist die Anzahl „distinguishable items", zum Teil sind auch „distinguishable states" gemeint. Der erste Ausdruck bezieht sich auf die Verschiedenheit der Elemente, der zweite Ausdruck auf die Verschiedenheit der Zustände, die ein System im Zeitverlauf einzunehmen in der Lage ist.

[276] Vgl. *Blaseio*, Helmuth: Das Kognos-Prinzip, 1986, S. 64-68.

[277] Vgl. *Stacy*, Ralph D.: Complexity and Creativity in Organizations, 1996, S. 14f. Vgl. auch *Mildenberger*, Udo: Selbstorganisation von Produktionsnetzwerken. Erklärungsansatz auf Basis der neuen Systemtheorie, Wiesbaden: Gabler 1998, S. 96f.

sind sowohl Reaktion eines Systems auf exogene Komplexitätsanforderungen, als auch Selbstreferenz in Bezug auf die Eigenkomplexität, um diese zu bewältigen beziehungsweise zu reduzieren. Ziel einer solchen Selbstreferenzzierung ist es, dass Beschreibungsvermögen und die Transparenz bezüglich der systemendogenen Komplexität zu erhöhen.[278] Die Fähigkeit sozialer Systeme zur Selbstorganisation ist zentrales Element der dynamischen Komplexität und verursacht Schwierigkeiten bei der Vorhersage künftigen Systemverhaltens beziehungsweise zukünftiger Systemkonfigurationen. Die Möglichkeit der Selbstorganisation öffnet einen Verhaltensspielraum zur Selektion alternativer Systemstrukturen. Würde ein System dessen beraubt oder die Betrachtung eines Systems davon abstrahieren, so würde dies eine vorweggenommene Beschränkung der Möglichkeiten darstellen, die ein soziales System reduzieren würde auf die Funktionsvielfalt einer programmierten Maschine, die lediglich innerhalb der vorgegebenen Parameterbandbreiten agieren kann. Abbildung 6 zeigt eine Übersicht der verschiedenen Komponenten des Komplexitätsbegriffs. Die zentralen Dimensionen – Vielfalt und Dynamik – beeinflussen einander, verstärken unter Umständen die Gesamtkomplexität eines Systems.

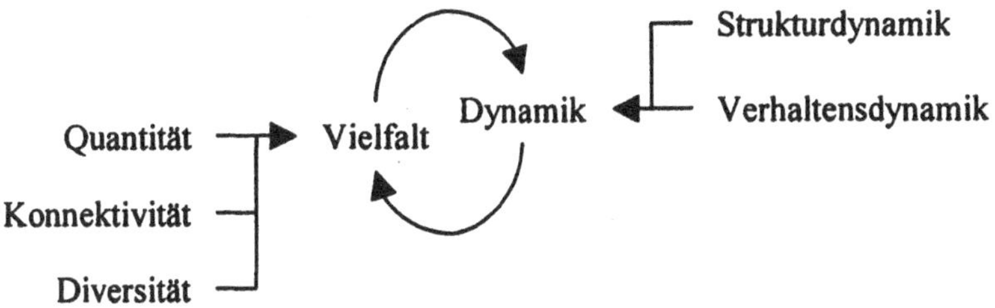

Abbildung 6: Dimensionen des Komplexitätsbegriffs

Wie weiter oben beschrieben nimmt die Konnektivität eine besondere Rolle im Hinblick auf die Abhängigkeiten der beiden Dimensionen ein, da

[278] In diesem Aspekt liegt ein wesentlicher Unterschied in der Behandlung des Komplexitätsphänomens zwischen den Naturwissenschaften und den Geisteswissenschaften, während erstere primär die Verkörperung und Entdeckung von Komplexität zum Gegenstand haben, nehmen in den Geisteswissenschaften die komplexitätsverändernden Komponenten sich-selbst-strukturierender Systeme sehr viel größere Bedeutung ein. Vgl. *Blaseio*, Helmuth: Das Kognos-Prinzip, 1986, S. 26f.

Systeme mit geringer Konnektivität sehr viel geringere dynamische Komplexität besitzen als hochvernetzte Systeme. Abstrahiert man von der Art der Relationen, so sind steuernde Eingriffe in System mit hoher Konnektivität wesentlich schwieriger durchzuführen als in System mit geringer Konnektivität. Soll in ein hochvernetztes System steuernd eingegriffen werden, müssen größere Informationenmengen verarbeitet werden, da sich durch die hohe Anzahl an Relationen die Auswirkungen eines Eingriffs über weitere Teile des Systems erstrecken beziehungsweise deren Auswirkungen stark verzögert auftreten können. Die Folgen für die Gesamtstruktur und den Gesamtzustand des Systems können nicht ohne weiteres erfasst werden. Gerade im Verständnis für die dynamischen Auswirkungen von Eingriffen in ein komplexes System liegt ein großes Potenzial, um die Gesamtkomplexität bewältigen zu können. Häufig wird jedoch einer Beachtung der Detailkomplexität eines Systems größere Aufmerksamkeit entgegengebracht und die dynamischen Implikationen vernachlässigt.[279]

Daraus folgt, dass je geringer die Anzahl der Relationen, allgemeiner formuliert je folgenärmer die Konnektivität eines Systems, desto größer ist die Steuerbarkeit eines solchen Systems, da die Zustandsfolgen eine geringere Streuung aufweisen. Ein wenig vernetztes System folgt damit eher einem einfachen Kausalitätsprinzip, das einer Ursache eine bestimmte Wirkung zuordnet. Aus der Dynamik von Strukturen und Zuständen kann andererseits zusätzlicher Detailreichtum entstehen, indem weitere Relationen hinzugefügt oder bestehende Relationen zusätzlich ausdifferenziert werden. Gleichwohl kann aus einer Strukturveränderung auch eine Reduzierung der Detailkomplexität resultieren, indem Relationen entfernt werden oder Elemente aus dem System ausscheiden. Komplexität ist im hier vorgeschlagenen Sinne ein Konstrukt zweier Hauptkomponenten, die miteinander in einem Rückkopplungsprozess verbunden sind und somit ein zeitlich veränderbares Komplexitätsmaß darstellen. Im allgemeinen Sinne bestimmen die einzelnen Komponenten der Komplexitätsdimensionen die Informationsmenge, die ein System zu erzeugen in der Lage ist und die ein Beobachter zu erfassen in der Lage sein müsste, um vollständige Kenntnis über ein System zu erlangen. Der vorgeschlagene Komplexitätsbegriff erlaubt, zumindest prinzipiell, eine Quantifizierung der Systemkomplexität in Anlehnung an Komplexitäts-

279 Vgl. *Senge*, Peter: The Fifth Discipline, 1990, S. 72.

begriffe aus der komplexitätstheoretischen Forschung. Außerdem sind die verwendeten Dimensionen dazu geeignet, die hier diskutierten Erscheinungsformen der Komplexität realer Phänomene im Kontext betriebswirtschaftlicher Sachverhalte zu erfassen. Sowohl komplexes Systemverhalten makroskopischer Zustandsgrößen als auch die Herausbildung selbstorganisatorischer Ordnung innerhalb eines Systems kann von obiger Begriffsdefinition berücksichtigt werden und sind einer Beobachtung in betriebswirtschaftlichen Systemen zugänglich.

II. Zusammenhang zwischen Unternehmenskomplexität und Bedingungen der Unternehmensumwelt

Wie die bisherigen Ausführungen gezeigt haben, ist Komplexität ein vielschichtiges Phänomen, welches in Systemen unterschiedlicher Art auftritt, aber dennoch gleichzeitig über den konkreten Anwendungsfall hinaus eine Vielzahl von Gemeinsamkeiten aufweist. In diesem Kapitel wird der Komplexitätsbegriff auf den speziellen Anwendungsfall betriebswirtschaftlicher Unternehmen übertragen. Dabei ist zu berücksichtigen, dass Unternehmen und deren Umwelten komplexe Systeme darstellen, die miteinander ein dynamisches Beziehungsverhältnis eingehen und ihre Komplexität in gegenseitiger Abhängigkeit verändern.

1. Unternehmen als komplex-adaptive Systeme

Aufgrund der Unkenntnis bezüglich künftiger Ereignisse, müssen betriebliche Entscheidungen stets unter Unsicherheit erfolgen. Das zentrale Merkmal einer solchen Entscheidungssituation ist darin zu sehen, dass sich die Optimalität getroffener Entscheidungen in Anbetracht alternativ möglicher, vom Entscheider nicht oder nur marginal beeinflussbarer, Entwicklungen verändert.[280] Um trotz möglicher negativer Entwicklungen die Erreichung der Systemziele nicht zu gefährden, ist es notwendig eine Anpassung einmal

---

[280] Vgl. *Mellwig*, Winfried: Flexibilität als Aspekt unternehmerischen Handelns, in: Zeitschrift für betriebswirtschaftliche Forschung, Jhg. 24, Nr.??, 1972, S. 726.

getroffener Entscheidungen vornehmen zu können.[281] Offene Systeme unterliegen dem Einfluss von Störgrößen, da die Existenz eines solchen Systems nicht isoliert von seiner Systemumwelt erfolgen kann. Die Auswirkungen solcher Störgrößen werden vom System durch Anpassungsmaßnahmen kompensiert.[282] Zur Kompensation von Störungen muss das System einen Vorrat alternativer Anpassungshandlungen vorhalten.

a) Dependenz interner Systemgestaltung und Systemumwelt

Ein Unternehmen stellt ein komplexes adaptives System dar, dessen Struktur durch die Handlungen der Systemelemente gestaltet wird.[283] Soziale Systeme sind per definitionem immer komplex, da sich die Aktionen der in einem solchen System befindlichen Individuen ohne eine radikale Reduzierung der menschlichen Handlungsfreiheiten nie vollständig beschreiben und kontrollieren lassen. Der von einem sozialen System erzeugte Output lässt sich a priori nicht mit Sicherheit vorhersagen. Das Verhaltensspektrum menschlicher Handlungen eröffnet Freiheit bezüglich alternativer Wege zur Realisierung eines bestimmten Systemoutputs und bewirkt damit eine starke Erhöhung der potenziellen Systemkomplexität.[284]

Jedes komplex-adaptive System muss Informationen bezüglich seiner Umwelt und den Wechselwirkungen des eigenen Handelns mit der Umwelt in die Entscheidungsfindung integrieren. Dazu müssen Regelmäßigkeiten erkannt und zu einem Handlungsschema oder Modell zusammengefasst werden. Konkurrierende Schemata müssen dann mit den empirischen Ergebnissen der eigenen Aktionen verglichen werden und führen zu einer Selektion zugunsten desjenigen Schemas, welches am Besten die Interaktion mit der

---

[281] Zur Notwendigkeit organisationaler Adaptionsfähigkeit vgl. *Thompson*, James D.: Organizations in Action, New York et al.: McGraw-Hill 1967; *Lawrence*, Paul R. und Jay W. *Lorsch*: Organization and Environment, 1969.

[282] Vgl. *Mesarovic*, Mihajlo D.: Foundations for a General Systems Theory, in: *Mesarovic*, Mihajlo D. (eds.): Views on General Systems Theory, New York et al.: Wiley 1964, S. 8f.

[283] Vgl. *Stacy*, Ralph D.: Complexity and Creativity in Organizations, 1996, S. 107ff. Vgl. auch *Morel*, Benoit und Rangaraj *Ramanujam*: Through the Looking Glass of Complexity, 1999, S. 279.

[284] Vgl. *Cramer*, Friedrich: Chaos und Ordnung, 1989, S. 299. Vgl. auch *Mainzer*, Klaus: Thinking in Complexity, 1997, S. 65.

Umwelt beschreibt.[285] Die Diskrepanz zwischen Modellvorhersage und erzieltem Ergebnis dient wiederum als Selektionskriterium, um geeignete Alternativen bestimmten zu können. Diese Diskrepanz bewirkt einen Selektionsdruck auf vorhandene Schemata, was dazu führt, dass einige Schemata zurückgestuft werden, im Extremfall komplett verworfen werden müssen beziehungsweise neue, verbesserte Schema entstehen.[286] Die Verbesserung eines Handlungsschemas im Verlauf der Zeit durch Selektion eines kontinuierlich verbesserten Modells beschreibt einen individuellen Entwicklungspfad des Systems und ermöglicht verbesserte Handlungsfähigkeit gegenüber wechselnden Umwelteinflüssen.

Die im Rahmen dieses Selektionsprozesses generierten Schemata versehen ein System mit Regeln und Strukturen, welche die effektive Komplexität eines Systems determinieren. Da diese Schemata tendenziell immer weiter ausdifferenziert werden, resultiert daraus eine fortschreitende Komplexitätserhöhung. Das kann nur vermieden werden, wenn im gleichen Maß in dem neue Regeln und Strukturen entstehen, obsolet gewordene Regeln und Strukturen abgebaut und verworfen werden.[287] Deshalb ist es notwendig, einmal aufgebaute Organisationsformen oder Handlungsanweisungen im Falle mangelnder Angepasstheit an die Umweltsituation zu verwerfen, auch wenn dies die Aufgabe von, unter Umständen mit hohen Aufwendungen zu ihrer Konstruktion verbundenen Strukturen bedeutet. In einem Unternehmen sollten sich somit stets variierende, möglichst situativ hocheffiziente Organisationsformen unterschiedlicher Ausprägung abwechseln.[288] Um dieses Ziel zu erreichen, ist es erforderlich, die Selektionsbreite alternativer Möglichkeiten zu reduzieren und wenige Entwicklungspfade auszuwählen, um diese so effizient wie möglich zu verfolgen.[289]

---

[285] Vgl. *Gell-Mann*, Murray: Das Quark und der Jaguar, 2000, S. 52ff.

[286] Vgl. *Anderson*, Philip: Complexity Theory and Organization Science, 1999, S. 60f.

[287] Hier kann ein Widerspruch vermutet werden zum zweiten Hauptsatz der Thermodynamik, da die Entropie eines Systems nur zunehmen kann. Es handelt sich allerdings hier um offene Systeme, d.h. die lokale Entropieabnahme wird durch einen Entropieexport kompensiert. Vgl. *Gell-Mann*, Murray: What is Complexity?, 2002, S. 21f.

[288] *March* verwendet dafür den Begriff disposable organizations und meint damit eine „Einwegorganisation", die bei sich ändernden Umweltanforderungen rasch gegen eine neue Organisationsform ausgetauscht werden kann. Vgl. *March*, James G.: The future, disposable organizations, 1995, S. 434f.

[289] Vgl. *Volberda*, Henk W. und Charles *Baden-Fuller*: Strategic Renewal and Competence Building: Four Dynamic Mechanisms, in: *Hamel*, Gary; C. K. *Prahalad*; Howard *Thomas* und

Das die Organisation eines Unternehmens durch Variable der Umwelt beeinflusst wird, ist eine weit verbreitete These bezüglich der organisationalen Systemgestaltung. Die Annahme, dass die interne Struktur einer Organisation abhängig ist, von bestimmten Eigenschaften der Umwelt, entspricht dem Forschungsparadigma der Kontingenztheorie.[290] Die Systemumwelt als eigenständiges Objekt zu betrachten und deren Einfluss auf interne Organisationsmerkmale zu untersuchen geht auf mehrere Autoren zurück. Zu den, diesen Ansatz begründenden Arbeiten zählen insbesondere eine Arbeit von *Emery/Trist*[291], sowie die empirischen Studien von *Burns/Stalker* sowie *Lawrence/Lorsch*.[292] Verändert sich das Marktumfeld oder die verfügbare Technologie, so entsteht ein von der Systemumwelt ausgeübter Druck zur Anpassung interner Strukturen, da unter Umständen nunmehr nachteilige Eigenschaften der bisherigen Organisation zu Tage treten und zur Abwendung negativer Konsequenzen verändert werden müssen.[293]

Im Mittelpunkt des Interesses steht die Ausprägung unterschiedlicher struktureller Merkmale, unter der Annahme, dass keine universell beste Struktur existiert, sondern lediglich eine der Organisationssituation, geprägt durch die Datenkonstellation der Unternehmensumwelt, besser oder schlechter angepasste Struktur vorliegt.[294] „There probably is no one best way to organize."[295] Da sich die Umwelt verändert, muss zumindest eine prinzipielle Offenheit gegenüber anderen Systemkonfigurationen bestehen,

Don *O'Neal* (eds.): Strategic Flexibility: Managing in a Turbulent Environment, Chichester et al.: John Wiley & Sons 1998, S. 372.

[290] In der deutschsprachigen Literatur wird häufig auch vom situativen Ansatz gesprochen. Demnach ist es die Situation, in der sich eine Organisation befindet, welche die Organisationsstruktur bestimmt. Die Situation wird allerdings nicht ausschließlich durch das Unternehmensumfeld, sondern auch von anderen Größen, wie zum Beispiel der Technologie oder Unternehmensgröße beeinflusst.

[291] Vgl. *Emery*, Fred E. und Eric L. *Trist*: The Causal Texture of Organizational Environments, in: Human Relations, Jhg. 18, Nr. 1, 1965, S. 21-32.

[292] Vgl. *Burns*, Tom und George M. *Stalker*: The Management of Innovation, 3rd Ed., London: Tavistock 1971 und *Lawrence*, Paul R. und Jay W. *Lorsch*: Organization and Environment. Managing Differentiation and Integration, Homewood: Irwin 1969.

[293] Vgl. *Chandler*, Alfred D.: Strategy and Structure, Cambridge: MIT Press 1962, S. 41.

[294] Vgl. *Kieser*, Alfred: Der Situative Ansatz, in: *Kieser*, Alfred (Hrsg.): Organisationstheorien, Stuttgart: Kohlhammer 2001, S. 169ff.

[295] *Lawrence*, Paul R. und Jay W. *Lorsch*: Organization and Environment, 1969, S. 16.

da keine Organisationsform universelle Tauglichkeit gegenüber allen erdenklichen Umweltkonstellationen besitzt. Strukturelle Eigenschaften der Organisation stehen in einem komplexen Beziehungsgeflecht mit den Merkmalen der sie umgebenden Systemumwelt.

Damit ein Unternehmen effizient sein kann ist es erforderlich, dass sich die Struktur seiner Organisation den Erfordernissen seiner umgebenden Umwelt anpasst.[296] Agiert ein Unternehmen in einer dynamischen Umwelt, d.h. die verschiedenen Eigenschaften der Umwelt sind interdependent und verändern sich im Zeitverlauf, so besteht eine große Abhängigkeit transaktionaler Prozesse zwischen Unternehmen und seiner Umwelt. Durch Entscheidungen anderer Akteure, die sich in derselben Umwelt befinden, als auch durch Veränderungen der Umweltbedingungen selbst, entstehen Variationen innerhalb der relevanten Umweltbedingungen. Die Veränderungen lassen eine große Vielfalt an Information entstehen, die ein Unternehmen bei der eigenen Entscheidungsfindung berücksichtigen muss.[297]

Die zwei Dimensionen Vielfalt und Dynamik, welche zur Beschreibung der Komplexität der Systemumwelt herangezogen werden können, beeinflussen die Unsicherheit der betrieblichen Entscheidungssituation. *Duncan* zeigt in einer empirischen Studie, dass die wahrgenommene Unsicherheit im Entscheidungsprozess insbesondere durch die Dynamik der Umweltentwicklung erhöht wird, während die Vielfalt deutlich weniger zur Unsicherheit beiträgt. In einer dynamischen Umwelt ist ein Unternehmen stets mit einer großen Anzahl möglicher Ereignisse konfrontiert, während eine stabile Systemumwelt auch im Fall großer Vielfalt eine überschaubare Anzahl möglicher Ereignisse hervorbringt.[298] Die Komplexität der unternehmerischen Führungs- und Gestaltungsaufgabe resultiert aus der Anzahl verschiedener

---

[296] Vgl. *Lawrence*, Paul R. und Jay W. *Lorsch*: Organization and Environment, 1969, S. 156ff.

[297] Vgl. *Emery*, Fred E. und Eric L. *Trist*: The Causal Texture of Organizational Envirnoments, 1965, S. 24f.

[298] Vgl. *Duncan*, Robert B.: Characteristics of Organizational Environments and Perceived Environmental Uncertainty, 1972, S. 321ff., in der Terminologie dieses Autors wird der hier gebrauchte Begriff Vielfalt mit dem englischen Wort "complexity" beschrieben. Die Dimension simple-complex wird bei *Duncan* aus der Anzahl relevanter Entscheidungsfaktoren gebildet und entspricht damit inhaltlich dem in dieser Arbeit verwendeten Komplexitätsbegriff, welcher sich aus der Detailkomplexität ableitet.

Informationen, die vom Management eines Unternehmens bei der Entscheidungsfindung berücksichtigt werden müssen.[299]

Ein Kritikpunkt dieses Ansatzes stellt die Konzeptualisierung der Unternehmensumwelt dar. Die unter diesem theoretischen Ansatz durchgeführten empirischen Untersuchungen zeigen eine große Heterogenität in der Spezifikation relevanter Umweltvariablen auf.[300] Einige Autoren untersuchen den Einfluss der Umweltdynamik[301] oder der Unsicherheit von Umweltentwicklungen[302] auf die Organisation von Unternehmen, bei anderen Autoren umfasst die Situation der Organisation allerdings die eingesetzte Technologie oder die Unternehmensgröße.[303] Welche Teile der Umweltsituation relevant sind beziehungsweise als Teil der Situation betrachtet werden, kann nicht eindeutig festgelegt werden. Es ist vielmehr vom Ziel der Untersuchung abhängig, welche Umweltfaktoren berücksichtigt werden. Einige grundsätzliche Bedenken zur Anwendung des kontingenztheoretischen Ansatzes finden sich bei *Schreyögg*[304]:

i) Die situativen Faktoren werden als gegeben betrachtet, dass Unternehmen hat keinen Einfluss. Zumindest in gewissen Grenzen beeinflussen Managemententscheidungen die Eigenschaften der Unternehmensumwelt, z.B. durch die Wahl des Marktes oder der belieferten Kundengruppen.

ii) Unternehmen mit nicht-optimalen Strukturen werden nicht konsequent vom Markt eliminiert, die Märkte sind unvollkommen und

---

299 Vgl. *Chakravarthy*, Bala: A New Strategy Framework for Coping with Turbulence, in: Sloan Management Review, Jhg. 37, Nr. Winter, 1997, S. 69.

300 Vgl. *Pennings*, Johannes M.: The Relevance of the Structural-Contingency Model for Organizational Effectiveness, in: Administrative Science Quarterly, Jhg. 20, Nr. 3, 1975, S. 393.

301 Vgl. *Burns*, Tom und George M. *Stalker*: The Management of Innovation, 1971, oder auch *Lawrence*, Paul R. und Jay W. *Lorsch*: Differentiation and Integration in Complex Organizations, in: Administrative Science Quarterly, Jhg. 12, Nr. 1, 1967, S. 1-47.

302 Vgl. *Duncan*, Robert B.: Characteristics of Organizational Environments and Perceived Environmental Uncertainty, 1972, S. 313-327.

303 Vgl. zur Technologie als erklärende Variable bspw. *Khandwalla*, Pradip N.: Mass Output Orientation of Operations Technology and Organizational Structure, in: Administrative Science Quarterly, Jhg. 19, Nr. 1, 1974, S. 74-92.

304 Vgl. *Schreyögg*, Georg: Umwelt, Technologie und Organisationsstruktur: eine Analyse des kontingenztheoretischen Ansatzes, Bern: Haupt 1978, S. 229.

tolerieren Suboptimalität. Lediglich schwerwiegende Fehlkonfigurationen werden vom Markt selektiert.[305]

iii) Da bestimmte Strukturen in verschiedenen Situationen auch vergleichbare Resultate erreichen, kann eine Empfehlung für eine optimale Struktur allein aus der Beobachtung der Systemumwelt nicht gegeben werden.

Es kann demnach nicht von einer vollkommenen Abhängigkeit der Struktur von der Situation gesprochen werden. Die strukturellen Lösungen entsprechen den Umweltanforderungen lediglich innerhalb einer gewissen Bandbreite.[306] Ist das Marktumfeld eines Unternehmens von größerer Dynamik gekennzeichnet, wird die Organisation eines Unternehmens in Richtung einer organischen Organisationsform getrieben, da mechanistische Organisationsformen ein zu geringes Anpassungsvermögen aufweisen. Andere Faktoren der Unternehmensumwelt, beispielsweise die Technologie oder die Größe der Organisation bremsen die Anpassungsprozesse und erschweren die Veränderung der Organisation durch eine Tendenz zur Aufrechterhaltung des Status quo.[307]

Häufig findet sich keinerlei Zusammenhang zwischen Veränderungen der Unternehmensumwelt und Veränderungsprozessen im Unternehmen. Berücksichtigt man, dass Veränderungen innerhalb des Unternehmens auch aus eigenem Antrieb initiiert werden, beispielsweise um ein neues Produkt anbieten zu können oder einen Produktionsprozess effizienter gestalten zu können, so wird einsichtig, dass der Kontingenzansatz immer nur einen Teil der Veränderungsprozesse zu erklären in der Lage ist, da viele strukturbildende Maßnahmen systemendogen bestimmt sind.[308] Aus diesem Grund ist auch eine alleinige Betrachtung struktureller Merkmale einer Organisation nicht ausreichend, die Betrachtung muss erweiterte werden um die Prozesse, die zur Anpassung an die Gegebenheiten der Umwelt führen.

---

305 Vgl. *Kieser*, Alfred: Der Situative Ansatz, 2001, S. 188.

306 Vgl. *Kieser*, Alfred: Der Situative Ansatz, 2001, S. 186.

307 Vgl. *Mintzberg*, Henry: The Structuring of Organizations. A Synthesis of the Research, Englewood Cliffs: Prentice Hall 1979, S. 272.

308 Vgl. *Gomez*, Peter: Organising for Autonomy, in: *Espejo*, Raúl und Markus Schwaninger (Hrsg.): Organisational Fitness. Corporate Effectiveness through Management Cybernetics, Frankfurt am Main und New York: Campus Verlag 1993, S. 168f.

Eine systemtheoretische Interpretation des kontingenztheoretischen Ansatzes findet sich bei *Pennings*.[309] Hier wird die Umwelt eines Unternehmens als Quelle beziehungsweise Senke von Inputs respektive Outputs des Unternehmens gesehen. Die dafür eingesetzte Technologie ist dabei ein Mittel der internen Systemgestaltung, mit deren Hilfe der Systemoutput erzeugt wird. Damit ist die Technologie kein Merkmal der Situation, sondern Ausdruck struktureller Entscheidungen des Unternehmens. In dieser empirischen Arbeit wird ein Zusammenhang zwischen der Umweltkomplexität[310] und verschiedenen Strukturmerkmalen nachgewiesen.[311]

Es ist zwar unstreitig, dass eine große Anzahl externer Variablen Einfluss auf Unternehmen haben, gleichwohl ist es aber die komplexe rekursive Struktur mit Beteiligung systemendogener Variablen, die einen großen Anteil der Komplexität determiniert.[312] Die Aktionen eines Unternehmens sind durchaus in der Lage, die sich am Markt herausbildenden Strukturen zu beeinflussen. Das Unternehmen ist nicht alleiniger Spielball unternehmensexterner Kräfte.[313] Durch die Beziehungen zu seiner Umwelt wird ein Unternehmen beeinflusst, wie gleichzeitig die Entscheidungen und das Verhalten des Unternehmens selbst die relevante Systemumwelt beeinflusst.[314] Das Unternehmen tritt somit als Koproduzent seiner Umwelt auf, welche durch das komplexe Beziehungsgeflecht systeminterner wie -externer Variablen hervorgebracht wird.[315] Unternehmen und Umwelt koevolvieren durch

---

[309] Vgl. *Pennings*, Johannes M.: The Relevance of the Structural-Contingency Model, 1975, S. 394f.

[310] Die empirische Erhebung wurde für Finanzagenturen durchgeführt. Das Komplexitätsmaß bezog sich in diesem Fall auf ein subjektives Maß, gemessen an der Verschiedenartigkeit des Investitionsverhaltens der Kunden, und ein objektives Maß, wie sich die verschiedenen Investitionsalternativen (Aktien, Anleihen, Versicherung und Immobilien) tatsächlich in einem Büro verteilen.

[311] Vgl. *Pennings*, Johannes M.: The Relevance of the Structural-Contingency Model, 1975, S. 400ff.

[312] Vgl. *Milling*, Peter: Systems Research and Corporate Policy Making, 1991, S. 44f.

[313] Vgl. *Klumb*, Morten Jesko: Organisationale Flexibilität und Marktstrukturen: moderne Organisationsformen und ihre Rolle im globalen Wettbewerb, Wiesbaden: Deutscher Universitätsverlag 2002, S. 181ff.

[314] Vgl. *Milling*, Peter: Systems Research and Corporate Policy Making, 1991, S. 44.

[315] Vgl. *Milling*, Peter: Strategische Planungs- und Kontrollsysteme zur Unterstützung betrieblicher Lernprozesse, in: *Milling*, Peter (Hrsg.): Systemmanagement und Managementsysteme, Berlin: Duncker & Humblot 1991, S. 11ff.

gegenseitige Beeinflussung. Die gemeinsame Entwicklung wird dabei gelenkt durch zielgerichtete Einflussnahme der Unternehmensführung auf die Umwelt sowie durch Einflüsse der Unternehmensumwelt auf Unternehmen.[316]

b) Strukturbildungsprozesse in der Entwicklung offener Systeme

In den vorangegangenen Kapiteln wurde ein Bezug zur Entropie thermodynamischer Systeme hergestellt, die eine Grundlage für den Komplexitätsbegriff darstellt. Die Anwednung des Entropiebegriffs ist, im engen Sinne, auf geschlossene Systeme beschränkt, die keine Austauschbeziehungen zu ihrer Umwelt besitzen.[317] Sie befinden sich in einem Zustand der Energieerhaltung. Dagegen ist in der Betriebswirtschaft davon auszugehen, dass die untersuchten Systeme in Austauschbeziehungen zu ihrer Umwelt beziehungsweise zu anderen Systemen stehen.[318] Dazu ist es notwendig, Austauschbeziehungen mit der Systemumwelt bewusst einzugehen und diese zum eigenen Vorteil zu gestalten.[319] Offene Systeme sind im Gegensatz zu geschlossenen Systemen in der Lage Zustände fernab des Gleichgewichts zu erreichen. Dazu ist es notwendig, dass niedrige Entropie von außerhalb des

---

[316] Vgl. *Lewin*, Arie Y. und Henk W. *Volberda*: Prolegomena on Coevolution: A Framework for Research on Strategy and New Organizational Forms, in: Organization Science, Jhg. 10, Nr. 5, 1999, S. 526.

[317] In der klassischen Thermodynamik werden keine offenen Systeme betrachtet. Es ist deshalb nicht unumstritten, ob der Entropiebegriff für offene Systeme überhaupt anwendbar ist. Eine physikalische Theorie von Nicht-Gleichgewichtsprozessen existiert erst seit wenigen Jahren. Vgl. dazu *Mainzer*, Klaus: Chaos, Selbstorganisation und Symmetrie, 1992, S. 271f. Die theoretischen Grundlagen zur Nicht-Gleichgewichtstheorie finden sich bei *Haken*, Hermann: Synergetik, 1983, ;*Prigogine*, Ilya und Isabelle *Stengers*: Dialog mit der Natur, 1983, sowie bei *Nicolis*, Grégorie und Ilya *Prigogine*: Die Erforschung des Komplexen, 1987.

[318] Vgl. *Meffert*, Heribert: Systemtheorie aus betriebswirtschaftlicher Sicht, in: Schenk, K. E. (Hrsg.): Systemanalyse in den Wirtschafts- und Sozialwissenschaften, Berlin: Duncker & Humblot 1971, S.176. Vgl. auch *Baetge*, Jörg: Betriebswirtschaftliche Systemtheorie. Regelungstheoretische Planungs-Überwachungsmodelle für Produktion, Lagerung und Absatz, Opladen: Westdeutscher Verlag 1974, S. 37. Vgl. auch *Loistl*, Otto und Iro *Betz*: Chaostheorie, 1993, S. 12.

[319] Vgl. *Pfeffer*, Jeffrey: Organizational Design, Arlington Heights: Harlan Davidson 1978, S. 112ff.

Systems aufgenommen und hohe Entropie an die Systemumwelt abgegeben wird.[320]

Da ein Unternehmen ein offenes System darstellt, existieren Beziehungen zu Zulieferern, Kunden oder Wettbewerbern. Aus diesen Beziehungen entstehen Strömungsgrößen, wie beispielsweise, Material, Arbeitskräfte, Kapital und Information, die innerhalb des Systems eine Transformation erfahren und danach, als Output wieder an die Systemumwelt abgegeben werden.[321] Um die Komplexität eines solchen Systems hinreichend beurteilen zu können, ist die Interaktion mit Elementen oder anderen Systemen der Umwelt zu erfassen, da ohne diese eine sinnvolle Interpretation dessen, was innerhalb des Systems geschieht, unvollständig ist.[322] Im Weiteren soll deshalb ausschließlich von offenen Systemen gesprochen werden.

Damit sich innerhalb eines Systems Strukturen und Ordnung herausbilden können, wird ein gewisser Anteil der umgesetzten Energie zwischen Input und Output verloren gehen, um die unter Umständen sehr komplexe interne Systemordnung aufrechtzuerhalten. Solche Systeme werden als dissipativ bezeichnet.[323] Die auftretenden Ordnungsmuster stehen jedoch in keiner direkten Beziehung zum erzeugten Output. Sie sind vielmehr der Ausdruck endogener Systemerhaltungs- und Systementwicklungsprozesse. Die fern vom Gleichgewichtszustand auftretenden Ordnungsmuster werden durch einen Energiezufluss aufrechterhalten, versiegt dieser Energiefluss, zerfallen die systemendogenen Ordnungsmuster. Durch die Dissipation werden stabile Ordnungsmuster erzeugt, die auch fern des Gleichgewichtszustandes bestehen bleiben und einen Anpassungsprozess an Einflüsse der Systemumwelt erlauben, wodurch alternative Ordnungen erzeugt werden.[324]

---

[320] Vgl. *Binswanger*, Mathias: Information und Entropie, 1992, S. 58.

[321] Vgl. *Johnson*, Richard A.; Fremont E. *Kast* und James E. *Rosenzweig*: Systems Theory and Management, in: Management Science, Jhg. 10, Nr. 2, 1964, S. 370f. Eine solche Auffassung findet sich bei einer Vielzahl Autoren, vgl. *Baetge*, Jörg: Betriebswirtschaftliche Systemtheorie, 1974, S. 37f.. Vgl. *Grochla*, Erwin: Systemtheoretisch-kybernetische Modellbildung betrieblicher Systeme, 1974, S. 13. Vgl. *Meffert*, Heribert: Systemtheorie aus betriebswirtschaftlicher Sicht, 1971, S. 185f. Vgl. *Heinen*, Edmund: Industriebetriebslehre als Entscheidungslehre, 1978, S. 37f.

[322] Vgl. *Luhmann*, Niklas: Zweckbegriff und Systemrationalität, 1968, S. 120.

[323] Vgl. *Cramer*, Friedrich: Chaos und Ordnung, 1989, S. 35.

[324] Vgl. *Pinkwart*, Andreas: Chaos und Unternehmenskrise, Wiesbaden: Gabler 1991, S. 64f. Vgl. auch *Providoli*, Alexa: Die Organisationstheorie am Bifurkationspunkt, 1998, S. 73f.

Allgemein gilt, dass ein ungeordnetes System nur durch den Einsatz von Energie, deren Ursprung außerhalb der Systemgrenzen zu suchen ist, zu einem Zustand höherer Ordnung übergehen wird.[325] Wird der Energiefluss unterbrochen, bewegt sich ein System stets zu einem Gleichgewichtspunkt zurück, der wie in Kapitel B.I.2 gezeigt, einem Zustand maximaler Unordnung entspricht. Jede weitere Entwicklung in Richtung zweckorientierter Systemstruktur und -verhalten wird unterbunden, solange ein System nicht aus diesem Gleichgewichtszustand herausgeführt wird.[326] Ein unaufgeräumtes Zimmer wird sich nicht von allein wieder in einen ordentlichen Raum verwandeln. Zwar erscheint diese Tatsache zunächst trivial, dennoch ist dieser Zusammenhang von entscheidender Bedeutung für das Verständnis komplexen Systemverhaltens, da sich dahinter ein naturgesetzlicher Grundtatbestand verbirgt, dass nur Energieflüsse in der Lage sind Struktur und Ordnung jenseits vom durch Zufall und Chaos regierten Gleichgewichtszustand zu erzeugen. Das Ziel ist demnach nicht ein ruhendes Gleichgewicht, sondern ein durch fließende Input- und Outputströme stabilisierter Zustand, dessen Stabilität durch eine Vielzahl kleiner Anpassungsbewegungen aufrechterhalten wird.

Die allgemeine Bedeutung solcher Strukturen und die damit verbundenen Verhaltensweisen können in verschiedenen Disziplinen der Wissenschaft beobachtet werden, sie finden sich beispielsweise in der Physik, Chemie, Biologie und auch in den Sozialwissenschaften.[327] Die in den Sozial- und Geisteswissenschaften untersuchten Systeme sind gemeinhin dissipativer Natur. Die hier anzutreffenden Austauschprozesse und Interdependenzen mit der Systemumwelt beziehungsweise mit anderen Systemen rechtfertigen die Annahme, dass es sich beinahe ohne Ausnahme um dissipative Systeme handelt.[328]

Um einen ökonomischen Prozess beziehungsweise das Ergebnis eines solchen rückgängig zu machen, ist ein bestimmter Preis in Form einzusetzender Ressourcen aufzuwenden, eine aufwandsfreie Umkehrung ist ausgeschlossen.[329] Das gesamte ökonomische System kann als offenes System betrachtet werden, das durch Aufnahme hochwertiger Energie, mit geringer Entropie,

[325] Vgl. *Cramer*, Friedrich: Chaos und Ordnung, 1989, S. 35.

[326] Vgl. *Cramer*, Friedrich: Chaos und Ordnung, 1989, S. 147.

[327] Vgl. *Cramer*, Friedrich: Chaos und Ordnung, 1989, S. 39ff. und S. 59ff.

[328] Vgl. *Loistl*, Otto und Iro *Betz*: Chaostheorie, 1993, S. 12 und S. 14.

[329] Vgl. *Ebeling*, Werner: Selbstorganisation und Entropie, 1994, S. 29f.

und gleichzeitige Abgabe geringwertiger Energie, mit hoher Entropie, beschrieben werden kann.[330] Alle ökonomischen Prozesse basieren auf dem Grundsatz, dass „...economic life feeds on low entropy."[331] Die Aufrechterhaltung einer Position fernab des Gleichgewichts erfordert Transformationsprozesse im Inneren eines Systems. Fließt kontinuierlich niedrige Entropie dem System zu, so können auch Konfigurationen, die sehr weit vom Gleichgewicht entfernt sind, aufrechterhalten werden. Ein solcher Zustand des Fliessgleichgewichts wird auch als steady-state bezeichnet und bezieht sich auf ein konstantes Entropieniveau innerhalb des Systems, welches dauerhaft erhalten bleibt.[332] Befindet sich ein System in der Nähe des thermodynamischen Gleichgewichts, so fungiert dieses Gleichgewicht als ein Attraktor, mit anderen Worten das System wird auf Störungen stets mit einer Rückkehr zu diesem Zustand reagieren.[333] Zunächst ignoriert ein System scheinbar jeden Versuch der Auslenkung, es kehrt zu seinem Ausgangszustand zurück. Eine makroskopische Auswirkung kann zunächst nicht beobachtet werden und die Struktur bleibt unverändert. Tritt allerdings eine kontinuierliche Folge von Störungen oder Steuerungsimpulsen auf, die eine Auslenkung des Systems betreiben oder überschreitet der Störimpuls einen gewissen Schwellenwert, wird der einst stationäre Zustand instabil und ein qualitativ vollkommen neuer Zustand wird sich herausbilden.[334] Dissipative Systeme sind durch ihren Austausch mit ihrer Systemumwelt in der Lage, die endogene Entropieerzeugung durch einen Entropieexport beziehungsweise einen Negentropieimport zum Ausgleich zu bringen, um die interne Struktur aufrechtzuerhalten beziehungsweise weiterzuentwickeln und wohlgeordnete Zustände fernab des Gleichgewichts zu etablieren.[335]

[330] Letztendlich werden alle produzierten Güter verbraucht beziehungsweise der Fortbestand langlebiger Güter erfordert Aufwand in Form von Instandhaltung, der wiederum einen Energieverbrauch darstellt, vgl. *Binswanger*, Mathias: Das Entropiegesetz als Grundlage einer ökologischen Ökonomie, 1994, S. 156.

[331] *Georgescu-Roegen*, Nicholas: The Entropy Law and the Economic Process, 1971, S. 277.

[332] Vgl. *Prigogine*, Ilya und Isabelle *Stengers*: Dialog mit der Natur, 1983, S. 148ff.

[333] Vgl. *Nicolis*, Grégorie und Ilya *Prigogine*: Die Erforschung des Komplexen, 1987, S. 99ff.

[334] Vgl. *Nicolis*, Grégorie und Ilya *Prigogine*: Die Erforschung des Komplexen, 1987, S. 108ff.

[335] Vgl. *Paslack*, Rainer: Urgeschichte der Selbstorganisation, 1991, S. 36f.

Ein Denkmodell zur Abbildung solcher Systeme ist die „nicht-triviale" Maschine *von Foersters*.[336] Zunächst soll eine „triviale" Maschine beschrieben werden. Diese besitzt einen eineindeutigen Beziehungszusammenhang zwischen Input und Output.[337] Die einem solchen System zugrundliegenden funktionalen Zusammenhänge gehorchen dem starken Kausalitätsprinzip, wonach gleiche beziehungsweise ähnliche Ursachen stets zu gleichen oder ähnlichen Ergebnissen führen. Das Verhalten eines solchen Systems ist von der Vergangenheit beziehungsweise von früheren Systemzuständen unabhängig und deterministisch eindeutig bestimmt.[338] Viele Konzepte der populären Managementliteratur unterstellen, ohne dies explizit zu erwähnen, dass Unternehmen sich ähnlich wie triviale Systeme verhalten und durch einzelne Maßnahmen zu neuem Erfolg geführt werden können. Dabei wird oft das komplexe Beziehungsgeflecht, welches die Elemente eines solchen Systems bei der Strukturbildung eingehen, vernachlässigt.[339]

Eine „nicht-triviale" Maschine dagegen verletzt das starke Kausalitätsprinzip, was darin resultiert, dass gleiche Ursachen verschiedene Wirkungen hervorbringen. Der Grund dafür liegt in einer Abhängigkeit des Outputs von einer inneren Zustandsfunktion, die eine alleinige, lineare Abhängigkeit des Outputs vom Input durchbricht. Der gegenwärtige innere Zustand eines solchen Systems ist eine Funktion der vorausgegangenen Zustände sowie der vorausgegangenen Inputfaktoren.[340] Unternehmen stellen in diesem Sinne nicht-triviale Systeme dar. Zwar zielt das menschliche Handeln innerhalb solcher Systeme darauf ab, nicht-deterministische Systeme in deterministische Systeme zu überführen, im Falle eines Unternehmens ist dies jedoch niemals vollständig zu erreichen; die Komplexität individueller Verhaltensweisen erlaubt keine vollkommene Kontrolle derselben. Somit ist auch das Ergebnis – der Output – solcher Systeme niemals vollkommen deterministisch. Die Elemente eines solchen Systems besitzen die Fähigkeit zur autonomen Bildung alternativer Systemstrukturen, die von der Unternehmens-

---

[336] Vgl. *von Foerster*, Heinz: Entdecken oder Erfinden. Wie läßt sich Verstehen verstehen?, Einführung in den Konstruktivismus, München und Zürich: Piper Verlag 1998, S. 60ff.

[337] Vgl. *von Foerster*, Heinz: Sicht und Einsicht, 1985, S. 12. und S. 177f.

[338] Vgl. *von Foerster*, Heinz: Entdecken oder Erfinden, 1998, S. 62.

[339] Vgl. *Strohhecker*, Jürgen: Erklärungsansätze für die Logik des Scheiterns von Unternehmensveränderungen, in: Milling, Peter (Hrsg.): Entscheiden in komplexen Systemen, Berlin: Duncker & Humblot 2000, S. 108.

[340] Vgl. *von Foerster*, Heinz: Sicht und Einsicht, 1985, S. 179f.

führung als steuernde Instanz nur begrenzt zu kontrollieren und eingeschränkt beobachtbar ist. Verändern sich die Ausgangsbedingungen eines Systems nur minimal beziehungsweise ist das Wissen über den aktuellen Zustand des Systems nicht vollständig, so kann das Ergebnis, welches auf einen bestimmten Input folgt, nicht mehr vorhergesagt werden.[341]

Nicht-triviale Systeme zeichnen sich dadurch aus, dass deren Input-Output-Relation nicht vollständig bekannt beziehungsweise im Zeitverlauf mehr oder minder starken Veränderungen ausgesetzt ist. Die Transformationsfunktion hängt beispielsweise von selbstorganisatorischen Kräften innerhalb des Systems, von Einflussfaktoren außerhalb des Systems ab, oder ist vom Ergebnis der Vorperiode abhängig. Soll ein solches System zielgerichtet gesteuert werden, so stellt einfaches Denken in Ursache-Wirkungsketten keine adäquaten Lösungsansätze zur Verfügung.[342] Nicht-triviale Maschinen zeichnen sich durch ihre analytische Unbestimmbarkeit und ihre Historizität aus.[343] Ein solches System wird einen einmal nach einem bestimmten Input erzeugten Output vermutlich nie wieder vollkommen identisch reproduzieren.[344] Da eine nicht-triviale Maschine vergangenheitsabhängig ist und, da aus vergangenen Entwicklungen innovative Verhaltensregeln generiert werden können, sind künftige Zustandsfolgen oder Systemkonfigurationen als analytisch unbestimmbar anzusehen. Die Veränderung der Gesetzmäßigkeiten sind das zentrale Problem mit der die Steuerung solcher Systeme konfrontiert ist.[345] Durch die Variation der internen Transformationsfunktion ist eine nicht-triviale Maschine in der Lage sich an veränderte Bedingungen anzupassen. In einer sich verändernden Umwelt ist diese analytische Unbestimmbarkeit also weniger ein Problem solcher Systeme als vielmehr Voraussetzung, um unter veränderten Bedingungen die Systemerhaltung gewährleisten zu können. Die Anpassungsfähigkeit eines Systems stellt eine Möglichkeit zur Reaktion dar, mit dem Ziel, eine einmal

[341] Vgl. *Loistl*, Otto und Iro *Betz*: Chaostheorie, 1993, S. 6ff.

[342] Vgl. *Ulrich*, Hans und Gilbert J.B. *Probst*: Anleitung zum ganzheitlichen Denken und Handeln, 1995, S. 59f.

[343] Vgl. *von Foerster*, Heinz: Entdecken oder Erfinden, 1998, S. 66.

[344] Vgl. *von Foerster*, Heinz: Sicht und Einsicht, 1985, S. 12.

[345] Vgl. *Küppers*, Günter: Experimentelle Steuerung: Kalkulierbare Eingriffe in die Selbstorganisation, in: *Beckenbach*, Frank und Hans *Diefenbacher* (Hrsg.): Zwischen Entropie und Selbstorganisation: Perspektiven einer ökologischen Ökonomie, Marburg: Metropolis 1994, S. 134.

in der Vergangenheit festgelegte Handlungsweise zu modifizieren und an veränderte Datenentwicklungen anzupassen.[346]

Die Existenz solcher Systeme bewirkt beim Betrachter prinzipiell ein gewisses Unbehagen, da von ihnen eine Unsicherheit bezüglich künftiger Zustände und Ergebnisse ausgeht, die den Umgang mit solchen Systemen erschweren. Aus diesem Grund trachten menschlichen Bemühungen stets danach, triviale Maschinen zu konstruieren beziehungsweise nicht-triviale Maschinen in triviale Maschinen zu überführen. Ein Kraftfahrzeug soll in vorhersehbarer Weise auf die Handlungen des Fahrers reagieren, eine Fertigungslinie soll ein bestimmtes Produkt mit festgelegten Spezifikationen erzeugen usw. Dennoch sind die menschlichen Konstruktionen nicht perfekt und ohne von außen sichtbar zu sein, verändern sich die internen Zustände auch solcher, zunächst als triviale Maschinen konstruierten Systeme und das Fahrzeug startet plötzlich nicht mehr oder das Produkt ist nach seiner Fertigstellung mit Fehlern behaftet und muss in der Qualitätsprüfung aussortiert oder nachbearbeitet werden. Der Fähigkeit zur Trivialisierung sind Grenzen gesetzt, insbesondere wenn es sich um soziale Systeme handelt, in diesem Fall kann die Trivialisierung sogar ein gefährliches Instrument der Vereinfachung darstellen, da wichtige Mechanismen zur Anpassung an veränderte Situationen unterdrückt werden.[347]

Die Steuerung eines nicht-trivialen Systems sollte als ein rekursiver Prozess aus einem Vergleich von Steuerungserwartung und Steuerungswirkung erfolgen.[348] Das Steuerungsziel wird damit abhängig von der Steuerung selbst und entwickelt sich im Verlauf des Steuerungsprozesses. Dieses Vorgehen verkörpert einen Lernprozess, der in das zu steuernde Netzwerk von Prozessen integriert ist. Dabei wird die Qualität einer solchen Art der Steuerung im Wesentlichen von den Beobachtungspunkten zur Aufnahme der Steuerungswirkungen abhängig sein.[349] Das steuernde Eingreifen in ein komplexes System erfolgt durch Selektion einer Alternative aus dem zur Verfügung stehenden Handlungsspielraum des Systems. Der Entscheidungsraum innerhalb

---

[346] Vgl. *Mellwig*, Winfried: Anpassungsfähigkeit und Ungewissheitstheorie. Zur Berücksichtigung der Elastizität des Handelns in der Unternehmenstheorie, Tübingen: J.C.B. Mohr (Paul Siebeck) 1972, S. 22f.

[347] Vgl. *von Foerster*, Heinz: Sicht und Einsicht, 1985, S. 12f.

[348] Vgl. *Milling*, Peter: Systemtheoretische Grundlagen zur Planung der Unternehmenspolitik, 1981, S. 26.

[349] Vgl. *Küppers*, Günter: Experimentelle Steuerung, 1994, S. 137f.

dessen eine Alternative auszuwählen ist, wird definiert durch vier wesentliche Parameter: i) dem aktuellen Zustand in dem sich das System befindet, ii) den Zielen, in Form angestrebter Systemzustände, iii) den zur Auswahl stehenden Handlungsalternativen und iv) der Bewertungsfunktion, um die zur Auswahl stehenden Alternativen in eine Rangreihung bezüglich ihrer Tauglichkeit zur Erreichung der Zielvorgaben zu bringen.[350] Durch diese Steuerung werden Zustandsveränderungen des Systems initiiert, nicht immer sind diese das Ergebnis gezielter Steuerungsimpulse. In komplexen Systemen, die zumindest über eine partielle Fähigkeit zur Selbstorganisation verfügen, entstehen neue Zustände auch ohne bewusste Steuerung. Die teilweise Autonomie einzelner Systemelemente oder Subsysteme unterstützt die Herausbildung dezentral gesteuerter Ordnungszustände.

Unternehmen sind komplexe Systeme und in der Lage interne Zustandsveränderungen zu vollziehen, die sich dem Blick eines Beobachters entziehen. Die Veränderung interner Zustände vollzieht sich aber keineswegs in beliebiger Art und Weise, sondern wird durch Systemziele, individuelle Verhaltensmuster und Nutzung technischer Ressourcen geprägt. Ein sich selbst organisierendes System vollzieht Phasenübergänge.[351] *Miller/Friesen* bezeichnen einen solchen Übergang als „...a package of changes that occur between the onset of the imbalance or stress and the time when some equilibrium or tranquil interval is reached."[352] Ein solcher Phasenübergang markiert einen irreversiblen Strukturübergang innerhalb eines Systems und begründet ein neues ordnendes Regime durch einen neuen präferierten Zustand. Die selbstorganisierenden Kräfte steuern das System kontinuierlich auf eine bestimmte Systemkonfiguration, die einen Attraktor darstellt, zu, ohne dass zunächst Auswirkungen auf das Gesamtsystem zu beobachten sind. Die Fähigkeit langfristige Auswirkungen von graduellen, sich langsam vollziehenden Veränderungen, die erst bei Überschreiten einer bestimmten Schwelle zu offensichtlichen Effekten führen, zu antizipieren, ist oft nur sehr gering ausgeprägt. Die Frosch-Parabel veranschaulicht dies sehr gut.[353] Wird ein Frosch in ein Behältnis mit kochendem Wasser geworfen, wird er sofort

---

[350] Vgl. *Milling*, Peter: Systemtheoretische Grundlagen zur Planung der Unternehmenspolitik, 1981, S. 25.

[351] Vgl. *Gagsch*, Bernd: Wandlungsfähigkeit von Unternehmen: Konzept für ein kontextgerechtes Management des Wandels, Frankfurt am Main: Peter Lang 2002, S. 26f.

[352] *Miller*, Danny und Peter H. *Friesen*: Archetypes of Organizational Transition, in: Administrative Science Quarterly, Jhg. 25, Nr. 2, 1980, S. 271.

[353] Vgl. *Senge*, Peter: The Fifth Discipline, 1990, S. 22f.

versuchen zu fliehen. Setzt man das Tier aber in zimmertemperaturwarmes Wasser, wird er dort verharren. Wird nun die Temperatur kontinuierlich erhöht, wird der Frosch dies zunächst nicht als bedrohlich empfinden. Mit ansteigender Temperatur wird die Fähigkeit zur Flucht langsam abnehmen und wenn die Temperatur lebensbedrohliche Höhen erreicht besteht keine Möglichkeit zur Flucht, da die notwendige Kraft hierfür erlahmt ist. Das Ende ist unausweichlich. Der Überlebensmechanismus des Frosches ist primär auf die Wahrnehmung plötzlicher und unmittelbar bedrohlicher Veränderungen seiner Umwelt ausgerichtet. Sich langsam vollziehende graduelle Veränderungen und deren langfristige Folgen lösen oft keine Anpassungsreaktion aus, dies gilt auch für ähnliche Veränderungen in Unternehmen.

Ein Beispiel, um einen solchen Phasenübergang zu veranschaulichen entstammt der Graphentheorie.[354] Gegeben sei eine Anzahl von nicht miteinander verbundenen Elementen (auch Knoten genannt). Nun werden durch zweimaliges zufälliges Ziehen zwei Elemente ausgewählt und miteinander verbunden. Eine Relation wird dem System hinzugefügt und erhöht die Konnektivität des Gesamtsystems. Es ist offensichtlich, dass mit zunehmender Anzahl der Züge die Wahrscheinlichkeit ansteigt, ein bereits verbundenes Element auszuwählen. Wird ein solches gezogen, entsteht eine größere Teilstruktur, bestehend aus drei, vier oder mehr Elementen. Die Verbindungen zwischen den Elementen werden als Kanten bezeichnet. Entscheidend für das Auftreten einer Gesamtsystemstruktur, ist das Verhältnis von Kanten zu Elementen. Sobald der Quotient von Kanten (K) und Elementen (N) größer als 0,5 ist, bildet sich eine sehr große, beinahe die gesamte Elementmenge umfassende Struktur heraus. Werden weiterhin zufällig ausgewählte Elemente gezogen und miteinander verbunden, so entsteht bei überschreiten dieses Quotienten sehr schnell ein allumfassendes Netz, in das beinahe alle Elemente eingesponnen sind. In einem System von 100 Elementen, würde bei 50 zufällig eingesetzten Kanten (Relationen) eine große zusammenhängende Struktur entstehen, die quasi alle Systemelemente umspannt. Dabei erfolgt der Übergang sehr plötzlich. Wenige Züge zuvor besteht die größte zusammenhängende Struktur aus nur wenigen Elementen. Während des Phasenüberganges, der bei sehr großen Elementmengen einem Sprung gleich kommt, tritt plötzlich eine monolithische Struktur hervor.

In Abbildung 7 ist ein solcher Phasenübergang dargestellt. Wird die Konnektivität innerhalb des Systems kontinuierlich erhöht, so setzt die fast vollkommene Verbundenheit beinahe aller Elemente schlagartig ein. Die Struk-

[354] Vgl. zu diesem Beispiel *Kauffman*, Stuart A.: At Home in the Universe, 1995, S. 55ff.

tur wächst plötzlich zu enormer Größe an, ohne dass sich dieser Entwicklungssprung vorher angekündigt hat. Der Übergang wird umso deutlicher und steiler ausfallen, je größer die im System enthaltene Elementmenge ist.

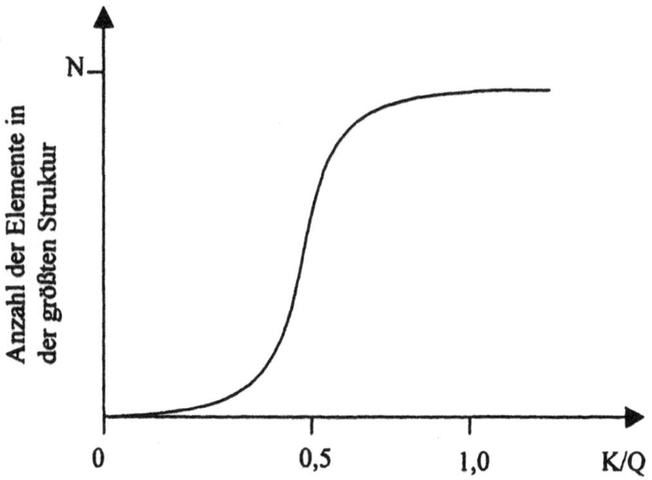

Abbildung 7: Verlauf eines Phasenübergangs bei zunehmender Konnektivtät[355]

Veränderungen innerhalb der Organisation komplexer Systeme vollziehen sich nach ähnlichen Regeln. Sie sind über lange Zeit kontinuierlich und weisen innerhalb eines kurzen Zeitraums einen Entwicklungssprung auf, der, wenn keine Zeitraumbetrachtung vorgenommen wird, sehr plötzlich aufzutreten scheint. Die strukturelle Trägheit komplexer Organisationen trägt zur Tendenz bei, eine bestimmte Konfiguration zu bewahren gleichermaßen können motivationale Hemmnisse und Widerstände einzelner Individuen existieren, deren Überwindung Zeit und Aufwand erfordert, bis eine umfangreiche Veränderung umgesetzt werden kann.[356]

---

[355] Vgl. *Kauffman*, Stuart A.: At Home in the Universe, 1995, S. 57.

[356] Vgl. *Hannan*, Michael T. und John *Freeman*: Structural Inertia and Organizational Change, in: American Sociological Review, Jhg. 49, Nr. 2, 1984, S. 158ff. Vgl. auch *Gersick*, Connie J. G.: Revolutionary change theories: a multilevel exploration of the punctuated equilibrium paradigm, in: Academy of Management Review, Jhg. 16, Nr. 1, 1991, S. 27f.

Eine solche Betrachtung von Veränderungsprozessen wird als punktiertes Gleichgewichtstheorem adaptiver Prozesse bezeichnet und integriert sowohl graduell verlaufende Anpassungsprozesse, die ihre Wirkung über einen langen Zeitraum entwickeln, als auch radikale, diskontinuierlich auftretende Entwicklungs- und Innovationssprünge, die ihren Effekt erst nach der Überwindung einer bestimmten Schwelle aufzeigen.[357] In Phasen des Gleichgewichts ist die Organisationsstruktur eines Systems stabil, kontinuierliche Verbesserungen des Systems werden durchgeführt, ohne eine tiefgreifende Veränderung zu verursachen. Innerhalb einer gegebenen Umweltsituation steigt die Angepasstheit des Systems an seine Umwelt.[358] Allerdings besteht kein qualitativer Zusammenhang zwischen den kumulierten kontinuierlichen Veränderungen und dem auftretenden Entwicklungssprung. Ein organisationaler Entwicklungssprung wird zwar durch die Menge vorausgegangener Veränderungen beeinflusst, dieser ist aber nicht monokausal mit diesem verbunden.[359] Dies lässt sich an dem oben beschriebenen Beispiel der Graphentheorie verdeutlichen. Die einzeln hinzugefügten Kanten etablieren lediglich paarweise Verbindungen zweier Elemente, die Konstruktion einer umfassenden Netzwerkstruktur ist aber weder beabsichtigt, noch kausal mit dem Vorgehen verknüpft. Die Bildung der Netzwerkstruktur ist aufgrund wahrscheinlichkeitstheoretischer Gesetzmäßigkeiten eine Folge des zufälligen Ziehens zweier Elemente aber eine Abhängigkeit im Sinne starker Kausalität besteht in diesem Beispiel nicht. Insbesondere lässt sich die Gestalt des Netzwerkes nicht durch das Hinzufügen der Kanten vorhersagen und wird bei wiederholten Versuchen stets anders ausfallen.

Im Fall einer nicht-trivialen Maschine, deren Elemente teilweise Handlungsautonomie besitzen, sind solche autonomen Zustandsveränderungen zu erwarten. Je mehr Elemente zu einem System gehören und je größer die Zahl der Relationen ist, desto plötzlicher vollziehen sich Phasenübergänge und ein neuer Ordnungszustand wird erreicht. Die kausale Beziehung einzelner Handlungen zum Gesamtzustand eines solchen Systems ist unterbrochen.

---

[357] Vgl. Organizational transformation as punctuated equilibrium: An empirical test, in: Academy of Management Journal, Jhg. 37, Nr. 5, 1994, S. 1143ff. Vgl. auch *Gersick*, Connie J. G.: Revolutionary change theories, 1991, S. 12f. Vgl. auch *Miller*, Danny und Peter H. *Friesen*: Momentum and Revolution in Organizational Adaptation, in: The Academy of Management Journal, Jhg. 23, Nr. 4, 1980, S. 592ff.

[358] Vgl. *Gersick*, Connie J. G.: Revolutionary change theories, 1991, S. 16ff.

[359] Vgl. Elaine *Romanelli* und Michael L. *Tushman*: Organizational transformation as punctuated equilibrium, 1994, S. 1157f.

Erst aus der Gesamtheit individueller Handlungen entsteht ein regelhafter Zustand. Veränderungsprozesse verlaufen unterschwellig und lassen im Hinblick auf den Gesamtsystemzustand zunächst keine Auswirkungen erkennen, bis sich die Lösung aus der Interaktion einer Vielzahl von Entscheidungen herausbildet.[360] Innerhalb der Übergangsphase befindet sich ein System in einem instabilen Zustand, währenddessen das Ergebnis und der Erfolg der Veränderung durch große Ungewissheit geprägt sind.[361] Die Anpassung und Veränderung komplexer Systeme vollzieht sich stets unter der Prämisse, dass verschiedene Systemkonfigurationen unterschiedlich vorteilhaft sind und somit Anreize bestehen bestimmte Konfigurationen den Vorzug zu geben. Im folgenden Kapitel wird deshalb ein Modell vorgestellt, welches die Veränderungsprozesse komplexer Systeme mit der Komplexität von System und Systemumwelt integriert.

c) Organisationale Fitness und Adaption auf komplexen Fitnesslandschaften

Das Ziel der Anpassungsbemühungen eines Unternehmens liegt darin, eine möglichst hohe Übereinstimmung mit den Anforderungen seiner Umwelt unter Beachtung organisationaler Zielgrößen zu erreichen. Die Notwendigkeit, dass die Gestaltung der Organisation unter Berücksichtigung der Erfordernisse der Unternehmensumwelt erfolgen sollte, findet sich in verschiedenen betriebswirtschaftlichen Arbeiten.[362]

Ein vorrangiges Ziel unternehmerischen Handelns liegt in der Sicherstellung des eigenen Fortbestehens.[363] Zugleich müssen bestimmte Effizienzziele erfüllt werden, deren mindestens zu erreichender Erfüllungsgrad allerdings wiederum notwendige Bedingung zur Sicherung des Fortbestandes darstellt.

---

[360] Vgl. *Niemeier*, Norbert: Organisationaler Wandel aus Sicht der Synergetik, 2000, S. 214ff.

[361] Vgl. *Gersick*, Connie J. G.: Revolutionary change theories, 1991, S. 26f.

[362] Vgl. dazu beispielsweise *Chandler*, Alfred D.: Strategy and Structure, 1962, vgl. auch *Jelinek*, Mariann und Michael C. *Burstein*: The Production Administrative Structure: A Paradigm for Strategic Fit, in: Academy of Management Review, Jhg. 7, Nr. 2, 1982, S. 242ff.

[363] *Schumpeter* sieht darin eine der Hauptantriebskräfte des innovativen Unternehmers, der danach strebt: „ein privates Reich zu gründen, meist, wenngleich nicht notwendig, auch eine Dynastie."(S. 138). Das geschaffene Unternehmen soll die Zeiten überdauern und an nachfolgende Generationen weitergegeben werden. Vgl. *Schumpeter*, Joseph A.: Theorie der wirtschaftlichen Entwicklung, 1952, S. 137ff.

Die Überlebensfähigkeit kann nur dann erreicht werden, wenn ein umweltadäquates Maß an Verhaltensstabilität und -variabilität gewährleistet ist.[364] Stabilität und Variabilität sind keine Gegensätze. Eine ausschließliche Strategie der Anpassung an Umweltveränderungen wird langfristig zur alleinigen Steuerung des Systems durch seine Umwelt führen. Ein System ist dagegen genau dann als stabil zu bezeichnen, wenn es gelingt, einen bevorzugten Zustand einzunehmen und diesen trotz externer Störungen aufrechterhalten zu können.[365] Das Stabilisieren eines Systemzustandes schließt somit die Notwendigkeit zur Anpassungsfähigkeit ein, dies gilt insbesondere dann, wenn die Systemumwelt von hoher Komplexität geprägt ist.[366] Die Fähigkeit zur Stabilität ist damit als abhängig von der Flexibilität des Systems zu bezeichnen.[367] Beide Begriffe geben zwei verschiedene Facetten eines dynamischen Anpassungsprozesses wieder. Flexibilität betont den prozessbezogenen Charakter zur Umsetzung von Veränderungen, dagegen ist der Begriff Stabilität auf die Erhaltung einer gewählten Position ausgerichtet und ist damit zustandsbezogen.[368] Die Kombination aus Existenzsicherung und Erreichung von Effizienzzielen wird als organisationale Fitness bezeichnet, denn beides kann nur in Übereinstimmung mit den Bedingungen der Unternehmensumwelt erreicht werden.[369]

Ein Modell, wie sich eine Population komplexer adaptiver Systeme entwickelt und welche Formen beziehungsweise welche Arten von miteinander im Wettbewerb stehender Strukturen das langfristige Überleben sichern,

---

[364] Vgl. *Volberda*, Henk W. und Charles *Baden-Fuller*: Strategic Renewal and Competence Building, 1998, S. 373.

[365] Vgl. *Krieg*, Walter: Kybernetische Grundlagen der Unternehmungsgestaltung, Bern und Stuttgart: Haupt 1970, S. 43ff. Vgl. auch *Simon*, Herbert A.: The Sciences of the Artificial, 1999, S. 35f.

[366] Vgl. *Bohne*, Fabian: Komplexitätskostenmanagement in der Automobilindustrie, 1998, S. 36.

[367] Vgl. *Brehm*, Carsten R.: Organisatorische Flexibilität der Unternehmung. Bausteine eines erfolgreichen Wandels, Wiesbaden: Deutscher Universitätsverlag 2003, S. 43f.

[368] Vgl. *Behrbohm*, Peter: Flexibilität in der industriellen Produktion, Frankfurt am Main et al.: Peter Lang 1985, S. 164.

[369] Vgl. *Schwaninger*, Markus: A Concept of Organisational Fitness, in: *Espejo*, Raúl und Markus Schwaninger (Hrsg.): Organisational Fitness. Corporate Effectiveness through Management Cybernetics, Frankfurt am Main und New York: Campus Verlag 1993, S. 62-64.

wurde von *Kauffman*[370] entwickelt. Das Modell der „Fitness-Landschaften" stellt einen Zusammenhang her zwischen verschiedenen Kombinationen alternativer Systemstrukturen und ihrem Beitrag zur Sicherung des Systemfortbestandes. Das Ausmaß mit dem eine bestimmte Struktur den Fortbestand sichert wird als organisationale „Fitness" bezeichnet. In dem Modell wird der Begriff aber nicht in Bezug auf die Passung an einen bestimmten Standard oder Anforderungskatalog verstanden, sondern als Grad der Leistungsfähigkeit im Sinne von Überlebensfähigkeit verwendet.[371] Das Modell entstammt der biologischen Genforschung und dient dazu, die Ontogenese bestimmter Spezies abzubilden, wobei sich die verschiedenen Genome als unterschiedlich vorteilhaft für das Überleben seines Trägers erweisen.[372] Das Modell zeigt, wie verschiedene Adaptions- und Selektionsmechanismen die Strukturvielfalt innerhalb einer Spezies verändern. Die Evolution einer Spezies ist das Ergebnis eines kumulativen Prozesses, bei dem bestimmte Attribute durch Konstanz, andere durch Variation gekennzeichnet sind. Dabei spielt die Mutation, also die zufälligen Veränderungen der Attributkombination, die geringste Rolle in der Entwicklung einer Spezies. Es ist im Gegenteil von wesentlich größerer Wahrscheinlichkeit, dass diese zufälligen Ereignisse einem komplexen System Schaden zufügen, als das sie eine vorteilhafte Veränderung bewirken.[373]

Die Übertragung solcher Ansätze auf ökonomische Fragestellungen ist nicht neu. Ein von *Alchian* vorgeschlagener Ansatz zur Berücksichtigung von Unsicherheit und evolutionärem Anpassungsverhalten in der ökonomischen Theorie ist als grundlegend zu bezeichnen, um die ökonomische Modelbildung zu verbessern und beispielsweise die Annahme vollkommener Informationen durch der Realität besser entsprechende Annahmen zu ersetzen.[374] Eine Adaption des Modells der Fitnesslandschaften auf den Bereich sozialer

---

[370] Vgl. *Kauffman*, Stuart A.: The Origins of Order, 1993, S. 33ff. Der Fitnessbegriff wird auch als biologische Eignung bezeichnet, um innerhalb einer bestimmten Umwelt zu überleben.

[371] Vgl. *McCarthy*, Ian P.: Manufacturing strategy, 2004, S. 129.

[372] Der Zusammenhang zwischen Überlebensfähigkeit (fitness) und der zugrundeliegenden Genkombination stammt von *Whrigt*, der zuerst eine modellhafte Darstellung entwicklete, welche die evulotorischen Faktoren Mutation, Migration und Selektion darstellt. Vgl. *Wright*, Sewall: Evolution in Mendelian Populations, in: Genetics, Jhg. 16, Nr. 2, 1931, S. 97-159.

[373] Vgl. *Wright*, Sewall: Evolution in Mendelian Populations, 1931, S. 142f.

[374] Vgl. *Alchian*, Armen A.: Uncertainty, Evolution, and Economic Theory, in: The Journal of Political Economy, Jhg. 58, Nr. 3, 1950, S. 211-221.

Systeme, insbesondere von Unternehmen stammt von *Levinthal*[375], eine Arbeit zur Entstehung von Fertigungsstrategien auf einer Fitnesslandschaft findet sich bei *McCarthy*.[376] Fitness ist hier die Eigenschaft eines Systems – einer Fertigungsstrategie – über einen längeren Zeitraum anpassungsfähig zu sein gegenüber Veränderungen der Systemumwelt, was zur Voraussetzung hat, dass relevante Veränderungen erkannt werden und geeignete Maßnahmen zur Anpassung ausgewählt und umgesetzt werden können.[377]

Eine Fitnesslandschaft wird aufgespannt durch einen mehrdimensionalen Raum[378], in dem jede mögliche Eigenschaft eines Systems (N) durch eine einzelne Dimension abgebildet wird. Die Eigenschaften stellen strategische Wahlalternativen dar, die von Unternehmen ausgewählt werden oder nicht, zum Beispiel die Einführung eines TQM Systems oder der Einsatz einer bestimmten Fertigungstechnologie. Die Unternehmen stehen miteinander im Wettbewerb und allen steht eine Vielzahl unterschiedlicher Systemkonfigurationen zur Auswahl. Die Frage ist nun, wie sich ein Suchvorgang gestaltet, der ein Unternehmen zu einem höheren Fitnessniveau führt. Dabei beeinflussen die Auswahlentscheidungen aller Unternehmen die Vorteilhaftigkeit der anderen Konfigurationsmöglichkeiten.[379] Angenommen jedes Attribut stellt eine binäre Auswahlentscheidung dar, das Attribut ist aktiv oder nicht aktiv, so gilt für jedes Attribut $N = [0; 1]$ und es ergibt sich die Anzahl möglicher Konfigurationen aus 2^N. Für $N=2$ bilden die Attribute die Grundfläche der Fitnesslandschaft ab, deren Elevation durch den Fitnessgrad jeder Eigenschaftskombination dargestellt wird. Ein solches Modell ermöglicht eine stark vereinfachte Darstellung des Zusammenhanges zwischen Attributausprägung und Gesamtfitnessgrad. In der Realität ist allerdings von einer Vieldimensionalität auszugehen, die eine graphische Darstellung unmöglich macht. Grundsätzlich ist durch die Mehrdimensionalität eine Bewegung über

[375] Vgl. *Levinthal*, David A.: Adaptation on Rugged Landscapes, in: Management Science, Jhg. 43, Nr. 7, 1997, S. 934-950.

[376] Vgl. *McCarthy*, Ian P.: Manufacturing strategy, 2004, S. 126ff.

[377] Vgl. *McCarthy*, Ian P.: Manufacturing strategy, 2004, S. 129.

[378] Zwar vermittelt der Begriff einer Landschaft den Eindruck, dass es sich um maximal drei Dimensionen handelt, dies dient aber lediglich zur Veranschaulichung des Modells. Der Raum lässt sich auch durch eine größere Anzahl Dimensionen aufspannen, lediglich die menschliche Vorstellungskraft stößt dann schnell an ihre Grenzen.

[379] Vgl. *Miller*, Danny und Peter H. *Friesen*: Archetypes of Organizational Transition, 1980, S. 288. Vgl. auch *Simon*, Herbert A.: The Sciences of the Artificial, 1999, S. 47.

die Landschaft möglich, ohne den Fitnessgrad einbüßen zu müssen. Mit steigender Dimensionalität steigen auch die Möglichkeiten einen verlustfreien Weg zu höheren Fitnesswerten zu ermöglichen. Eine solche Fitnesslandschaft für N=2 ist in Abbildung 8 beispielhaft dargestellt. Die beteiligten Systeme verändern ihre Merkmalstruktur in Abhängigkeit vom Gesamtfitnessgrad, den eine bestimmte Konfiguration erzielt. Die einzelnen Merkmale beziehungsweise deren Beiträge zum Gesamtfitnesswert sind allerdings nicht vollkommen unabhängig voneinander, sondern stehen in Beziehung zueinander. Der in der Komplexitätsdefinition[380] diskutierte Aspekt Konnektivität[381] wird in diesem Modell durch die Variable K erfasst; beträgt K=0, ist der Fitnessbeitrag eines jeden Merkmals unabhängig von allen anderen Merkmalen. Dieser Zustand würde dem Konzept einer trivialen und vollkommen bestimmbaren Maschine entsprechen, bei der strenge Kausalität innerhalb des Systems gegeben ist.[382] Für K=N-1 ist der Fitnessbeitrag eines jeden Attributs abhängig von allen anderen Attributen. Damit ergeben sich 2^{K-1} verschiedene Werte für jedes Attribut. Wird bei vollständiger Interdependenz nur ein einziges Attribut verändert, so ändern sich die Fitnessbeiträge aller anderen Attribute. Der Gesamtfitnesswert eines Systems wird aus der Summe der einzelnen Attribute gebildet.

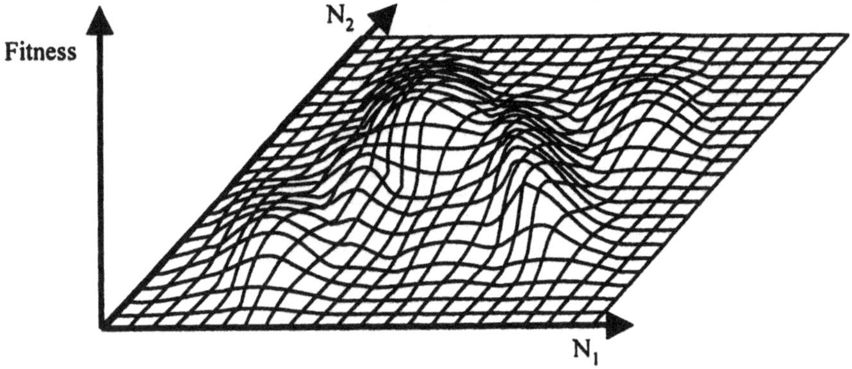

Abbildung 8: Gestalt einer NK-Fitnesslandschaft

380 Vgl. dazu Kapitel B.I.5.

381 Vgl. *McCarthy*, Ian P.: Manufacturing strategy, 2004, S. 131.

382 Vgl. dazu Kapitel B.II.1.b).

In Bezug auf die Gestalt der Fitnesslandschaft ergeben sich nun unterschiedliche Effekte in Abhängigkeit des Vernetzungsgrades der Attribute – mithin verändert sich die Komplexität der Fitnesslandschaft. Herrscht vollkommene Unabhängigkeit (K=0), so existiert ein einzelner Gipfel, eine einzige Konfiguration liefert den maximal erreichbaren Fitnessgrad. Der Fitnessgrad einer bestimmten Konfiguration ist dem Fitnessgrad der in unmittelbarer Nähe befindlichen Konfigurationen sehr ähnlich, lokale Anpassungsbewegungen können in einer solchen hoch korrelierten Landschaft effektiv durchgeführt werden und ermöglichen eine stetige Verbesserung des Fitnesswertes.[383] Die Existenz eines einzelnen Gipfels innerhalb der Fitnesslandschaft zieht einen wettbewerbsintensivierenden Effekt nach sich, da alle Unternehmen danach streben, genau diese eine Konfiguration zu erreichen.[384] Nur unter Abwesenheit jeglicher Konnektivität der Systemeigenschaften ist die Annahme gerechtfertigt, dass eine einzelne Konfiguration absolute Optimalität gewährleistet.

Steigt die Konnektivität zwischen den einzelnen Attributen, so verändert sich die Fitnesslandschaft und eine Vielzahl lokaler Optima bilden sich heraus.[385] Die Anzahl dieser Gipfel steigt mit zunehmendem Vernetzungsgrad und eine zerklüftete Fitnesslandschaft mit mehreren Gipfeln und Tälern entsteht.[386] Die Fitnesswerte der einzelnen Konfigurationen sind nur noch gering korreliert, da sich im Extremfall von K=N-1 die Fitnesswerte benachbarter Konfigurationen erheblich unterscheiden können.

Die Bedeutung einen Gipfel in einer zerklüfteten Landschaft zu erklimmen sinkt, da eine Vielzahl anderer Gipfel existiert, von denen einige unter Umständen einen größeren Fitnesswert besitzen. Es besteht die Gefahr, auf einem suboptimalen Gipfel zu verharren, da vorteilhaftere Konfigurationen nicht erkannt werden oder deren Erreichung zur Voraussetzung hat, zunächst eine Verringerung des Fitnesswertes zu akzeptieren, um dazwischen liegende Fitnesstäler überwinden zu können.[387] Zugleich bietet eine solche Landschaftsform die Möglichkeit eine größere Diversität der Systemkonfi-

---

[383] Vgl. *Kauffman*, Stuart A.: The Origins of Order, 1993, S. 45f.

[384] Vgl. *Suárez*, Fernando F. und James M. *Utterback*: Dominant Designs and the Survival of Firms, in: Strategic Management Journal, Jhg. 16, Nr. 6, 1995, S. 416.

[385] Vgl. *McKelvey*, Bill: Avoiding Complexity Catastrophe in Coevolutionary Pockets: Strategies for rugged Landscapes, in: Organization Science, Jhg. 10, Nr. 3, 1999, S. 301f.

[386] In der englischsprachigen Literatur wird von „rugged fitness landscapes“ gesprochen.

[387] Vgl. *McCarthy*, Ian P.: Manufacturing strategy, 2004, S. 144f.

gurationen hervorzubringen, die jeweils in ihrer eigenen Nische fähig sind zu existieren. Je größer die Konnektivität, desto stärker wird also das Argument gestützt, dass kein one-best-way des Organisierens existiert. Die Qualität einer bestimmten Organisation ist immer relativ bezogen auf den Kontext, in dem sie funktionieren soll.[388] In einer komplexen Fitnesslandschaft können viele verschiedene Wege zum Erfolg führen. Durch die Unkorreliertheit der Gesamtfitnesswerte steigt die Vielfalt der Organisationsformen, die geeignet sind den Fortbestand des Systems zu gewährleisten. Ein Anstieg der Komplexität bietet also Raum für vorteilhafte Alternativen, die in einer Landschaft ohne Konnektivität keinen Platz finden würden.

Ein auf einer Fitnesslandschaft mit $K>0$ platziertes Unternehmen trachtet danach, seinen Gesamtfitnesswert durch Auswahlentscheidungen bezüglich der gewählten Eigenschaftskombinationen zu verbessern. Zur Begründung adaptiver Prozesse existieren verschiedene theoretische Erklärungsansätze, grundsätzlich stehen einem System zwei verschiedene Adaptionsmöglichkeiten[389] zur Verfügung: i) lokale Anpassung und ii) radikale Innovation.[390] Erstere erzeugt durch die Veränderung eines einzelnen Attributs eine Bewegung auf ein höheres Fitnessniveau in der unmittelbaren Umgebung der bisherigen Systemkonfiguration. Dies entspricht einer inkrementalen Verbesserung und bewirkt, dass sich ein Unternehmen langsam über die Landschaft, hin zu dem nächstgelegenen Gipfel, bewegt. Diese Art der Adaption führt zu befriedigenden Lösungen, eine Optimierung der eigenen Konfiguration zur Erreichung des bestmöglichen Zustandes ist schwer zu erreichen, besser gesagt sehr unwahrscheinlich und stark abhängig von der ursprünglichen Konfiguration zu Beginn der Anpassungsbewegung beziehungsweise vom Verlauf des Weges, der zurückgelegt werden muss, um das Gesamtfitnessoptimum zu erreichen.[391] Befindet sich ein Unternehmen auf oder in der Nähe eines lokalen Gipfels und liegt zwischen diesem und der Konfiguration

[388] Vgl. *Ashby*, W. Ross: Principles of the Self-Organizing System, 1962, S. 264f.

[389] Die Anpassungsformen, wie sie hier verstanden werden, können auch als organisationales Lernen bezeichnet werden. Die lokale Anpassung wird auch als adaptives Lernen, die radikale Innovation als generatives Lernen bezeichnet. Vgl. *Milling*, Peter: Organisationales Lernen, 1995, S. 96f. Vgl. auch *Senge*, Peter: The Leader's New Work: Building Learning Organizations, in: Sloan Management Review, Jhg. 32, Nr. 1, 1990, S. 8ff.

[390] Vgl. *Miller*, Danny und Peter H. *Friesen*: Structural Change and Performance: Quantum Versus Piecemeal-Incremental Approaches, in: The Academy of Management Journal, Jhg. 25, Nr. 4, 1982, S. 868ff.

[391] Vgl. *Simon*, Herbert A.: The Sciences of the Artificial, 1999, S. 48.

mit maximaler Fitness eine große Entfernung, gekennzeichnet durch Merkmalskonfigurationen mit geringen Fitnesswerten, so scheidet eine auf lokalen Anpassungsbewegungen basierende Adaption zur Erreichung des bestmöglichen Zustandes aus. Die kumulierten Fitnesseinbussen sind zu groß beziehungsweise ist aufgrund der Dynamik einer Fitnesslandschaft keineswegs sichergestellt, dass die anvisierte Merkmalskonfiguration auch in Zukunft den bestmöglichen Fitnesswert aufweist.

Anpassungsmaßnahmen im Sinne von Verbesserungsprozessen können dazu führen, dass das empfindliche Gleichgewicht innerhalb eines Systems gestört wird und negative Konsequenzen in Bezug auf den Gesamtfitnesswert zu erwarten sind.[392] Ein solcher Effekt ist umso wahrscheinlicher, je größer die Konnektivität (K) ist. Das Unternehmen gerät in die paradoxe Situation, dass, um eine Verbesserung des Gesamtfitnesswertes zu erzielen, zunächst eine Verschlechterung hingenommen werden muss. So kann beispielsweise die Einführung eines TQM Programms die gewünschten Verbesserungen hinsichtlich Produkt- und Prozessqualität ermöglichen, bestimmte andere Leistungsgrößen, finanzielle Erfolgsgrößen oder Arbeitsproduktivität, fallen aber unter Umständen zunächst zurück.[393] Im Falle starker Interdependenzen innerhalb des Systems führt ein reduktionistisches Vorgehen bei der Implementierung von Verbesserungsprogrammen, welches die gegenseitigen Abhängigkeiten vernachlässigt, zu Beeinträchtigungen anderer Leistungskennzahlen. Insbesondere bei starken Interdependenzen ist deshalb von einer langen Verzögerungszeit auszugehen, bevor der positive Effekt einer einzelnen Maßnahme den beabsichtigten positiven Gesamteffekt liefert.[394]

Als zweite Form der Anpassung besteht die Möglichkeit einer radikalen Innovation. Diese bewirkt einen großen Sprung auf der Fitnesslandschaft, der eine umfassende Neukonfiguration bedeutet.[395] Ein solcher Durchbruch ist in

---

[392] Vgl. *Miller*, Danny und Peter H. *Friesen*: Structural Change and Performance, 1982, S. 867ff.

[393] Vgl. *Sterman*, John D.; Nelson P. *Repenning* und Fred *Kofman*: Unanticipated Side Effects of Successful Quality Programs: Exploring a Paradox of Organizational Improvement, in: Management Science, Jhg. 43, Nr. 4, 1997, S. 518ff.

[394] Vgl. *Sterman*, John D.; Nelson P. *Repenning* und Fred *Kofman*: Exploring a Paradox of Organizational Improvement, 1997, S. 519.

[395] Vgl. *Tushman*, Michael und David *Nadler*: Organizing for Innovation, in: California Management Review, Jhg. 28, Nr. 3, 1986, S. 76ff. Vgl. auch *Miller*, Danny und Peter H. *Friesen*: Structural Change and Performance, 1982, S. 870ff.

diesem Modell gekennzeichnet durch ein zufälliges Ziehen einer anderen Systemkonfiguration. Ist der Fitnesswert der gezogenen Alternative größer als der Fitnessgrad der aktuellen Konfiguration, wird die neue Systemkonfiguration gewählt. Hierbei gilt, dass je größer der aktuelle Fitnesswert einer Konfiguration, desto geringer die Wahrscheinlichkeit eine Alternative auszuwählen, die einen noch größeren Fitnesswert besitzt.

Eine Einschränkung einer solchen Modellkonstruktion ist hier hervorzuheben. Die enge Anlehnung an biologische Evolutionsprozesse führt dazu, dass die lokale Anpassung den Adaptionsprozess dominiert. Gleichwohl ist lokale Anpassung inhaltlich ungerichtet, weshalb ein weiter gestecktes Ziel weder formuliert noch implizit angestrebt werden kann. Es erfolgt lediglich eine kurzreichweitige Anpassungsbewegung in Richtung des nächstgelegenen lokalen Optimums. Fitnesstäler können nicht bewusst überquert werden. Diese Annahme ist zwar für biologische Fragestellungen, bei denen es um Überleben und Reproduktion einer Spezies geht, zulässig, aber für zielbewusst gesteuerte beziehungsweise steuerbare Unternehmen stellt dieser Umstand eine zu starke Vereinfachung dar. Soziale Systeme sind in der Lage eine langfristige Zielvorstellung zu entwickeln und zu verfolgen, auch wenn die Erreichung mit zeitweiligen Fitnesseinbußen verbunden ist.[396]

Im Fall einer inkrementalen Verbesserung wird die Konfiguration nur wenig verändert, im Extremfall wird nur eine einzige Merkmalsausprägung geändert. Daraus resultierende Effekte auf den Gesamtfitnesswert können festgestellt werden und gegebenenfalls das Unternehmen zur Rücknahme der Veränderung bewegen, für den Fall, dass der Fitnesswert sinkt. Auf diese Weise entsteht ein zielführender Rückkopplungsprozess, der das Unternehmen zu einem höheren Fitnessniveau führt. Im Gegensatz dazu ist eine radikale Veränderung sehr aufwendig und umfassend, im Extremfall werden alle Merkmalsausprägungen verändert. Eine selbstregulierende Rückkopplung des Adaptionsprozesses ist unterbunden, die Relation zwischen Veränderungsmaßnahme sowie altem und neuem Zustand ist unterbrochen. Das Unternehmen findet sich dann unter Umständen auf einem geringerem Fitnessniveau wieder, wobei die Rücknahme der Veränderung quasi irreversibel, da mit zu hohen Aufwendungen verbunden, ist.

Die Schwierigkeiten bei der Umsetzung radikaler Innovationen in Unternehmen unterstützen diese Modellergebnisse. Managementkonzepte wie das Business-Process-Reengineering zielen gerade auf tiefgreifende Veränderun-

396 Vgl. *Simon*, Herbert A.: The Sciences of the Artificial, 1999, S. 165f.

gen durch umfassende Neukonfiguration betrieblicher Abläufe ab. Es wird nicht weniger als um die Erreichung von Quantensprüngen gerungen, welche die Überlegenheit eines solchen Vorgehens gegenüber inkrementalen Verbesserungsprozessen belegen sollen.[397] In der betrieblichen Praxis scheitern diese Versuche jedoch relativ häufig beziehungsweise bleiben deutlich hinter den avisierten Zielen zurück.[398] Des Weiteren erhöht die Konnektivität die Trägheit der Systemorganisation, wodurch Veränderungen verlangsamt werden, was dazu führt, dass radikale Veränderungen kaum erfolgreich durchzusetzen sind, weil sich die bisherige Struktur einer Veränderung widersetzt und die Veränderungsgeschwindigkeit so gering ist, dass die Veränderungsrate nicht mit der Änderungsrate der Umwelt Schritt hält.[399] Radikale Variationsmechanismen durch tiefgreifende Neukonfiguration eines Unternehmens sowie die Eliminierung und Neugründung veränderter Systeme spielen unter Bedingungen hoher Konnektivität nur eine geringe Rolle. Zum einen sind solche Variationsmechanismen in diesem Fall nur mit sehr geringer Wahrscheinlichkeit erfolgreich, da die Fitnesslandschaft nur wenig korreliert ist, zum anderen ist ihre Umsetzung durch ein hohes Maß systemendogener Merkmalsabhängigkeiten eingeschränkt. Außerdem besitzen geringkorrelierte Fitnesslandschaften die Eigenschaft, viele, zwar suboptimale aber dennoch erfolgversprechende Konfigurationsnischen zu besitzen, eine Maximierung des Gesamtfitnesswertes also nicht zwingend erforderlich ist. Zusammenfassend liefert die Betrachtung eines NK-Modells folgende Erkenntnisse zum Verständnis der Evolution komplexer Systeme:

- Je größer die Konnektivität, desto geringer die „Sichtweite" der Unternehmen.[400] Durch lokale Anpassung wird der nächstgelegenste Gipfel erklommen, ohne zu erkennen, dass andere Konfigurationen existieren, die einen höheren Fitnesswert besitzen.
- Die Anpassung der einzelnen Unternehmen ist pfadabhängig.[401] Je nach Ausgangskonfiguration werden nur bestimmte Gipfel zugänglich,

---

[397] Vgl. *Hammer*, Michael und James *Champy*: Business Reengineering, 4. Auflage, Frankfurt am Main und New York: Campus 1994, S. 50ff.

[398] Vgl. *Kieser*, Alfred: Business Process Reengineering - neue Kleider für den Kaiser?, in: Zeitschrift für Führung und Organisation, Jhg. 65, Nr. 3, 1996, S. 183.

[399] Vgl. *Hannan*, Michael T. und John *Freeman*: Structural Inertia and Organizational Change, 1984, S. 151f. und S. 162.

[400] Vgl. *McCarthy*, Ian P.: Manufacturing strategy, 2004, S. 144f.

[401] Vgl. *Lewin*, Arie Y. und Henk W. *Volberda*: Prolegomena on Coevolution, 1999, S. 527.

andere Regionen der Landschaft werden nicht erreicht, deren Erreichung stellt sich als zu aufwendig heraus. Das bedeutet, dass bereits bei Auswahl der ersten Konfiguration entscheidende Weichenstellungen für die künftige Entwicklung vorgenommen werden.[402] Irreversibilität und Pfadabhängigkeit adaptiver Prozesse reduzieren die zur Verfügung stehenden Alternativen im Verlauf des Anpassungsprozesses und führen dazu, dass nicht jede beliebige Konfiguration eingenommen werden kann.[403]

- Im Zeitverlauf werden bestimmte Konfigurationen als dominant[404] hervortreten, abhängig von K können sich aber durchaus mehrere Konfigurationen herausbilden. In Abhängigkeit von Attributinterdependenz und Verschiedenheit der Startkonfigurationen ergibt sich die Anzahl unterschiedlicher lokaler Optima und somit die Zahl dominanter Konfigurationen, welche die Systemziele in ausreichendem Maße erfüllen.[405]

- Die Anpassung in stark zerklüfteten Landschaften ist risikoreicher als in Landschaften mit einem einzelnen Gipfel. Obwohl das Erreichen eines lokalen Gipfels in einer zerklüfteten Landschaft einfacher ist, ist das Risiko in zerklüfteten Landschaften größer, einen suboptimalen

---

[402] Vgl. *Mintzberg*, Henry: The Structuring of Organizations, 1979, S. 228f.

[403] Vgl. *Gersick*, Connie J. G.: Revolutionary change theories, 1991, S. 12.

[404] Vgl. *Utterback*, James M. und William J. *Abernathy*: A Dynamic Model of Product and Process Innovation, in: Omega, The international Journal of Management Science, Jhg. 3, Nr. 6, 1975, S. 642. Der Begriff des dominanten Designs bezieht sich ursprünglich auf eine bestimmte Produktkonfiguration, die sich im Markt durchsetzt, beispielsweise die QWERTZ-Konzeption zur Gestaltung von Tastaturen. Aufgrund von Abhängigkeiten zwischen Produkt- und Prozessdesign entsteht im Zeitverlauf ein ähnlich dominantes Prozessdesign, welches insbesondere das Ziel maximaler Produktivität anstrebt.

In späteren Arbeiten wurde der Begriff in einem größeren Kontext verwendet, der sich auf die Konfiguration ganzer Unternehmen bezieht, da von den technologischen Anforderungen der Produkte erhebliche Einflüsse auf organisationale Gestaltungsparameter ausgehen. Vgl. *Anderson*, Philip und Michael L. *Tushman*: Technological Discontinuities and Dominant Designs: A Cyclical Model of Technological Change, in: Administrative Science Quarterly, Jhg. 35, Nr. 4, 1990, S. 614f. Vgl. auch *Suárez*, Fernando F. und James M. *Utterback*: Dominant Designs and the Survival of Firms, 1995, S. 418f.

[405] Vgl. *Levinthal*, David A.: Modeling Adaptation on Rugged Landscapes, in: Lomi, Alessandro und Erik R. Larsen (eds.): Dynamics of Organizations, Cambridge, Massachusetts: The MIT Press 2001, S. 340f.

Gipfel zu erreichen, dort zu verharren und gegenüber einem besser positionierten Wettbewerber langfristig zu unterliegen.[406]

- Je stärker die Interdependenzen – also die Konnektivität und mithin die Komplexität – der Attribute untereinander, desto schwieriger ist die Anpassung an sich verändernde Fitnesslandschaften.[407] Ein hochdifferenziertes System erzeugt eine Vielzahl interner Abhängigkeiten, bei dem Versuch eine möglichst effiziente Zielerreichung sicherzustellen. Anpassungsmaßnahmen können unter diesen Bedingungen nur schwer gesteuert werden, da ihre Auswirkungen sich über viele Bereiche des Unternehmens erstrecken.
- Der Grund, warum große und sehr komplexe Unternehmen häufig daran scheitern sich an veränderte Umgebungen anzupassen, liegt an einer zu umfangreichen Vernetzung.[408] Nimmt K sehr hohe Werte an, so ist ein lokaler Suchprozess sehr schnell beendet, da dieser ein System relativ schnell zu einem suboptimalen Gipfel führt, die in einer solchen Landschaft in großer Anzahl existieren.

Um ordnungsstiftend zu sein, darf die Anzahl der Verbindungen zwischen den Systemelementen nicht unter ein bestimmtes Maß fallen, da die selbstorganisierenden Kräfte sonst zu einer Auflösung des Systemverbundes führen. Auf der anderen Seite dürfen auch nicht zu viele Verbindungen zwischen den Elementen existieren, da sich sonst kein, über längere Zeit stabiler Zustand herausbilden wird. Das System wird dann instabil, da jede Veränderung Ausstrahlungseffekte auf alle anderen Attribute besitzt. Eine zielgerichtete Verbesserung ist unter solchen Bedingungen kaum zu erreichen, da die weitreichenden Auswirkungen einzelner Maßnahmen nicht abgeschätzt werden können.[409] Simulationen mit booleschen Netzwerken zeigen, dass Systeme, innerhalb denen die einzelnen Elemente mit jeweils zwei anderen Elementen in Beziehung stehen, ein homöostatisches Gesamtsystemverhalten erzeugen und sich bei Störungen auf einem Gleichgewichtspunkt stabilisieren. Bei mehr als zwei Verbindungen zu anderen Systemelementen reagiert das System sehr stark auf kleinste Veränderungen und die Stabilität bricht zusammen. Stabile Zustände sind nicht mehr zu erreichen beziehungsweise

---

[406] Vgl. *McKelvey*, Bill: Avoiding Complexity Catastrophe, 1999, S. 313f.

[407] Vgl. *Levinthal*, David A.: Modeling Adaptation on Rugged Landscapes, 2001, S. 342f.

[408] Vgl. *McKelvey*, Bill: Avoiding Complexity Catastrophe, 1999, S. 314.

[409] Vgl. *Kauffman*, Stuart A.: The Origins of Order, 1993, S. 472ff. Vgl. auch *Anderson*, Philip: Complexity Theory and Organization Science, 1999, S. 222.

kleinste Veränderungsimpulse führen zu einer scheinbar chaotischen Zustandsfluktuation.[410]

d) Anpassungsfähigkeit von Unternehmen als Bedingung für langfristige Stabilität und Sicherung der Überlebensfähigkeit

Die Vielfalt und Veränderlichkeit der Unternehmensumwelt, verbunden mit dem Problem der Unsicherheit bezüglich künftiger Entwicklungen, erfordert von Unternehmen die Fähigkeit zur Anpassung.[411] Zwischen der Komplexität seiner Umwelt und der Komplexität eines Unternehmens besteht ein Komplexitätsgefälle, das System muss ausreichende Eigenkomplexität aufweisen, um auf Veränderungen seiner Umwelt mit systemerhaltenden Aktionen reagieren zu können. Gerade um die eigene Systemidentität und -autonomie wahren zu können, ist eine Differenzbildung gegenüber der Umwelt vorzunehmen.[412] Um in der Komplexität seiner Umwelt existieren zu können, ist es notwendig, das Ausmaß der Umweltkomplexität durch ein hinreichend großes internes Verhaltensrepertoire kompensieren zu können. Nur wenn die Verhaltensvielfalt eines Systems den gleichen Inhaltsreichtum wie die möglichen Störungen beziehungsweise Einflüsse seiner Umwelt umfasst, kann eine vollständige Regulierung externer Impulse erfolgen.[413] Dabei ist davon auszugehen, dass ein System nicht mit allen denkbaren Umweltsituationen kompatibel sein kann, anderenfalls wäre es nicht mehr innerhalb seiner Umwelt identifizierbar, es wäre gleich seiner Umwelt.[414]

Die Anpassung eines Systems bewirkt eine systemendogene Komplexitätserhöhung, die aus der Zunahme interner Möglichkeiten zur Schaffung neuer Systemzustände resultiert.[415] Das System transformiert sich selbst und beschreibt einen individuellen Entwicklungsverlauf.[416] Dieser aus sich selbst heraus erzeugte Prozess zur Herausbildung von Ordnung und Organisation

---

[410] Vgl. *Kauffman*, Stuart A.: At Home in the Universe, 1995, S. 86ff.

[411] Vgl. *Levy*, David: Chaos Theory and Strategy, 1994, S. 172.

[412] Vgl. *Gomez*, Peter: Organising for Autonomy, 1993, S. 171ff.

[413] Diese Gesetzmäßigkeit wird auch als das Gesetz der erforderlichen Varietät bezeichnet. Vgl. *Ashby*, W. Ross: An Introduction to Cybernetics, 1958, S. 206ff.

[414] Vgl. *Cramer*, Friedrich: Chaos und Ordnung, 1989, S. 287.

[415] Vgl. *Hejl*, Peter M.: Konstruktion der sozialen Konstruktion, 1998, S. 121.

[416] Vgl. *Providoli*, Alexa: Die Organisationstheorie am Bifurkationspunkt, 1998, S. 64f.

wurde bereits von *Schumpeter* als grundlegend für ökonomische Systeme hervorgehoben.[417] Ein ökonomisches System, gleichgültig ob es sich um ein einzelnes Unternehmen oder eine Volkswirtschaft handelt, kann als selbstorganisierend bezeichnet werden. Die innerhalb eines Systems ablaufenden Prozesse können einander gegenseitig Ursache und Wirkung sein. Durch diese zirkuläre Kausalität bildet sich ein operational geschlossenes System, welches zwar offen bleibt für Zuflüsse aus und Abflüsse in die Systemumwelt, mit dieser aber nicht monokausal verknüpft ist, wodurch sich Umweltveränderungen nur unspezifisch auf ein solches System auswirken.[418]

Aufgrund der quasi unendlichen Komplexität seiner Umwelt ist es naheliegend, dass ein Unternehmen, welches nur über begrenzte Ressourcen verfügt, nicht in der Lage ist alle denkbaren externen Impulse kompensieren zu können. Es sind daher Entscheidungen nötig, die den Umfang der als relevant betrachteten exogenen Komplexität bestimmt;[419] dass Unternehmen wählt beispielsweise die Märkte und Kundensegmente aus, die es zu bedienen beabsichtigt. Die Identifizierung homogener Segmente in der Unternehmensumwelt führt zur Bildung organisationaler Subsysteme, deren Aufgabe es ist spezielle Beziehungen zu den Umweltsegmenten zu etablieren.[420] Eine auf diese Weise voranschreitende Diversifikation des Aufgabenfeldes bedingt die organisationale Divisionalisierung der Organisation.[421] Beide Aspekte, die endogene und exogene Komplexität sind Objekt unternehmerischer Entscheidungen und müssen im Einklang mit der Zielsetzung des Unternehmens gestaltet werden. Das Entscheidungskalkül zur Gestaltung der internen Komplexität sowie die Auswahl der relevanten externen Komplexität sollte gleitet werden durch das Streben, die Schwankungen des Ergebnisses, hier der Ziel- und Zweckerreichung, möglichst gering zu halten.[422]

Die Strömungsgrößen, welche ein offenes System durchfließen, sind so zu beeinflussen, dass ein stabiles Fließgleichgewicht zwischen Input und Output erreicht wird. Bei der Betrachtung eines Industriebetriebs können Material, Kapital, Arbeitsleistungen oder Informationen zu diesen Strömungsgrößen

---

[417] Vgl. *Schumpeter*, Joseph A.: Theorie der wirtschaftlichen Entwicklung, 1952, S. 23.

[418] Vgl. *Küppers*, Günter: Experimentelle Steuerung, 1994, S. 119f.

[419] Vgl. *Ashby*, W. Ross: An Introduction to Cybernetics, 1958, S. 244ff.

[420] Vgl. *Thompson*, James D.: Organizations in Action, 1967, S. 70.

[421] Vgl. *Mintzberg*, Henry: The Structuring of Organizations, 1979, S. 278.

[422] Vgl. *Ashby*, W. Ross: An Introduction to Cybernetics, 1958, S. 215.

gezählt werden.[423] Da sich die Strömungsgrößen in einem Zustand permanenter Veränderung befinden, ist es notwendig, dass sich ein offenes System kontinuierlich an die veränderten Einflüsse anpasst, um einen neuen Gleichgewichtszustand zwischen den Flussgrößen anzustreben.[424] Die Flussgrößen sollten so gestaltet werden, dass die Lebensfähigkeit des Systems aufrechterhalten beziehungsweise verbessert wird. Der angestrebte Zustand eines Fließgleichgewichts bedeutet Stabilität gegenüber zielabträglichen Einflüssen. Ein System kann dann als stabil bezeichnet werden, wenn sich Veränderungen der Systemumwelt nicht auf die Ausprägung bestimmter, an Systemerhaltung und Zielerreichung orientierter Systemvariablen auswirken. Die Adaptionsfähigkeit offener Systeme liegt also in ihrer Fähigkeit, Störimpulse der Systemumwelt so auszugleichen, dass die Funktionsfähigkeit des Systems nicht beeinträchtigt wird.[425]

Dabei sind Fehlhandlungen und unnötige Aktivitäten nicht ausgeschlossen; dem Prinzip nach handelt ein System allerdings stets zielorientiert.[426] Ein System kann dann als anpassungsfähig bezeichnet werden, wenn eine Veränderung innerhalb oder außerhalb des Systems, welche zu einer Reduzierung der Systemzielerreichung führt, kompensiert wird und der Zielerreichungsgrad wieder auf das Ausgangsniveau zurückgeführt oder sogar darüber hinaus gesteigert werden kann.[427]

Stabilität bedeutet also nicht die Abwesenheit von Adaptionsprozessen, sondern die Konstanthaltung systemkritischer Zustands- und Ergebnisvariablen.[428] Wird ein bestimmter Zustand gegen die Auswirkungen von Veränderungen verteidigt, so ist dieser stabil. Ob diese Tatsache von Vorteil oder von Nachteil ist, kann nur mit Blick auf die Quellen der Verände-

---

[423] Vgl. *Heinen*, Edmund: Industriebetriebslehre als Entscheidungslehre, 1978, S. 37.

[424] Vgl. *Grochla*, Erwin: Systemtheoretisch-kybernetische Modellbildung betrieblicher Systeme, 1974, S. 14.

[425] Vgl. *Grochla*, Erwin: Systemtheoretisch-kybernetische Modellbildung betrieblicher Systeme, 1974, S. 14.

[426] Vgl. *Ulrich*, Hans: Die Unternehmung als produktives soziales System, 1970, S. 158ff.

[427] *Ackoff*, Russell L.: Towards a System of Systems Concepts, 1971, S. 668.

[428] Zum Teil wird in diesem Zusammenhang auch davon gesprochen, dass ein System dann als stabil zu bezeichnen ist, wenn die Identität des Systems – seine Abgrenzung gegenüber der Systemumwelt – erhalten bleibt. Dazu sind in dynamischen Umwelten Veränderungen der Systemorganisation erforderlich. Vgl. *Heylighen*, Francis: Self-Organization, Emergence and the Architecture of Complexity, 1989, S. 28.

rungsimpulse beantwortet werden.[429] Diese Fähigkeit erweist sich als vorteilhaft, wenn ein präferierter Ausgangszustand sich damit als resistent gegenüber Störimpulsen erweist und über einen längeren Zeitraum erhalten bleibt. Dieselbe Fähigkeit kann allerdings im Fall einer zielgerichteten Beeinflussung durch das Management, um einen anderen bevorzugten Zustand einzunehmen, problembehaftet sein. Die Organisation selbst besitzt eine Resistenz gegenüber Veränderungen und strebt danach, im Ausgangszustand zu verharren beziehungsweise immer wieder zu diesem zurückzukehren.[430] Der Auslenkungsimpuls durch das Management muss dann einen entsprechenden Schwellenwert überschreiten, um eine nachhaltige Zustandsveränderung herbeiführen zu können.

Liegen die erforderlichen Veränderungen innerhalb bereits bekannter Bandbreiten, so genügen sekundäre Regulationsprozesse, um den Gleichgewichtszustand wieder herzustellen. Sekundäre Regulation bedeutet, dass Störimpulse durch Variation des Systemverhaltens vorgenommen werden und eine Anpassung der Systemstruktur nicht erforderlich ist. Die Anpassungsfähigkeit eines Systems ist in diesem Fall ein Teil der bisherigen Systemkonfiguration und als solche durch vorausschauende Selektionsentscheidungen bezüglich der Systemstruktur implementiert. Außerhalb der Bandbreite möglicher Anpassungsreaktionen liegende Veränderungen machen allerdings einen höheren Grad an Regulationsfähigkeit – primäre Regulation – notwendig, bei der die Systemstruktur verändert wird.[431]

Ein Unternehmen, welches sich im Fließgleichgewicht befindet, besitzt zum einen Stabilität, um diesen Zustand aufrechterhalten zu können, zum anderen besitzt es Veränderungsfähigkeit, indem die strukturellen Abhängigkeiten innerhalb des Systems minimiert werden.[432] Die Stabilität eines Sys-

---

[429] Vgl. *Ashby*, W. Ross: An Introduction to Cybernetics, 1958, S. 81-85.

[430] Vgl. *Hannan*, Michael T. und John *Freeman*: Structural Inertia and Organizational Change, 1984, S. 151f.

[431] Vgl. *Fuchs*, Herbert: Steuerung und Regelung in betrieblichen Systemen, in: *Grochla*, Erwin; Herbert *Fuchs* und Helmut *Lehmann* (Hrsg.): Systemtheorie und Betrieb, Opladen: Westdeutscher Verlag 1974, S. 83ff. und vgl. *Meffert*, Heribert: Systemtheorie aus betriebswirtschaftlicher Sicht, 1971, S. 188. Von sekundärer Regulation wird gesprochen, wenn Stellgrößen innerhalb einer festgelegten Bandbreite gewählt werden. Die primäre Regulation beinhaltet die Veränderung dieser Bandbreiten sowie die Schaffung gänzlich neuer Aktionsspielräume.

[432] Vgl. *Lewin*, Arie Y. und Henk W. *Volberda*: Prolegomena on Coevolution, 1999, S. 529f.

tems wird also sowohl von der eigenen Systemkonfiguration beeinflusst als auch von den Gegebenheiten der relevanten Systemumwelt. Hohe Übereinstimmungen zwischen den Anforderungen der Systemumwelt und der Systemkonfiguration bedeuten, wie in Kapitel B.II.1.c) dargestellt, einen hohen Fitnesswert des Systems. Gleichwohl unterscheiden sich die Positionen auf einer Fitnesslandschaft im Hinblick darauf, welche Anpassungsfähigkeiten benötigt werden, um die Position zu stabilisieren, beziehungsweise auf welche Art und Weise Verbesserungen des Fitnesswertes erreicht werden können. In Abbildung 9 ist beispielhaft dargestellt, welchen Einfluss unterschiedliche Positionen auf einer Fitnesslandschaft auf die Stabilität eines Systems haben können.

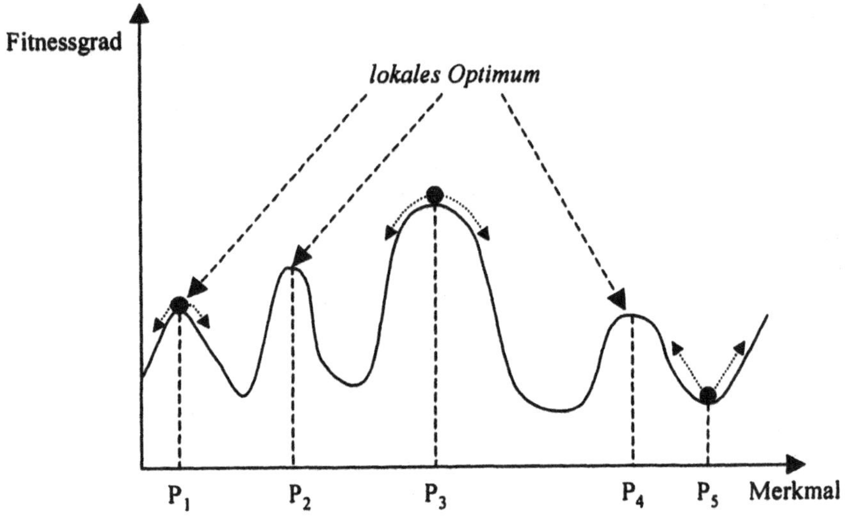

Abbildung 9: Systemanpassung in komplexen Fitnesslandschaften[433]

Das System ist hier als ein Punkt dargestellt, welcher sich auf dem Profil einer eindimensionalen Fitnesslandschaft, in diesem Fall besser als Fitnesskurve zu bezeichnen, bewegt. Aus den verschiedenen Positionen erwachsen grundsätzlich unterschiedliche Einflüsse auf die Anpassungsmöglichkeiten

[433] In Anlehnung an *Haken*, Hermann: Synergetik im Management, in: *Balck*, Henning und Rolf *Kreibich* (Hrsg.): Evolutionäre Wege in die Zukunft. Wie lassen sich komplexe Systeme managen?, Weinheim und Basel: Beltz 1991, S. 75.

und Anpassungsbedarfe. Die Fitnesslandschaft ist in diesem Beispiel sehr einfach dargestellt, sie wird lediglich durch die Variation eines einzigen Merkmals erzeugt. Der Fitnessgrad ist in P_3 maximal, während die Punkte P_1, P_2 und P_4 lediglich lokale Optima darstellen. Für die dargestellten Punkte ergeben sich grundsätzlich verschiedene Bedingungen für ein System, welche sowohl die Erhaltung als auch die Verbesserung durch Anpassung betreffen. Die Position auf der Fitnesslandschaft, auf der sich ein System befindet, sowie die möglichen Veränderungen der Fitnesslandschaft üben Einfluss auf die Handlungsmöglichkeiten eines Systems aus. Zum einen unterscheiden sich die Positionen hinsichtlich ihrer Stabilität und Störungsempfindlichkeit. Zum anderen unterliegt die Fitnesslandschaft selbst der Dynamik und verändert ihre Gestalt im Zeitverlauf. Grundsätzlich erfordert die Erhaltung vorteilhafter Positionen (hier P_1, P_2, P_3, P_4) Maßnahmen, um das System zu stabilisieren. Um eine Position auf der Spitze einer Fitnesslandschaft zu erhalten, sind permanent Korrekturen durchzuführen, die verhindern, dass sich die Position verschlechtert. Nur die Fitnesstäler stellen auf einer Fitnesslandschaft dauerhafte Attraktoren dar, deren Zustand relativ stabil ist und ohne Anpassungsleistung erhalten werden kann. In den Systemzuständen die ein Fitnessoptimum darstellen, herrscht hohe Empfindlichkeit gegenüber Störungen. Bereits Störimpulse von geringer Stärke sind in diesem Fall in der Lage ein System aus dem Gleichgewicht zu befördern. Es bestehen positive Rückkopplungsbeziehungen zwischen den erfolgskritischen Konfigurationsmerkmalen. Anders dagegen verhält es sich im Fall von P_5. In einer solchen Position dominieren negative Rückkopplungsbeziehungen und verstärken die Tendenz in dieser Lage zu verharren. Um eine Verbesserung des Fitnessgrades zu erreichen, sind kontinuierliche Anstrengungen über einen längeren Zeitraum nötig. Ein Bewegungsimpuls, der ein System aus einem solchen Tal herausbewegt, erfordert den Einsatz von Ressourcen. Täler einer Fitnesslandschaft stellen Attraktoren dar, Systeme besitzen ein Trägheitsmoment, eine solche Position einzunehmen und in ihr zu verharren.[434] In der energetischen Wärmelehre[435] entspricht ein solcher Zustand dem Wärmetod eines thermodynamischen Systems. Nur unter Aufbringung von Ressourcen, wird eine Anpassungsleistung erzeugt, die ein System dazu bewegt, diesen Zustand zu verlassen. Hier wird deutlich, dass alle gleichgewichtsfernen Optimalzustände von Instabilität geprägt sind und ohne die

---

[434] Vgl. *Hannan*, Michael T. und John *Freeman*: Structural Inertia and Organizational Change, 1984, S. 159.

[435] Vgl. Kapitel B.I.2.

Fähigkeit zur Anpassung nur über einen kurzen Zeitraum erhalten werden können. Wie bereits in Kapitel B.II.1.c) beschrieben, ist kontinuierliche Anpassung in einer solchen Fitnesslandschaft nur zu erreichen, wenn vorübergehende Fitnesseinbußen in Kauf genommen werden. Somit bewirken auch lokale Optima attraktorische Kräfte, da der Aufwand, welcher in diesem Beispiel nötig wäre, um von P_1 zu P_3 zu wechseln, erheblich ist und Fitnesseinbußen über einen bestimmten Zeitraum hinzunehmen wären, welche unter Umständen die Systemexistenz gefährden können. Somit kann die Position auf einer Fitnesslandschaft beziehungsweise ihre Entfernung zu anderen Positionen auf der Fitnesslandschaft bewirken, dass es für ein zielgeführtes System rational ist, auch in einer suboptimalen Konfiguration zu verbleiben.

Der Einsatz von Ressourcen sowie die vorübergehende Inkaufnahme eines reduzierten Fitnesswertes mit dem Ziel, einen erhöhten Fitnesswert zu erreichen, stellt eine Risikoabschätzung dar. Zum einen ist es ungewiss, ob die angestrebte Position auch in Zukunft noch den erwartet hohen Fitnesswert besitzt oder ob Veränderungen in der Umwelt den Fitnesswert beeinträchtigen. Zum anderen ist der Weg, welchen es zu beschreiten gilt, um diese Position zu erreichen, nicht vollständig bestimmbar. Denn es gilt, dass je größer die Konnektivität der Fitnesslandschaft, desto schwieriger die Abschätzung der Auswirkungen lokaler Anpassungsbewegungen. Komplexen Systemen wird somit eine zielgerichtete lokale Anpassung schwerer fallen. Im Extremfall stellt sich in dem Bemühen den Gesamtfitnesswert zu verbessern ein zufälliger Marsch über die Fitnesslandschaft ein, dessen Zielpunkt fluktuiert und dessen einzelne Anpassungsbewegungen unsystematisch und chaotisch erscheinen.

Neben den materiellen Möglichkeiten einen solchen Positionswechsel zu vollziehen, spielt die Zeit, die hierfür benötigt wird, eine große Rolle. Ist die Geschwindigkeit mit der lokale Anpassungsbewegungen durchgeführt werden können sehr hoch, sind die negativen Auswirkungen zur Überwindung eines Fitnesstals geringer. Je schneller ein Unternehmen in der Lage ist die notwendigen Veränderungsmaßnahmen durchzuführen, desto schwächer ist der Attraktor, welcher ein System dazu bewegt, an einem lokalen Optimum zu verharren. Generell gilt jedoch, dass im Fall hoher Konnektivität sich die Anpassungsbewegungen nur sehr langsam vollziehen, da sehr viele Bereiche von Veränderungen einzelner Strukturmerkmale betroffenen sind und sich eine gesamthafte Abstimmung verzögert.[436]

[436] Vgl. *Strohhecker*, Jürgen: Erklärungsansätze für die Logik des Scheiterns von Unternehmensveränderungen, 2000, S. 115f.

Bislang wurde implizit davon ausgegangen, dass eine Fitnesslandschaft zwar zerklüftet sein kann, dass aber die Form der Landschaft stabil ist. Nicht nur Systeme unterliegen Veränderungen, auch die Fitnesslandschaft verändert sich im Zeitverlauf. Beeinflusst durch Umweltentwicklungen oder durch die Anpassungsentscheidungen von miteinander im Wettbewerb stehenden Systemen erweisen sich bestimmte Merkmalsausprägungen zu verschiedenen Zeitpunkten als unterschiedlich vorteilhaft.[437] Deshalb wird eine vollkommene Anpassung auch nicht erreichbar sein, da die Anpassungsmaßnahmen eines Systems mit der Fitnesslandschaft in einer Rückkopplungsbeziehung. Die evolutorische Entwicklung kennt deshalb keinen finalen Endpunkt, an dem die Veränderungen beendet sind.[438] Eine streng rationale Erfolgsmaximierung ist unter solchen Bedingungen nicht möglich, die Entscheidungen und Handlungen einzelner Unternehmen führen zu unterschiedlich hohen Erfolgen, ex post sind aber die Situationen aufgrund veränderter Fitnesslandschaften nicht mehr miteinander vergleichbar.[439] Durch die Auswahl bestimmter Handlungen verändern sich die Bedingungen unter denen diese als eine optimale Handlung ausgewählt wurde. Die Aktionen anderer Unternehmen verstärken diesen Prozess und führen zu einer Entkoppelung zwischen den Bedingungen, die zur Handlung geführt haben, beispielsweise sich auf der Fitnesslandschaft in eine bestimmte Richtung zu bewegen, und den Bedingungen unter denen sich der Erfolg dieser Handlungen realisiert.

Da Fitnesslandschaften grundsätzlich als dynamisch anzunehmen sind, wird die Notwendigkeit der Anpassungsfähigkeit von Systemen deutlich. Lokale Anpassungsbewegungen laufen in dynamischen Landschaften Gefahr, dass ein einmal eingeschlagener Kurs, um einen höheren Gesamtfitnesswert zu erreichen, sich unter den geänderten Bedingungen als falsch erweisen kann. Abbildung 10 zeigt beispielhaft die Auswirkungen einer sich im Zeitverlauf verändernden Fitnesslandschaft. Im Fall A wird ein vormals stabiler Zustand durch die veränderte Fitnesslandschaft instabil. Zwar erhebt sich die Position des Systems durch die Absenkung der unmittelbaren Umgebung zu einem relativ vorteilhaften lokalen Optimum, aber gleichzeitig

---

[437] Vgl. *Schilling*, Melissa A.: Toward a General Modular Systems Theory and its Application to Interfirm Product Modularity, in: Academy of Management Review, Jhg. 25, Nr. 2, 2000, S. 314.

[438] Vgl. *Heylighen*, Francis: Self-Organization, Emergence and the Architecture of Complexity, 1989, S. 25f.

[439] Vgl. *Alchian*, Armen A.: Uncertainty, Evolution, and Economic Theory, 1950, S. 213 und S. 219.

steigt die Störungssensitivität des Systems stark an. Ein System, welches sich auf die Stabilität seiner Position auf der Fitnesslandschaft verlässt und die eigene Anpassungsfähigkeit vernachlässigt, wird in einem solchen Fall zum Spielball systemexogener Veränderungen. Der Vorteil, welcher sich durch eine destabilisierende Entwicklung ergeben würde, wäre ohne die nötige Anpassungsfähigkeit nicht zu erhalten. Dies zeigt, dass auch in einer relativ stabilen Position Anpassungsfähigkeiten vorgehalten werden müssen, da sich die Bedingungen der in t_0 stabilen Situation verändern können.

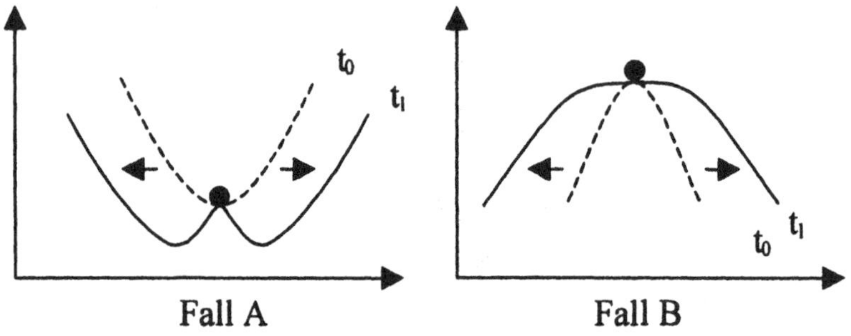

Abbildung 10: Stabilisierung und Destabilisierung in dynamischen Fitnesslandschaften

Fall B zeigt dagegen eine stabilisierende Veränderung. Liegt das Optimum in Form eines Hochplateaus vor, sind Anpassungsfähigkeiten von geringerer Bedeutung, da ein solcher Zustand relativ störungsunempfindlich ist. Mehrere Merkmalskombinationen führen zu gleichen Fitnessgraden, die Störungsanfälligkeit sinkt. Liegt eine solche Veränderung der Fitnesslandschaft vor, ist ein verringerter Bedarf an Anpassungsfähigkeiten zu konstatieren. Gleichwohl erfordert die Dynamik der Fitnesslandschaften auch in dieser Lage die Fähigkeit zur Anpassung aufrechtzuerhalten, da eine solche stabilisierende Veränderung von einer destabilisierenden Veränderung wie im Fall A abgelöst werden kann.

Die Stabilitätsannahme der klassischen Systemtheorie ist bei der Übertragung auf Unternehmen kritisch zu prüfen. Die betriebliche Realität weist ein in der Organisationsstruktur inhärentes Konfliktpotenzial auf, so dass es zu permanenten Abweichungen vom Gleichgewichtszustand kommt und sich die Frage stellt, wie ein zielführendes Systemverhalten trotz dieser Abweichungen erreicht werden kann.[440] Die Adaption eines Systems an Veränderungen seiner Umwelt wird oft in einer holistischen Interpretation der Systemanpassung gesehen. Dem ist entgegenzuhalten, dass sich ein, aus einer Vielzahl verschiedener Subsysteme zusammengesetztes System oft lediglich durch eine Adaption auf der Ebene umweltrelevanter Subsysteme an eine veränderte Umwelt anpasst.[441] Andere Subsysteme können von den Umwelteinflüssen isoliert sein. *Thompson* betrachtet es sogar als ein Ziel der Organisation, bestimmte operative Teilbereiche von den Schwankungen der Umwelt zu isolieren.[442] Die Organisation eines Unternehmens hat die Funktion, bestehende Komplexität und Unsicherheit zu reduzieren beziehungsweise einen rationalen Umgang damit zu ermöglichen: „... elaborate organizations... can only be understood as machinery for coping with the limits of man's abilities to comprehend and compute in the face of complexity and uncertainty."[443] Die Fertigung als operativer Kern eines Industrieunternehmens kann zwar dadurch, dass die Kunden- und Lieferantenbeziehungen von anderen funktionalen Bereichen verarbeitet werden, vor den Veränderungen der Märkte geschützt werden, vollständig kann diese Abschirmung jedoch nicht gelingen. Letztendlich spiegeln die von der Fertigung hergestellten Produkte beziehungsweise die verwendeten Inputleistungen das Ergebnis selektiver Entscheidungen anderer betrieblicher Funktionen dar. Diese tragen die Komplexität der Unternehmensumwelt in die Fertigung hinein. Dies gilt umso stärker, je weniger Berücksichtigung die Belange der Fertigung bei Entscheidungen innerhalb dieser Subsysteme finden.[444] Es ist deshalb notwendig, die Abhängigkeiten zwischen den Entscheidungsfeldern der unterschiedlichen betrieblichen Funktionen zu erkennen.

Ein System strebt innerhalb einer komplexen Systemumwelt danach, durch stabilisierende Maßnahmen eine Innen-Außen-Differenz aufrecht zu

---

[440] Vgl. *Jehle*, Egon: Allgemeine Systemtheorie und wissenschaftliche Analyse externer Einflüsse auf das Unternehmungsverhalten, in: *Jehle*, Egon (Hrsg.): Systemforschung in der Betriebswirtschaftslehre, Stuttgart: Poeschel 1975, S. 40f.

[441] Vgl. *Jehle*, Egon: Allgemeine Systemtheorie und wissenschaftliche Analyse externer Einflüsse auf das Unternehmungsverhalten, 1975, S. 42.

[442] Vgl. *Thompson*, James D.: Organizations in Action, 1967, S. 19-21 und S. 51f.

[443] Vgl. *Simon*, Herbert A.: Rational Decision making in Business Organizations, in: American Economic Review, Jhg. 69, Nr. 4, 1979, S. 501.

[444] Vgl. *Gupta*, Yash P.; Subhash C. *Lonial* und W. Glynn *Mangold*: An Examination of the Relationship between Manufacturing Strategy and Marketing Objectives, in: International Journal of Operations & Production Management, Jhg. 11, Nr. 10, 1991, S. 34ff.

erhalten.[445] Je größer und paradoxerweise je erfolgreicher das Unternehmen wird, desto stärker ist dessen Tendenz nach Stabilität zu streben, deren Folge jedoch in einer beschränkten Anpassungsfähigkeit besteht.[446] Schon aus diesen konzeptuellen Überlegungen folgt, dass eine einseitige Fokussierung auf die eine oder andere Systemeigenschaft nicht zum Erfolg führen kann. Die Anpassungsfähigkeit eines Unternehmens erfordert beide Arten von Systemeigenschaften. Gelingt es nicht, Stabilität und Flexibilität in ein ausgewogenes Verhältnis zueinander zu bringen, droht das Unternehmen durch eine alleinige Fokussierung auf Flexibilität in eine „Misserfolgsfalle" oder durch eine zu starke Betonung der Unternehmensstabilität in die „Erfolgsfalle" zu geraten.[447] Die Überbetonung des Flexibilitätsaspektes resultiert in einem permanenten Such- und Entwicklungsprozess, der den Fortbestand des Unternehmens, aufgrund mangelnder Effizienz in Frage stellt. Andererseits wird ein zu sehr an der Stabilität ausgerichtetes Unternehmen sich zwar kurzfristig als sehr erfolgreich erweisen, wird aber bei sich verändernden Umweltbedingungen aufgrund seiner Starrheit den marktlichen Selektionsmechanismen zum Opfer fallen.

Es erfordert Stabilität, um economies-of-scale und kontinuierliche Prozessverbesserungen zu erzielen. Gleichzeitig ist die Fähigkeit zu Veränderung notwendig, um Innovationen hervorbringen zu können, die einen erfolgreichen Fortbestand des Unternehmens unter veränderten Bedingungen ermöglichen können.[448] *March* verwendet für diesen Sachverhalt das Begriffspaar Exploration und Exploitation, der erstgenannte Begriff umfasst im Wesentlichen die langfristige Erreichung und Umsetzung neuer Ideen und Konzepte, während der Zweite die kurzfristigen Erfolge, enge Führung einer Organisation und die Vermeidung ungenutzter Kapazitäten in jedweder Hinsicht beinhaltet.[449]

Die Exploration soll das Unternehmen in die Lage versetzen, fundamental neue und andersartige Ideen hervorzubringen, die es langfristig ermöglichen, neue Erfolgspotenziale zu generieren. Das Ziel der Exploration ist demnach darauf ausgerichtet die Effektivität des Systems zu steigern. Dazu ist es erforderlich, risikobehaftete Investitionen beispielsweise in Forschung und

---

[445] Vgl. *Luhmann*, Niklas: Zweckbegriff und Systemrationalität, 1968, S. 120.

[446] Vgl. *Tushman*, Michael und David *Nadler*: Organizing for Innovation, 1986, S. 79.

[447] Vgl. *March*, James G.: The future, disposable organizations, 1995, S. 432ff.

[448] Vgl. *Tushman*, Michael und David *Nadler*: Organizing for Innovation, 1986, S. 75f.

[449] Vgl. *March*, James G.: The future, disposable organizations, 1995, S. 431f.

Entwicklung vorzunehmen, dass Auftreten von Rückschlägen zu akzeptieren, sowie die Bereitschaft zur Aufgabe etablierter Handlungsmuster zu besitzen, um neue Handlungsalternativen zu entwickeln.[450] Exploitation verfolgt das Ziel, ein bestehendes Handlungsschema mit größtmöglicher Effizienz umzusetzen, und an diesem kontinuierliche Verbesserungen vorzunehmen, um den Effizienzgrad zu maximieren. Strukturen und Prozesse werden unter dem Streben nach Exploitation immer stärker auf die Gegebenheiten, unter denen sie funktionieren sollen, angepasst. Die Möglichkeiten alternative Anforderungen zu erfüllen verringern sich mit der Zeit. Die Effizienz solcher Prozesse steigt, die Angepasstheit an eine bestimmte Umweltsituation strebt damit einem Maximum entgegen. Dies führt allerdings dazu, dass die Anpassungsfähigkeit – also die Fähigkeit zur Exploration – tendenziell sinkt.[451] Ob sich letztendlich ein spezialisiertes Unternehmen, welches auf eine bestimmte Umweltkonstellation besonders gut angepasst ist oder ein generalisiertes Unternehmen, welches über ein größeres Anpassungsvermögen verfügt, erfolgreicher ist, hängt von den Eigenschaften der Unternehmensumwelt ab.[452]

Ein spezialisiertes Unternehmen ist auf einen schmaleren Korridor zukünftiger Umweltkonstellationen ausgerichtet als ein generalisiertes Unternehmen, welches unspezifischere Ressourcen vorhält, um in einer größeren Anzahl künftiger Umweltkonstellationen agieren zu können. Ein Unternehmen muss aus der Menge alternativer Umweltkonstellationen (U_i) eine Untermenge auswählen, für deren Eintritt Ressourcen ausgewählt und vorgehalten werden. Je spezieller die Ressourcen auf eine bestimmte Umweltkonstellation hin ausgerichtet sind, desto besser ist die Angepasstheit des Unternehmens bei Eintritt dieser Konstellation, mithin steigt der Fitnesswert $F(u_i)$. Ein Generalist hingegen verzichtet auf die ökonomischen Vorteile der Spezialisierung, und richtet seine Ressourcen auf eine größere Menge künftig für möglich gehaltener Umweltkonstellationen aus. Dazu müssen zusätzliche Kapazitäten aufgebaut werden. Die Fähigkeit zur Exploration kostet Effizienzvorteile, da zusätzliche, nicht unmittelbar mit ökonomischem Nutzen behaftete Ressourcen vorgehalten werden. Der in Abbildung 11 schraffiert

[450] Vgl. *Frese*, Erich: Produktion: Herausforderung für das Management, in: Schuh, Günther und Hans-Peter Wiendahl (Hrsg.): Komplexität und Agilität, Berlin et al.: Springer 1997, S. 31.

[451] Vgl. *Utterback*, James M. und William J. *Abernathy*: A Dynamic Model of Product and Process Innovation, 1975, S. 642.

[452] Vgl. *Hannan*, Michael T. und John *Freeman*: The Population Ecology of Organizations, in: The American Journal of Sociology, Jhg. 82, Nr. 5, 1977, S. 947f.

dargestellte Bereich zeigt die Effizienznachteile, die ein Unternehmen, welches sich eine größere Offenheit bezüglich künftiger Umweltkonstellationen erhält, aufwenden muss. Das spezialisierte Unternehmen ist stärker auf die erwartete Umweltsituation E(u) eingestellt und erzielt eine bessere Angepasstheit gegenüber der Systemumwelt. Dieser Vorteil gilt allerdings nur für einen kleinen Korridor künftiger Umweltkonstellationen. Überschreitet die Abweichung ein bestimmtes Maß, erzielen die unspezifischeren Ressourcen des Generalisten höhere Fitnesswerte.

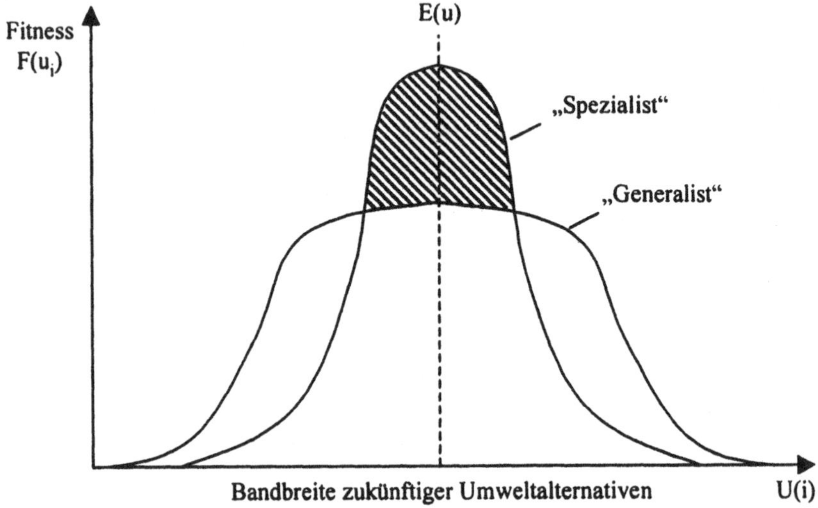

Abbildung 11: Fitnessfunktionen von Generalisten und Spezialisten[453]

Sowohl die Detailkomplexität als auch die dynamische Komplexität der Unternehmensumwelt ist bei der Beurteilung der Vorteilhaftigkeit dieser Alternativen – Generalist oder Spezialist – von Bedeutung. So ist die Bandbreite künftig möglicher Umweltkonstellationen ein Aspekt des Detailreichtums, dem sich ein Unternehmen gegenüber sieht. Ist die Detailkomplexität gering, so sind auch nur wenige Umweltkonstellationen zu erwarten. Der Nutzen, den die Vorhaltung unspezifischer Ressourcen mit sich bringt, verringert sich und das spezialisierte Unternehmen ist im Vorteil, da die Wahrscheinlichkeit gering ist, dass eine Umweltkonstellation eintritt, die einen

[453] In Anlehnung an *Hannan*, Michael T. und John *Freeman*: The Population Ecology of Organizations, 1977, S. 947.

geringen Fitnesswert bedeutet. Ist die Umwelt durch hohe Dynamik geprägt, so steigt die Wahrscheinlichkeit, dass im Fall einer Zustandsänderung eine Konstellation eintritt, die einen geringen Fitnesswert besitzt. Eine unspezifische Ressourcenauslegung erweist sich in diesem Fall als vorteilhaft. Dies gilt gleichermaßen für den Fall, dass die Dynamik nicht nur eine hohe Änderungsgeschwindigkeit der Umwelt bedeutet, sondern auch die Ausdehnung oder Reduzierung der Bandbreite möglicher Umweltkonstellationen bewirkt.

Beide Fähigkeiten – Exploration und Exploitation – sind notwendig, damit ein Unternehmen in einer dynamischen Umwelt fortbestehen kann. Da sie einander im Widerspruch stehen, müssen sie einander abwechseln, um eine Dynamisierung der Anpassungsfähigkeit eines Unternehmens zu gewährleisten.[454] In stabilen Phasen stehen Effizienzziele im Vordergrund, während bei sich schnell ändernden Umweltbedingungen weniger mechanistische Organisationen von lose gekoppelten Elementen die Anpassungsfähigkeit erhöhen.[455] Da nicht alle organisatorischen Einheiten gleichermaßen von Umweltveränderungen betroffen sind, sollten die auf Exploitation hin ausgerichteten Einheiten gegenüber der dynamischen Umwelt möglichst isoliert und durch hochflexible Einheiten geschützt werden. Dies kann beispielsweise dadurch geschehen, dass spezielle hochflexible Organisationseinheiten geschaffen werden, die sich besonderen Kundenwünschen nach Produktindividualisierung annehmen. Andere Organisationseinheiten fokussieren ihre Organisationsform dagegen auf die Steigerung von Effizienz, beispielsweise bei der Massenproduktion von wenigen Standardprodukten.[456] Je größer die Konnektivität innerhalb einer Organisation, desto schwieriger ist die Abschirmung, da einzelne Maßnahmen eine Vielzahl Reaktionen in ande-

[454] Vgl. *Teece*, David J.; Gary *Pisano* und Amy *Shuen*: Dynamic Capabilities and Strategic Management, in: Strategic Management Journal, Jhg. 18, Nr. 7, 1997, S. 515ff. Vgl. auch *Wernerfelt*, Birger: A Resource-Based View of the Firm, in: Strategic Management Journal, Jhg. 5, 1984, S. 180.

[455] *Brown*, Shona L. und Kathleen M. *Eisenhardt*: The Art of continuous Change: Linking Complexity Theory and Time-paced Evolution in Relentlessly Shifting Organizations, in: Administrative Science Quarterly, Jhg. 42, Nr. 1, 1997, S. 7ff.

[456] Dies geschieht beispielsweise in der Automobilindustrie. Dort werden hochindividualisierte Fahrzeuge von eigenen Gesellschaften mit separater Fertigung hergestellt und vermarktet, um den Produktionsprozess der Volumenmodelle nicht zu beeinträchtigen. Vgl. Die Flexibilität am Band hilft BMW den Erfolg zu sichern, in: Frankfurter Allgemeine Zeitung, 2004, S. 51.

ren Subsystemen auslösen können.[457] Deshalb gilt es, die Subsysteme nur lose miteinander zu verkoppeln, damit eine gegenseitige Beeinflussung reduziert wird.

Ob ein Unternehmen als Generalist oder Spezialist organisiert ist, ist stark abhängig von der Entwicklungsstufe innerhalb der sich das Unternehmen befindet. *Utterback* beschreibt drei Phasen im Rahmen des Innovationsprozesses den ein Unternehmen beziehungsweise eine Innovation durchläuft.[458] Mit Beginn einer Produktinnovation befindet sich ein Unternehmen zunächst in einer „fluid phase", in der die Innovationsrate hoch ist und Fertigungsprozesse sehr flexibel gestaltet sind, da Prozessinnovationen nur in geringem Umfang stattfinden. Die Organisationsstruktur kann als organisch bezeichnet werden. Wenn mit fortschreitender Zeit die Produktinnovationen abnehmen, sich ein dominantes Produktdesign herausbildet, werden Produktionsprozesse zunehmend verbessert und effizienter gestaltet. In dieser „transitional phase" steigen Strukturierungs- und Formalisierungsgrad an. Um Ende der Entwicklung folgt die „specific phase", in der ein Unternehmen stark mechanistisch organisiert ist und einen hohen Spezialisierungsgrad besitzt. Verschiedene Teile eines Unternehmens können sich in unterschiedlichen Phasen befinden, so dass ein Ausgleich von Exploration und Exploitation stattfindet.[459]

e) Flexibilität und Effiizienz in komplex-adaptiven Systemen

In organisationstheoretischen Ansätzen wird oft die Auffassung vertreten, dass zur Erreichung von Effizienzzielen formalisiert-bürokratische Organisationsstrukturen erforderlich sind. Solche Strukturen wiederum verringern die Fähigkeit einer Organisation sich auf andere Aufgaben einzustellen und Veränderungen umsetzen zu können. Dieser Argumentation folgend besteht zwischen der Effizienz und Flexibilität einer Organisation eine konfliktäre Beziehung. Bei der Wahl der Organisationsform ist also zu entscheiden, ob die gewählte Struktur, repetitive Routineaufgaben oder innovative Nicht-

---

[457] Vgl. *Levinthal*, David A.: Adaptation on Rugged Landscapes, 1997, S. 935f.

[458] Vgl. *Utterback*, James M.: Mastering the Dynamics of Innovation. How Companies can seize Opportunities in the Face of Technological Change, Boston: Harvard School Press 1994, S. 80ff.

[459] Vgl. *Utterback*, James M.: Mastering the Dynamics of Innovation, 1994, S. 92-101.

Routineaufgaben durchführen soll.[460] Die Ursache für eine Trade-off Beziehung zwischen Effizienz und Flexibilität liegt darin begründet, dass sich Effizienzziele durch Formalisierung, Standardisierung und hohe Wiederholungszahl einer Aufgabe erreichen lassen, während die Veränderbarkeit und Anpassungsfähigkeit eines Systems mit der Bewältigung innovativer und nicht wiederholbarer Tätigkeitsinhalte verbunden ist. Hierbei darf nicht übersehen werden, dass die Probleme, welche die Neuartigkeit und Einzigartigkeit der Situation mit sich bringen, kein Problem der Organisationsstruktur darstellen, sondern ein Charakteristikum der Anforderungssituation sind. Es kann deshalb nicht das Ziel sein, solche Situationen generell zu vermeiden, sondern nach Mitteln und Wegen zu suchen, diese so effizient wie möglich gestalten zu können.

Mit Bezug zu den Veränderungen der Umwelt ist der Effizienzbegriff weiter zu fassen. Vor dem Hintergrund einer dynamischen Umwelt kann sich ein vollkommen unflexibles, aber auf die Umweltbedingungen zufällig spezialisiertes Unternehmen im Wettbewerb durchsetzen, da es besser an die Situation angepasst ist.[461] Das endgültige Selektionskriterium der Systemumwelt ist demnach nicht die Anpassungsfähigkeit des Systems, sondern die Angepasstheit des Systems an seine Umwelt.[462] Angepasstheit bedeutet in diesem Sinne Effizienz. Das System, welches die Anforderungen der Systemumwelt am effizientesten erfüllt, wird Vorteile im Wettbewerb erzielen. Die Prozesse eines Unternehmens entwickeln sich immer in Richtung einer bestmöglichen Angepasstheit.[463] Somit ist Angepasstheit einerseits von Vorteil im Wettbewerb, andererseits erwächst daraus in dynamischen Umwelten ein existenzbedrohendes Gefahrenpotenzial, wenn ein System so stark auf bestimmte Umweltanforderungen hin angepasst ist, dass eine in Zukunft möglicherweise notwendige Veränderung unmöglich umzusetzen ist.

---

[460] Vgl. *March*, James G.: The future, disposable organizations, 1995, S. 432.

[461] In diesem Fall hätte ein solches Unternehmen zusätzliche Kostenvorteile, da die Flexibilitätskosten nicht von diesem Unternehmen getragen werden müssen, die ein flexibles Unternehmen, welches sich auf die neue Situation anpassen kann, zu tragen hat, vgl. *Schulz*, Dietmar E.: Ordnung und Chaos in der Wirtschaft: zur strategischen Lenkbarkeit von Organisation aus systemtheoretischer Sicht, München: Verlag V. Florentz 1993, S. 184f.

[462] Vgl. *Alchian*, Armen A.: Uncertainty, Evolution, and Economic Theory, 1950, S. 214f.

[463] Vgl. *Utterback*, James M. und William J. *Abernathy*: A Dynamic Model of Product and Process Innovation, 1975, S. 645.

Zwar ist die Angepasstheit das endgültige Selektionskriterium des Marktes, eine permanente Veränderung der Umwelt erfordert aber eine hohe Anpassungsfähigkeit als notwendige Vorbedingung, um stets angepasst gegenüber den Anforderungen der Umwelt sein zu können. Allein dem Zufall vertrauen zu wollen, bis sich ein der eigenen Kompetenz entsprechendes Anforderungsprofil herausbildet, hieße sich dem Schicksal zu ergeben und sämtliche Managementanstrengungen einzustellen. Die Anpassungsfähigkeit bleibt also eine notwendige Fähigkeit im Unternehmen, um wandelnden Umweltanforderungen begegnen zu können und ist deshalb durch die Unternehmensführung aktiv zu gestalten. Ähnlich wie der Begriff der Komplexität stellt auch der Flexibilitätsbegriff (lat. flexiblis „biegsam") einen häufig verwendeten, dennoch oft unzureichend definierten Terminus dar, dessen Inhalt deshalb oft nebulös verbleibt.[464] In der betriebswirtschaftlichen Forschung wird Flexibilität schon seit langer Zeit thematisiert. Dazu zählen beispielsweise die Ansätze der flexiblen Planung[465] und die Entscheidungstheorie bei Unsicherheit.[466] Ein zentrales Problem liegt darin begründet, dass nur wenige Aussagen darüber getroffen werden, wie die Informationen zur Planung von Anpassungsprozessen gewonnen werden sollen. Des Weiteren werden empirische Tatbestände der Anpassungsprozesse wie z.B. verzögerte Reaktions- und Wirkungszeiten nicht berücksichtigt.[467] Im Allgemeinen wird Flexibilität als Fähigkeit zur Anpassung interpretiert.[468] Eine Beschränkung

---

[464] Vgl. *Parthasarthy*, Raghavan und S. Prakash *Sethi*: Relating Strategy and Structure to Flexible Automation: A Test of Fit and Performance Implications, in: Strategic Management Journal, Jhg. 14, Nr. 7, 1993, S. 530.

[465] Vgl. dazu *Laux*, Helmut: Flexible Investitionsplanung, Opladen: Westdt. Verlag 1971. Vgl. auch *Hax*, Herbert und Helmut *Laux*: Flexible Planung - Verfahrensregeln und Entscheidungsmodelle für die Planung bei Ungewißheit, in: Zeitschrift für betriebswirtschaftliche Forschung, Jhg. 24, 1972, S. 318ff.

[466] Vgl. unter anderem *Tintner*, Gerhard: The Theory of Choice Under Subjective Risk and Uncertainty, in: Econometrica, Jhg. 9, Nr. 3/4, 1941; *Hart*, Albert G.: Anticipations, Uncertainty, and Dynamic Planning, 3. Auflage, New York: Kelley 1965; *Mellwig*, Winfried: Flexibilität als Aspekt unternehmerischen Handelns, 1972, S. 426ff.; *Hax*, Herbert: Investitionsentscheidungen bei unsicheren Erwartungen, in: *Hax*, Herbert (Hrsg.): Entscheidung bei unsicheren Erwartungen, Köln: Westdt. Verlag 1970.

[467] Vgl. *Hopfmann*, Lienhard: Flexibilität im Produktionsbereich, Frankfurt am Main et al.: Peter Lang 1989, S. 29.

[468] Im Duden wird Flexibilität mit den Worten Anpassungsfähigkeit, Biegsamkeit und Elastizität beschrieben.

auf lediglich anpassende Eigenschaften der Flexibilität ist für polypolistische Marktverhältnisse zwar bedingt zulässig, für oligopolistische oder gar monopolistische Märkte aber nicht zutreffend. In solchen Marktformen kann die Veränderbarkeit eines Unternehmens als Wettbewerbsinstrument aktiv genutzt werden, um die Systemumwelt entsprechend der eigenen Zielsetzung zu beeinflussen.[469] Eine Betonung der Anpassung findet sich in verschiedenen betriebswirtschaftlichen Flexibilitätsdefinitionen, beispielsweise bei *Schneeweiß/Kühn*, demnach ist die Flexibilität eines Systems die Fähigkeit durch Anpassung Störungen zu bewältigen beziehungsweise zu beseitigen.[470] Eine ähnliche Definition, besonders unter produktionswirtschaftlicher Sicht, findet sich bei *Hoitsch*, demnach besteht Flexibilität aus einem Bündel von Fähigkeiten, die ein Produktionssystem in die Lage versetzen, Anpassungen an variierende Zustände und Situationen vorzunehmen.[471]

Bei *Thielen* ist Flexibilität eines Systems definiert als dessen Fähigkeit sich aktiv und offensiv gegenüber Veränderungen der Unternehmensumwelt anzupassen.[472] In diesen Definitionen wird der reaktive Charakter unternehmerischen Handelns betont. Flexibilität bietet aber nicht nur Reaktionsmöglichkeiten auf externe Veränderungen. Ein umfassender Flexibilitätsbegriff bezieht sich auch auf systemendogen hervorgerufene Veränderungen, die beispielsweise durch einen ungeplanten Maschinenstillstand hervorgerufen werden können. Gleichzeitig ermöglicht Flexibilität auch eine aktive Handlungssicht, die es einem Unternehmen ermöglicht sich bietende Chancen zu nutzen und die Systemumwelt durch flexibles Systemverhalten gezielt zu beeinflussen.

Nach der Definition von *Behrbohm* beinhaltet Flexibilität die Existenz fakultativer Aktions- und Reaktionsmöglichkeiten, um funktionsgefährdende,

---

[469] Vgl. *Milling*, Peter: Systemtheoretische Grundlagen zur Planung der Unternehmenspolitik, 1981, S. 43f.; gegen die sogenannte Drift-Interpretation des Unternehmens in seiner Umwelt argumentiert auch *Jehle*, Egon: Allgemeine Systemtheorie und wissenschaftliche Analyse externer Einflüsse auf das Unternehmungsverhalten, 1975, S. 41.

[470] Vgl. *Schneeweiß*, Christoph und Martin *Kühn*: Zur Definition und gegenseitigen Abgrenzung der Begriffe Flexibilität, Elastizität und Robustheit, in: Zeitschrift für betriebswirtschaftliche Forschung, Jhg. 42, Nr. 5, 1990, S. 379.

[471] Vgl. *Hoitsch*, Hans-Jörg: Produktionswirtschaft. Grundlagen einer industriellen Betriebswirtschaftslehre, 2., völlig überarbeitete und erweiterte Auflage, München: Verlag Franz Vahlen 1993, S. 172.

[472] Vgl. *Thielen*, Carl Adolf Ludwig: Management der Flexibilität, 1993, S. 58.

zielabträgliche oder zielfördernde Wirkungen von intern oder extern erzeugten Flexibilitätsbedarfen kompensieren oder nutzen zu können.[473] Zur Bestimmung der Flexibilität eines Systems sollte als Auswahlkriterium der künftige Handlungsspielraum herangezogen werden, der durch die Menge auswählbarer Handlungsalternativen determiniert wird.[474] Hier finden sich zwei verschiedene Aspekte, die dem Unternehmen zum einen eine passive Rolle zuweist, zum anderen aber auch eine aktive Rolle berücksichtigt, die in der Nutzung sich bietender Chancen besteht. Ohne die Existenz eines Handlungsspielraums ist Flexibilität nicht denkbar, da erst durch die Auswahlmöglichkeit unter Handlungsalternativen eine Anpassung erfolgen kann.[475] Eine etwas allgemeinere Formulierung findet sich bei *Janssen*: Flexibilität ist „die Fähigkeit dynamischer Systeme, das Verhältnis von Systemumwelt und System durch die Realisierung unterschiedlicher Systemzustände so zu gestalten, daß [sic!] die Systemziele erreicht werden."[476]

Damit eine Zustandsveränderung die gewünschte Wirkung erzielt, ist es erforderlich, dass der Übergang zu einem neuen Zustand möglichst unmittelbar erfolgt. Allein die Existenz einer Reaktionsmöglichkeit besitzt keinen praktischen Wert für ein System. Nur wenn die Geschwindigkeit, mit der ein neuer Zustand eingenommen werden kann, ausreichend gering ist, erweist sich ein System als flexibel.[477] Zum Teil wird für die Handlungsgeschwindigkeit auch der Begriff der Reagibilität verwendet.[478] Soll im System eine Anpassung auf sich verändernde Datenkonstellationen durchgeführt werden, so sollte der dafür notwendige Zeitbedarf so gering wie möglich sein.[479] Zusammenfassend kann festgestellt werden, dass sich Flexibilität als Reaktions- und Aktionsvermögen eines Systems verstehen lässt, welches aus zwei Komponenten besteht: i) Handlungsspielraum und ii) Handlungsgeschwin-

---

[473] Vgl. *Behrbohm*, Peter: Flexibilität in der industriellen Produktion, 1985, S. 192.

[474] Vgl. *Mellwig*, Winfried: Flexibilität als Aspekt unternehmerischen Handelns, 1972, S. 744.

[475] Vgl. *Thielen*, Carl Adolf Ludwig: Management der Flexibilität, 1993, S. 222.

[476] *Janssen*, Holger: Flexibilitätsmanagement, Stuttgart: Schäffer-Poeschel 1997, S. 17.

[477] Vgl. *Schneeweiß*, Christoph: Flexibilität, Elastizität und Reagibilität, Universität Mannheim, Diskussionsarbeit Nr. 53, 1995, S. 4f.

[478] *Schneeweiß*, Christoph und Martin *Kühn*: Definition und gegenseitigen Abgrenzung der Begriffe Flexibilität, Elastizität und Robustheit, 1990, S. 379.

[479] Vgl. *Schulz*, Dietmar E.: Ordnung und Chaos in der Wirtschaft, 1993, S. 15.

digkeit.[480] Die Existenz eines Handlungsspielraums stellt eine notwendige Voraussetzung für die Flexibilität dar. Nur wenn einem System eine Auswahl alternativer Systemzustände zur Verfügung steht, kann eine Anpassung an veränderte Situationen überhaupt in Betracht gezogen werden. Ein Wechsel innerhalb des Handlungsspielraums benötigt Zeit. Nach Eintritt eines Veränderungsbedarfes benötigt ein System Zeit um diesen Bedarf zu erkennen und es müssen Entscheidungen getroffen werden welcher Zustand aus dem zur Verfügung stehendem Handlungsspielraum einzunehmen ist. Weiterhin ist davon auszugehen, dass ein Zustandswechsel nicht unendlich schnell erfolgen kann. Der Gesamtzeitbedarf, um einen anderen Systemzustand einnehmen zu können, lässt sich unterteilen in drei Teilkomponenten.[481]

i) Beobachtungszeit: Zeitbedarf zur Erkennung eines Veränderungsbedarfes.

ii) Planungs- oder Aktionszeit: Zeitbedarf zur Entscheidungsfindung und -durchsetzung.

iii) Tot- oder Wirkzeit: Zeitbedarf, der erforderlich ist, damit eine durchgesetzte Entscheidung Wirkung zeigt.

Bei einem Vergleich zweier Systeme mit identischen Handlungsspielräumen ist das System als flexibler zu bezeichnen, welches weniger Zeit benötigt, um einen neuen Zustand einnehmen zu können. Soll die Flexibilität eines Systems oder Subsystems betrachtet werden, so sind verschiedene Ebenen der Flexibilität zu betrachten. Häufig ist es diese Mehrstufigkeit, die zu Problemen in der Argumentation im Zusammenhang mit der Flexibilität soziotechnischer Systeme festzustellen ist. Flexibilität ist nicht nur eine Eigenschaft eines Systems, sie ist, um definitorisch vollständig zu sein, gleichfalls selbstreferenziell, d.h. auch die Flexibilität selbst kann und sollte

---

[480] Vgl. *Janssen*, Holger: Flexibilitätsmanagement, 1997, S. 18. *Thielen* betont zwei weitere Komponenten der Flexibilität: Handlungsbereitschaft und Handlungsvorbereitung. Unter ersterem wird die grundsätzliche Absicht zu flexiblem Verhalten verstanden, welche durch die Einstellungen und die Mentalität der Systemmitglieder bestimmt wird. Die Handlungsvorbereitung betont die Gewinnung von Informationen, welche benötigt werden, um möglichst frühzeitig einen Flexibilitätsbedarf erkennen zu können. Vgl. *Thielen*, Carl Adolf Ludwig: Management der Flexibilität, 1993, S. 141ff. und 178ff.

[481] Vgl. *Schneeweiß*, Christoph und Martin *Kühn*: Definition und gegenseitigen Abgrenzung der Begriffe Flexibilität, Elastizität und Robustheit, 1990, S. 381.

ein bestimmtes Maß an Veränderbarkeit aufweisen. Es sind deshalb die folgenden drei Flexibilitätsebenen[482] zu unterschieden.

i) Flexibilität erster Ordnung bezieht sich auf die Objektflexibilität selbst. Handlungsspielraum und -geschwindigkeit stellen den naheliegenden Begriffsinhalt eines Flexibilität tragenden Objektes dar. Die Anpassung eines Systems, die mit Flexibilität erster Ordnung erreicht wird, ist im Wesentlichen kurzfristig, von quantitativer oder intensitätsmäßiger Art.[483] Diese Art der Flexibilität wird auch als Bestandsflexibilität bezeichnet, unter der Annahme, dass diese im zeitlich-horizontalen Sinne konstant ist.[484] So ist beispielweise eine Fertigung in der Lage mehrere verschiedene Produktvarianten herstellen zu können, die verschiedenen Varianten spannen den Handlungsspielraum auf. Zu dem Begriff der Bestandsflexibilität zählen auch Veränderungen des Beschäftigungsgrades, z.B. die kurzfristige Ausweitung der Ausbringungsmenge durch Beschäftigung von zeitlich befristet eingestellten Mitarbeitern.

ii) Die Betrachtung und Bewertung eines Systems unter Flexibilitätsgesichtspunkten ist zu erweitern um die Fähigkeit, die Flexibilität selbst modifizieren zu können. Deshalb ist Flexibilität zweiter Ordnung als zeitlich-vertikaler Bestandteil der Flexibilität eines Systems zu betrachten. Flexibilität bedeutet in diesem Sinne einen bestehenden Handlungsspielraum erweitern zu können, diese Form der Flexibilität wird auch als Entwicklungsflexibilität bezeichnet.[485] Dieselbe, oben erwähnte, Fertigungsanlage kann um neue Maschinen und Arbeitsplätze erweitert werden, um neue, bisher ausgeschlossene Produkte beziehungsweise Produktvarianten herstellen zu können. Das flexiblere zweier Produktionssysteme ist demnach das System, welches mit geringerem Aufwand seinen Handlungsspielraum modifizieren kann.

iii) Eine dritte Ebene der Betrachtung liegt vor, wenn die Fähigkeit eines Systems betrachtet wird einen gänzlich neuen Handlungsspielraum er-

[482] In der Systemtheorie wird in diesem Zusammenhang von primärer und sekundärer Regulation gesprochen.

[483] Vgl. *Reichwald*, Ralf und Peter *Behrbohm*: Flexibilität als Eigenschaft produktionswirtschaftlicher Systeme, in: Zeitschrift für Betriebswirtschaft, Jhg. 53, Nr. 9, 1983, S. 844f.

[484] Vgl. *Jacob*, Herbert: Unsicherheit und Flexibilität, in: Zeitschrift für Betriebswirtschaft, Jhg. 44, Nr. 5, 1974, S. 322.

[485] Vgl. *Jacob*, Herbert: Unsicherheit und Flexibilität, 1974, S. 323.

schließen zu können.[486] Hierbei handelt es sich um eine spezielle Art der Entwicklungsflexibilität. Allerdings sind die Auswirkungen wesentlich größer. Der Handlungsspielraum, welcher bisher Gültigkeit besaß wird zugunsten eines vollkommen anderen Handlungsspielraums verlassen. Dies ist beispielsweise der Fall, wenn eine Anlage zur Fließfertigung durch eine modulare Fertigungsorganisation ersetzt wird. Die bisherigen Handlungsalternativen stehen im neuen Handlungsspielraum nicht mehr beziehungsweise nur sehr eingeschränkt zur Verfügung. Stattdessen können vollkommen neue Handlungsalternativen erschlossen werden, die keine bloße Erweiterung des Handlungsspielraums darstellen, sondern einen vollkommenen neuen Leistungserstellungsprozess ermöglichen. Der Flexibilitätsbegriff bezieht sich auf zwei sehr unterschiedliche Eigenschaften eines Systems. Zum einen beinhaltet Flexibilität die Veränderungsfähigkeit eines Systems an sich. Ein System ist demnach dann als flexibel zu bezeichnen, wenn eine Umkehr oder Modifikation einmal getroffener Entscheidungen grundsätzlich möglich ist. In diesem Fall ist Flexibilität als eine Eigenschaft des Systems zu bezeichnen. Zum anderen besitzt der Flexibilitätsbegriff einen Ergebnischarakter, denn er beinhaltet die Tatsache, dass die Durchführung einer Veränderung innerhalb des Systems mit nur geringen, bestenfalls mit keinen Lasten oder Kosten verbunden ist.

Die allgemeine Flexibilitätsdefinition beinhaltet das Problem, dass kaum dagegen argumentiert werden kann, da es in jedem Fall wünschenswert erscheint zusätzliche Flexibilität zu besitzen, unabhängig davon ob diese tatsächlich genutzt wird oder nicht. Ohne eine weitere Begriffspräzisierung ist eine sinnvolle Verwendung des Flexibilitätsbegriffs erschwert, da es sich um eine ausschließlich positive Definition handelt. Unter diesen Umständen wäre eine Maximierung der Flexibilität erstrebenswert.[487] Da die Existenz eines unternehmerischen Handlungsspielraums keinen Selbstzweck erfüllt, sind Flexibilitätsbedarfe zu bestimmen und in Relation zum Handlungsspielraum eines Unternehmens zu stellen, die den Mitteleinsatz zum Aufbau eines Handlungsspielraums rechtfertigen. Es muss „... die Beweglichkeit, in Beziehung gebracht werden zu den Veränderungen der Produktivaufgaben, die eine Elastizität [Anpassungsfähigkeit] erfordern."[488] Die Veränderlichkeit

[486] Vgl. *Janssen*, Holger: Flexibilitätsmanagement, 1997, S. 32.

[487] Vgl. *Upton*, David M.: The Management of Manufacturing Flexibility, in: California Management Review, Jhg. 36, Nr. 4, 1994, S. 73f.

[488] *Riebel*, Paul: Die Elastizität des Betriebes. Eine produktions- und marktwirtschaftliche Untersuchung, Köln und Opladen: Westdeutscher Verlag 1954, S. 93.

eines Unternehmens „an sich“ stellt keinen Aspekt seiner Anpassungsfähigkeit dar. Die Flexibilität kann betriebswirtschaftlich nur dann beurteilt werden kann, wenn eine Wirtschaftlichkeitsbetrachtung des Handlungsspielraums vorgenommen wird. Dazu ist es unerlässlich, dass die Flexibilität in Zusammenhang mit einem Anpassungsbedarf gesetzt wird. Entfällt dieser Bedarfsbezug, kann kein wirtschaftlicher Mittel-Zweck-Zusammenhang hergestellt werden.[489]

Eine absolute Aussage bezüglich der Flexibilität zweier Systeme lässt sich deshalb nicht treffen. Der Vergleich zweier Unternehmen hinsichtlich der vorhandenen Anpassungsfähigkeit gegenüber veränderten Anforderungen lässt sich nur relativ, bezogen auf eine bestimmte Notwendigkeit zur Anpassung, beurteilen. „Für den Grad der Elastizität kann stets nur das Erfordernis nach Anpassung ein Maßstab sein, nicht aber die Beweglichkeit als solche.“[490] Eine relative Vergleichbarkeit erscheint somit nur dann möglich, wenn derselbe Änderungsimpuls in einen Vergleich einbezogen wird. Allerdings besteht auch dann die Möglichkeit, dass Unternehmen mit gänzlich verschiedenen Handlungsalternativen auf eine bestimmte Veränderung reagieren. So kann beispielsweise ein Unternehmen auf saisonale Nachfrageschwankungen mit dem Auf- und Abbau von Kapazitäten reagieren, während ein anderes Unternehmen auf solche Veränderungen mit finanziellen Kapazitäten reagiert und eine Preisanpassung vornimmt. Da die tatsächlichen Möglichkeiten zum Ausgleich bestimmter Veränderungen theoretisch unbegrenzt sind, ist es erforderlich, durch die Berücksichtigung der unternehmerischen Zielsetzung die Anpassungsfähigkeit einer ökonomischen Bewertung zuzuführen und so eine Vergleichbarkeit verschiedener Unternehmen zu ermöglichen.[491] Die Anpassung eines Unternehmens an veränderte Bedingungen erfordert stets einen Mitteleinsatz. Bei jeder Veränderung müssen deshalb die zu erwartenden Erträge aus der Nutzung von Chancen beziehungsweise die zu vermeidenden Verluste aus Risiken gegenüber dem Aufwand, den eine Veränderung erfordert, abgewogen werden. Außerdem geht die Flexibilität produktiver Mittel mit Opportunitätskosten einher, die durch

---

[489] Vgl. *Riebel*, Paul: Die Elastizität des Betriebes, 1954, S. 90.

[490] *Riebel*, Paul: Die Elastizität des Betriebes, 1954, S. 95.

[491] Vgl. *Hellwig*, Winfried: Anpassungsfähigkeit und Ungewissheitstheorie. Zur Berücksichtigung der Elastizität des Handelns in der Unternehmenstheorie, Tübingen: J. C. B. Mohr (Paul Siebeck) 1972, S. 14f.

einen Verzicht auf Spezialisierung verursacht werden.[492] Flexibilität verursacht tendenziell einen Verzicht auf Exploitation zugunsten möglicher Exploration.[493] Die Flexibilität unterliegt deshalb unmittelbar einer Wirtschaftlichkeitsbetrachtung.[494]

2. Ableitung der zentralen Wirkungshypothesen im Beziehungsgeflecht zwischen Unternehmen und exogener Komplexität

In den bisherigen Ausführungen wurden verschiedene Theorien sowie theoriegeleitete Modelle vorgestellt und diskutiert, die den Begriff der Komplexität und die Beziehungen der Komplexität zu Systemen im Allgemeinen und Unternehmen im Speziellen thematisiert haben. Eine empirische Überprüfung der Aussagen, die mit Hilfe dieser Theorien und Modelle getroffen werden, ist zum derzeitigen Stand der Forschung bislang nur in Ansätzen zu erkennen, dabei entstammen die meisten empirischen Arbeiten aus dem Bereich der Organisationsforschung.[495] Die vorliegende Arbeit liefert einen Beitrag zur empirischen Überprüfung der diskutierten theoretischen Ansätze. Aus den theoretischen Überlegungen ergeben sich drei zentrale Forschungsfragen, die in den folgenden Kapiteln diskutiert werden.

a) Vielfalt und Dynamik des Marktes als Einflussgrößen auf die Vorteilhaftigkeit verschiedener Organisationstypen

Das Gesetz der erforderlichen Varietät postuliert eine quantitative Übereinstimmung der Komplexität, die von der Systemumwelt auf ein System einwirkt und der Komplexität, die innerhalb des Systems vorhanden ist. Ein Unternehmen, welches in einer komplexen Umwelt existiert, sollte demnach so organisiert sein, dass eine Bandbreite alternativer Handlungsmöglich-

---

[492] Vgl. *Wittmann*, Waldemar: Ungewißheit und Planung, in: Zeitschrift für handelswissenschaftliche Forschung, Jhg. 10, 1958, S. 509f.

[493] Vgl. *March*, James G.: The future, disposable organizations, 1995, S. 433f.

[494] Vgl. *Riebel*, Paul: Die Elastizität des Betriebes, 1954, S. 88.

[495] Vgl. dazu beispielsweise *McKinley*, William: Complexity and Administrative Intensity: The Case of Declining Organizations, in: Administrative Science Quarterly, Jhg. 32, Nr. 1, 1987, S. 87-105. Vgl. auch *Brown*, Shona L. und Kathleen M. *Eisenhardt*: The Art of continuous Change, 1997, S. 1-34.

keiten zur Verfügung steht, die dem Niveau externer Komplexität entspricht. Das Reservoir möglicher Handlungsalternativen wird durch die Organisationsstruktur beeinflusst und bestimmt das Ausmaß exogener Komplexität, die durch ein Unternehmen bewältigt werden kann.

Zur Organisation der unternehmerischen Tätigkeiten stehen unterschiedliche Formen organisationaler Strukturierung zur Verfügung, diese müssen unter Abwägung der marktinduzierten Komplexität ausgewählt werden. Ziel dieses Abschnitts ist es, die grundlegenden Alternativen organisationaler Gestaltung darzulegen und den Zusammenhang zu den Anforderungen marktinduzierten Komplexität aufzuzeigen. In den empirischen Analysen dieser Arbeit wird die Organisation industrieller Fertigungsprozesse als Untersuchungsobjekt herangezogen, um den Zusammenhang zwischen exogener und endogener Komplexität zu untersuchen.

Unter einer Organisation wird im Folgenden die ordnende und zielgerichtete Gestaltung eines Gefügesystems von einzelnen Gliedern einer Gesamtheit verstanden. Die Organisation bestimmt dabei die Struktur des Unternehmens im Sinne einer Gleich-, Über- und Unterordnung der einzelnen Glieder.[496] „Das Wesen der Organisation besteht deshalb darin, aus verschiedenartigen Elementen eine produktive Einheit zu machen."[497] Dieser als strukturtechnischer Ansatz bezeichnete Organisationsbegriff orientiert sich an der technischen Zweckmäßigkeit der Aufgabenverteilung innerhalb eines Unternehmens.[498] Die drei wesentlichen Merkmale einer Organisation lassen sich wie folgt zusammenfassen: i) Bildung von Strukturen in Gefügesystemen, ii) Integration der Gefügebestandteile zu einem zielführenden Ganzen und iii) Streben nach Dauerhaftigkeit und Beständigkeit von Strukturen und Prozessen.[499]

---

[496] Vgl. *Kosiol*, Erich: Organisation der Unternehmung, 2., durchgesehene Auflage, Wiesbaden: Gabler 1976, S. 19f.

[497] *Gutenberg*, Erich: Grundlagen der Betriebswirtschaftslehre - Erster Band - Die Produktion, 24., unveränderte Auflage, Berlin u.a.: Springer 1983, S. 237.

[498] Vgl. *Kosiol*, Erich: Organisation der Unternehmung, 1976, S. 22. Dem gegenüber steht eine sozialwissenschaftliche Interpretation, wonach die Unternehmung eine Organisation ist. Diese betont verhaltenswissenschaftliche Aspekte, wie Machtgefüge oder Autorität innerhalb einer Organisation. Obgleich die Erkenntnisse, die einer solchen Auffassung des Organisationsbegriffs entstammen, aufgrund des thematischen Bezugs in Teilen dieser Arbeit Eingang finden, so steht dennoch die strukturgebende Eigenschaft der Organisation im Vordergrund der Betrachtung.

[499] Vgl. *Kosiol*, Erich: Organisation der Unternehmung, 1976, S. 29.

An dieser Definition lässt sich erkennen, dass die Organisation als ordnende Hand einer Vielzahl unterschiedlicher Tätigkeiten zu verstehen ist, deren Ziel letztlich auf die Festlegung von Arbeitsteiligkeit und Aufgabenintegration zurückzuführen ist. Die Antipoden Teilung und Einigung spiegeln sich in der Subsystembildung sowie der zur Zielerfüllung erforderlichen Subsystemintegration wider.[500] Die Organisation stellt eine als relativ endgültig und auf längere Dauer hin konzipierte Strukturierung unternehmerischer Tätigkeiten und Aufgaben dar. Grundsätzlich bedeutet jegliche Form der Organisation stets die Einschränkung der individuellen Handlungsspielräume der Organisationsmitglieder.[501] Die Abwicklung laufender Tätigkeiten soll durch grundsätzliche Regelungen in einen festen Dauerzustand überführt werden. Demzufolge ist die Organisationsstruktur durch Stabilität und eine Tendenz zur Verharrung gekennzeichnet.[502] Das Streben nach Kontinuität verspricht Effizienzvorteile. Dies gilt besonders für komplexe Organisationen, deren eigendynamisches Verhalten sowohl die Erhaltung der Strukturen fördert, als auch die Ausweitung einer bürokratischen Grundordnung vorantreibt.[503]

In Bezug auf Unternehmensorganisation überträgt *Weick* das Gesetz der erforderlichen Varietät auf den situativen Kontext von Organisationen. Damit eine Organisation innerhalb der Komplexität seiner Umwelt zielgerichtet agieren kann, ist es notwendig, ein Steuerungs- und Koordinationssystem bereitzustellen, welches ein vergleichbares Maß an Varietät bereitstellt, wie es die Umwelt von der Organisation fordert. Es sollte deshalb eine Äquivalenz zwischen exogener und endogener Komplexität herrschen. Es ist deshalb im Sinne der Organisationsziele eine an der Umweltkomplexität ausgerichtete Menge interner Varietät bereitzustellen. Ein einfacher Prozess ist demnach nicht geeignet, um komplexe Anforderungen zu bewältigen, da sonst ein Teil der externen Varietät nicht von den Verarbeitungsmechanis-

---

[500] Vgl. *Brehm*, Carsten R.: Organisatorische Flexibilität der Unternehmung, 2003, S. 27f. Vgl. auch *Picot*, Arnold und Heino *Freudenberg*: Neue organisatorische Ansätze zum Umgang mit Komplexität, in: *Adam*, Dietrich (Hrsg.): Komplexitätsmanagement, SzU, Band 61, Wiesbaden: Gabler 1998, S. 70f.

[501] Vgl. *Brehm*, Carsten R.: Organisatorische Flexibilität der Unternehmung, 2003, S. 27.

[502] Vgl. *Kosiol*, Erich: Organisation der Unternehmung, 1976, S.28f.

[503] Vgl. *Kieser*, Alfred: Zur Flexibilität verschiedener Organisationsstrukturen, in: ZO, Jhg. 38, Nr. 7, 1969, S. 274f.

men der Organisation berücksichtigt werden kann.[504] Je größer die Komplexität innerhalb einer Organisation, desto schwieriger wird die Koordination und Steuerung der differenzierten Teilaufgaben.[505] Ein geringeres Maß an Formalisierung in den organisatorischen Abläufen ist grundsätzlich in der Lage, zusätzliche Varietät als Reaktion auf externe Varietät zu produzieren, da größere Freiheit in den Handlungsspielräumen existiert.[506] Dadurch kann die Organisation fallbezogen individuelle Handlungsalternativen erzeugen. Dagegen ist allerdings zu argumentieren, dass wenn die interne Varietät eine Konsequenz der externen Varietät ist und das Gesetz der erforderlichen Varietät bidirektionale Gültigkeit besitzt, auch die Möglichkeit besteht, dass externe Varietät durch interne Varietät überhaupt erst wahrgenommen und somit relevant wird. Damit ist die Kausalbeziehung zwischen interner und externer Varietät nicht eindeutig geklärt. Im Ergebnis einer dezentralen und weniger formalisierten Organisationsstruktur würde demnach erst die Unsicherheit der Umwelt erkannt werden und nicht die interne Organisationsstruktur durch sie determiniert sein.[507]

Ein Zweck von Organisation oder des organisierens ist es die relevante Umweltkomplexität durch interne Strukturbildung auf ein verarbeitbares Maß zu reduzieren. Dies bedeutet in letzter Konsequenz immer eine Einschränkung betrieblicher Handlungsmöglichkeiten.[508] Die zunehmende Komplexität herzustellender Produkte führt zu fortschreitender Teilung von Tätigkeiten in kleinere Teilaufgaben, was als horizontale Differenzierung bezeichnet wird. Verschiedene Personen innerhalb einer Organisation übernehmen unterschiedliche Aufgaben zur Erzeugung einer komplexen Leistung.[509] Unter Differenzierung ist die Wiederholung systembildender Prozesse, mit dem Ziel der Bildung weiterer Subsysteme zu verstehen.[510] Voraussetzung zur Aufteilung der Gesamtaufgabe ist die Unabhängigkeit der

---

[504] Vgl. *Weick*, Karl E.: The social psychology of organizing, 2nd ed., New York: Random House 1979, S. 188ff.

[505] Vgl. *Child*, John: Predicting and Understanding Organization Structure, in: Administrative Science Quarterly, Jhg. 18, Nr. 2, 1973, S. 169 und vgl. *Lawrence*, Paul R. und Jay W. *Lorsch*: Organization and Environment, 1969, S. 157.

[506] Vgl. *Weick*, Karl E.: The social psychology of organizing, 1979, S. 190.

[507] Vgl. *Pfeffer*, Jeffrey: Organizational Design, 1978, S. 132.

[508] Vgl. *Brehm*, Carsten R.: Organisatorische Flexibilität der Unternehmung, 2003, S. 26f.

[509] Vgl. *Mintzberg*, Henry: The Structuring of Organizations, 1979, S. 69f.

[510] Vgl. *Luhmann*, Niklas: Soziale Systeme, 1996, S. 35-40.

Teilaufgaben untereinander. Diese Unabhängigkeit besteht jedoch nicht in kausaler Hinsicht, da die Aufgaben nur in sinnvoller Kombination zu dem gewünschten Ergebnis führen. Die mit arbeitsteiliger Aufgabenverrichtung einhergehenden ökonomischen Vorteile lassen dieses Vorgehen rational und, in Anbetracht der Aufgabenkomplexität, notwendig erscheinen. Die Differenzierung ermöglicht die Bewältigung sehr komplexer Aufgaben, zu denen ein einzelner Mensch nicht in der Lage ist.[511] Die Form der Arbeitsteilung kann dabei entweder verrichtungsorientiert erfolgen, d.h. die Aufgaben werden zu Funktionsbereichen zusammengefasst, zum Beispiel in der Werkstattfertigung oder sie erfolgt objektorientiert, d.h. Strukturen bilden sich um Leistungsobjekte herum, zum Beispiel flexible Fertigungszellen.[512]

Eine zunehmende Arbeitsteiligkeit durch funktionale Differenzierung führt zu verstärkten Interdependenzen zwischen den Systemelementen und damit zu steigender Komplexität.[513] Auf der anderen Seite wird durch die Differenzierung der Tätigkeiten der Umfang der Koordinationsaufgabe erhöht. Um das beabsichtigte Ergebnis erreichen zu können, müssen die einzelnen Teilaufgaben wieder zu einem Ganzen integriert werden.[514] Das Ausmaß horizontaler und vertikaler Differenzierung kann als eine Messgröße organisationaler Strukturkomplexität interpretiert werden.[515] Die Koordinationsfunktion wird als ein konstituierendes Element der Organisation gesehen. Es kann als die Hauptaufgabe einer Organisation aufgefasst werden, die arbeitsteilig verrichteten Tätigkeiten zu einem geordneten sinnvollen Ganzen zusammenzuführen.[516] Die Wahl des Koordinationsmechanismus

---

[511] Vgl. *Brehm*, Carsten R.: Organisatorische Flexibilität der Unternehmung, 2003, S. 28. Ähnlich auch bei *Pfeffer*, Jeffrey: Organizational Design, 1978, S. 31f.

[512] Vgl. *Grochla*, Erwin: Grundlagen der organisatorischen Gestaltung, Stuttgart: Poeschel 1982, S. 96ff.

[513] Vgl. *Wilke*, Helmut: Systemtheorie, 1993, S. 23.

[514] Vgl. *McKinley*, William: Complexity and Administrative Intensity, 1987, S. 89, vgl. auch *Pfeffer*, Jeffrey: Organizational Design, 1978, S. 33.

[515] Vgl. *Hall*, Richard H.; J. Eugene *Haas* und Norman J. *Johnson*: Organizational Size, Complexity, and Formalization, in: American Sociological Review, Jhg. 32, Nr. 6, 1967, S. 905f.

[516] Vgl. *Kosiol*, Erich: Organisation der Unternehmung, 1976, S. 22; auch bei *Mintzberg*, Henry: The Structuring of Organizations, 1979, S. 2; ähnliches findet sich bereits bei *.Mooney*, James D.: The Principles of Organization, New York: Harper & Brothers 1947, S. 5f.

orientiert sich dabei generell am Substitutionsprinzip der Organisation.[517] Die Koordination kann entweder auf generelle Art oder fallweise organisiert werden. Eine generelle Abstimmung ist immer dann erfolgreich, wenn Verrichtungen vorliegen, die in gleicher Art und Weise möglichst häufig wiederkehren. In diesem Fall kann die Koordination aufgrund von dokumentierten Arbeitsanweisungen, Plänen oder auch durch technische Vorgaben implementiert werden. Liegt hingegen eine hohe Variabilität der Tätigkeiten vor, ist eine fest vorgegebene Abstimmung nicht sinnvoll und eine individuelle, fallweise Koordination erforderlich. Grundsätzlich herrscht innerhalb jeder Organisation die Tendenz vor, fallweise Regelung durch generelle Regelung zu substituieren. Der Grund für dieses Bestreben ist aber nicht in der Form der Regelung selbst zu suchen, sondern entstammt der Tatsache, dass gleichförmige, häufig wiederholte Tätigkeiten einen Effizienzvorteil versprechen und die interne Unsicherheit bezüglich des erzeugten Outputs reduzieren.

In kleinen, überschaubaren Organisationen ist eine gemeinsame Abstimmung als Koordinationsmechanismus zwischen zwei Stellen zunächst ausreichend. Mit wachsender Größe und fortschreitender Arbeitsteilung wird dieser Koordinationsmechanismus zunehmend ineffizient und eine engere Prozessführung wird benötigt, um die Koordination sicherzustellen. Der Komplexitätsgrad der zu koordinierenden Tätigkeiten steigt und, um eine Entlastung der Führungsfunktion zu erreichen, werden verschiedene Standardisierungsmechanismen eingesetzt. Widersetzt sich jedoch die Natur der Aufgabe, durch eine zu große Komplexität, den Standardisierungsversuchen, so kehren Organisationen oft zurück zu der einfachsten, aber gleichzeitig auch anpassungsfähigsten Koordinationsform, einer gemeinsamen Abstimmung, zurück. Diese erlaubt es, auch in schlecht strukturierten Entscheidungssituationen eine angemessene Reaktion der Organisationseinheit auf die Anforderungen der Systemumwelt zu erzeugen.[518] Dabei soll nicht unterstellt werden, dass eine Organisation genau einen dieser Koordinationsmechanismen verwendet. Vielmehr werden sich in verschiedenen Situationen und zu unterschiedlichen Zeitpunkten jeweils unterschiedliche Kombinationen als sinnvoll erweisen. So haben *Lawrence/Lorsch* in einer Untersuchung festgestellt, dass sich die formale Struktur verschiedener Untereinheiten innerhalb eines Unternehmens in Abhängigkeit von der jeweils relevanten Umwelt entwickelt. Die Ergebnisse dieser Untersuchung zeigen, dass

---

[517] Vgl. *Gutenberg*, Erich: Grundlagen der Betriebswirtschaftslehre - Erster Band - Die Produktion, 1983, S. 240ff.

[518] Vgl. *Mintzberg*, Henry: The Structuring of Organizations, 1979, S. 7ff.

sich Bereiche, welche sich einer dynamischen und unsicheren Umweltentwicklung gegenüber sehen weniger formale Strukturen, weniger Hierarchieebenen, einen geringeren Formalisierungsgrad und größere Führungsspannen aufweisen als Bereiche, deren relevante Umwelt von größerer Stabilität geprägt ist.[519]

Als Beispiele für unterschiedliche Koordinationsformen der Fertigung können die Unterschiede zwischen Werkstattfertigung und Fließfertigung betrachtet werden. Während die Koordination der Arbeitsschritte in der Fließfertigung quasi technisch determiniert und in den Ablauf hineinprogrammiert ist, wird die Koordination der Arbeitsschritte in der Werkstattfertigung entweder durch die persönliche Abstimmung untereinander oder durch Weisungen der vorgesetzten Meister erfolgen. Die Organisationsform der Fließfertigung ist damit geeignet, bei stabilen Anforderungen einen konstanten Output zu erzeugen, dem relativ geringe Koordinationskosten gegenüberstehen. Im Gegensatz dazu weist die Werkstattfertigung eine erheblich höhere Flexibilität auf, die es ermöglicht, eine größere Variantenvielfalt zu fertigen. Allerdings wird diese höhere Flexibilität nur durch wesentlich größere Kosten der Koordination erreicht. Die technische Komplexität der Fließfertigung übertrifft die einer Werkstattfertigung, da der Koordinationsaufwand zum überwiegenden Anteil bereits in das System implementiert ist. Der geringere Koordinationsaufwand im Betrieb und die Reduzierung interner Unsicherheitsquellen durch diese Fertigungsorganisation werden allerdings nur auf Kosten einer wesentlich geringeren Anpassungsfähigkeit erreicht.[520] Geringe organisatorische Komplexität stellt in diesem Fall eine größere Flexibilität zur Verfügung. Die Abfolge betrieblicher Arbeitsschritte kann in der Werkstattfertigung mit jedem Auftrag neu festgelegt werden und damit ist eine solche Organisation in der Lage aus einer sehr großen Anzahl möglicher Konfigurationen diejenige auswählen zu können, welche den aktuellen Anforderungen am Besten entspricht.

Grundsätzlich ist festzustellen, dass je größer die Spezialisierung der Tätigkeiten innerhalb einer Organisation ist, desto stärker besteht die Tendenz, die Koordination dieser Tätigkeiten zu formalisieren.[521] *Burns/Stalker* schlagen eine Dichotomie organisationaler Gestaltungsrichtungen vor, die

---

[519] Vgl. *Lawrence*, Paul R. und Jay W. *Lorsch*: Differentiation and Integration in Complex Organizations, 1967, S. 1-47.

[520] Vgl. *McKinley*, William: Complexity and Administrative Intensity, 1987, S. 92.

[521] Vgl. *Child*, John: Predicting and Understanding Organization Structure, 1973, S. 181ff.

sich an einem naturwissenschaftlich geprägten Bild orientiert. Demnach existiert eine mechanistische Struktur, die in stabilen Umweltbedingungen von Vorteil ist, während eine organische Struktur den Anpassungserfordernissen einer dynamischen Umwelt eher gerecht wird. Eine organische Organisationsstruktur weist ein geringes Maß an Spezialisierung und Formalisierung mit relativ wenigen Hierarchieebenen auf. Gleichzeitig ist der Führungsstil durch Partizipation und Kooperation gekennzeichnet, er basiert mehr auf Wissen und Kompetenz als Grundlage von Autorität und Verantwortung.[522] Eine organische Organisationsstruktur, mit geringer horizontaler und vertikaler Differenzierung, weniger Formalisierung und Standardisierung von Tätigkeiten wird als erforderlich angesehen, um in dynamischen Umweltbedingungen existieren zu können.[523]

Im Gegensatz dazu ist eine mechanistische Struktur generell durch ein hohes Maß an Arbeitsteilung und Spezialisierung gekennzeichnet, innerhalb dieser Struktur obliegt die Zusammenführung der Teilaufgaben zu einem zielführenden Ganzen allein den hierarchisch höherstehenden Stellen. Die einzelne Tätigkeit ist der zu erfüllenden organisationalen Gesamtaufgabe enthoben. Im Gegensatz dazu enthalten die einzelnen Stellen einer organischen Struktur eine umfassende, nicht-teilbare Tätigkeit. Diese stellt, auch in dem Bewusstsein der Stelleninhaber, einen Bezug zur Gesamtaufgabe des Unternehmens her. Eine wesentlich geringere Formalisierung der Arbeitsabläufe und Kommunikationswege ermöglicht die Bewältigung unvorhersehbarer Aufgaben und steigert die Anpassungsfähigkeit.[524]

Es ist davon auszugehen, dass die Umweltdynamik den Bürokratisierungsgrad einer Organisation beeinflusst. Die Vielfalt – also die Detailkomplexität – der relevanten Systemumwelt hingegen wirkt auf das Ausmaß der Zentralisierung von Entscheidungsbefugnissen innerhalb einer Organisation. Je vielfältiger die Systemumwelt, desto mehr dezentralisierte Entscheidungskompetenz sollte die Organisationsstruktur eines Unternehmens aufweisen.[525] Die Ergebnisse einer empirischen Studie von *Child* zeigen, dass die Komple-

---

[522] Vgl. *Burns*, Tom und George M. *Stalker*: The Management of Innovation, 1971, S. 121ff.

[523] Vgl. *Mintzberg*, Henry: The Structuring of Organizations, 1979, S. 87, ähnlich auch bei *Pfeffer*, Jeffrey: Organizational Design, 1978, S. 130f.

[524] Vgl. *Burns*, Tom und George M. *Stalker*: The Management of Innovation, 1971, S. 5ff., vgl. auch *Utterback*, James M. und William J. *Abernathy*: A Dynamic Model of Product and Process Innovation, 1975, S. 641.

[525] Vgl. *Mintzberg*, Henry: The Structuring of Organizations, 1979, S. 273f.

xität der internen Strukturierung eines Unternehmens nur einen geringen Einfluss auf die Zentralisierung von Entscheidungen hat. Die Verteilung von Entscheidungskompetenz auf niedrigere Hierarchieebenen wird dagegen stark durch die Größe der Organisation bestimmt.[526] Je vielfältiger die Unternehmensumwelt, desto größer ist aber die Tendenz, diese durch eine extensive interne Stellendifferenzierung zu kompensieren, wodurch der Integrations- und Koordinationsaufwand – die Komplexität – ansteigt.[527] Die Bürokratisierung und Formalisierung einer Organisationsstruktur wird mehr durch die Dynamik der Unternehmensumwelt geprägt. Die bisherigen Überlegungen lassen sich zu den in Abbildung 12 dargestellten vier verschiedenen Umweltkonstellationen und den daraus abgeleiteten strukturellen Gestaltungsempfehlungen zusammenfassen. Die Vor- und Nachteile von Formalisierungs- und Zentralisierungsgrad der Organisationsstruktur werden durch die entsprechenden Merkmale der Unternehmensumwelt beeinflusst. Während funktionsorientiert-hierarchische Organisationsformen unter stabilen Marktbedingungen gut funktionieren, finden sich derart strukturierte Unternehmen unter Bedingungen hoher Marktkomplexität oft von dieser überwältigt. Erfordert die Komplexität der Unternehmensumwelt ein hohes Maß an Anpassungsfähigkeit, bieten organische Organisationsstrukturen ein höheres Maß an notwendiger Flexibilität.

Merkmale des Marktumfeldes	**Geringe Dynamik**	**Hohe Dynamik**
Hohe Detailkomplexität	dezentralisiert-bürokratisch (Standardisierung der Fähigkeiten)	dezentralisiert-organisch (gemeinsame Abstimmung)
Geringe Detailkomplexität	zentralisert-bürokratisch (Standardisierung der Prozesse)	zentralisert-organisch (direkte Führung)

Abbildung 12: Organisationale Strukturempfehlungen in Abhängigkeit der Umweltkomplexität[528]

---

[526] Vgl. *Child*, John: Predicting and Understanding Organization Structure, 1973, S. 181ff.

[527] Vgl. *Lawrence*, Paul R. und Jay W. *Lorsch*: Organization and Environment, 1969, S. 108 und S. 157f.

[528] In Anlehung an *Mintzberg*, Henry: The Structuring of Organizations, 1979, S. 286.

Es stellt sich die Frage, welche Organisationsformen in Situationen großer Marktkomplexität am Besten geeignet sind, um die exogene Komplexität zu bewältigen? Zur Umsetzung einer solchen Organisationsstruktur werden Organisationsansätze benötigt, die verhindern, dass die negativen Folgen der hohen externen Komplexität zu einer nicht-handhabbaren internen Koordinationskomplexität führen. Die endogene Komplexität lässt sich durch verschiedene Strukturierungsansätze kontrollieren, um dieser Gefahr zu begegnen. *Picot/Freudenberg* schlagen dafür zwei verschiedene Ansätze vor.[529]

1. *Modularisierung*: Unterteilung des Unternehmens in kleine organisatorische Einheiten, die dezentral gesteuert werden. Die Bildung solcher Module hat zum Ziel, hohe Transaktionshäufigkeit innerhalb und geringe Transaktionshäufigkeit zwischen den Modulen sicherzustellen. Dabei stehen einzelne Module in Kunden-Lieferantenbeziehungen zu ihren Nachbarmodulen und bilden gemeinsam eine Wertschöpfungskette deren Ende jeweils originäre Kunden beziehungsweise Lieferanten bilden.

2. *Vermarktlichung des Unternehmens*: Die Entscheidungs- und Handlungsrechte innerhalb des Unternehmens sollten so verteilt werden, dass die positiven und negativen Folgen von Entscheidungen innerhalb einer organisatorischen Einheit – eines Moduls – verbleiben. Hierdurch sollen Anreize zu ökonomischen Handeln gesetzt werden und externe Effekte, beispielsweise durch Belastung einer anderen Abteilung, minimiert werden.

Nach einer allgemeinen Definition ist Modularität die Fähigkeit eines Systems, den Systemverbund in einzelne Komponenten aufzulösen und in veränderter Art und Weise wieder zusammensetzen zu können.[530] Demnach ist grundsätzlich jedes System als mehr oder weniger modular zu bezeichnen, da eine Systemteilung und Neukombination prinzipiell immer möglich ist.[531]

---

[529] Vgl. *Picot*, Arnold und Heino *Freudenberg*: Neue organisatorische Ansätze zum Umgang mit Komplexität, 1998, S. 77ff.

[530] Vgl. *Schilling*, Melissa A.: Toward a General Modular Systems Theory, 2000, S. 315.

[531] *Simon* spricht in Bezug auf soziale Systeme von „beinahe zerlegbaren" Strukturen, deren Komponenten bei lokaler Betrachtung eine relativ autonome Funktionsfähigkeit besitzen. Wird allerdings das gesamte System betrachtet, so ist erkennbar, dass die Rückkopplungsprozesse zwischen den Komponenten die Funktionsfähigkeit bestimmter Komponenten beeinflussen, so dass die Funktionsfähigkeit nur durch einen kohärenten Systemverbund gewährleistet ist. Vgl. *Simon*, Herbert A.: The Architecture of Complexity, 1962, S. 475ff.

Um die Modularität eines Systems zu bewerten, ist die Trennbarkeit, d.h. die Kosten einer Systemauflösung zu betrachten. Manche Systeme oder ihre Komponenten verlieren im Falle einer Teilung ihre Funktionsfähigkeit, gleichzeitig gehen mit einer Auflösung des Systemverbunds bestimmte Fähigkeiten, die über die Zeit erworben wurden, verloren. Ähnliches gilt für die Neukombination der Komponenten, auch hier entstehen Kosten, um eine veränderte Systemkonfiguration zur vollen Funktionsfähigkeit zu führen. Zwar können tangible Ressourcen veräußert und in Kapital umgewandelt werden, welches sogleich einer neuen Verwendung zugeführt werden kann, aber intangible Ressourcen gehen bei einer Systemteilung verloren und können nicht auf Märkten kapitalisiert werden.[532] Die Stärke der Bindung zwischen den Komponenten ist deshalb ein Indikator für den Aufwand, der benötigt wird, um eine neue Konfiguration durchsetzen zu können.[533] Sogenannte „lose gekoppelte" Systeme unterstützen die Modularität durch aufwandsarme Teilung und Neukonfiguration. Je geringer die mit einer Trennung und Neukombinationen verbundenen Kosten, desto größer die Modularität eines Systems.[534] Einer modularen Form der Fertigungsorganisation entspricht die Zellenfertigung oder fraktale Fabrik. Die wesentlichen Eigenschaften dieses Organisationstyps sind in der Selbstorganisation und Selbstähnlichkeit der einzelnen Subsysteme zu sehen, deren Ziele und Leistungen klar definiert sind und durch interne Kunden-Lieferantenbeziehungen koordiniert werden.[535] Kleine, autonome Einheiten ermöglichen eine höhere Informationsverarbeitungseffizienz; deren durch autonome Entscheidungsbefugnis erzeugten Selbstlenkungs- und Selbstorganisationskräfte stellen ein geeignetes Mittel dar, um auf Umweltveränderungen effizient reagieren zu können.[536]

---

[532] Vgl. *Hannan*, Michael T. und John *Freeman*: Structural Inertia and Organizational Change, 1984, S. 152.

[533] Vgl. *Sanchez*, Ron: Strategic Flexibility in Product Competition, in: Strategic Management Journal, Jhg. 16, Nr. 2, 1995, S. 146f.

[534] Vgl. *Schilling*, Melissa A.: Toward a General Modular Systems Theory, 2000, S. 315f.

[535] Vgl. *Warnecke*, Hans-Jürgen: Die fraktale Fabrik, Berlin: Springer 1992, S. 141ff. Vgl. auch *Wildemann*, Horst: Komplexitätsmanagement durch Prozeß- und Produktgestaltung, 1998, S. 60ff.

[536] Vgl. *Frese*, Erich: Produktion: Herausforderung für das Management, 1997, S. 32. Vgl. auch *Schulz*, Dietmar E.: Ordnung und Chaos in der Wirtschaft, 1993, S. 182f.

Die Herausforderungen, die komplexe Marktanforderungen in Form von kurzen Produktentwicklungszeiten und hoher Produktvielfalt an Unternehmen stellen, erlauben immer weniger eine zur Hierarchisierung und Taylorisierung notwendige Dekomposition der Tätigkeiten. Die Bewältigung komplexer Anforderungen erfordert eine parallele Aufgabenbearbeitung, welche durch Organisationen mit flachen Hierarchien und hoher dezentraler Entscheidungskompetenz gekennzeichnet ist.[537] An dem Punkt, an dem die Aufgabe zu einer unstrukturierten, wenig zielgerichteten Aktivität verkümmert, ist es notwendig, durch geeignete Organisationsstrukturen dem entgegenzutreten. Bürokratische Strukturen sind nicht per se abzulehnen, sie erfüllen ihre organisatorische Aufgabe lediglich in anderen Situationen besser als weniger formalisierte Organisationsformen. Eine Tendenz fortschreitender Spezialisierung ist in allen komplexen Systemen zu erkennen und erfordert zwingend die Anwendung integrativer Koordinationsmechanismen, um Ziel- und Zweckerreichung sicherzustellen. Spezialisierung begünstigt die rationale Nutzung gegebener Ressourcen, behindert aber den Aufbau und die Nutzung neuer Handlungsalternativen.Aus diesen Überlegungen wird folgende, zentrale Forschungshypothese abgeleitet, die mit Hilfe der empirischen Analysen untersucht wird:

ZFH1: Eine modulare Organisation (der Fertigung) ist besser geeignet die Vielfalt und Dynamik hochkomplexer Märkte zu bewältigen als andere Organisationstypen.

Je größer die Teilbarkeit und gleichzeitig die Rekombinierbarkeit organisationaler Strukturen, desto größer ist die Fähigkeit einer Organisation in komplexen Märkten zu operieren. Entscheidend für die Vorteilhaftigkeit einer Organisationsstruktur, in Bezug auf die Komplexitätsbewältigung, ist der erzeugbare Handlungsspielraum. Dabei kommt es nicht auf die tatsächliche Nutzung dieses Handlungsspielraums an, sondern auf das Potenzial, welches den Bereich des technisch-organisatorisch Möglichen darstellt, ist maßgeblich für die Fähigkeit hohe Komplexität bewältigen zu können.

---

[537] Vgl. *Teece*, David J.: Design Issues for Innovative Firms: Bureaucracy, Incentives and Industrial Structure, in: *Chandler*, Alfred D. Jr.; Peter *Hagström* und Örjan *Sölvell* (eds.): The Dynamic Firm, New York et al.: Oxford University Press 1998, S. 143.

b) *Eine Prozessbetrachtung der Anpassungsfähigkeit von Unternehmen*

Die Anpassung eines Unternehmens an exogene Komplexität kann nur als eine verlaufsabhängiger Prozess betrachtet werden, innerhalb dessen verschiedene Komponenten miteinander in Wechselwirkung stehen und gemeinsam den „adaptive walk" eines Unternehmens auf einer komplexen Fitnesslandschaft erklären können. Es besteht also eine Pfadabhängigkeit von Veränderungsmaßnahmen, Zielen und bisher erreichten Verbesserungen. Unter Einfluss der exogenen Komplexität ergeben sich unterschiedliche Konfigurationen eines solchen Anpassungsprozesses. Die Adaption wird von verschiedenen Größen gelenkt (z.B. der Komplexität der Umwelt, Entscheidungsregeln innerhalb des Unternehmens, der momentanen Organisationsform usw.); die Anpassung erfolgt als eine prozessuale Abfolge miteinander verzahnter Entscheidungen, die zur Erklärung der Angepasstheit an eine bestimmte Situation zu berücksichtigen sind. Wird die Betrachtung lediglich auf die kontextuale Situation eines Unternehmens gerichtet, so werden wesentliche Einflussgrößen ausgeblendet, die für die Erklärung des gegenwärtigen Zustandes und gewählter Anpassungsmaßnahmen von großer Bedeutung sind – die Angepasstheit eines Systems ist deshalb als das Ergebnis eines Prozesses zu verstehen.[538]

Der einflussreichste Faktor adaptiven Verhaltens ist in der Selektion zu sehen, denn durch sie wird dem Entwicklungsprozess eine Richtung gegeben, die eine bessere Anpassung des Systems an seine Umwelt zum Ziel hat.[539] Evolution darf im hier verwendeten Sinne nicht als eine binäre Entscheidung zwischen Überleben oder Aussterben verstanden werden. Vielmehr handelt es sich um einen stochastischen Prozess der Auslese vorteilhafter Einzelmerkmale, die den Fortbestand eines Systems in Zukunft wahrscheinlicher werden lassen.[540] Selektion stellt in diesem Sinne nicht nur eine Auswahlentscheidung der Systemumwelt dar, durch die unzureichend angepasste Systeme aussortiert werden, Selektion ist vielmehr die Fähigkeit eines Systems, vorteilhafte Zustände durch Auswahl geeigneter Anpassungs-

---

[538] Vgl. *Miller*, Danny und Peter H. *Friesen*: Archetypes of Organizational Transition, 1980, S. 269 und 289.

[539] Vgl. *Ashby*, W. Ross: Principles of the Self-Organizing System, 1962, S. 265ff. Vgl. auch *Heylighen*, Francis: Self-Organization, Emergence and the Architecture of Complexity, 1989, S. 25.

[540] Vgl. *Wuketits*, Franz M.: Grundriss der Evolutionstheorie, 2., überarbeitete Auflage, Darmstadt: Wissenschaftliche Buchgesellschaft 1989S. 125ff.

maßnahmen zu erreichen. Ein sich veränderndes Unternehmen agiert stets unter Selektionszwang[541]; die Vielzahl seiner Elemente muss in ein bestimmtes, selektierbares Beziehungsgeflecht transformiert werden. Voraussetzung zur Selektion ist das Entwickeln von Alternativen. Das Probieren neuer Wege entspricht dem Wesen der Evolution. Eine hohe Unsicherheit bezüglich der Umweltentwicklung fordert einem Unternehmen die Fähigkeit ab, experimentelles Vorgehen zu unterstützen, um neue Handlungsalternativen für den Auswahlprozess zu testen.[542] „What really counts is the various actions actually tried, for it is from these that "success" is selected, not from some set of perfect actions."[543]

Werden innerhalb eines Systems alle Abläufe normiert und standardisiert, so kann sich kein evolutionäres Verhalten herausbilden und die Möglichkeit der Selektion entfällt oder ist zumindest stark eingeschränkt. „Die Evolution braucht als ‚conditio sine qua non' den Weg des ‚trial and error' auf der Basis einer genügend großen Diversität."[544] Ein Unternehmen akkumuliert auf diese Weise Wissen und Fähigkeiten, deren Summe als Kompetenzen bezeichnet werden können.[545] Es werden zusätzliche Entscheidungsalternativen erzeugt, welche die Wahrscheinlichkeit erhöhen, dass unter den möglichen Alternativen sich diejenige befindet, die ein erfolgreiches Fortbestehen des Systems sowie die Erreichung der Systemziele erlaubt. Die Gestaltung komplexer Systeme sollte deshalb Möglichkeiten zur Selbstorganisation schaffen, um zusätzliche Diversität und Kreativität innerhalb des Systems zu unterstützen.[546] Die zur Verfügung stehenden Handlungsalternativen sind zu erfassen, zu bewerten und über ihre Auswahl muss entschieden werden. Je älter ein Unternehmen ist, desto geringer ist dabei die Wahrscheinlichkeit, eine falsche Anpassungsentscheidung zu treffen, die das Unternehmen in existenzbedrohende Schwierigkeiten bringen kann. Bei relativ

---

[541] Vgl. *Volberda*, Henk W. und Charles *Baden-Fuller*: Strategic Renewal and Competence Building, 1998, S. 373f. Vgl. auch *Bohne*, Fabian: Komplexitätskostenmanagement in der Automobilindustrie, 1998, S. 37.

[542] Vgl. *March*, James G.: The future, disposable organizations, 1995, S. 433.

[543] *Alchian*, Armen A.: Uncertainty, Evolution, and Economic Theory, 1950, S. 220.

[544] *Ebeling*, Werner: Selbstorganisation und Entropie, 1994, S. 42.

[545] Vgl. *Volberda*, Henk W. und Charles *Baden-Fuller*: Strategic Renewal and Competence Building, 1998, S. 371ff.

[546] Vgl. *Ebeling*, Werner: Selbstorganisation und Entropie, 1994, S. 40f.

jungen Unternehmen ist die Misserfolgsrate sehr viel höher.[547] Ältere Unternehmen sind durch den Strom, in der Vergangenheit erfolgreich durchgeführter Anpassungsprozesse, bereits sehr gut auf die Anforderungen der Umwelt eingestellt und die Fähigkeiten, eine richtige Entscheidung bei der Auswahl weiterer Anpassungsmaßnahmen zu treffen, sind besser ausgebildet. Existenzgefährdende Fehlentscheidungen sind unwahrscheinlich, können aber in Situation umfangreicher Umweltveränderungen dennoch auftreten. Die Komplexität der Umwelt ist deshalb ein wichtiger Faktor bei der Erklärung erfolgreicher Anpassungsprozesse.

Zur Selektionsentscheidung benötigt ein komplex-adaptives System zwei grundsätzliche Parameter. Zum einen ist ein Zielsystem notwendig, um die Wahlmöglichkeiten abwägen zu können, und zum anderen ist für diesen Vorgang Zeit erforderlich, da sowohl der Auswahl- als auch der Umsetzungsprozess nicht ohne Zeitverbrauch durchgeführt werden kann.[548] Ziel einer Selektionsentscheidung ist entweder eine interne Variation durch Veränderung der Systemstruktur, oder eine externe Variation durch Modifikation der Beziehungen zur Systemumwelt.[549] Das angestrebte Zielsystem liefert die Grundlage, um zweckdienliche Alternativen auszuwählen beziehungsweise in das System zu integrieren.[550] Die Systemziele ermöglichen zum einen eine Stabilisierung des Systems dadurch, dass eine Abweichung von einem als wünschenswert erachtetem Zustand ein korrigierendes Handeln auslöst. Zum anderen dienen sie gleichzeitig als Maßstab zur Auswahl alternativer Handlungsmöglichkeiten, um die Erfüllung der Systemziele aufrecht zu erhalten; dies gilt insbesondere in Situationen, in denen die Umwelt phasenweise konstant ist. Auch dient das Zielsystem dazu, wie auch immer sich die Umweltkonstellation in Zukunft entwickelt, diejenigen Alternativen auszuwählen, die eine zieladäquate Anpassung auch unter veränderten Bedingungen erwarten lassen.[551] Verändert sich das Umfeld eines Unternehmens, stehen drei verschiedene Arten von Anpassungshandlungen zur Verfügung:

---

[547] Vgl. *Levinthal*, David A.: Organizational Adaptation and Environmental Selection-Interrelated Processes of Change, in: Organization Science, Jhg. 2, Nr. 1, 1991, S. 141.

[548] Vgl. *Schulz*, Dietmar E.: Ordnung und Chaos in der Wirtschaft, 1993, S. 20f.

[549] Vgl. *Heylighen*, Francis: Self-Organization, Emergence and the Architecture of Complexity, 1989, S. 27.

[550] Vgl. *Ulrich*, Hans: Die Unternehmung als produktives soziales System, 1970, S. 161f.

[551] Vgl. *Luhmann*, Niklas: Zweckbegriff und Systemrationalität, 1968, S. 107ff.

1. *Explizite Anpassung*: Wird ein Anpassungsbedarf erkannt, erfolgt eine Veränderung des Zielsystems, um das System zu einem neuen Zustand zu steuern. Das strategische Zielsystem eines Unternehmens beeinflusst die Auswahl der Maßnahmen, die zur Verbesserung der Zielerreichung umgesetzt werden. Es legt einerseits die Regeln und Richtung organisationalen Handelns fest, und steuert die Initiierung kohärenter Maßnahmen, die das Erreichen der formulierten Ziele möglich machen.[552] Andererseits beeinflusst das System durch einen Rückkopplungsprozess die Inhalte des Zielsystems durch die Berücksichtigung der Ergebnisse von zuvor initiierten Verbesserungsmaßnahmen. Demnach ist das Anpassungsverhalten eine regulativer Prozess mit dem Zielsystem als Führungsgröße, die ihrerseits durch den Erfolg eingesetzter Maßnahmen beeinflusst wird.

2. *Implizite Anpassung*: Wird ein Anpassungsbedarf erkannt, reagiert ein System durch einen autonomen Anpassungsimpuls. Innerhalb des Systems werden vorhandene Flexibilitätspotenziale aktiviert, um sich an die veränderte Umwelt anzupassen (Nutzung der Bestandsflexibilität). Implizite Anpassung wird weniger durch bewusste Zielführung gesteuert, sondern resultiert aus der Selbstorganisationsfähigkeit des Systems: „...action can occur without commitment to act."[553] Die Reaktionsgeschwindigkeit des Systems ist höher als bei expliziter Anpassung, da keine zeitverbrauchenden Zielbildungsprozesse vollzogen werden müssen. Autonome Anpassungsmaßnahmen werden durchgeführt, ohne explizite Zielvorgabe durch eine steuernde Instanz. Häufig lässt sich eine so initiierte Maßnahme gar nicht auf eine bestimmte Entscheidung zurückführen. Gerade in großen Organisationen entstehen kontinuierliche Entscheidungsströme, die durch eine Vielzahl an Abhängigkeiten von anderen Entscheidungen, Ergebnissen und Zielen gekennzeichnet sind, so dass sich ein Ursprung oft nicht ausfindig machen lässt.[554] Zusätzlich wird eine nicht explizit vorgegebene Anpassungsmaßnahme durch die Vergangenheit beeinflusst. Aus-

---

552 Vgl. *Burgelman*, Robert A.: Intraorganizational Ecology of Strategy Making and Organizational Adaptation: Theory and Field Research, in: Organization Science, Jhg. 2, Nr. 3, 1991, S. 243f.

553 *Langley*, Ann; Henry *Mintzberg*; Patricia *Pitcher*; Elizabeth *Posada* und Jan Saint-*Macary*: Opening up Decision Making: The View from the Black Stool, in: Organization Science, Jhg. 6, Nr. 3, 1995, S. 265.

554 Vgl. *Langley*, Ann et al.: Opening up Decision Making, 1995, S. 265.

gehend von einem bestimmten Entwicklungspfad eröffnen sich Alternativen für zukünftige Veränderungen, während gleichzeitig andere Alternativen aus dem künftig möglichen Alternativenraum ausscheiden.[555] Aus diesen Verhaltensprämissen resultieren verschiedene Merkmale von Veränderungsprozessen komplexer Systeme, zu denen Irreversibilität der Zustandsveränderungen und Vergangenheitsabhängigkeit gehören.[556]

3. *Kombinierte Anpassung* aus expliziter und impliziter Anpassung: Übersteigt der Änderungsbedarf das vorhandene Flexibilitätspotenzial, müssen beide Anpassungsarten kombiniert werden, um sowohl das bestehende Anpassungspotenzial auszunutzen, als auch eine zielgerichtete Erweiterung des Anpassungspotenzials vorzunehmen.

Aus dem Beziehungsgeflecht von expliziter und impliziter Anpassung entsteht eine emergente Strategie, die den tatsächlichen Entwicklungsverlauf eines Unternehmens beschreibt.[557] Erst durch einen, über die Zeit konvergenten Entscheidungsstrom wird ein organisationaler Anpassungsprozess geformt, der zielgerichtete Bestandteile und pfadabhängige Veränderungsanstrengungen gleichsam vereinigt.[558] Aus diesen Überlegungen wird die zweite zentrale Forschungshypothese abgeleitet:

ZFH2: Die Verbesserungs- und Anpassungsanstrengungen eines Unternehmens sind Teil eines pfadabhängigen Prozesses, der nur durch die Interaktion seiner Bestandteile, erklärt werden kann.

Die Entwicklungsgeschichte eines Unternehmens wird in Analogie zur Entwicklung eines biologischen Systems – eines Lebewesens – oft als Evolution bezeichnet.[559] In der Vergangenheit getroffene Entscheidungen beein-

---

[555] Vgl. *Hannan*, Michael T. und John *Freeman*: The Population Ecology of Organizations, 1977, S. 931.

[556] Vgl. *von Foerster*, Heinz: Entdecken oder Erfinden, 1998, S.65f.

[557] *Mintzberg*, Henry und James A. *Waters*: Of Strategies, Deliberate and Emergent, in: Strategic Management Journal, Jhg. 6, Nr. 3, 1985, S. 258ff.

[558] Vgl. *Langley*, Ann et al.: Opening up Decision Making, 1995, S. 266. Vgl. auch *Hayes*, Robert H. und David M. *Upton*: Operations-Based Strategy, in: California Management Review, Jhg. 40, Nr. 4, 1998, S. 14.

[559] Der Begriff Evolution bedeutet im allgemeinen Sinne die Entwicklung eines Objektes. Dabei werden zwei Betrachtungsebenen unterschieden. Zum einen die Individualentwicklung

flussen das aktuelle Entscheidungsfeld und engen die aktuellen Möglichkeiten zur Verhaltensvariation ein.[560] Der aus individuellen Entwicklungsverläufen heraus erzeugte Strom von Entscheidungen bewegt ein System in Richtung zunehmender Komplexität und Spezialisierung gegenüber einer bestimmten Umweltsituation.[561] Der Selektionsmechanismus der Systemumwelt wirkt der Varietät entgegen, indem er untaugliche Lösungen herausfiltert und die Systemzustandsfolgen auf einen erfolgversprechenden Entwicklungspfad einengt.[562] Der Wettbewerb mit anderen Unternehmen sowie die Knappheit der Ressourcen begrenzt jedoch den Umfang innerhalb dessen eine Alternativengenerierung möglich ist. Der Selektionsvorgang findet sich sowohl in systemexterner Betrachtung, durch die Belohnung erfolgreicher oder Bestrafung nichterfolgreicher Entwicklungspfade, als auch in systeminterner Betrachtung, in Form der Auswahl und Generierung möglicher Handlungsalternativen, wieder.[563] Die Selektionsmechanismen des Marktes weisen allerdings Unterschiede zu den Selektionsmechanismen biologischer Evolutionsprozesse auf, die bei einer Anwendung des Evolutionsbegriffs auf betriebswirtschaftliche Fragestellungen zu berücksichtigen sind. Zum einen ist die marktliche Selektion nicht vollkommen, d.h. ein nicht, beziehungsweise unzureichend angepasstes Unternehmen wird nicht sofort mit dem Verlust der Überlebensfähigkeit bestraft. Es können keine Ketten der Entstehung, dem Aussterben und der Neuentstehung von Unternehmen beobachtet werden. Zum anderen ist die marktliche Selektion kein machtfreier Prozess, sondern Akteure, wie zum Beispiel Staaten oder Interessenverbände beeinflussen die marktliche Selektion in erheblichem Umfang. Des Weiteren erfordert ein biologischer Evolutionsprozess den Untergang ganzer oder zumindest großer Teile einer Population, um den Grad der Angepasstheit zu erhöhen, da eine Anpassung nur über die Fortpflanzung erfolgreicher Genkombinationen möglich ist. Die Evolution von Unternehmen stellt dagegen eine kontinuierliche Entwicklung dar, deren Konsequenz nur in seltenen

(Ontogenese), zum anderen die Entwicklung einer Art oder Gattung von Objekten (Phylogenese), vgl. zur systemischen Evolutionstheorie *Wuketits*, Franz M.: Grundriss der Evolutionstheorie, 1989.

[560] Vgl. *Gersick*, Connie J. G.: Revolutionary change theories, 1991, S. 12.

[561] Vgl. *Küppers*, Günter: Experimentelle Steuerung, 1994, S. 134ff.

[562] Vgl. *Wuketits*, Franz M.: Grundriss der Evolutionstheorie, 1989, S. 125ff. Vgl. auch *Ashby*, W. Ross: An Introduction to Cybernetics, 1958, S. 271. Vgl. auch *Miller*, Danny und Peter H. *Friesen*: Archetypes of Organizational Transition, 1980, S. 270.

[563] Vgl. *Wuketits*, Franz M.: Grundriss der Evolutionstheorie, 1989, S. 132ff.

Fällen den Untergang eines Unternehmens zur Folge hat.[564] Der Weg, den ein Unternehmen in Anpassung an dynamische Umwelten beschreitet, ist deshalb von größerer Kontinuität gekennzeichnet und erfordert permanente Anpassungen durch eine wiederkehrende Neukonfiguration des Systems, wodurch quasi eine Vererbung erfolgreicher Konfigurationen erfolgt, mit dem Unterschied, dass Sender und Empfänger dieser Konfiguration dasselbe System ist und keine Übertragung auf eine neue Generation erfolgt, wie es in der Biologie der Fall ist. Der Anpassungsprozess eines Unternehmens ist deshalb als ein relativ lang anhaltender Weg auf einer komplexen Fitnesslandschaft zu verstehen, der zum Ziel hat den Fitnesswert eines Unternehmens langfristig zu erhöhen.

[564] Vgl. *Kieser*, Alfred und Michael *Woywode*: Evolutionstheoretische Ansätze, 2001, S. 271ff.

C. Möglichkeiten der Komplexitätsbewältigung in der industriellen Fertigung – eine empirische Analyse

I. Eine internationale Studie zu Fertigungsstrategien und -praktiken in Industriebetrieben

1. Ansatz und Aufbau des IMSS-Forschungsprojekts

Zu Beginn der 90er Jahre wurde das Forschungsprojekt „International Manufacturing Strategy Survey" (IMSS) gestartet, mit dem Ziel, fertigungsstrategische Fragestellungen mit Hilfe einer internationalen empirischen Studie zu untersuchen. In Kooperation mit Forschungseinrichtungen und Universitäten aus verschiedenen Ländern wurde eine internationale Datenbank aufgebaut, um Unternehmen der Metall- und Elektroindustrie kontinuierlich, in einem Zeitabstand von ca. vier Jahren, zu untersuchen sowie Trendverläufe und Veränderungen im Zeitverlauf zu identifizieren. Die Stichprobe umfasst bestimmte Teilbranchen, welche unter den ISIC-Code 38 (Hersteller von Metallerzeugnissen, Maschinen und Ausrüstung)[565] fallen. Die erste Erhebung erfolgte 1993/94, zum zweiten Mal wurden 1997/98 die Daten des IMSS-Projekts erhoben.[566] Die dritte Iteration (IMSS-3) wurde 2003 abge-

[565] ISIC = International Standard Industrial Classification of Economic Activities. Im einzelnen werden die Branchen 381 (Metallverarbeitung, ausgenommen Maschinen- und Anlagenbau, MET), 382 (Maschinenbau, ausgenommen elektrische Bauteile, MAB), 383 (Hersteller elektrischer Ausrüstung, Geräte und Bauteile, ELE), 384 (Hersteller von Transporteinrichtungen, TRA) und 385 (Hersteller industrieller, wissenschaftlicher Mess- und Kontrolleinrichtungen, ebenso Herstellung fotografischer und optischer Produkte, MKE) in das Projekt einbezogen.

[566] Die Erhebung IMSS-1 hat ohne deutsche Beteiligung stattgefunden. Die IMSS-Daten wurden erstmals mit der Iteration IMSS-2 durch Mitarbeiter des Industrieseminars der Universität Mannheim in Deutschland erhoben.

schlossen und bildet die Datenbasis für die vorliegende Arbeit. Das Projekt IMSS-3 wurde durch die London Business School (London, Großbritannien) sowie durch das Politecnico di Milano (Mailand, Italien) koordiniert. Durch die weltweit beteiligten Institute wurde der Fragebogen in 17 Ländern erhoben, insgesamt nahmen 558 Werke teil.

Dem IMSS-Projekt liegt ein kontingenztheoretisches Modell zugrunde, in dem die Markt- und Umweltbedingungen den Rahmen bilden für die Ausprägung fertigungsrelevanter Zielgrößen. Diese wiederum beeinflussen die Gestaltung von Strukturen und Prozessen in der Fertigung sowie die Auswahl von Verbesserungsprogrammen. Die Kontingenzannahme des Modells geht davon aus, dass die Wahl der fertigungsstrategischen Zielsetzung durch die Gegebenheiten des Marktes und die geschäftspolitischen Zielsetzungen beeinflusst wird. Daraus wiederum folgt eine entsprechende Gestaltung des Fertigungssystems. Weiterhin ist davon auszugehen, dass die Leistungsfähigkeit der untersuchten Werke von den Wahlentscheidungen der vorgelagerten Ebenen beeinflusst wird. Da es sich hierbei um ein dynamisches System handelt, ist davon auszugehen, dass die Beeinflussung nicht allein unidirektional erfolgt, sondern dass die Entscheidungen nachgelagerter Ebenen über Rückkopplungsprozesse ich der Lage sind auch die Entscheidungsbereiche vorgelagerter Ebenen zu beeinflussen.

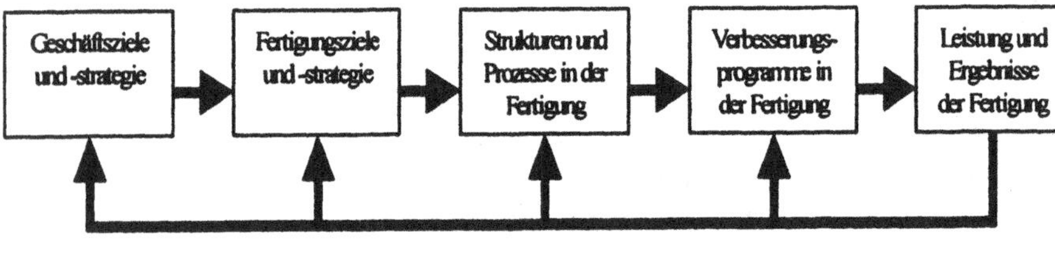

Abbildung 13: Modell des IMSS-Projektes

Neben umfangreichen Querschnittsanalysen einzelner IMSS-Datensätze bietet dieses Forschungsprojekt auch die Möglichkeit eine Längsschnittsanalyse zu ausgewählten Fragestellungen durchzuführen, da der dieser Studie zugrunde liegende Fragebogen im Wesentlichen unverändert zu allen Erhebungszeitpunkten verwendet worden ist. Mit Bedacht wurden kleine Veränderungen am Fragebogendesign durchgeführt. Diese beziehen sich auf Fragestellungen, deren Ergebnisse Interpretationsprobleme aufwarfen oder die in großer Zahl nicht beziehungsweise missverständlich beantwortet wurden.

Damit ist eine kontinuierliche Verbesserung des Erhebungsinstruments erzielt worden. Das Erhebungsinstrument ist unterteilt in vier Abschnitte. Abschnitt A umfasst neben deskriptiven Merkmalen des betreffenden Werkes die Markt- und Geschäftspolitischen Ziele sowie Merkmale des bearbeiteten Marktes. Abschnitt B beinhaltet Fragen zur Ausgestaltung und Organisation des Produktionssystems sowie weiterer, für die Fertigung relevante Funktionsbereiche wie Forschung & Entwicklung, Materialwirtschaft, Supply Chain Management, Organisation und Technologie. In Abschnitt C werden fertigungsstrategische Ziele sowie der Einsatz verschiedener Verbesserungsprogramme in der Fertigung erhoben. Abschnitt D beinhaltet verschiedene Fragen zur Leistungsfähigkeit der Fertigung sowie Kennzahlen zur Beurteilung der gesamtbetrieblichen Leistungsfähigkeit.

2. Methode der Datenerhebung und Vorgehensweise der empirischen Analyse

Das Erhebungsobjekt sind einzelne Werke, als Auskunftsperson dient in der Regel der Werks- oder Fertigungsleiter, gegebenenfalls erfordert der Detaillierungsgrad einzelner Fragestellungen das Hinzuziehen weiterer Mitarbeiter verschiedener Fachabteilungen. Die Erhebung der nationalen Daten erfolgt durch die beteiligte Forschungseinrichtung des jeweiligen Landes. Die in den einzelnen Ländern erhobenen Daten wurden in einer gemeinsamen Datenbank am Politecnico di Milano zusammengeführt und den beteiligten Instituten zur Verfügung gestellt.

Die Vorgehensweise der Erhebung und die Methodik zur Bildung der nationalen Stichprobe sind im Rahmen der Verfahrensrichtlinien des IMSS-Projektes vorgegeben, die Umsetzung obliegt jeweils den vor Ort verantwortlichen Projektgruppen. Lokal wurde der Fragebogen in die jeweilige Landessprache übersetzt.[567] Dem Ansatz einer Lokalisation des Fragebogens wurde der Vorzug gegenüber einer einheitlichen Sprache gegeben. In einigen der beteiligten Länder kann nicht grundsätzlich davon ausgegangen werden, dass zum Teil relativ spezielle Fachbegriffe in einer anderen Sprache korrekt verstanden werden können. Die Übersetzung in die jeweilige Muttersprache verspricht deshalb ein wesentlich verbessertes Verständnis durch die Aus-

[567] Um eine verlässliche Übersetzung sicherzustellen erfolgte die Übersetzung des Fragebogens in beiden Richtungen (reverse-translation), d.h. nach einer Übersetzung in die deutsche Sprache wurde der Fragebogen ins Englische zurückübersetzt.

kunftsperson als dies ein Fragebogen der in einer anderen Sprache verfasst ist gewährleisten kann. Eine bedeutende Zielsetzung des IMSS Projektes ist es, eine Zeitreihenuntersuchung zu ermöglichen. Aus diesem Grund beginnt die Stichprobenauswahl zunächst mit dem Versuch, alle bereits an der vorherigen IMSS-Iteration beteiligten Unternehmen erneut zu befragen. Dieses Ziel konnte nur zum Teil erreicht werden. Lediglich 66 (11,8%) der 558 an IMSS-3 beteiligten Werke waren bereits in der Stichprobe IMSS-2 enthalten. In Deutschland erklärten sich fünf (15,6%) Werke bereit an der neuen Erhebung teilzunehmen. Während der Erhebung sind verschiedene Umstände zutage getreten, aus welchen Gründen eine erneute Teilnahme einzelner Werke nicht erreicht werden konnte:

- Der große Aufwand, den umfangreichen Fragebogen zu beantworten, wurde von den Unternehmen, welche bereits an IMSS-2 teilgenommen haben, bemängelt. Zum Teil wurde ein zu kurzer zeitlicher Abstand zur Erhebung IMSS-2 genannt, um eine erneute Beantwortung des Fragebogens abzulehnen.
- In einem Fall existierte das Werk nicht mehr. Solche Fälle führen zu einem sogenannten „survival bias" innerhalb der Datenbank, da nur diejenigen Fälle untersucht werden können, die auch über die gesamte Dauer des IMSS-Projektes existieren.
- Organisatorische Umorganisationen innerhalb des Werkes, zum Beispiel Aufteilung eines großen Werkes in mehrere kleinere Werke, lassen eine sinnvolle Interpretation fortlaufender Datenreihen nicht zu.
- Zum Teil haben einige Länder, welche an IMSS-2 teilgenommen haben, die Erhebung IMSS-3 nicht durchgeführt.[568]

Es ist deshalb festzustellen, dass die Möglichkeit eine fallbezogene Längsschnittsanalyse mit Hilfe der IMSS-Daten zu betreiben nur eingeschränkt gegeben ist. Gleichwohl können Fragestellungen, die sich nicht auf den Verlauf eines einzelnen Falls, sondern auf Entwicklungsverläufe innerhalb der Gesamtpopulation beziehen mit Hilfe der IMSS-Datenbank untersucht werden. Ob sich die Anforderungen der Märkte, Fragen der Fertigungsorgani-

[568] Dies betrifft folgende Länder: Finnland, Kanada, Chile, Mexiko, Peru, Hong Kong, Japan, Neuseeland und Süd Korea. Im Gegenzug sind folgende Länder hinzugekommen: Belgien und Irland. Wird die Wiederholungsrate um diese Effekte bereinigt, ist festzustellen, dass der Anteil auf 13% steigt. Hierbei verbleibt allerdings unsicher, wie erfolgreich die zum Projekt IMSS-3 ausgeschiedenen Länder bei der Wiedergewinnung bisheriger Teilnehmer gewesen wären.

sation oder betriebliche Zielgewichtungen in der Zeit zwischen den Erhebungen verändert haben, kann untersucht und mit inferenzstatistischen Methoden überprüft werden.

Damit eine statistisch überprüfbare Stichprobengröße erreicht werden kann, ist es notwendig weitere Werke, über die in vorherigen Iterationen bereits erfassten Werke hinaus, zu befragen. Die Stichprobenauswahl erfolgte durch eine qualifizierte Vorauswahl von Unternehmen entsprechend dem festgelegten Branchencode sowie einer Mindestmitarbeiterzahl von 100. Dabei wurde mit Hilfe von Datenbankrecherchen versucht ein repräsentativer Querschnitt über alle ISIC-Codes zu erreichen. Die ausgewählten Unternehmen wurden telephonisch über das Projekt und den Fragebogen informiert und zur Bereitschaft einer möglichen Teilnahme an der Studie befragt. Den Unternehmen, welche sich zu einer Mitarbeit bereit erklärten, wurde der Fragebogen zur Beantwortung per Post zugeschickt.

Im Fall der Erhebung in der Bundesrepublik Deutschland wurden insgesamt ca. 200 Unternehmen ausgewählt, von denen 78 Werke nach telephonischer Kontaktaufnahme die grundsätzliche Bereitschaft zur Teilnahme erklärt haben. Von diesen Unternehmen hat ein Teil nach Erhalt des Fragebogens seine Teilnahmebereitschaft angesichts des erheblichen Umfangs zurückgezogen. Des Weiteren lehnten einige Werke die Beantwortung des Fragebogens mit der Begründung ab, dass vertrauliche Informationen nicht an betriebsfremde Personen weitergegeben werden dürfen. Trotz der Zusicherung dass alle Informationen streng vertraulich behandelt werden, waren diese Unternehmen nicht bereit an der Erhebung teilzunehmen. Insgesamt verblieben 31 verwertbare Fragebögen, was einer Rücklaufquote von ca. 41% entspricht.[569] Je nach Genauigkeit der Vorselektion im telephonischen Erstkontakt, schwankt diese Quote in den beteiligten Ländern und liegt im Durchschnitt bei ca. 30%.[570] Die relativ hohen Rücklaufquoten zeigen, dass in der

[569] Die Rücklaufquote ist im Vergleich relativ hoch, so dass ein non-respondent bias weniger bedeutend ist. Die durchschnittliche Rücklaufquote von empirischen Untersuchungen im Bereich des operations management während der Jahre 1989 bis 2000 liegt bei 32%, vgl dazu *Frohlich*, Markham T.: Techniques for improving response rates in OM survey research, in: Journal of Operations Management, Jhg. 20, 2002, S. 54f.

[570] Mit dieser Rücklaufquote bewegt sich die IMSS-3 Studie im Durchschnitt der für dieses Forschungsgebiet üblichen Rücklaufquoten von empirischen Forschungsprojekten. Wobei anzumerken ist, dass die Bereitschaft zur Teilnahme an solchen Studien durch die kontinuierlich steigende Anzahl solcher Erhebungen, durchgeführt durch wissenschaftliche

Industrie durchaus ein Interesse an solchen Forschungsprojekten besteht. Nicht zuletzt liegt dies daran, dass den Unternehmen nach Beendigung der Datenerhebung ein anonymisierter Bericht in Form eines Benchmarking zur Verfügung gestellt wird. Dieser bietet den beteiligten Unternehmen die Möglichkeit die eigenen Strategien, Fertigungsstrukturen und -prozesse sowie deren Leistungsfähigkeit im Branchenvergleich einschätzen zu können.

Bei der Gestaltung des Fragebogens wurde versucht, den subjektiven Einfluss, den die Befragung einer einzelnen Person pro Werk, auf die Beantwortung der Fragen haben kann zu reduzieren. Der große Umfang des Fragebogens sowie die thematische Breite, über die sich dieser erstreckt erschweren das eventuell vorhandene Bemühen der Auskunftsperson um konsistentes Antwortenverhalten, was die Validität der Daten beeinträchtigen könnte. Zumindest für die Erhebung in Deutschland kann nach Auskunft der beteiligten Unternehmen festgestellt werden, dass in vielen Fällen mehrere Personen aus unterschiedlichen Fachbereichen an der Beantwortung des Fragebogens beteiligt waren und somit der Einfluss eines sogenannten key informant bias reduziert werden kann.

Zur Datenerhebung verwendet der Fragebogen überwiegend fünfstufige Likert-Skalen, teilweise ergänzt um quantitative Fragen, beispielsweise zur Mitarbeiterzahl oder Prozentangaben, um die Verteilungsverhältnisse bestimmter Sachverhalte, beispielsweise Aufteilung der Kundengruppen nach Segmenten zu ermitteln. Um die Datenqualität zu erhöhen wurden die zurückgesandten Fragebögen einer Prüfung unterzogen. Fragebögen, die einen besonders hohen Anteil fehlender Werte aufweisen, wurden aussortiert. Für den Fall, dass unplausible Antworten festzustellen sind, zum Beispiel Prozentfragen deren Antworten sich auf über 100 Prozent addieren, erfolgte eine erneute Befragung des Unternehmens, um exakte Angaben zu erhalten.

Um die in den beiden Abschnitten des Kapitels B.II.2 formulierten Forschungsfragen zu beantworten, werden verschiedene statistische Analysemethoden herangezogen. Grundlage dafür ist die oben beschriebene Datenbasis des IMSS-Projekts. Der Untersuchungsplan ist in Abbildung 14 dargestellt und bietet einen Ausblick über den weiteren Gang der empirischen Untersuchung. Nach einer deskriptiven Darstellung der Zusammensetzung der IMSS-Stichprobe wird zunächst eine Operationalisierung des Komplexitätsbegriffs vorgestellt, die sich an den Besonderheiten des Untersuchungs-

---

Institutionen, Unternehmensberatungen oder staatliche Organe, im Abnehmen begriffen ist. Vgl. *Frohlich*, Markham T.: Improving response rates in OM survey research, 2002, S. 55.

objektes – industrielle Fertigungsbetriebe der Metall- und Elektroindustrie – orientiert. Die hier vorgeschlagene Definition des Komplexitätsbegriffs besteht aus zwei Hauptdimensionen, Vielfalt und Dynamik. Weiterhin kann Komplexität mit verschiedenen Objekten oder Systemen in Verbindung gebracht werden, die in der Umwelt eines Unternehmens existieren und Einfluss auf den Fertigungsbetrieb ausüben, beispielsweise Kunden oder Produkte. Es ist zu überprüfen, ob diese Dimensionen in einem Messmodell der Komplexität gemeinsam operationalisiert werden können und damit eine Quantifizierung der exogenen Komplexität möglich ist. Dazu ist es erforderlich, die für den Untersuchungsgegenstand relevanten Komplexitätstreiber zu identifizieren und entsprechend der Dimensionalität des Komplexitätsbegriffs einer empirischen Bewertung zugänglich zu machen.

Deskriptive Analyse der IMSS-Stichprobe
Identifizierung marktinduzierter Komplexitätstreiber in der Metall- und Elektroindustrie
Operationalisierung des Komplexitätsbegriffs (Vielfalt und Dynamik)
Auswirkungen der Komplexität auf die Leistungsfähigkeit der Fertigung

ZH_1 Modulare Organisationsstrukturen	**ZH_2 Anpassung als pfadabhängiger Prozess**
Identifizierung von Organisationstypen der Fertigung	Identifizierung der Komponenten von Anpassungsprozessen in der Fertigung
Organisationale Spezialisierung als Messgröße endogener Komplexität	Auswirkungen marktinduzierter Komplexität auf Prozessbestandteile
Einsatz modularer Organisationstypen bei hoher Marktkomplexität	Wirkungszusammenhänge innerhalb des Anpassungsprozesses
Äquivalenzhypothese exogener und endogener Komplexität (Gesetz der erforderlichen Varietät)	Einfluss marktinduzierter Komplexität auf Wirkungszusammenhänge von Anpassungsprozessen

Abbildung 14: Vorgehensweise der empirischen Analyse der IMSS-Stichprobe

Um die erste zentrale Forschungshypothese dieser Arbeit (modulare Organisationsformen) beantworten zu können, wird die Organisation der Fertigung untersucht. Ziel ist es zum einen verschiedene Organisationstypen voneinander abgrenzen zu können, zum anderen dienen die eingesetzten Organisationstypen als Kriterium zur Beurteilung der organisationalen Komplexität. Damit wird ein Vergleich zwischen exogener und endogener Komplexität hergestellt, der eine Qualifizierung des Potenzials einzelner Organisationstypen zur Bewältigung exogener Komplexität erlaubt. Zur Untersuchung der zweiten Forschungshypothese (Anpassung als pfadabhängiger Verbesserungsprozess), wird ein Modell der Verbesserungsprozesse in der Fertigung vorgestellt, dessen Bestandteile unter Einfluss exogener Komplexität variieren können. Im Fokus der Betrachtung stehen die Wirkungsbeziehungen zwischen verschiedenen Komponenten von Verbesserungsprozessen sowie deren Abhängigkeit von marktinduzierten Komplexität als auch von Anpassungsanstrengungen der Vergangenheit.

3. Deskriptive Analyse zur Beschreibung der Stichprobenstruktur des IMSS-Projekts

In diesem Kapitel werden die Werke der IMSS-Stichprobe hinsichtlich deskriptiver Merkmale beschrieben, um einen Einblick in die Zusammensetzung der Stichprobe zu gewähren. Die gesamte Stichprobe wurde nach Beendigung der Datenerhebung hinsichtlich ihrer Homogenität überprüft. Es wurden alle Werke die weniger als 100 Mitarbeiter ausweisen aus der Datenbank eliminiert. Zum einen verstoßen diese Werke gegen eine Mindestanforderung des IMSS-Projekts, zum anderen sind viele Sachverhalte, die mit dem Fragebogen erhoben werden, für kleine Unternehmen nicht relevant. Dies zeigt sich beispielsweise an überproportional hohen Anteilen fehlender Werte. Insgesamt wurden aus diesem Grund 93 Werke aus der Stichprobe eliminiert.

Das IMSS Projekt konzentriert sich auf die Hersteller von Metallerzeugnissen, Maschinen und Ausrüstung (ISIC-Code 38). Zusätzlich kann diese Branchenzuordnung innerhalb der Stichprobe weiter detailliert werden, wenn der Branchencode in dreistelliger Auflösung betrachtet wird. In Tabelle 4 sind dreistelliger Branchencode sowie Herkunft der analysierten Stichprobe detailliert dargestellt. Weiterhin mussten fünf Werke ausgeschlossen werden, deren ISIC-Code nicht zuverlässig ermittelt werden konnte, weshalb eine Zugehörigkeit zu anderen Branchen nicht ausgeschlossen werden kann. Somit verbleiben die Datensätze von 460 Werken als Grundlage für alle weiteren Analysen. Der Stichprobenschwerpunkt liegt in Werken der Metallverarbeitung (381: MET), des Maschinenbaus (382: MAB) und den Herstellern elektrischer Ausrüstung (383: ELE), 81% der Stichprobe sind diesen drei

Branchen zuzurechnen. Zu jeweils annähernd gleichen Anteilen werden die drei Teilbranchen ergänzt um Hersteller von Transporteinrichtungen (384: TRA) sowie Herstellern von Mess- und Kontrolleinrichtungen (385: MKE).

	Gesamt	ISIC 381 (MET) Metallverarbeitung	ISIC 382 (MAB) Maschinenbau, ohne elektr. Bauteile	ISIC 383 (ELE) elektrische Ausrüstung	ISIC 384 (TRA) Transporteinrichtungen	ISIC 385 (MKE) Mess- und Kontrolleinrichtungen
Argentinien	**13**	7	2	3	1	
Australien	**31**	12	13	1	1	4
Belgien	**19**	4	8		3	4
Brasilien	**32**	18	5	4	5	
China	**29**	2	16	8	3	
Dänemark	**37**	14	7	13	1	2
Deutschland	**31**	12	7	5	4	3
Großbritannien	**37**	19	7	5	3	3
Italien	**55**	2	24	16	9	4
Irland	**27**	5	1	17		4
Kroatien	**22**	14	2	5	1	
Niederlande	**14**	4	7	2	1	
Norwegen	**6**	1	1	3	1	
Spanien	**16**	5		4	2	5
Schweden	**19**	4	10	2	1	2
Ungarn	**58**	9	13	24	9	3
USA	**14**	5		3		6
Gesamtanzahl	**460**	137	123	115	45	40
proz. Verteilung	**100%**	30%	27%	25%	10%	9%

Tabelle 4: Übersicht der analysierten IMSS Stichprobe

Bei näherer Betrachtung der aussortierten Werke wurde ein systematischer Fehler offenkundig. Von insgesamt 51 Werken, die in Norwegen erhoben wurden, weisen 45 Mitarbeiterzahlen unterhalb der gesetzten Grenze aus.

Nachforschungen haben ergeben, dass in Norwegen als einzigem Land von der vorgegebenen Methode der Datenerhebung abgewichen wurde. Es wurde auf eine qualifizierte Vorauswahl sowie auf eine telefonische Kontaktaufnahme vor Fragebogenversand verzichtet. Stattdessen wurde der Fragebogen in großer Zahl unaufgefordert verschickt. Die geringe Rücklaufquote (unter 4%), die schlechte Qualität bezüglich Datenvollständigkeit sowie die Verzerrung zugunsten sehr kleiner Werke zeigen, dass im Falle einer umfangreichen Befragung eine solche Vorgehensweise nicht zum Erfolg führt. Zwar entspricht eine zufällig gezogene Stichprobe eher den Erfordernissen statistischer Methodik, für den Fall umfangreicher Unternehmensbefragungen erweist sich die unzureichende Datenqualität einer solchen Vorgehensweise aber als nicht zielführend.

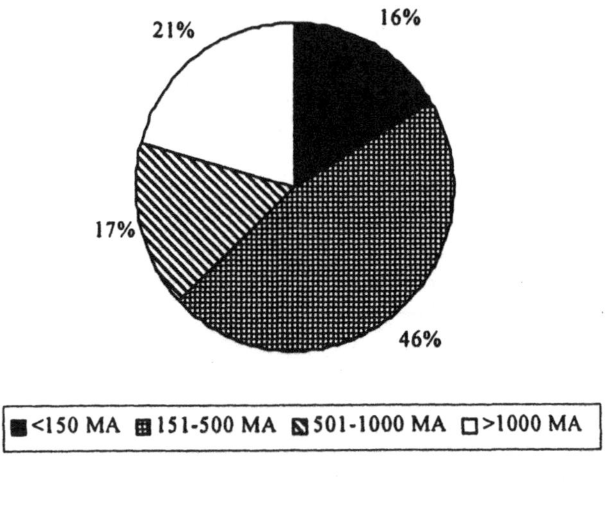

Abbildung 15: Werksgröße nach Anzahl der Mitarbeiter

Um einen Überblick bezüglich der Größe der befragten Werke zu erhalten zeigt Abbildung 15 die Verteilung von vier Größenklassen, abgeleitet aus der Mitarbeiteranzahl. Kleine Fertigungsstandorte mit bis zu 150 Mitarbeitern, Werke mittlerer Größe mit bis zu 500 Mitarbeitern, große Werke mit bis zu 1000 Mitarbeitern sowie sehr große Werke mit über 1000 Beschäftigten.

Entsprechend dieser Klassifizierung ist beinahe die Hälfte der analysierten Werke der Klasse mittelgroßer Werke zuzuordnen. Im Durchschnitt beschäftigen die Werke 903 Beschäftigte, der Median liegt bei 330, der relativ hohe Durchschnitt wird besonders durch drei Werke verursacht, die eine Mitarbeiterzahl bis zu 30.000 berichten. Es ist zu vermuten, dass hier ein Irrtum in der Beantwortung der formulierten Frage vorliegt, da so große Werke sehr selten sind und zugleich eher zu Branchen gehören die nicht innerhalb des ISIC-Codes 38 zu finden sind, beispielsweise Automobilhersteller oder große Werke der chemischen Industrie. Werden diese drei Werke bei der Durchschnittsbildung nicht berücksichtigt, so beträgt die durchschnittliche Mitarbeiterzahl 775. In Tabelle 5 sind die detaillierten Größenklassen nach dreistelligem Branchenschlüssel zusammengefasst.

	kl. Werke (≤150 MA)	mittl. Werke (151-500 MA)	gr. Werke (501-1000 MA)	sehr gr. Werke (>1000 MA)	Mittelwert Mitarbeiter
Klassenmittelwerte Mitarbeiter	117	276	685	2528 (3140)	
	Anzahl Werke				
ISIC 381 (MET) Metallverarbeitung	34	71	17	15	510
ISIC 382 (MAB) Maschinenbau, ohne elektr. Bauteile	18	57	23	23	878
ISIC 383 (ELE) elektrische Ausrüstung	14	55	21	25	740 (995)
ISIC 384 (TRA) Transporteinrichtungen	3	14	11	17	1363
ISIC 385 (MKE) Mess- und Kontrolleinrichtungen	7	16	5	12	711 (1552)
Gesamt	**76**	**213**	**77**	**92**	**775 (903)**
Werte in Klammern mit Berücksichtigung der Ausreißer					

Tabelle 5: Werksgröße und Anzahl Mitarbeiter

Aus den Daten geht hervor, dass die Werksgröße in den verschiedenen Teilbranchen verschieden ist. In Bezug auf die Homogenität der Stichprobe stellt sich die Frage, ob es sich um eine systematische oder zufällige Verzerrung handelt. Die meisten Beschäftigen weisen die Werke der Branche Transporteinrichtungen aus. Sowohl die durchschnittliche Mitarbeiterzahl ist überdurchschnittlich als auch vergleichsweise viele Werke mit mehr als 1000 Mitarbeitern sind dieser Branche zuzuordnen. Um zu untersuchen, ob ein Zusammenhang zwischen Werksgrößenklasse und Branchenzugehörigkeit besteht werden die beiden Variablen auf statistische Unabhängigkeit geprüft, dazu wird folgende Hypothese formuliert:

$H_{1,C-1}$: Branchenzugehörigkeit und Größenklassifizierung sind nicht unabhängig.

In der vorliegenden Arbeit wird aus Gründen der Lesbarkeit und Übersichtlichkeit ausschließlich die statistische Alternativhypothese (H1) dargestellt, da diese den inhaltlichen Bezug zur behandelten Fragestellung bildet. Gleichwohl basieren alle statistischen Prüfverfahren auf der Nullhypothese (H0), die aussagt, dass der in H1 unterstellte Zusammenhang nicht gültig ist. Kommt die statistische Prüfung zu dem Ergebnis, dass die Nullhypothese durch die erhobenen Daten nicht bestätigt werden kann, so wird angenommen, dass die Aussage der komplementären Alternativhypothese richtig ist.[571]

Durch die oben formulierte Hypothese werden zwei nominal skalierte Variablen zueinander in Beziehung gesetzt. Eine Überprüfung des Zusammenhanges erfolgt durch eine Kontingenzanalyse.[572] Das Ergebnis der χ^2 Teststatistik (32,05) zeigt ein hohes Signifikanzniveau mit einer Irrtumswahrscheinlichkeit von $p<0{,}001$. Die Nullhypothese ist zu verwerfen, die Alternativhypothese anzunehmen. Es kann nicht davon ausgegangen werden, dass Branche und Größenklassifizierung unabhängig voneinander sind. Um zu beurteilen, wie stark der Zusammenhang zwischen den Variablen ist, ist der Kontingenzkoeffizient nach *Cramer* zu betrachten.[573] Dieser beträgt in die-

---

[571] Vgl. *Bortz*, Jürgen: Statistik für Sozialwissenschaftler, 5., vollständig überarbeitetet und aktualisierte Auflage, Berlin u.a.: Springer 1999, S. 108ff.

[572] Vgl. dazu *Backhaus*, Klaus; Bernd *Erichson*; Wulff *Plinke* und Rolf *Weiber*: Multivariate Analysemethoden. Eine anwendungsorientierte Einführung, 10. Auflage, Berlin et al.: Springer 2003, S. 230ff.

[573] Dieser Koeffizient wird auch als Cramer's V bezeichnet. Vgl. *Bortz*, Jürgen: Statistik für Sozialwissenschaftler, 1999, S. 224f.

sem Fall 0,152 und besitzt eine Irrtumswahrscheinlichkeit von $p<0{,}001$. Der Zusammenhang ist also als schwach, wenn auch hochsignifikant zu bezeichnen. Die Kenntnis einer Merkmalsausprägung, zum Beispiel der Branche könnte sich somit eignen, um auf die Größe eines Werks zu schließen. Aufgrund des schwachen Zusammenhangs ist dies aber nur eingeschränkt möglich. Um den Beitrag zu messen, den die Kenntnis der Branche oder der Größe eines Werkes liefert, um die jeweils andere Variable prognostizieren zu können, werden sogenannte lambda-Maße verwendet.[574] Diese drücken die prozentuale Verbesserung im Sinne einer Reduzierung der Wahrscheinlichkeit einer falschen Merkmalszuordnung aus, die durch Kenntnis einer der beiden Variablen erzielt wird. Für jede Variable lässt sich ein eigener lambda-Wert ermitteln, der hier bei 1,8% für die Kenntnis der Größenklasse und 2,2% für die Kenntnis der Branche liegt. Damit ist deutlich, dass der Zusammenhang sehr schwach ist und die Größenklasse der Werke kaum aus der Branchenzugehörigkeit abgeleitet werden kann. Eine weitere Überprüfung liefert eine varianzanalytische Untersuchung zur Unterschiedlichkeit der Mitarbeiterzahl in den Branchen. Durch eine einfaktorielle Varianzanalyse wird folgende Hypothese[575] geprüft:

$H_{1,C\text{-}2}$: Die im Durchschnitt beschäftigte Anzahl Mitarbeiter ist in den Branchen unterschiedlich.

Die Teststatistik (F-Wert: 4,350, Irrtumswahrscheinlichkeit $p=0{,}002$) führt zur Annahme der Hypothese. Es ist demnach davon auszugehen, dass sich die Anzahl der beschäftigten Mitarbeiter in den Branchen unterscheiden. Um zu untersuchen, welche Gruppenunterschiede signifikant sind, können Mittelwertvergleiche auf Basis der t-Teststatistik durchgeführt werden. Wird eine Irrtumswahrscheinlichkeit von maximal 1% zugelassen, so sind lediglich zwei Paarvergleiche (MET-TRA und ELE-TRA) signifikant verschieden, wird das Signifikanzniveau gelockert und eine Irrtumswahrscheinlichkeit von 5% zugelassen sind vier Paarvergleiche als signifikant verschieden zu be-

---

[574] Vgl. *Backhaus*, Klaus et al.: Multivariate Analysemethoden, 2003, S. 245f.

[575] In der einfaktoriellen Varianzanalyse lautet die Nullhypothese H_0: $\mu_1=\mu_2=\mu_3=\mu_4$, es wird also getestet, ob die Mittelwerte aller Gruppen identisch sind. Die Alternativhypothese lautet hingegen H_1: $\mu_i \neq \mu_{i'}$ und wird damit bereits angenommen, wenn mindestens ein gepaarter Mittelwertvergleich statistisch signifikante Unterschiede aufzeigt. Wird die Nullhypothese verworfen bedeutet es lediglich dass die Gruppenmittelwerte nicht gleich sind, welche aber verschieden sind, kann damit nicht untersucht werden. Vgl. *Bortz*, Jürgen: Statistik für Sozialwissenschaftler, 1999, S. 239.

werten.[576] Zusammenfassend ist festzustellen, dass in der IMSS-Stichprobe die Werke der Branche Transporteinrichtungen die meisten Mitarbeiter beschäftigen, dass daraus aber nicht geschlossen werden kann, dass Werke dieser Branche generell größer sind als die Werke der anderen hier betrachteten Branchen. Zur Erklärung der Werksgröße müssen weitere Faktoren hinzugezogen werden, die Branchenzugehörigkeit liefert keinen hinreichenden Erklärungsgehalt zur Prognose der Größe eines Werkes.

4. Methodische Vorüberlegungen zur Anwendung linearer Strukturgleichungsmodelle

Für die nachfolgende empirische Untersuchung werden im folgenden Abschnitt die methodischen Grundlagen dargestellt, um den Untersuchungsgegenstand erfassen zu können und theoretisch abgeleitete Wirkungszusammenhänge empirisch überprüfen zu können.

a) Zur Methodik der Kausalanalyse

Die Kausalanalyse, teilweise auch als Kovarianzanalyse oder Strukturgleichungsmodell bezeichnet, ist ein dependenzanalytisches Verfahren auf der Grundlage einer Kovarianzmatrix von empirisch beobachteten Variablen.[577] In der vorliegenden Arbeit wird die Kausalanalyse mit Hilfe des Softwarepaketes LISREL[578] durchgeführt. Ein lineares Strukturgleichungsmodell

---

[576] Vgl. dazu im Anhang-Tabelle 1.

[577] Die Bezeichnung Kovarianzanalyse stellt im Grunde genommen die beste Titulierung dieses Verfahrens dar. Insbesondere durch die Verwendung des Begriffs „Kausalanalyse“ wird suggeriert, dass sich durch dieses Verfahren Kausalitäten nachweisen ließen. Dies ist aber nur mit Hilfe kontrollierter Experimente möglich. Dieses Verfahren basiert lediglich auf kausalen Hypothesen. Dennoch hat sich dieser Begriff in der Literatur durchgesetzt und wird deshalb auch in dieser Arbeit verwendet. Vgl. *Kelloway*, E. Kevin: Structural Equation Modelling in Perspective, in: Journal of Organizational Behavior, Jhg. 16, Nr. 3, 1995, S. 216. Vgl. auch *Bollen*, Kenneth A.: Structural Equations with latent Variables, New York: John Wiley 1989, S. 44.

[578] Linear Structural Relationships, eingesetzt in der Version 8.54, vgl. *Jöreskog*, Karl G. und Dag *Sörbom*: LISREL 8: User's Reference Guide, 2. Auflage, Lincolnwood: Scientific Software International 2001.

besteht aus zwei Komponenten, einem Messmodell und dem Strukturmodell.[579] Das Messmodell umfasst den Zusammenhang zwischen empirisch beobachteten Indikatorvariablen und hypothetischen, in der Realität nicht direkt messbaren Konstrukten, auch als latente Variable bezeichnet.[580] Zwischen Indikator und latenter Variable besteht eine reflektive Beziehung, das bedeutet, dass die Indikatoren Ergebnis des Konstruktes sind, welches als Verursacher hinter den Ausprägungen der Indikatoren vermutet wird. Zumeist werden mehrere Indikatoren herangezogen, um auf eine theoretisch vermutete latente Variable rückschließen zu können.

Das Strukturmodell setzt die latenten Variablen zueinander in Beziehung und bildet die theoretisch vermuteten oder sachlogisch zwingenden Zusammenhänge zwischen den hypothetischen Konstrukten ab. Komplexe Abhängigkeitsstrukturen hypothetischer Konstrukte können so modelliert und empirisch überprüft werden. In Abbildung 16 ist die Struktur eines solchen Modells in allgemeiner Form dargestellt. Durch die Indikatorvariablen x und y wird eine Messung der zugrundliegenden, aber nicht direkt beobachtbaren theoretischen Konstrukte erreicht. Innerhalb des Strukturmodells wird der Beziehungszusammenhang zwischen der unabhängigen latenten Variable ξ (Ksi) und der abhängigen latenten Variable η (Eta) abgebildet.

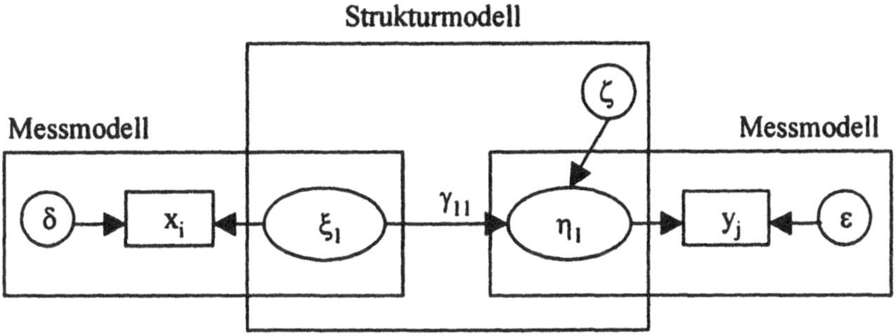

Abbildung 16: Prinzipdarstellung eines allgemeinen Kausalmodels

Für andere, in dieser Arbeit durchgeführte statistische Analysen, wird auf das Softwarepaket SPSS in der Version 12.0 zurückgegriffen.

[579] Vgl. *Backhaus*, Klaus et al.: Multivariate Analysemethoden, 2003, S. 334ff.

[580] Ein alleiniges Messmodell, ohne Strukturmodell, wird auch als konfirmatorische Faktorenanalyse bezeichnet.

Die Abbildung theoretischer Sachverhalte kann auf verschiedene Weisen erreicht werden.[581] Im einfaktoriellen Fall wird ein theoretisches Konstrukt durch genau einen Faktor repräsentiert. Das in dieser Arbeit verfolgte Untersuchungsziel erfordert ein mehrfaktorielles Design der Modellierung. In einem solchen Fall wird ein theoretisches Konstrukt, in dieser Arbeit die marktinduzierte Komplexität, durch mehrere Faktoren abgebildet. Die Komplexität ist weiterhin unterscheidbar in zwei Dimensionen: Vielfalt und Dynamik. Die Faktoren sind somit unterschiedlichen Dimensionen des theoretischen Konstrukts zuzuordnen, sie stellen deshalb eine mehrdimensionale Messung eines mehrfaktoriellen Konstruktes dar.

Die Kausalanalyse basiert auf einem Gleichungssystem, welches die Wirkungsbeziehungen eines Strukturmodells abbildet, deren Zusammenhänge anhand von empirischen Daten überprüft werden können. Allgemein formuliert stellt sich ein Strukturmodell als ein lineares Gleichungssystem wie folgt dar[582]:

$$\eta = B\eta + \Gamma\xi + \zeta \qquad \text{(I)}$$

$$y = \Lambda_y\eta + \varepsilon \qquad \text{(II)}$$

$$x = \Lambda_x\xi + \delta \qquad \text{(III)}$$

Das Strukturmodell (Gleichung I) beschreibt den Beziehungszusammenhang zwischen latenten Variablen. Die exogene Variable ξ beeinflusst die endogene Variable η, da sich η nur unvollständig durch ξ beschreiben lässt, wird die Gleichung um die Residuenvariable ζ (Zeta) erweitert. B (Beta) und Γ (Gamma) stellen die jeweiligen Koeffizientenmatrizen dar, welche die Effekte zwischen den latenten endogenen und exogenen Variablen abbilden. Die Gleichungen II und III bilden das Messmodell der Kausalanalyse. Hier entsprechen die Koeffizientenmatrizen Λ_x und Λ_y den Faktorladungen zur Messung der empirischen Faktorindikatoren. Da die Faktormessung fehlerbehaftet ist beziehungsweise eine vollständige Abbildung eines Items durch den zugrundliegenden Faktor unwahrscheinlich ist, werden die Messfehler durch die Messfehlervektoren δ und ε repräsentiert.

---

581 Vgl. *Homburg*, Christian und Annette *Giering*: Konzeptualisierung und Operationalisierung komplexer Konstrukte - Ein Leitfaden für die Marketingforschung, in: Hildebrandt, Lutz und Christian Homburg (Hrsg.): Die Kausalanalyse. Ein Instrument der empirischen betriebswirtschaftlichen Forschung, Stuttgart: Schäffer-Poeschel 1998, S. 114f.

582 Vgl. *Jöreskog*, Karl G. und Dag *Sörbom*: LISREL 8: User's Reference Guide, 2001, S. 2.

b) Gütekriterien zur Beurteilung eines Kausalmodells

Die Methode linearer Strukturgleichungsmodelle wird an verschiedenen Stellen dieser Arbeit eingesetzt. Es ist deshalb angebracht, den umfangreichen Prüfkatalog, an den die Anwendung dieser Methode gebunden ist, im Vorhinein zu verdeutlichen und in den jeweiligen Anwendungsfällen nur noch auf die Ergebnisse dieser Prüfungen einzugehen. Zur Beurteilung linearer Strukturgleichungsmodelle existiert eine Vielzahl unterschiedlicher Prüfkriterien, deren Anwendung methodischen Überlegungen zu folgen hat.[583]

Die Beurteilung eines Strukturgleichungsmodells bezieht sich auf die zwei grundlegenden Komponenten – das Messmodell und das Strukturmodell. Die von *Homburg/Baumgartner* vorgeschlagene Vorgehensweise[584] zur Beurteilung von Gesamtmodell und Modellteilstrukturen wird in dieser Arbeit verwendet, um die theoretisch basierten Modelle hinsichtlich ihrer Güte zu bewerten. Neben der Überprüfung formaler Aspekte des aufgestellten Modells, beispielsweise das Auftreten negativer Varianzen[585], müssen für die unterschiedlichen Prüfkriterien Grenzwerte festgelegt werden. Zusätzlich ist sicherzustellen, dass die verwendeten Kriterien in der Lage sind, möglichst die gesamte Bandbreite möglicher Modellfehlspezifikationen aufzudecken.[586]

Globale Anpassungsmaße

Eine Vielzahl verschiedener Gütemaße dient zur Prüfung des Strukturmodells, diese werden als globale Anpassungsmaße bezeichnet, die alle auf einem Vergleich zwischen empirischer Kovarianzmatrix und der durch das

---

[583] Eine Diskussion der verschiedenen Gütemaße findet sich bei *Homburg*, Christian und Hans *Baumgartner*: Beurteilung von Kausalmodellen, in: Marketing ZfP, Jhg. 17, Nr. 3, 1995, S. 162ff. Vgl. auch *Boomsma*, Anne: Reporting Analyses of Covariance Structures, in: Structural Equation Modeling, Jhg. 7, Nr. 3, 2000, S. 461ff.

[584] Vgl. *Homburg*, Christian und Hans *Baumgartner*: Beurteilung von Kausalmodellen, 1995, S. 171f.

[585] Vgl. *Bagozzi*, Richard P.; Youjae *Yi* und Lynn W. *Phillips*: Assessing Construct Validity in Organizational Research, in: Administrative Science Quarterly, Jhg. 36, Nr. 3, 1991, S. 434.

[586] Vgl. *Fornell*, Claes und David F. *Larcker*: Evaluating Structural Equation Models with Unobservable Variables and Measurement Error, in: Journal of Marketing Research, Jhg. 18, Nr. 1, 1981, S. 44. Es ist allerdings anzumerken, dass die Nichterfüllung einzelner Gütekriterien nicht automatisch zur Ablehnung des Gesamtmodells führen sollte. Aufgrund der Vielzahl existierender Gütekriterien wäre eine solche Forderung nicht angemessen. Vgl. *Homburg*, Christian und Hans *Baumgartner*: Beurteilung von Kausalmodellen, 1995, S. 172.

Modell reproduzierten Kovarianzmatrix basieren.[587] Eine wichtige Unterscheidung der vorhandenen Anpassungsmaße liegt in der Berücksichtigung der Modellfreiheitsgrade. Prinzipiell lassen sich durch Hinzunahme weiterer Parameter stets Verbesserungen der Anpassung von Modellkovarianzmatrix und empirischer Kovarianzmatrix erzielen, im schlechtesten Fall bleibt die Anpassung unverändert. Deshalb werden Anpassungsmaße, wie beispielsweise der Chi-Quadrat-Test, welche die Freiheitsgrade des spezifizierten Modells nicht berücksichtigen, als unzureichend angesehen. Bei Verwendung dieser Anpassungsmaße würden überparametrisierte Modelle tendenziell zu positiv beurteilt, während sparsam parametrisierte Modelle tendenziell eher abgelehnt werden müssten. Deshalb sollen hier ausschließlich Anpassungsmaße verwendet werden, welche die Parameteranzahl des Modells berücksichtigen. Damit werden diejenigen Modelle favorisiert, welche die gleiche Anpassungsleistung mit weniger Parametern erzielen.[588] Des Weiteren reagiert der Chi-Quadrat-Test empfindlich auf den Stichprobenumfang[589], eine hohe Fallanzahl führt fast immer zur Ablehnung eines Modells, während andererseits Modelle, die auf kleineren Stichprobenumfängen basieren kaum widerlegt werden können.[590] Es werden deshalb Gütemaße empfohlen, die diesen Einschränkungen nicht unterliegen. Der Chi-Quadrat Wert sollte deshalb nicht als Teststatistik verwendet werden, sondern im Sinne einer Maßzahl für die Anpassungsgüte der Modellkovarianzmatrix an die empirische Kovarianzmatrix interpretiert werden. Hohe Chi-Quadrat Werte bedeuten eine große Abweichung des Modells von den empirischen Daten. Um zu beurteilen, ob eine Abweichung im Angesicht der vorliegenden Modellspezifikation hoch ist, wird der Chi-Quadrat Wert durch die Freiheitsgrade des Modells geteilt. In der Literatur werden zumeist Werte dieses Quotienten bis drei als akzeptabel angesehen.[591]

---

[587] Vgl. *Homburg*, Christian und Hans *Baumgartner*: Beurteilung von Kausalmodellen, 1995, S. 165.

[588] Vgl. *Homburg*, Christian und Hans *Baumgartner*: Beurteilung von Kausalmodellen, 1995, S. 166.

[589] Vgl. *Brannick*, Michael T.: Critical Comments on Applying Covariance Structure Modeling, in: Journal of Organizational Behavior, Jhg. 16, Nr. 3, 1995, S. 205f.

[590] Vgl. *Anderson*, James C.: An Approach for Confirmatory Measurement and Structural Equation Modeling of Organizational Properties, in: Management Science, Jhg. 33, Nr. 4, 1987, S. 530f.

[591] Vgl. *Carmines*, Edward G. und John P. *McIver*: Analyzing models with unobserved variables: Analysis of covariance structures, in: *Bohmstedt*, George W. und Edward F. *Borgatta*

Weitere Anpassungsmaße sind die „goodness-of-fit“-Maße (GFI), die auf einem Intervall [0,1] den Anteil empirischer Varianz und Kovarianz angeben, der durch das Modell erklärt werden kann. Die Grundannahme dieser Maße entspricht eher dem Einsatzzweck der Methode, insbesondere in den Sozialwissenschaften, wo eine vollständige Abbildung des empirischen Gesamtzusammenhanges aufgrund der Komplexität sozialer Phänomene per se auszuschließen ist. Somit kann nur eine angenäherte inhaltliche Äquivalenz zwischen Modell und Realität existieren. Im Gegensatz zum Chi-Quadrat-Test sind diese Maße unabhängig von der Stichprobengröße und zeigen sich robust gegen Verletzungen der Normalverteilung. Der „adjusted-goodness-of-fit-index“ (AGFI) entspricht dem GFI, allerdings unter Berücksichtigung der Freiheitsgrade des Modells.[592] Als weitere Gütemaße für das Gesamtmodell werden der root mean squared error of approximation (RMSEA) von *Browne/Cudeck* sowie der comparative fit index (CFI) von *Bentler* betrachtet. Der RMSEA ist ein inferenzstatistisches Anpassungsmaß, welches die Abweichung des Modells von der empirischen Verteilung in Abhängigkeit der Freiheitsgrade berechnet, es ist ein Parameter der Grundgesamtheit, welcher in Bezug auf die Stichprobe geschätzt wird.[593] Dieser Test wird auch als „test of close fit“ bezeichnet, es wird nicht geprüft, ob das Modell im absoluten Sinne richtig ist, sondern ob die Realität durch das Modell gut approximiert wird.[594] Als Beurteilungsmaßstab für den RMSEA schlagen die Autoren folgende Bandbreiten vor:„... a value of the RMSEA of about .05 or less would indicate a close fit of the model in relation to the degrees of freedom.... it is more reasonable than the requirement of exact fit with RMSEA=0.0. We are also of the opinion that a value of about 0.08 or less would indicate a reasonable error of approximation and would not want to employ a model with a RMSEA greater than 0.1.“[595]

(eds.): Social Measurement, Thousand Oaks: Sage Publications 1981, S. 80. Vgl. auch *Homburg*, Christian und Hans *Baumgartner*: Beurteilung von Kausalmodellen, 1995, S. 168.

592 Vgl. *Jöreskog*, Karl G. und Dag *Sörbom*: Recent Developments in Structural Equation Modeling, in: Journal of Marketing Research, Jhg. 19, Nr. November, 1982, S. 409.

593 Vgl. *Browne*, Michael W. und Robert *Cudeck*: Alternative ways of assessing model fit, in: *Bollen*, Kenneth A. und J. Scott *Long*: Testing structural equation models, Newbury Park, Ca.: Sage 1993, S. 138ff.

594 Vgl. *Homburg*, Christian und Hans *Baumgartner*: Beurteilung von Kausalmodellen, 1995, S. 166.

595 *Browne*, Michael W. und Robert *Cudeck*: Alternative ways of assessing model fit, 1993, S. 144.

Der CFI nach *Bentler*[596] ist ein inkrementales Anpassungsmaß, dass ein Modell in Beziehung zu einem Basismodell setzt, welches üblicherweise keine inhaltliche Plausibilität besitzt, z.B. ein Modell in dem alle Indikatorvariablen als unabhängig voneinander angenommen werden. Die Verwendung inkrementaler Anpassungsmaße ist allerdings stets mit der Einschränkung verbunden, dass sich die Güteaussage immer auf ein Basismodell ohne inhaltlichen Informationsgehalt bezieht, die Annahme eines Modells auf Basis dieses Anpassungsmaßes würde also lediglich aussagen, dass ein getestetes Modell besser ist als ein Modell, das nichts beinhaltet.[597] Es handelt sich also hier um eine vergleichsweise triviale Feststellung, die nur in Verbindung mit anderen Anpassungsmaßen verwendet werden sollte.

Lokale Anpassungsmaße

Das einem Strukturgleichungsmodell zugrundeliegende Messmodell ist hinsichtlich seiner Reliabilität und Validität zu untersuchen. Reliabilität erfordert, dass eine Messung zuverlässig ist, wovon dann auszugehen ist, wenn die erklärte Varianz hoch beziehungsweise der Einfluss der Messfehlervariable gering ist. Dafür wird die Indikatorreliabilität (IR) betrachtet, welche die Beziehungsstärke zwischen der beobachteten Indikatorvariablen und der latenten Variable beschreibt. Diese normierte Größe [0,1] weist denjenigen Anteil der Indikatorvarianz aus, der durch die latente Variable erklärt werden kann. Hier wird zumeist ein Wert von 0,4 als ausreichend angesehen.[598] Zur weiteren Beurteilung der Reliabilität einer Messskala wird mit Cronbachs Alpha eine weit verbreitete Maßzahl eingesetzt, welche die interne Konsistenz einer Skala in einer Kennzahl zusammenfasst.[599] Jeder Faktor eines Messmodells stellt in diesem Sinne eine Messskala dar, die dazu verwendet wird, die empirisch beobachteten Indikatoren zu erklären. Hinsichtlich des Grenzwertes für Cronbachs Alpha existieren unterschiedliche Auffassungen in der Literatur. Auf die Arbeit von *Nunnally* geht die Forderung zurück einen Mindestwert von 0,7 für Cronbachs Alpha für etablierte

[596] Vgl. *Bentler*, Peter M.: Comparative Fit Indexes in Structural Models, in: Psychological Bulletin, Jhg. 107, Nr. 2, 1990, S. 238ff.

[597] Vgl. *Homburg*, Christian und Hans *Baumgartner*: Beurteilung von Kausalmodellen, 1995, S. 170.

[598] Vgl. *Homburg*, Christian und Hans *Baumgartner*: Beurteilung von Kausalmodellen, 1995, S. 170.

[599] Vgl. *Nunnally*, Jum C.: Psychometric Theory, 2nd Ed., New York et al.: McGraw-Hill 1978, S. 245.

Messinstrumente zu fordern, relativ neue Messinstrumente können aber auch bereits mit einem Wert von 0,6 akzeptiert werden.[600] Schwieriger ist dagegen die Beurteilung der Validität des Messmodells, welche sich auf die konzeptuelle Richtigkeit der Messung bezieht, also auf die Beantwortung der Frage, ob das Messinstrument in der Lage ist das, was gemessen werden soll, auch tatsächlich zu erfassen.[601] Die so genannte Konstruktvalidität einer Messung unterteilt sich in zwei Teilkomponenten: i) Konvergenzvalidität, das Ausmaß, mit dem die Messung Größe und Richtung einer Anzahl von Konstrukteigenschaften abbildet und ii) Diskriminanzvalidität, der Grad zu dem die Messung eines Konstruktes nicht durch die fälschliche Messung anderer Konstrukte oder systematischer Fehler verzerrt wird.[602]

Um die Konvergenzvalidität beurteilen zu können, werden die Faktorreliabilität (FR) sowie die durchschnittlich erfasste Varianz (DEV)[603] herangezogen. Die Berücksichtigung der Signifikanz einzelner Faktorladungen, ermittelt durch den t-Wert, erlaubt einen Rückschluss auf die Konvergenzvalidität der Messung. Erfüllt eine Faktorladung nicht die Signifikanzanforderungen, die üblicherweise mit einer Irrtumswahrscheinlichkeit von 5%, zum Teil auch von 1%, festgelegt werden, so ist der Zusammenhang zwischen Faktor und Indikator nicht nachweisbar und somit keine Konvergenzvalidität gegeben. Zur Annahme der Konvergenzvalidität müssen die einzelnen Faktorladungen hinreichend groß, also der Anteil der Messfehlervariable möglichst gering sowie die einzelnen Faktorladungen signifikant von Null verschieden sein.[604] *Van de Ven/Ferry* fordern für relativ neue Erhebungsinstrumente in exploratorischen Studien eine Mindestfaktorreliabilität von

---

[600] Vgl. *Sakakibara*, Sadao; Barbara B. *Flynn* und Roger G. *Schroeder*: A Framework and Measurement Instrument for Just-In-Time Manufacturing, in: Production and Operations Management, Jhg. 2, Nr. 3, 1993, S. 186.

[601] Vgl. *Homburg*, Christian und Annette *Giering*: Konzeptualisierung und Operationalisierung komplexer Konstrukte, 1998, S. 116.

[602] Vgl. *Hildebrandt*, Lutz: Kausalanalytische Validierung in der Marketingforschung, in: *Hildebrandt*, Lutz und Christian *Homburg* (Hrsg.): Die Kausalanalyse. Ein Instrument der empirischen betriebswirtschaftlichen Forschung, Stuttgart: Schäffer-Poeschel 1998, S. 91.

[603] Vgl. *Fornell*, Claes und David F. *Larcker*: Evaluating Structural Equation Models with Unobservable Variables and Measurement Error, 1981, S. 45f.

[604] Vgl. *Bagozzi*, Richard P.; Youjae *Yi* und Lynn W. *Phillips*: Assessing Construct Validity in Organizational Research, 1991, S. 434.

0,4.[605] Zur Prüfung der Diskriminanzvalidität eines Messmodells ist der Chi-Quadrat-Differenzentest heranzuziehen.[606] In diesem Fall wird untersucht, wie stark sich das Messmodell von einem theoretischen Modell unterscheidet, in dem die Korrelation latenter Variablen maximal ist, beide Faktoren also das gleiche Konstrukt messen. Der Unterschied wird anhand von Veränderungen des Chi-Qudrat-Testergebnisses ermittelt und auf statistische Signifikanz überprüft. Durch die Fixierung der Faktorkorrelationen wird sich der Chi-Quadrat-Wert verschlechtern, nur wenn diese Verschlechterung über einem bestimmten Niveau liegt, ist anzunehmen, dass die Konstrukte unterschiedliche Dinge messen und eine separate Messung beider Faktoren einen signifikanten Informationsbeitrag liefert.[607]

Ein zweites, aber zugleich wesentlich strengeres Kriterium der Diskriminanzvalidität stellt die quadrierte multiple Korrelationen der latenten Variablen dar. Dieses sogenannte *Fornell/Larcker*-Kriterium[608] fordert, dass die erklärte Varianz einer latenten Variable größer sein sollte als jede quadrierte Korrelation dieses Faktors mit einer anderen latenten Variable. Diese strenge Anforderung mit einem Mindestwert zu verbinden ist allerdings nur dann sinnvoll, wenn es das Ziel einer Untersuchung ist, die latenten Variablen vollständig erklären zu wollen. Stehen dagegen die vermuteten Wirkungsbeziehungen der latenten Variablen untereinander im Vordergrund, so können keine allgemeingültigen Mindestanforderungen formuliert werden.[609] In Anlehnung an die bereits zitierte Literatur sowie die Empfehlungen von *Homburg/Baumgartner* sollen die in Tabelle 6 dargestellten Prüfkriterien unter Beachtung der aufgeführten Grenzwerte in den folgenden Untersuchungen angewendet werden.

---

605 Vgl. *Van de Ven*, Andrew H. und Diane L. *Ferry*: Measuring and assessing organizations, New York: John Wiley & Sons 1980, S. 76-78.

606 Vgl. *Jöreskog*, Karl G. und Dag *Sörbom*: Recent Developments in Structural Equation Modeling, 1982, S. 408.

607 Für eine Irrtumswahrscheinlichkeit von $p < 0,05$ beträgt dieser Unterschied 3,841. Vgl. *Homburg*, Christian und Annette *Giering*: Konzeptualisierung und Operationalisierung komplexer Konstrukte, 1998, S. 126.

608 Vgl. *Fornell*, Claes und David F. *Larcker*: Evaluating Structural Equation Models with Unobservable Variables and Measurement Error, 1981, S. 46.

609 Vgl. *Homburg*, Christian und Hans *Baumgartner*: Beurteilung von Kausalmodellen, 1995, S. 172.

Anwendungsbereich	**Anpassungsmaß**	**Grenzwert**
Gesamtmodell	GFI	≥ 0,90
	AGFI	≥ 0,90
	RMSEA	≤ 0,05 bzw. 0,08
	CFI	≥ 0,90
	χ^2/df	≤ 3
Messmodell	Indikatorreliabilität (IR)	≥ 0,40
	Cronbachs Alpha	≥ 0,60
	Faktorreliabilität (FR)	≥ 0,60 (0,40)
	Durchschn. erfasste Varianz (DEV)	≥ 0,50
	χ^2-Differenzentest	Δ ≥ 3,841 mit p=0,05
	Quadrierte multiple Korrelationen (QMK)	≥ 0,4 (DEV)

Tabelle 6: Prüfkatalog zur Beurteilung der Anpassungsgüte eines Strukturmodells[610]

Zur Akzeptanz eines Modells ist es jedoch nicht zwingend erforderlich, dass ein Modell alle hier aufgeführten Grenzwerte erfüllt. Angesichts der Vielzahl von Prüfkriterien, von denen hier nur ein Ausschnitt wiedergegeben ist, sollte die Nichterfüllung einzelner Kriterien nicht zur automatischen Ablehnung des Modells führen.[611] Es kommt deshalb weniger auf die Anzahl unterschiedlicher Gütekriterien an, vielmehr ist die korrekte Anwendung, Auswahl und Interpretation der Prüfergebnisse erforderlich.[612] Dies umschließt durchaus die Möglichkeit, dass einzelne Gütekriterien nicht erfüllt werden, es ist dann zu hinterfragen, warum einzelne Gütekriterien nicht erfüllt sind und welche Schlussfolgerungen daraus gezogen werden können.[613]

Um die Modellparameter zu ermitteln, stehen verschiedene Schätzverfahren zur Verfügung.[614] Ziel jedes Schätzverfahren ist es, die Modellpara-

---

[610] In Anlehnung an *Homburg*, Christian und Hans *Baumgartner*: Beurteilung von Kausalmodellen, 1995, S. 172.

[611] Vgl. *Homburg*, Christian und Hans *Baumgartner*: Beurteilung von Kausalmodellen, 1995, S. 172.

[612] Vgl. *Fan*, Xitao; Bruce *Thompson* und Lin *Wang*: Effects of Sample Size, Estimation Methods, and Model Specification on Structural Equation Modeling Fit Indexes, in: Structural Equation Modeling, Jhg. 6, Nr. 1, 1999, S. 59.

[613] Vgl. *Kelloway*, E. Kevin: Structural Equation Modelling in Perspective, 1995, S. 217f.

[614] Für eine Übersicht vgl. *Homburg*, Christian: Exploratorische Ansätze der Kausalanalyse als Instrument der Marketingplanung, Frankfurt am Main et al.: Peter Lang 1988, S. 167ff.

meter so zu wählen, dass die Diskrepanz zwischen der empirischen Kovarianzmatrix sowie der durch das Modell replizierten Kovarianzmatrix minimiert wird. In der vorliegenden Arbeit wird die „unweighted least squares"-Schätzmethode (ULS) zur Parameterschätzung der Strukturgleichungsmodelle verwendet. Das ULS-Verfahren ist die am häufigsten in der deutschsprachigen Literatur verwendete Schätzmethode.[615] Diese Methode liefert konsistente Schätzer, wenn das spezifizierte Modell korrekt ist. Die Diskrepanzfunktion (F) der ULS-Methode lautet wie folgt:

$$F_{ULS} = \frac{1}{2} tr(S - \Sigma)^2 \rightarrow \text{min!}$$

mit: S = empirische Kovarianzmatrix

Σ = modelltheoretische Kovarianzmatrix

tr = Summe der Diagonalelemente einer quadratischen Matrix

Der Vorteil der ULS-Schätzmethode liegt darin, dass im Vergleich zu anderen Schätzmethoden weniger Anforderungen bezüglich der Verteilung des zugrundeliegenden Datenmaterials erfüllt werden müssen.[616] Während andere Schätzmethoden beispielsweise eine multivariate Normalverteilung erfordern, kann die ULS-Methode auch bei nicht vorhandener Multinormalverteilung verwendet werden.[617] Insbesondere die Multinormalverteilung ist eine schwer zu überprüfende Eigenschaft einer Verteilung. In der Literatur ist nicht hinreichend geklärt, mit welchen Methoden multivariate Normalverteilung überhaupt nachgewiesen werden kann.

[615] Vgl. *Homburg*, Christian und Hans *Baumgartner*: Die Kausalanalyse als Instrument der Marketingforschung, in: Zeitschrift für Betriebswirtschaft, Jhg. 65, Nr. 10, 1995, S. 1102.

[616] Vgl. *Jöreskog*, Karl G. und Dag *Sörbom*: Recent Developments in Structural Equation Modeling, 1982, S. 405.

[617] Vgl. *Backhaus*, Klaus et al.: Multivariate Analysemethoden, 2003, S. 363f.

Schiefe und Exzess (auch Wölbung) liefern univariate Hinweise auf Verletzung der Normalverteilung[618], da multivariate Normalverteilung sich jedoch auf paarweise Vergleiche bezieht, liefern diese Werte keinen vollständigen Test auf multivariate Normalverteilung. Selbst wenn jede Variable univariat normalverteilt ist, kann die Annahme multivariater Normalverteilung verletzt sein.[619] Die Verteilungen der in dieser Arbeit verwendeten Variablen deuten darauf hin, dass nicht von einer multivariaten Normalverteilung ausgegangen werden kann, es ist deshalb erforderlich ein Schätzverfahren einzusetzen, welches verteilungsunabhängig ist. Ein Nachteil des ULS-Verfahrens liegt dagegen in seiner Skalenabhängigkeit, d.h. die Skalierung der Variablen beziehungsweise Unterschiede in der Skalierung beeinflussen die Ergebnisse der Diskrepanzfunktion. Dieses Problem kann jedoch dadurch gelöst werden, dass die Variablen zuvor standardisiert werden.[620] Die im Rahmen der vorliegenden Arbeit zur Modellbildung verwendeten Variablen werden deshalb ausschließlich in standardisierter Form verwendet. Dies erlaubt die Anwendung der verteilungsinvarianten ULS-Schätzer und ermöglicht einen Vergleich unterschiedlicher Skalentypen des IMSS-Fragebogens.

II. Marktinduzierte Komplexität in empirischer Analyse

Das folgende Kapitel stellte eine Auswahl möglicher Faktoren zur Erfassung der marktinduzierten Komplexität vor, wie sie im Umfeld industrieller Fertigungsunternehmen von Bedeutung sind. Mittels eines konfirmatorischen Messmodells werden diese Faktoren anhand der IMSS-Datenbank zu Komplexitätsfaktoren zusammengeführt und ermöglichen eine Quantifizierung der Marktkomplexität.

[618] Zur Beurteilung univariater Normalverteilung wurde ein Kolmogorov-Smirnov-Anpassungstest durchgeführt. Für fast alle verwendten Variablen kann eine normalverteilte Grundgesamtheit nicht angenommen werden.

[619] Auch andere statistische Methoden basieren auf der Annahme multivariater Normalverteilung. Bei großen Stichprobenumfängen kann eine Verletzung dieser Annahme vernachlässigt werden. Vgl. *Bortz*, Jürgen: Statistik für Sozialwissenschaftler, 1999, S. 435.

[620] Vgl. *Backhaus*, Klaus et al.: Multivariate Analysemethoden, 2003, S. 364.

1. Konzeptionelle Grundlagen zur Erfassung der Komplexität des Marktumfeldes industrieller Fertigungsunternehmen

a) Komplexitätstreibende Faktoren des Marktumfeldes

Die Gegebenheiten der Unternehmensumwelt stellen ein mehr oder weniger komplexes Aktionsfeld dar, in dem ein Unternehmen operieren muss. Die Vielfalt und Dynamik der Unternehmensumwelt stellt den Rahmen zur Verfügung, innerhalb dessen betriebliche Bemühungen zur effizienten Zielerreichung im Bereich der Fertigung interpretiert werden müssen. In Anlehnung an den in dieser Arbeit vorgeschlagenen Komplexitätsbegriff[621] wird die marktinduzierte Komplexität als ein aus den zwei Hauptdimensionen – Vielfalt und Dynamik – bestehendes Konstrukt verstanden.[622] Aufgabe der Unternehmensleitung ist es, die exogenen Komplexitätsanforderungen zu erfassen, zu bewerten und daraufhin zieladäquate Maßnahmen auszuwählen und umzusetzen. Eine nichtangepasste Prozess- und Produktgestaltung verursacht Ineffizienzen, im Extremfall auch das komplette Versagen eines Prozesses oder der Gesamtorganisation bei dem Versuch, sich an die Komplexität der Umwelt anzupassen.[623]

Viele komplexitätserhöhende Faktoren der Unternehmensumwelt verstärken sich fortwährend. Zur Verdeutlichung seien an dieser Stelle drei treibende Faktoren dieser Entwicklung erwähnt. Zunächst ist eine starke Tendenz zu Unternehmenskonzentrationen mit dem Ziel, möglichst global agierende Unternehmen zu schaffen, zu beobachten. Dies führt zu immer größeren Unternehmen, die über nationale Grenzen hinweg vernetzt sind und deren

---

[621] Vgl. Kapitel B.I.5.

[622] Die Unterscheidung der Unternehmensumwelt in Vielfalt und Dynamik findet sich in verschiedenen empirischen Arbeiten mit einem kontigenztheoretischen Forschungsansatz. Dynamik wird zum Teil auch als Unsicherheit bezeichnet. Vgl. *Keats*, Barbara W. und Michael A. *Hitt*: A Causal Model of Linkages among Environmental Dimensions, Macro Organizational Characteristics, and Performance, in: The Academy of Management Journal, Jhg. 31, Nr. 3, 1988, S. 572f. Vgl. auch *Dess*, Gregory G. und Donald W. *Beard*: Dimensions of Organizational Task Environments, in: Administrative Science Quarterly, Jhg. 29, Nr. 1, 1984, S. 54f. Vgl. auch *Miller*, Danny und Peter H. *Friesen*: Archetypes of Organizational Transition, 1980, S. 279.

[623] Vgl. *Wildemann*, Horst: Komplexitätsmanagement durch Prozeß- und Produktgestaltung, 1998, S. 47.

Koordination und Steuerung erhöhte Anforderungen an das Management solcher Unternehmen stellt.[624] Als zweiter Faktor ist ein allgemeiner Anstieg des Vernetzungsgrades zu beobachten. Diese Entwicklung betrifft nicht nur Unternehmen, die sich zu Wertschöpfungs- und Logistiknetzwerken zusammenschließen, sondern auch eine Vielzahl weiterer Elemente, beispielsweise integrierte IT-Systeme, vernetzte Kommunikationssysteme und Produktionsnetzwerke.[625] Gleichzeitig ist eine unter Komplexitätsgesichtspunkten erhebliche Intensivierung der Beziehungen zur Unternehmensumwelt zu beobachten. Eine Vielzahl unternehmensexterner Interessensgruppen müssen vom Management bei der Entscheidungsfindung berücksichtigt werden. Die beispielsweise im Rahmen der Shareholder Value Orientierung gestiegenen Interessen der Kapitalanteilseigner oder auch der Kunden, Mitarbeiter, Gewerkschaften, Journalisten und staatlicher Institutionen; all diese Interessensgruppen – die Stakeholder – haben in der jüngsten Vergangenheit ihre Beziehungen zu den Unternehmen erheblich intensiviert.[626]

Zwischen Unternehmen und ihrer Umwelt ist eine Vielzahl verschiedener Aspekte von einem Anstieg der Komplexität betroffen, der sich über alle Komponenten und Dimensionen des Komplexitätsbegriffs erstreckt. Als treibende Kraft hinter der Komplexität in der Fertigung werden eine große Kunden- und Marktvielfalt sowie eine ausufernde Produktprogrammbreite gesehen.[627] Ist es das Ziel eines Unternehmens, häufig wechselnde Kunden-

---

[624] Vgl. *Beyer*, Janice M. und Harrison M. *Trice*: A Reexamination of The Relations Between Size and Various Components of Organizational Complexity, in: Administrative Science Quarterly, Jhg. 24, Nr. 1, 1979, S. 48ff. Vgl. auch *Smith*, H. Jeff: The Shareholders vs. Stakeholders Debate, in: Sloan Management Review, Jhg. 44, Nr. 4, 2003, S. 85ff. Vgl. auch *Wildemann*, Horst: Komplexitätsmanagement durch Prozeß- und Produktgestaltung, 1998, S. 49.

[625] Vgl. *Beck*, Thilo C.: Kosteneffiziente Netzwerkkooperation. Optimierung komplexer Partnerschaften zwischen Unternehmen, Wiesbaden: Gabler 1998, S. 13f. und S. 29-38.

[626] Vgl. *Smith*, H. Jeff: The Shareholders vs. Stakeholders Debate, 2003, S. 85ff.

[627] Vgl. *Coenenberg*, Adolf G. und Martin *Prillmann*: Erfolgswirkungen der Variantenvielfalt und Variantenmanagement, 1995, S. 1232ff.; vgl. auch *Westphal*, Jan R.: Komplexitätsmanagement in der Produktionslogistik. Ein Ansatz zur flussorientierten Gestaltung und Lenkung heterogener Produktionssystem, Wiesbaden: Gabler 2001, S.129f.; vgl. auch *MacDuffie*, John P.; Kannan *Sethuraman* und Marshall L. *Fisher*: Product Variety and Manufacturing Performance, 1996, S. 353; vgl. auch *Eversheim*, Walter; Franz-Bernd *Schenke* und Luca *Warnke*: Komplexität im Unternehmen verringern und beherrschen - Optimale Gestaltung von Produkten und Produktionssystemen, in: *Adam*, Dietrich (Hrsg.): Komplexitätsmanagement, SzU, Band 61, Wiesbaden: Gabler 1998, S. 31f.

wünsche in vielen verschiedenen Marktsegmenten möglichst effizient erfüllen zu können, so wird dies als Strategie der dynamischen Produktdifferenzierung bezeichnet.[628] Zur Umsetzung dieser Wettbewerbsstrategie ist es erforderlich, kostenminimale Erzeugniswechsel in kurzer Zeit und ohne Qualitätseinbußen durchführen zu können. Die Innovationsrate ist hoch und führt zu entsprechend komplexen Produktionsanläufen neuer Produkte, unter Umständen auch zu neuen Herstellungsprozessen. Diese Strategie vereint Kosten und Flexibilitätsziele, deren gleichzeitige Verfolgung innerhalb der Organisation Widersprüche und Konflikte hervorruft.[629]

Die Auswahl der zu bearbeitenden Kundensegmente sowie die Definition einer adäquaten Produktprogrammzusammensetzung sind die am stärksten auf die Komplexitätsanforderungen der Umwelt wirkenden Unternehmensentscheidungen.[630] Die Bedienung zusätzlicher Kundensegmente führt nicht nur in den vertriebsnahen Funktionen zu erhöhten Aufwendungen und komplexen Prozessen, auch in den Produktions- und Beschaffungsbereichen sowie in der Produktentwicklung ist ein Anstieg prozessbezogener Komplexität zu erwarten.[631] Die Auswahl der zu bearbeitenden Produkt- und Kundenmärkte erfolgt außerhalb der Fertigung, beispielsweise durch die Unternehmensführung oder innerhalb der Marketingfunktion des Unternehmens.[632] Die getätigte Marktauswahl und die auf diesen Märkten anzutreffenden Bedingungen determinieren die von der Fertigung zu erfüllenden Produktionsanforderungen. Auch wenn diese Anforderungen nicht vollkommen passiv von der Fertigung rezipiert werden müssen, so stellen sie dennoch primär exogene Einflussgrößen dar, auf welche die Fertigung hin

[628] Vgl. *Kaluza*, Bernd: Wettbewerbsstrategien und sozio-ökonomischer Wandel, in: *Czap*, Hans (Hrsg.): Unternehmensstrategien im sozio-ökonomischen Wandel, Berlin: Duncker & Humblot 1990, S. 60.

[629] Vgl. *Corsten*, Hans und Thomas *Will*: Simultaneität von Kostenführerschaft und Differenzierung durch neuere Produktionskonzepte, in: ZfO, Jhg. 63, Nr. 5, 1994, S. 286ff.

[630] Vgl. *Berry*, William L.; Terry J. *Hill* und Jay E. *Klompmaker*: Customer-driven manufacturing, in: International Journal of Operations & Production Management, Jhg. 15, Nr. 3, 1995, S. 8f.

[631] Vgl. *Wildemann*, Horst: Komplexitätsmanagement durch Prozeß- und Produktgestaltung, 1998, S. 49.

[632] Vgl. *Adam*, Dietrich: Produktionsmanagement, 1998, S. 35f.

auszurichten ist.[633] *Kotha/Orne* sehen in den Wahlentscheidungen bezüglich dieser Bereiche einen zentralen Bestandteil fertigungsstrategischer Entscheidungen. Neben der Produktkomplexität und der Bandbreite organisationaler Aufgaben, worunter Marktvielfalt, Internationalisierungsgrad u.ä. fallen, wird die Fertigungsstrategie um die interne Prozessstrukturkomplexität ergänzt.[634] In der vorliegenden Arbeit werden Produktkomplexität und organisationale Bandbreite als exogene Einflussgrößen betrachtet, auf deren Ausprägung die Fertigung allenfalls mittelbaren Einfluss hat. Es soll untersucht werden, wie die Prozessstruktur der Fertigung ausgestaltet wird und welchen Einfluss die exogenen Größen auf interne Wahlentscheidungen sowie den damit verbundenen Erfolg der Fertigung haben.

Es ist darauf hinzuweisen, dass der Erfolg dieser Wahlentscheidungen nicht vollkommen unbeeinflusst durch weitere Sachverhalte bleibt, die in der Umwelt des Unternehmens zu suchen sind und die nicht durch das Unternehmen beeinflusst werden können. Dazu zählen beispielsweise das Verhalten der Wettbewerber oder rechtliche Rahmenbedingungen.[635] Der Einfluss eines Unternehmens auf rechtliche Rahmenbedingungen ist als gering anzunehmen und muss somit durch das Unternehmen hingenommen werden. Das Verhalten von Wettbewerbern ist für gewöhnlich nicht direkt beeinflussbar. Nur mittelbar, beispielsweise durch die Entscheidung ein bestimmtes Marktsegment zu bearbeiten oder eine bestimmte Produktvariante anzubieten, wird das Verhalten der Wettbewerber beeinflusst. Solche, dem Einflussbereich des Unternehmens entzogene, Aspekte exogener Einflussgrößen werden im Folgenden nicht untersucht. Gleichwohl ist davon auszugehen, dass diese Größen sowohl bestimmte Gestaltungsentscheidungen, insbesondere aber auch den Erfolg der Fertigung beeinflussen. Die hier vorgeschlagenen exogenen Komplexitätstreiber stellen somit nur einen Ausschnitt relevanter Einflussgrößen dar.

---

[633] Vgl. *Zahn*, Erich und Marietta *Huber-Hoffmann*: Die Produktion als Wettbewerbskraft, in: *Corsten*, Hans (Hrsg.): Produktion als Wettbewerbsfaktor, Wiesbaden: Gabler 1995, S. 146ff.

[634] Vgl. *Kotha*, Suresh und Daniel *Orne*: Generic Manufacturing Strategies: A Conceptual Synthesis, in: Strategic Management Journal, Jhg. 10, 1989, S. 216ff.

[635] Vgl. *Piller*, Frank T.: Kundenindividuelle Massenproduktion: die Wettbewerbsstrategie der Zukunft, München und Wien: Hanser Verlag 1998, S. 56ff. Vgl. auch *Lampel*, Joseph und Henry *Mintzberg*: Customizing Customization, in: Sloan Management Review, Jhg. 38, Nr. 1, 1996, S. 22ff.

b) Auswirkungen marktinduzierter Komplexität auf industrielle Fertigungsunternehmen

Eine Ursache für die Ausweitung der marktinduzierten Komplexität ist in der gesamtunternehmerischen Ausrichtung an Marketingzielen wie Umsatz und Marktanteilen zu suchen. Bekannte Studien oder Portfolioansätze der strategischen Unternehmensführung betonen die Bedeutung des Marktanteils für die Profitabilität von Geschäftsfeldern.[636] Die Orientierung an Marktanteilen verstärkt die Tendenz sich mit spezialisierten Angeboten auf vergleichsweise kleine Segmente zu konzentrieren. Unternehmen, die sich auf nur ein einzelnes Marktsegment konzentrieren, weisen häufig eine höhere Kapitalrentabilität auf als Unternehmen, die auf vielen Märkten agieren und nur einen geringen Spezialisierungsgrad besitzen.[637]

Das Hauptargument, das Markt- und Kundenkomplexität als Komplexitätstreiber begründet, liegt in der Tatsache, dass unterschiedliche Märkte eine Vielzahl unterschiedlicher Fähigkeiten der Organisation abfordern. Zudem können die Erfolgsfaktoren auf den verschiedenen Märkten unterschiedlich sein und somit Zielkonflikte bei der Marktbearbeitung hervorrufen.[638]

Die Kunden- und Marktkomplexität wird durch die Anzahl der bearbeiteten Kundensegmente stark beeinflusst. *Piller/Waringer* sehen in der Kundenstruktur einen zentralen Treiber für die Komplexität in der Automobilindustrie. Je vielfältiger die angesprochenen Kundensegmente, desto mehr Varianten werden benötigt, um die unterschiedlichen Bedürfnisprofile adäquat zu bedienen.[639] Je mehr Kundensegmente vom Unternehmen bearbeitet werden, desto größer ist die Heterogenität der zu erfüllenden Bedarfs-

[636] Vgl. *Buzzell*, Robert D. und Bradley T. *Gale*: The PIMS Principles: Linking Strategy to Performance, New York und London: Free Press 1987. Die Studie, auf welche sich die Erkenntnisse der PIMS-Studie gründen, entstammt den 70er Jahren. Ob die daraus gewonnenen Handlungsempfehlungen unter den heutigen Marktbedingungen noch angemessen sind, muss zumindest hinterfragt werden.

[637] Vgl. *Capon*, Noel; James M. *Hulbert*; John U. *Farley* und L. Elizabeth *Martin*: Corporate Diversity and Economic Performance: The Impact of Market Specialization, in: Strategic Management Journal, Jhg. 9, Nr. 1, 1988, S. 71.

[638] Vgl. *Capon*, Noel; James M. *Hulbert*; John U. *Farley* und L. Elizabeth *Martin*: The Impact of Market Specialization, 1988, S. 63.

[639] Vgl. *Piller*, Frank T. und Daniela *Waringer*: Modularisierung in der Automobilindustrie - neue Formen und Prinzipien, 1999, S. 22.

strukturen. Fokussiert sich ein Unternehmen hingegen auf ein einzelnes Kunden- oder Marktsegment, beispielsweise das der Endverbraucher, so sind weniger verschiedene Prozesse erforderlich, um Zugang zu diesem Markt zu gewinnen, als wenn neben den Endverbrauchern auch Händler, Großhändler oder andere Produkthersteller (OEM) beliefert werden müssen. So erwarten andere Produkthersteller zusätzliche logistische Zusatzleistungen, beispielsweise eine fertigungstaktsynchrone Anlieferung. Durch eine Just-in-time-Anlieferung (JIT) steigen die Abhängigkeiten zwischen zwei Unternehmen. Größere Koordinationsanstrengungen werden benötigt, um die zusätzlichen Beziehungen steuern zu können.[640] Die Einflussgrößen, die hier von Bedeutung sind, fallen in den Bereich der möglichst schnellen und termingerechten Auslieferung an Kunden. Die Komplexität der Logistik wird durch die Implementierung von Just-time-Time-Abläufen erhöht, da der Koordinationsaufwand und die Vermaschtheit zweier Unternehmen ansteigen. Durch eine JIT-Beziehung müssen eine Vielzahl enger Personen-, Informations- und Materialbeziehungen geknüpft werden. Diese vermindern die fertigungsplanerische Komplexität auf Seiten des Abnehmers, erhöhen jedoch die logistische Komplexität der gesamten Abnehmer-Lieferanten-Beziehung.[641]

Weitere Aspekte der marktinduzierten Komplexität können in der geographischen Verteilung von Kunden- und Lieferantenbeziehungen gefunden werden. So ist eine Erweiterung betrieblicher Prozesse, beispielsweise durch die Exportabwicklung, nötig, um Kunden in anderen Ländern oder Kulturkreisen bedienen zu können.[642] Auch die hergestellten Produkte können Objekt von Lokalisierungen sein, es ist teilweise erforderlich, Produkte an Gesetzesvorschriften oder Verbrauchergewohnheiten anderer Länder anzupassen. Unter bestimmten Bedingungen kann es notwendig sein, eine eigene Fertigung aufzubauen, um Zugang zu den Märkten bestimmter Länder zu erlangen.[643] Die Internationalisierung betrifft auch Lieferantenbeziehungen, nicht nur die räumliche Distanz, auch kulturelle Unterschiede beziehungs-

---

640 Vgl. *Funk*, Jeffrey L.: Just-in-time manufacturing and logistical complexity, 1995, S. 67.

641 Vgl. *Funk*, Jeffrey L.: Just-in-time manufacturing and logistical complexity, 1995, S. 67ff.

642 Vgl. *Kotha*, Suresh und Daniel *Orne*: Generic Manufacturing Strategies, 1989, S. 222f.

643 Als Beispiel sei hier die sogenannte CKD-Fertigung (completely knocked down) in der Automobilindustrie genannt. Da der Marktzugang oft durch hohe Importzölle auf Fahrzeuge behindert wird, die Zölle auf einzelne Fahrzeugkomponenten in Summe aber geringer sind, ist eine Endmontage durch eine lokale Fertigung wirtschaftlich sinnvoll, um Fahrzeuge in bestimmten Ländern zu wettbewerbsfähigen Preisen anbieten zu können.

weise unterschiedliche Geschäftsgepflogenheiten verkomplizieren die Geschäftsabwicklung auf internationaler Ebene. Durch räumliche und kulturelle Distanzen entsteht ein Bedarf zusätzlicher Kontroll- und Koordinationsmaßnahmen, um Abweichungen von vertraglich zugesicherten Leistungen verfolgen zu können.

Um unter diesen Bedingungen eine effiziente Fertigung gewährleisten zu können, ist es bei Berücksichtigung der notwendigen Orientierung an den Wünschen der Kunden erforderlich, die Auswirkungen dieser Variabilität auf interne Abläufe zu minimieren, sich möglichst auf wenige Kunden- und Produktsegmente zu konzentrieren und eine Vereinfachung der logistischen Beziehungen zu Kunden und Lieferanten sicherzustellen.[644] Eine fortschreitende Kundensegmentierung führt häufig zu einer steigenden Anzahl Produktvarianten, während gleichzeitig mit jedem zusätzlichen Kundensegment die Anzahl möglicher Käufer pro Segment sinkt und Kannibalisierungseffekte zwischen den Segmenten eintreten.[645] Die Komplexität des angebotenen Produktprogramms wird demnach beeinflusst von der Komplexität der bearbeiteten Kundensegmente.

Eine verstärkte Aufteilung der Märkte in immer kleinere Segmente, die jeweils spezielle Produktangebote erfordern, führt dazu, dass bereits mit relativ geringen Stückzahlen hohe Marktanteile in einzelnen Segmenten erreicht werden können. Der aus diesem Kriterium abgeleitete Erfolg, den verschiedene Ansätze der Managementliteratur versprechen, kann aber zu erheblichen Problemen in der Fertigung führen. Bei der Entscheidung zugunsten solcher Marktnischen ist deren Auswirkung auf die Möglichkeit einer effizienten Fertigung dieser Stückzahlen besonders zu prüfen. Als Folge dieses strategischen Schwerpunktes besteht das Betreben, die Sortimentbreite auszuweiten, was die Fertigung vor das Problem stellt, neue Prozesse und Technologien implementieren zu müssen, häufigere Werkzeugwechsel aufgrund geringerer Losgrößen vorzunehmen und geringere Zeit zur Steigerung der Effizienz in den bestehenden Fertigungsprozessen zur Verfügung zu haben.[646]

Verschiedene empirische Studien lassen allerdings kein eindeutiges Bild erkennen, was die Erfolgswirkung sortimentsverbreiternder Maßnahmen

---

644 Vgl. *Lampel*, Joseph und Henry *Mintzberg*: Customizing Customization, 1996, S. 22f.

645 Vgl. *Wildemann*, Horst: Komplexitätsmanagement durch Prozeß- und Produktgestaltung, 1998, S. 49.

646 Vgl. *Gupta*, Yash P.; Subhash C. *Lonial* und W. Glynn *Mangold*: The Relationship between Manufacturing Strategy and Marketing Objectives, 1991, S. 35f.

betrifft. So zeigen *Kekre/Srinivasan*, dass die Ausweitung der Sortimentsbreite zwar nur zu einer marginalen Erhöhung der direkten Stückkosten führt. Gleichzeitig erzielen Unternehmen mit einer größeren Sortimentsbreite höhere Marktanteile und einen höheren ROI.[647] Demnach ist eine große Sortimentsbreite durchaus positiv zu beurteilen. Allerdings sind die positiven Effekte im Hinblick auf die Marktanteilshöhe nicht überraschend, da durch eine zunehmende Segmentierung die Marktsegmente immer kleiner werden. Durch diese Verkleinerung wird zum einen der Wettbewerb mit anderen Anbietern vermieden, die innerhalb dieser Segmente keine Produkte anbieten, zum anderen genügen in solchen Segmenten bereits relativ geringe Stückzahlen, um einen prozentual bedeutenden Teil der Marktnachfrage auf sich vereinen zu können.

In einer anderen empirischen Untersuchung zeigen *Fiegenbaum/Karnani*, dass Unternehmen, die eine hohe Mengenflexibilität ausweisen, in dynamischen und kapitalintensiven Märkten Wettbewerbsvorteile erzielen können. Insbesondere kleinere Unternehmen, deren Möglichkeit zur Erzielung von Größendegressionseffekten ohnehin eingeschränkt ist, können einen Größennachteil durch erhöhte Mengenflexibilität kompensieren.[648] In einer empirischen Studie von *Gupta et al.* wird ein statistischer Zusammenhang zwischen der Marktanteilsorientierung und interner Prozesskomplexität durch organisationaler Vielfalt nachgewiesen. Je stärker eine Orientierung an Marktanteilszielen, desto größer die Komplexität beziehungsweise die organisationale Vielfalt.[649] Gleichzeitig übt hohe Komplexität des Unternehmensumfeldes auch Einfluss auf die Struktur einer Organisation aus, die

---

[647] Die Studie von *Kekre/Srinivasan* basiert auf den Daten der jährlichen PIMS Erhebung, als Erhebungsobjekt dienen strategische Geschäftseinheiten, die auch über mehrere Werke verfügen können. Somit kann nicht unmittelbar auf den Einfluss auf die Fertigung geschlossen werden. Die Studie unterscheidet weiterhin zwischen Industrie- und Konsumentenmärkten. Die positiven Effekte der größeren Sortimentsbreite auf den ROI betragen in den Konsumentenmärkten 10%, in den Industriemärkten 4% gegenüber den Unternehmen mit geringer Sortimentsbreite. Vgl. *Kekre*, Sunder und Kannan *Srinivasan*: Broader Product Line: A Necessity to Achieve Success?, in: Management Science, Jhg. 36, Nr. 10, 1990, S. 1223ff.

[648] Vgl. *Fiegenbaum*, Avi und Aneel *Karnani*: Output Flexibility. A Competitive Advantage for Small Firms, in: Strategic Management Journal, Jhg. 12, Nr. 2, 1991, S. 107ff.

[649] Vgl. *Gupta*, Yash P.; Subhash C. *Lonial* und W. Glynn *Mangold*: The Relationship between Manufacturing Strategy and Marketing Objectives, 1991, S. 39.

eine zunehmende Divisionalisierung der Organisation bewirkt und damit die Komplexität der Unternehmensorganisation erhöht.[650]

Eine stark differenzierte Kundensegmentierung bewirkt ursächlich eine verstärkte Produktdifferenzierung, deren Umsetzung – die Herstellung eines vielfältigen Produktprogramms – durch den Fertigungsbereich abzuleisten ist.[651] Die Fertigung wird durch die Aufnahme neuer Produkte und Produktvarianten mit der Anforderung konfrontiert, eine erhöhte Leistungsvielfalt bereitzustellen, wofür eine vergrößerte Vielfalt in den Arbeitsabläufen notwendig wird.[652] Zum Teil ist festzustellen, dass es an Problembewusstsein in den Unternehmen mangelt, um die Auswirkungen variantenreicher Fertigung angemessen bei der Programmgestaltung zu berücksichtigen.[653] Die ansteigende Vielfalt durch Verbreiterung des Sortiments, in Verbindung mit kürzer werdenden Produktlebenszyklen verschärft die Problematik zusätzlich, da sehr viel weniger Zeit zur Verfügung steht, um Entwicklungskosten sowie Produktionsanlaufkosten erwirtschaften zu können.[654]

Dabei stehen die Unternehmen vor dem Dilemma, dass die Wettbewerbssituation ein ausdifferenziertes und innovatives Leistungsangebot erfordert, ohne dass die Möglichkeit besteht, vielfaltinduzierte Kosten durch höhere Umsätze am Markt zurückgewinnen zu können.[655] Die Variantenvielfalt resultiert nicht allein aus technisch-funktionalen Variationen der Produkte, sondern wird weiterhin durch die Tendenz verstärkt, das Kernprodukt durch zusätzliche Serviceangebote ergänzen zu müssen. Diese Entwicklung ist insbesondere im Bereich von Investitionsgütern zu beobachten. Dort wird ein wettbewerbsfähiges Marktangebot erst durch eine Kombination aus Produkt

---

[650] Vgl. *Keats*, Barbara W. und Michael A. *Hitt*: A Causal Model of Linkages among Environmental Dimensions, Macro Organizational Characteristics, and Performance, 1988, S. 574f.

[651] Vgl. *Nieschlag*, Robert; Erwin *Dichtl* und Hans *Hörschgen*: Marketing, 16., durchgesehene Auflage, Berlin: Duncker & Humblot 1991, S. 204f.

[652] Vgl. *Matern*, Christian: Systemwirtschaftliches Variantenmanagement, 2000, S. 15.

[653] Vgl. *Hoitsch*, Hans-Jörg und Volker *Lingnau*: Charakteristika variantenreicher Produktion - Ergebnisse einer empirischen Untersuchung, in: Die Betriebswirtschaft, Jhg. 55, Nr. 4, 1995, S. 484.

[654] Vgl. *von Braun*, Christoph-Friedrich: Die Beschleunigungsfalle, in: Zeitschrift für Planung, Jhg. 1, 1991, S. 57ff.

[655] Vgl. *Eversheim*, Walter; Franz-Bernd *Schenke* und Luca *Warnke*: Komplexität im Unternehmen verringern und beherrschen, 1998, S. 31f.

und Dienstleistung zu einem adäquaten Problemlösungsangebot, das es ermöglicht, neue Kunden zu gewinnen und bestehende Kunden langfristig zu binden.[656]

Zusammenfassend sind die Komplexitätstreiber in vier zentralen Einflussgrößen der Fertigungsumwelt zu finden. Die bearbeiteten Kundensegmente, die angebotenen Produktleistungskombinationen, der Internationalisierungsgrad sowie die logistischen Anforderungen erhöhen mit steigender Anzahl und steigender Veränderungsgeschwindigkeit den Komplexitätsgrad der Umwelt für Fertigungsbetriebe. Da sich Komplexität aus zwei Hauptdimensionen Vielfalt und Dynamik zusammensetzt, sollten diese für jeden Komplexitätstreiber separat betrachtet werden.

Es wurde bereits darauf hingewiesen, dass weitere Komplexitätstreiber, zum Beispiel Wettbewerberverhalten oder gesetzliche Rahmenbedingungen existieren, deren Ausprägungen ebenfalls Einfluss auf die Fertigung in Industrieunternehmen ausüben. Die vorliegende Konzeptualisierung kann deshalb nicht den Anspruch erheben eine vollständige Erfassung exogener Komplexität abzubilden. Die Komplexität der Unternehmensumwelt ist von so großer Vielfalt, dass eine allumfängliche Erfassung ein vergebliches Unterfangen darstellen würde. Der Ausschnitt, der gewählt wird, orientiert sich deshalb an den inhaltlichen Überlegungen bezüglich des Untersuchungsziels, die relevanten Aspekte der Komplexität auszuwählen, die für die zu beantwortende Fragestellung von vorrangiger Bedeutung sind. Als Auswahlkriterien dafür dienen sowohl die bisher dargestellten theoretisch geleiteten Überlegungen, sowie sachlogische Erwägungen, welche aus dem Untersuchungsgegenstand und den vermuteten Wirkungsbeziehungen abgeleitet werden können. Wie in Abbildung 17 dargestellt, ergeben sich acht Faktoren marktinduzierter Komplexität, mit denen sich die Fertigung konfrontiert sieht.

[656] Vgl. *Boutellier*, Roman; Günther *Schuh* und Hans Dieter *Seghezzi*: Industrielle Produktion und Kundennähe, 1997, S. 46f.

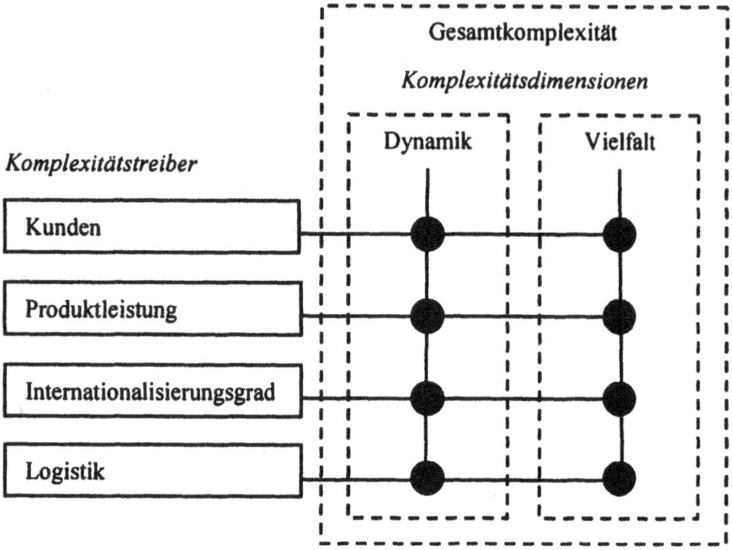

Abbildung 17: Faktoren marktinduzierter Komplexität

Steigt die Anzahl herzustellender Produktvarianten, so ist ein Anstieg der Detailkomplexität festzustellen, da die Detailkomplexität eines Systems mit der Anzahl seiner Elemente, dem Grad ihrer Konnektivität beziehungsweise mit der Unterschiedlichkeit seiner Elemente und Relationen ansteigt. Dagegen steigt die durch Dynamik erzeugte Komplexität durch Veränderungen der Systemstruktur und Variationen des Systemverhaltens. Das bedeutet, dass mit einer Veränderung marktinduzierter Vielfalt eine Anpassung der Fertigung erforderlich sein kann. Soll zum Beispiel eine neue Produktvariante gefertigt werden, so erzeugt dies einen Anpassungsdruck, der sowohl in Bezug auf die neue Variante an sich existiert als auch in Form eines prozessualen Übergangs von einer Systemkonfiguration zu einer anderen. Dynamik erzeugt deshalb Komplexität nicht nur durch die Ausdehnung der Vielfalt, sie erzeugt Komplexität ebenfalls für den Fall, dass die Vielfalt zurückgeht. Auch auf diese Gegebenheit ist die Fertigung einzustellen. Wird beispielsweise eine Produktlinie aus dem Angebotsprogramm eliminiert, so stellt sich auch hier eine Anpassungsfrage, die einen entsprechenden Flexibilitätsbedarf nach sich zieht.

Die Komplexitätstreiber unterliegen Veränderungsprozessen. Neu entwickelte Produkte müssen beispielsweise in Fertigungsprozesse integriert werden, nicht selten sind vollkommen neue Prozesse zu entwickeln, um die grundsätzliche Fähigkeit zur Fertigung eines Produktes bereitzustellen.[657] Ferner sind die Komplexitätstreiber nicht unabhängig voneinander, die Komplexitätstreiber beeinflussen sich gegenseitig. Eine im Anstieg begriffene Kundenkomplexität wird eine steigende Produktkomplexität nach sich ziehen, da die Hinzunahme weiterer Kundensegmente häufig spezielle Produktangebote erfordert. Andererseits kann die Entwicklung auch von Seiten der Produktkomplexität, durch Produktinnovationen getrieben werden, die Voraussetzung zur Bearbeitung bestimmter Kundensegmente ist.

Es ist hervorzuheben, dass die Komplexität der Unternehmensumwelt nicht vollkommen passiv vom Unternehmen beziehungsweise von der Fertigung als gegebenes Datum zu akzeptieren ist. Es ist vielmehr so, dass die vom Unternehmen zu bearbeitenden Produkt- und Kundensegmente das Ergebnis bewusster Entscheidungen der Unternehmensführung sind. In diesem Sinne stellen die hier vorgestellten Komplexitätstreiber Komponenten einer Fertigungsstrategie dar.[658] Die Auswahl der bearbeiteten Märkte definiert in großem Maße die Aufgaben und Anforderungen an die Fertigung[659], gleichwohl stehen der gestalterischen Aufgabe, wie diese Anforderungen erfüllt werden sollen, eine Vielzahl möglicher Organisationsformen zur Verfügung, deren Bewertung und Auswahl einen schwierigen Prozess darstellen.[660]

Um den Problemen, die durch Komplexität erzeugt werden, begegnen zu können sind drei zentrale Aspekte von Bedeutung: i) Schaffung von Transparenz, d.h. Kosten- und Erlöswirkungen, verursacht durch komplexitätserhöhende Entscheidungen müssen den Entscheidungsträgern bewusst gemacht und einer monetären Bewertung zugänglich gemacht werden. ii) Bestimmung des notwendigen Ausmaßes Marktkomplexität, welches durch das Unternehmen bearbeitet werden soll. Dafür müssen Kundenbedürfnisse analysiert, Substitutionsbeziehungen zu Produkten anderer Unternehmen und Kannibalisierungseffekte innerhalb des angebotenen Sortiments sorgfältig

---

[657] Vgl. *Kraft*, Kornelius: Are product- and process-innovations independent of each other?, in: Applied Economics, Jhg. 22, Nr. 8, 1990, S. 1030f. Vgl. auch *Stumpfe*, Joachim: Interdependenzen von Produkt- und Prozessinnovationen in industriellen Unternehmen. Eine System-Dynamics-basierte Analyse, Frankfurt at al.: Peter Lang 2003.

[658] Vgl. *Kotha*, Suresh und Daniel *Orne*: Generic Manufacturing Strategies, 1989, S. 216ff.

[659] Vgl. *Skinner*, Wickham: Manufacturing - Missing Link in Corporate Strategy, in: Harvard Business Review, Jhg. 47, Nr. 3, 1969, S. 85.

[660] Vgl. *Jelinek*, Mariann und Michael C. *Burstein*: A Paradigm for Strategic Fit, 1982, S. 245.

überprüft werden. iii) Minimierung der endogenen Komplexität, welche benötigt wird, um die Marktkomplexität bewältigen zu können. Dazu empfiehlt sich die Verstetigung und Standardisierung interner Abläufe sowie die Modularisierung von Produkten und Prozessen.[661]

Da es sich bei den hier verwendeten Komplexitätstreibern um theoretische Konstruktionen handelt, müssen Indikatoren herangezogen werden, um eine Operationalisierung der theoretischen Konstrukte zu ermöglichen. Dazu bieten sich eine Vielzahl möglicher Indikatoren an. Ausgehend von den theoretischen Überlegungen vorangegangener Kapitel zeigt Tabelle 7 eine Auswahl von Indikatoren, mit deren Hilfe die Komplexität der Unternehmensumwelt bewertet werden kann.

Komplexitäts-treiber	Indikatoren (beispielhaft)
Kunden	Anzahl der Kunden Anzahl bearbeiteter Kundensegmente Heterogenität der bearbeiteten Kundensegmente Konzentrationsgrad der Segmentbearbeitung Veränderungen der Kundenanzahl und Segmentzusammensetzung
Produkte und Leistungen	Produktprogrammbreite/-tiefe Qualitäts- und Designanforderungen an die Produkte Bedeutung von Produktinnovation, Länge der Produktlebenszyklen Ergänzung der Produkte durch Serviceleistungen Veränderungen in den Produktleistungsanforderungen
Internationalisierungsgrad	Anteil internationaler Verkäufe Anteil internationaler Beschaffung Internationale Ausrichtung der Geschäftstätigkeit
Logistik	Hohe Zuverlässigkeit zugesagter Liefertermine Liefergeschwindigkeit Bestellmengenflexibilität Veränderungen in den logistischen Anforderungen

Tabelle 7: Indikatoren marktinduzierter Komplexitätstreiber

Die dargestellten Indikatoren werden im weiteren Verlauf der Untersuchung verwendet, um die Grundlage eines Messmodells zu bilden, mit

[661] Vgl. *Child*, Peter; Raimund *Diederichs*; Falk-Hayo *Sanders* und Stefan *Wisniowski*: The management of complexity, 1991, S. 53ff.

dessen Hilfe eine Bewertung der marktinduzierten Komplexität im Umfeld industrieller Unternehmen erfolgen kann.

c) Ein Messmodel zur Operationalisierung marktinduzierter Komplexität

Geleitet von den vorangegangenen theoretischen Überlegungen wird im Folgenden ein Messinstrument vorgestellt, um mit Hilfe empirischer Daten die marktinduzierte Komplexität möglichst umfassend abbilden zu können. Für die identifizierten Bereiche Kunden, Internationalisierungsgrad, Produkte und Logistik werden verschiedene Indikatoren herangezogen, deren Ausprägung durch die Komplexitätsfaktoren beeinflusst wird.

Die in Abbildung 17 abgebildeten Komplexitätsfaktoren werden in ein gemeinsames Messmodell integriert. Dabei werden die vier beschriebenen Komplexitätstreiber jeweils in vielfalt- und dynamikbezogene Faktoren unterteilt. Zur Messung der Faktoren werden bestimmte Fragen der IMSS-Studie herangezogen, bei denen eine inhaltliche Übereinstimmung mit den einzelnen theoretischen Konstrukten gegeben ist. Die verwendeten Fragen entsprechen den in Tabelle 7 aufgezählten Indikatoren.

Das Konstrukt der Vielfalt umfasst Aspekte wie Anzahl, Verschiedenheit und Bandbreite der Verteilung innerhalb des relevanten Komplexitätstreibers.[662] Das Gesamtkonstrukt Kundenkomplexität wird in Verbindung mit dem Messmodell durch zwei verschiedene Faktoren erfasst, um den verschiedenartigen Facetten dieses Komplexitätstreibers gerecht zu werden. Diese beziehen sich einerseits auf die Vielfalt der bedienten Kundensegmente und andererseits auf die Anzahl der Kunden und Märkte. Während der erstgenannte Faktor die inhaltlichen Unterschiede der Kundenkomplexität betont, stehen für letztgenannten Faktor quantitative Größen im Vordergrund.

Die Gesamtheit aller Kunden eines Unternehmens wird in verschiedene Kundensegmente unterteilt, deren Kundenbedürfnisse innerhalb eines Segments möglichst ähnlich sind. Zur Segmentierung können verschiedene Merkmale herangezogen werden, beispielsweise demographische, geogra-

---

[662] Vgl. *Keats*, Barbara W. und Michael A. *Hitt*: A Causal Model of Linkages among Environmental Dimensions, Macro Organizational Characteristics, and Performance, 1988, S. 579. Vgl. auch *Dess*, Gregory G. und Donald W. *Beard*: Dimensions of Organizational Task Environments, 1984, S. 56. Vgl. auch *Child*, John: Organization structure, environment and performance: The role of strategic choice, in: Sociology, Jhg. 6, 1972, S. 3.

phische oder verhaltensbezogene Kriterien.[663] In der vorliegenden Erhebung wird die Segmentierung anhand der Zugehörigkeit zu einer bestimmten Käufergruppe, gegliedert nach Wertschöpfungsstufen, ermittelt.[664] Zur Erfassung der Kundenkomplexität spielt des Weiteren sowohl die Anzahl der betreuten Segmente als auch die Gewichtung der einzelnen Segmente eine Rolle. In Abhängigkeit von der Bedeutung eines Kundensegments wird ein Unternehmen Entscheidungen treffen, die die Einrichtung segmentspezifischer Prozesse oder Produktvarianten betreffen. Macht ein Kundensegment lediglich einen geringen Anteil am Gesamtumsatzvolumen eines Unternehmens aus, so ist der Druck, dieses Segment durch eigene Prozesse oder spezielle Produktvarianten zu bedienen, gering. Handelt es sich hingegen um ein wachsendes Kundensegment, steigt die Notwendigkeit an, dieses Segment mit speziellen Prozessen bedienen zu können. Liegt andererseits eine Gleichverteilung der Umsatzvolumina aller bedienten Kundensegmente vor, ist davon auszugehen, dass jedes Segment eine große Bedeutung besitzt und die getätigten Umsatzvolumina die Einrichtung segmentspezifischer Prozesse sowie spezieller Produktvarianten rechtfertigen oder sogar erfordern. Dies gilt insbesondere, wenn Endverbraucher als Kundensegment von großer Bedeutung sind, da sich die Prozesse zur Bearbeitung dieses Segments stark von denen anderer Segmente, in denen andere Unternehmen als Kunden auftreten, unterscheiden. Manche Prozesse, wie zum Beispiel die logistische Integration oder die Integration von Kunden in die Entwicklung spezieller Produkte sind im Segment der Endverbraucher zum Teil gar nicht vorhanden, oder sie müssen in vollkommen anderer Art und Weise umgesetzt werden.

In Anlehnung an *Capon* et al. werden die Werke der IMSS-Stichprobe danach unterschieden, wie groß der Fokussierungsgrad bezüglich der bearbeiteten Kundengruppen ist.[665] Die größte Komplexität wird demnach dann erreicht, wenn sich die Umsätze eines Werkes gleichmäßig über alle Kundengruppen verteilen. Eine hohe Kundenkomplexität resultiert also einerseits in einer zunehmenden Anzahl Kundensegmente sowie andererseits durch zunehmende Gleichverteilung der Umsätze zwischen den Segmenten – also einem Mangel an Konzentration. Wird der gesamte Umsatz mit nur einer Kundengruppe erzielt, ist von einer geringen Kundenkomplexität auszu-

---

663 Vgl. *Nieschlag*, Robert; Erwin *Dichtl* und Hans *Hörschgen*: Marketing, 1991, S. 835ff.

664 Erhoben wurden die Absatzvolumina der folgenden Kundensegmente: Endfertiger, Komponentenhersteller, Handel und Endverbraucher.

665 Vgl. *Capon*, Noel; James M. *Hulbert*; John U. *Farley* und L. Elizabeth *Martin*: The Impact of Market Specialization, 1988, S. 65f.

gehen. Der Konzentrationsgrad wird in der vorliegenden Arbeit durch die Standardabweichung der Umsatzverteilung gemessen.[666]

Um die Auswirkungen des Faktors Internationalisierungsgrad zu erfassen, werden die internationalen Anteile der Verkäufe und der Anteil internationaler Beschaffung betrachtet. Zusätzlich wurde erhoben, welcher räumliche Fokus durch die verfolgten Marktziele gesetzt wird. Dabei wurde unterschieden zwischen den Extremen nationaler und internationaler Ausrichtung.

Zur Erfassung der Produktkomplexität wurden die Werke befragt, wie stark die Produktprogrammbreite sowie die Einführung neuer Produkte dazu beiträgt, Kunden zu gewinnen beziehungsweise sich gegenüber dem Wettbewerb durchzusetzen. Produktvielfalt resultiert in besonderem Maße aus der Breite des Produktprogramms als auch aus der Notwendigkeit, dass bestehende Produktangebote durch neue Produkte zu erweitern. Die Tendenz, die Produktkernleistung durch Dienstleistungen zu erweitern, ist zwar aus theoretischer Sicht für die Komplexität der angebotenen Produkte von Bedeutung und wurde auch im Rahmen der empirischen Erhebung erfasst. Die Analyse der vorliegenden Daten hat jedoch gezeigt, dass der Einfluss dieser Variable nicht von statistisch signifikanter Bedeutung ist. Dieser Indikator der Produktkomplexität wurde deshalb aus dem weiter unter vorgestellten Messmodell entfernt.[667] Zur logistischen Vielfalt wurden die Werke befragt, ob bestimmte logistische Leistungsgrößen besonders geeignet sind, um Kunden zu gewinnen beziehungsweise sich gegenüber dem Wettbewerb durchzusetzen. Dazu zählen Liefergeschwindigkeit, Termintreue und Bestellmengenflexibilität.

Analog zur Messung der vielfalterzeugenden Faktoren erfolgt die Operationalisierung der dynamischen Komplexitätsdimension. Neben der aktuellen Einschätzung des jeweiligen Indikators wurden die Werke auch danach befragt, ob und wie (höhere Bedeutung vs. niedrigere Bedeutung) sich die Indikatoren innerhalb der letzten drei Jahre verändert haben. An dieser Stelle ist darauf hinzuweisen, dass zwei Einschränkungen bezüglich der operationa-

[666] Vgl. *Ettlie*, John E. und Joan D. *Penner-Hahn*: Flexibility Ratios and Manufacturing Strategy, in: Management Science, Jhg. 40, Nr. 11, 1994, S. 1445f. Vgl. auch *Hill*, Terrence J. und R. M. G. *Duke-Woolley*: Progression or Regression in Facilities Focus, in: Strategic Management Journal, Jhg. 4, Nr. 2, 1983, S. 114ff.

[667] Im Hinblick auf die weitere Nutzung dieses Messinstrumentariums wird deshalb vorgeschlagen, die Komponente Dienstleitungen als eigenständiges Konstrukt abzubilden und diese unabhängig von der Produktvielfalt zu operationalisieren.

lisierten Konstrukte Kundendynamik und der Entwicklung des Internationalisierungsgrades zu machen sind. Indikatoren der Kundendynamik sowie der Veränderung des Internationalisierungsgrades wurden zwar durch den Fragebogen erhoben, eine Auswertung der empirischen Daten zeigt jedoch eine fehlerhafte Messung dieser Konstrukte. Die Indikatoren der Faktoren konnten nicht erfolgreich erhoben werden. Die Gründe hierfür sind in einer unzureichenden Spezifizierung der verwendeten Fragen des IMSS-Fragebogens sowie einem daraus folgendem inkonsistenten Antwortverhalten zu sehen. Die Werke wurden nach der absoluten Anzahl ihrer Kunden befragt sowie der Rate, mit der sich der Kundenbestand in den vergangenen drei Jahren verändert hat. Eine Analyse des vorliegenden Datenmaterials hat jedoch gezeigt, dass diese Fragen unterschiedlich verstanden wurden[668], außerdem weisen diese Fragen einen sehr hohen Anteil fehlender Werte auf; 32% der befragten Unternehmen haben diese Frage nicht beantwortet. Hier ist eine Fehlkonstruktion des Messinstruments festzustellen, die eine weitere Verwendung der Indikatoren verhindert. Die Faktoren Kundendynamik und Dynamik des Internationalisierungsgrades müssen aus dem Messmodell herausgelöst werden, da eine inhaltlich präzise Interpretation der Daten nicht gewährleistet ist. Somit können sechs von acht verschiedenen Komplexitätstreibern in ein System theoretischer Konstrukte überführt werden. Zur Messung werden die folgenden sieben Faktoren herangezogen:

- Kundensegmentvielfalt (KSEGVIEL, 2 Indikatoren)
- Kunden- und Marktvielfalt (KMVIEL, 2 Indikatoren)
- Internationalisierungsgrad (INTGRAD, 3 Indikatoren)
- Produktvielfalt (PVIEL, 2 Indikatoren)
- Logistische Vielfalt (LOGVIEL, 3 Indikatoren)
- Produktdynamik (PDYN, 2 Indikatoren)
- Logistische Dynamik (LOGDYN, 3 Indikatoren)

Die vorgestellten Komplexitätsfaktoren werden in einem gemeinsamen Messmodell zusammengefasst. Damit ist eine simultane Ermittlung der Faktorwerte möglich, da die Beziehungen zwischen den Indikatoren und den

[668] Obwohl nach der prozentualen Rate der Veränderung gefragt wurde, ist zum Teil davon auszugehen, dass nicht die Prozentzahl der Veränderung angegeben wurde, sondern die absolute Veränderung der Kundenzahl. Der Fragebogen ist im Hinblick auf diese Fehlerquelle zu überarbeiten.

zugrundliegenden Faktoren unter gegenseitiger Berücksichtigung der jeweils anderen Faktor-Indikator-Beziehungen erfolgt. Aufgrund dieses Modells ist es möglich, Faktorwerte für die einzelnen Komplexitätsfaktoren zu bestimmen, die gegenseitige Gültigkeit besitzen, da sie auf dasselbe Modell zurückzuführen sind. Des Weiteren erlaubt diese Vorgehensweise eine gleichzeitige Untersuchung der Beziehungen zwischen den Komplexitätsfaktoren, da anzunehmen ist, dass diese nicht unabhängig voneinander sind.

Das mehrdimensionale Messmodell des Konstruktes marktinduzierter Komplexität ist in Abbildung 18 dargestellt. Die theoretischen Überlegungen zur Dimensionalität des Komplexitätsbegriffs resultieren in den hier abgebildeten Dimensionen Vielfalt und Dynamik, welche innerhalb der Unternehmensumwelt durch eine Vielzahl verschiedener komplexitätstreibender Faktoren beeinflusst werden, von denen eine Auswahl als Grundlage des hier vorgestellten Messmodells verwendet wird.

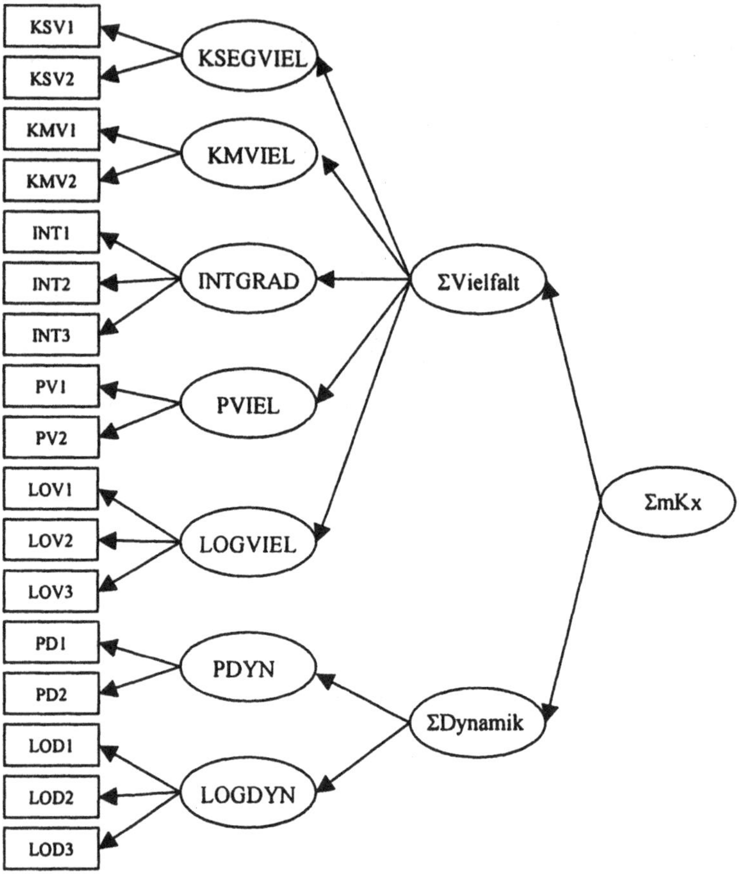

Abbildung 18: Marktinduzierte Komplexität als mehrdimensionales Konstrukt

Der Gesamtbetrag marktinduzierter Komplexität (ΣmKx) ergibt sich aus den Komplexitätsdimensionen Vielfalt (ΣVielfalt) und (ΣDynamik), die jeweiligen Konstrukte errechnen sich aus dem ungewichteten Mittel der zugrunde liegenden Faktoren.[669] In Tabelle 8 sind die globalen Gütekriterien

[669] Zu dieser in der Literatur etablierten Vorgehensweise vgl. *Bagozzi*, Richard P. und David *Edwards*: A General Approach to Representing Constructs in Organizational Research, in: Organizational Research Methods, Jhg. 1, 1998, S. 45ff. Vgl. auch *Little*, Todd D.; William A. *Cunningham*; Golan *Shahar* und Keith F. *Widaman*: To parcel or not to parcel: Exploring the question, weighing the merits, in: Structural Equation Modeling, Jhg. 9, Nr. 2, 2002, S. 151-173. Vgl. auch *Bandalos*, Deborah L.: The effects of item parceling on goodness-of-fit and

dieses Modells zusammengefasst. Die Gütekriterien erfüllen die gestellten Anforderungen[670] und zeigen zum Teil gute Anpassungswerte an die empirischen Daten. Allein der χ^2-Wert ist hoch, was aber in Anbetracht der recht umfangreichen Stichprobe nicht überrascht und in Verbindung mit den übrigen Gütekriterien als unproblematisch anzusehen ist.

Globale Gütekriterien			
χ^2	290,68	RMR	0,056
Freiheitsgrade	98	CFI	0,97
χ^2/df	2,9661	GFI	0,96
REMSEA	0,078	AGFI	0,95

Tabelle 8: Globale Gütekriterien des Messmodells marktinduzierter Komplexität

Neben der Qualität des Gesamtmodells ist zu untersuchen, wie gut die Messung einzelner Komplexitätsfaktoren gelungen ist. Aus Gründen der Übersicht sind die einzelnen Faktoren marktinduzierter Komplexität in drei verschiedenen Tabellen dargestellt. Die Analyse der in nachstehender Tabelle aufgeführten Komplexitätstreiber Kundenvielfalt und Internationalisierungsgrad zeigt, dass eine gute Messung dieser Faktoren erreicht wurde. Alle Faktorladungen sind statistisch signifikant, gleichzeitig sind die Faktorladungen zum Teil sehr hoch. Die Faktoren KSEGVIEL, KMVIEL und INTGRAD erreichen zufriedenstellende, zum Teil gute Reliabilität, besonders in Anbetracht der sparsamen Parametrisierung der Konstrukte, da Cronbachs Alpha stark abhängig ist von der Anzahl zusammengefasster Variablen. Zugleich sind auch die Anforderungen der Konstruktvalidität erfüllt.[671]

parameter estimate bias in structural equation modeling, in: Structural Equation Modeling, Jhg. 9, Nr. 1, 2002, S. 78ff.

[670] Vgl. dazu Kapitel C.I.4.

[671] Vgl. zur Konstruktvalidität die quadrierten multiplen Korrelationen in Anhang-Tabelle 2 sowie zum χ2-Differenzentest Anhang-Tabelle 3.

Faktor/Item	Faktor-ladung	Cronbachs Alpha	Signifikanz[672] (t-Wert)
Kundensegmentvielfalt (KSEGVIEL);DEV=0,816; FR=0,898		0,878	
- Anzahl Kundensegmente (KSV1)	0,82		7,62
- Grad der Fokussierung (KSV2)	0,98		7,73
Kunden- und Marktvielfalt (KMVIEL); DEV=0,500; FR=0,662		0,659	
- Marktbedienung, viele–wenige (KMV1)	0,80		8,98
- Anzahl Kunden, viele–wenige (KMV2)	0,60		9,68
Internationalisierungsgrad (INTGRAD); DEV=0,540; FR=0,772		0,743	
- Fokus national/internat. (INT1)	0,72		10,77
- Anteil weltw. Verkäufe (INT2)	0,90		9,90
- Anteil weltw. Beschaffung (INT3)	0,54		9,99

Tabelle 9: Faktoren der Kunden- und Marktkomplexität

In Tabelle 10 sind die Ergebnisse zur Messung der Vielfaltdimensionen der Komplexitätstreiber Produkte und Logistik zusammengefasst. Der Faktor Produktvielfalt zeigt die Merkmale einer zufriedenstellenden Messung, dagegen fällt der Faktor logistische Vielfalt zurück. Beide Faktoren sind in nachstehender Tabelle zusammengefasst. Für den Faktor PVIEL lässt sich nur in Bezug auf die Diskriminanzvalidität ein uneinheitliches Ergebnis feststellen, da die Trennung vom Faktor Produktdynamik (PDYN) nicht vollständig den gestellten Anforderungen genügt. Zwar sind nach dem χ^2-Differenzentest die Anforderungen der Diskriminanzvalidität erreicht, das relativ strenge *Fornell/Larcker*-Kriterium wird jedoch nicht erfüllt.[673]

Während der Faktor PVIEL in fast allen Belangen die Güteanforderungen zu erfüllen vermag, zeigt der Faktor LOGVIEL, dass die Messung dieses Konstrukts nur unzureichend gelungen ist. Die Reliabilität ist gering, ebenfalls sind die Faktorladungen nur relativ schwach (insbesondere Lieferzuverlässigkeit). Daraus folgt eine insgesamt niedrige durchschnittlich erfasste Varianz. Auch ist die Diskriminanzvalidität dieses Faktors unzureichend,

672 Das Signifikanzniveau einer Faktorladung entspricht für t≥1,645 beziehungsweise für t≥2,326 einer Irrtumswahrscheinlichkeit von 5% beziehungsweise 1%.

673 Vgl. dazu Anhang-Tabelle 2 und Anhang-Tabelle 3.

insbesondere im Vergleich zu dem weiter unten diskutieren Faktor LOGDYN.[674] Da aber sowohl das Gesamtmodell als auch die einzelnen Faktorladungen auf hohe Signifikanz schließen lassen, soll der Faktor für weitere Analysen beibehalten werden. Es ist jedoch zu beachten, dass dieser Faktor nur in geringem Maße die empirische Varianz der Indikatoren erklären kann. Die Messung logistischer Vielfalt ist zu überdenken und sollte in Zukunft durch zusätzliche Indikatoren ergänzt werden, da die hier verwendeten Indikatoren eine geringe Eignung aufweisen.

Faktor/Item	**Faktor-ladung**	**Cronbachs Alpha**	**Signifikanz[675] (t-Wert)**
Produktvielfalt (PVIEL); DEV=0,418; FR=0,588		0,661	
- Größere Produktpalette (PV1)	0,60		11,72
- Häufig neue Produkte (PV2)	0,69		11,45
Logistische Vielfalt (LOGVIEL); DEV=0,311; FR=0,574		0,596	
- Lieferzuverlässigkeit (LOV1)	0,51		8,83
- Liefergeschwindigkeit (LOV2)	0,58		9,94
- Größere Bestellmengenflexibilität (LOV3)	0,58		10,52

Tabelle 10: Faktoren marktinduzierter Vielfalt - Produktleistung und Logistik

Für die Faktoren der Dynamik – Produktdynamik und logistische Dynamik – ist ein ähnliches Ergebnis festzustellen wie für die entsprechenden Faktoren der Vielfalt. Wie in nachstehender Tabelle zu erkennen ist, weist der Faktor PDYN eine zufriedenstellende Messung auf. Anforderungen an Reliabilität und Validität können als erfüllt betrachtet werden. Die logistische Komponente (LOGDYN) zeigt dagegen eine nicht zufrieden-stellende Qualität, auch wenn in diesem Fall die erreichte Güte besser ist als im Fall des Faktors LOGVIEL. Auch hier zeigt sich ein Bild von durchschnittlichen Faktorladungen, aber gleichzeitig hoher statistischer Signifikanz. Die Anforderungen an die Faktorreliabilität sind erfüllt, für diesen Faktor ist das Kriterium der Diskriminanzvalidität aber nur unzureichend erreicht. Die hohe

[674] Vgl. dazu Anhang-Tabelle 2.

[675] Das Signifikanzniveau einer Faktorladung entspricht für $t \geq 1{,}645$ beziehungsweise für $t \geq 2{,}326$ einer Irrtumswahrscheinlichkeit von 5% beziehungsweise 1%.

quadrierte multiple Korrelation mit dem Faktor LOGVIEL zeigt, dass eine unzureichende Faktortrennung vorliegt und beide Messungen einander stark überschneiden; allerdings bestehen beide Faktoren die Anforderungen des χ^2-Differenzentest deutlich und sollen deshalb nicht verworfen werden. Da andere Kriterien wie statistische Signifikanz, Indikatorreliabilität und Faktorreliabilität zumindest erfüllt sind, wird dieser Faktor mit den gleichen Einschränkungen akzeptiert, wie der mit ähnlichen Messproblemen behaftete Faktor LOGVIEL.

Faktor/Item	**Faktor-ladung**	**Cronbachs Alpha**	**Signifikanz**[676] **(t-Wert)**
Produktdynamik (PDYN); DEV=0,496; FR=0,661			
- Veränderung d. Gewichtung einer größeren Produktpalette (PD1)	0,62	0,648	12,70
- Veränderung der Gewichtung von Neuprodukteinführungen (PD2)	0,78		11,88
Logistische Dynamik (LOGDYN); DEV=0,342; FR=0,608			
- Veränderung der Gewichtung der Lieferzuverlässigkeit (LOD1)	0,63	0,602	11,34
- Veränderung der Gewichtung der Liefergeschwindigkeit (LOD2)	0,53		10,30
- Veränderung der Gewichtung der Bestellmengenflexibilität (LOD3)	0,59		11,51

Tabelle 11: Faktoren marktinduzierter Dynamik - Produktleistung und Logistik

Zusammenfassend ist bezüglich des Messmodells marktinduzierter Komplexität festzustellen, dass die globalen Gütemaße auf eine insgesamt gute Modellanpassung schließen lassen. Wird die Betrachtung auf die Operationalisierung einzelner Faktoren gerichtet, so zeigen die logistischen Faktoren (LOGVIEL und LOGDYN) eine mäßige, wenn auch statistisch signifikante Messung der theoretischen Konstrukte. Die Operationalisierung dieser Faktoren ist im Hinblick auf eine weitere Verwendung dieses Messinstruments zu überarbeiten. Beide Faktoren werden in weiteren Analysen dieser Arbeit verwendet, hinsichtlich der inhaltlichen Interpretationen ist allerdings

---

676 Das Signifikanzniveau einer Faktorladung entspricht für $t \geq 1{,}645$ beziehungsweise für $t \geq 2{,}326$ einer Irrtumswahrscheinlichkeit von 5% beziehungsweise 1%.

aufgrund der unbefriedigenden Messergebnisse Vorsicht geboten, da diese Faktoren weniger empirische Varianz abbilden als gewünscht und eine gegenseitig unzureichende Trennfähigkeit aufweisen.

2. Faktoren marktinduzierter Komplexität – deskriptive Ergebnisse und Auswirkungen auf die Leistungsfähigkeit der Fertigung

Nachdem im vorherigen Kapitel ein Messmodell marktinduzierter Komplexität vorgestellt wurde, wird die messbare Komplexität im folgenden Kapitel in Bezug auf deskriptive Merkmale der Stichprobe untersucht. Dazu werden die Faktorwerte der einzelnen Komplexitätsfaktoren herangezogen, die sich aus dem vorgestellten Messmodell ermitteln lassen.[677]

a) Wirkungszusammenhänge innerhalb eines mehrdimensionalen Komplexitätskonstruktes

Die theoretischen Ausführungen zur marktinduzierten Komplexität postulieren einen Zusammenhang zwischen den einzelnen Komplexitätstreibern, so ist beispielsweise zu erwarten, dass Kundenvielfalt und Produktvielfalt nicht voneinander unabhängig sind.[678] Gleichzeitig kann angenommen werden dass die Komplexitätsdimensionen – Vielfalt und Dynamik – gemeinsam die Gesamtkomplexität bestimmen und nicht unabhängig voneinander sind.[679] In Tabelle 12 sind die Korrelationen der Komplexitätsfaktoren untereinander dargestellt. Aus der Korrelation kann zwar nicht auf die Richtung einer Abhängigkeit zwischen zwei Faktoren geschlossen werden, aber sie liefert Hinweise darüber, welche Komplexitätsfaktoren gemeinsam auftreten.

---

[677] Die aus dem vorgestellten Messmodell errechneten Faktorwerte der einzelnen Komplexitätsfaktoren sind standardisierte Variablen, d.h. deren Mittelwerte (Ø=0) sowie Standardabweichungen (s=1) sind identisch.

[678] Vgl. Kapitel C.II.1.a).

[679] Vgl. B.I.5.

Komplexitätsfaktoren	KSEGVIEL	KMVIEL	INTGRAD	PVIEL	LOGVIEL	PDYN
KMVIEL	0,239[1]					
INTGRAD	-0,065	0,133[2]				
PVIEL	0,041	0,506[1]	0,254[1]			
LOGVIEL	0,231[1]	0,144[1]	0,004	0,487[1]		
PDYN	0,036	0,306[1]	0,038	0,732[1]	0,206[1]	
LOGDYN	0,168[1]	0,044	0,122[2]	0,299[1]	0,552[1]	0,555[1]

[1] Die Korrelation ist mit einer Irrtumswahrscheinlichkeit von $p<0{,}01$ signifikant

[2] Die Korrelation ist mit einer Irrtumswahrscheinlichkeit von $p<0{,}05$ signifikant

Tabelle 12: Beziehungen zwischen den Komplexitätsfaktoren

Aus den Ergebnissen wird ersichtlich dass die Kundensegmentvielfalt mit höherer Vielfalt und Dynamik der logistischen Komplexitätstreiber einhergeht. Diese Tatsache unterstützt die These, dass verschiedene Kundensegmente jeweils unterschiedlich anspruchsvolle und inhaltlich verschiedene logistische Prozesse erfordern können. Der zweite Aspekt der Kundenkomplexität, die Kunden- und Marktvielfalt, steht dagegen mit fast allen Komplexitätsfaktoren in Beziehung und bestätigt das Argument, dass die Vielfalt der Kunden und Märkte einen zentralen Komplexitätstreiber darstellen. Besonders stark korreliert dieser Faktor mit den Faktoren der Produktkomplexität, die insbesondere in Bezug zur Dimension Vielfalt eine hohe Korrelation (0,506) mit der Kunden- und Marktvielfalt aufweisen. Der Internationalisierungsgrad zeigt einen Zusammenhang mit der Produktvielfalt, was darauf hinweist, dass zusätzliche Produktvariationen erforderlich sind, um Zugang zu den Märkten anderer Länder gewinnen zu können. Ein starker Zusammenhang ist zwischen den zwei Komplexitätsdimensionen der Produkte zu erkennen. Vielfalt und Dynamik korrelieren hier auf sehr hohem Niveau (0,732). Vielfalt und Dynamik sind kaum voneinander zu trennen, gleiches zeigt sich auch für die Korrelation der logistischen Komplexitätsfaktoren.

Die hier gewonnenen Ergebnisse liefern eine Bestätigung für den in der Definition des Komplexitätsbegriffs beschriebenen Zusammengang zwischen Vielfalt und Dynamik. Beide sind ein spiegelbildliches Abbild der Gesamtkomplexität eines Systems. Die hier dargestellten Faktoren bestätigen damit die zweidimensionale Messung des mehrfaktoriellen Konstruktes marktinduzierter Komplexität. Die Produktvielfalt sollte nicht allein durch ihre absolute Anzahl betrachtet werden, zur umfassenden Beurteilung der Komplexität sind Vielfalt und Dynamik gemeinsam zu betrachten.

b) Ein Vergleich der Komplexitätstreiber zwischen verschiedenen Branchen der Metall- und Elektroindustrie

Grundsätzlich besteht die Möglichkeit, dass die Komplexität in den fünf Unterbranchen (ISIC-381 bis 385) unterschiedlich ist. Eine Überprüfung möglicher Unterschiede ist erforderlich, um die Homogenität der Stichprobe beurteilen zu können. Außerdem können damit mögliche substanzielle Unterschiede der betrachteten Branchen identifiziert werden. Mit Hilfe varianzanalytischer Methoden soll deshalb folgende Hypothese überprüft werden:

$H_{1, C-3}$: Der Durchschnitt der einzelnen Komplexitätsfaktoren ist in mindestens zwei der Branchen unterschiedlich.

Für drei Komplexitätsfaktoren (KSEGVIEL, INTGRAD und LOGVIEL) ist die Hypothese mit einer Irrtumswahrscheinlichkeit von 1% anzunehmen. Für den Faktor PDYN beträgt die Irrtumswahrscheinlichkeit 5%. Im Fall der anderen Faktoren (KMVIEL, PVIEL und LOGDYN) ist die Hypothese zu verwerfen und stattdessen die Nullhypothese, dass alle Mittelwerte gleich sind, anzunehmen.[680] Im Hinblick auf die Vielfalt der Kunden und Märkte, der Produkte sowie der Dynamik logistischer Anforderungen unterschieden sich die Branchen nicht. Nachdem vier Komplexitätsfaktoren grundsätzlich auf Branchenunterschiede hinweisen, werden die Faktoren durch einen paarweisen Mittelwertvergleich genauer untersucht, um festzustellen, welche der Branchen statistisch signifikant verschiedene Komplexität aufweisen. Das Ergebnis des Mittelwertvergleichs wird mit Hilfe der t-Teststatistik auf Signifikanz überprüft.[681] In Abbildung 19 sind die Mittelwerte der einzelnen Branchen abgebildet. Es bestätigt sich zunächste das Ergebnis, wonach die

[680] Vgl. Anhang-Tabelle 4.

[681] Das Signifikanzniveau der Branchenmittelwertunterschiede ist dargestellt in Anhang-Tabelle 5

Komplexitätsfaktoren KMVIEL, PVIEL und LOGDYN keine signifikanten Branchenunterschiede aufzeigen. In allen Branchen dieser Untersuchung herrscht eine ähnlich große Kunden- und Marktvielfalt, Produktvielfalt sowie Dynamik logistischer Anforderungen vor.

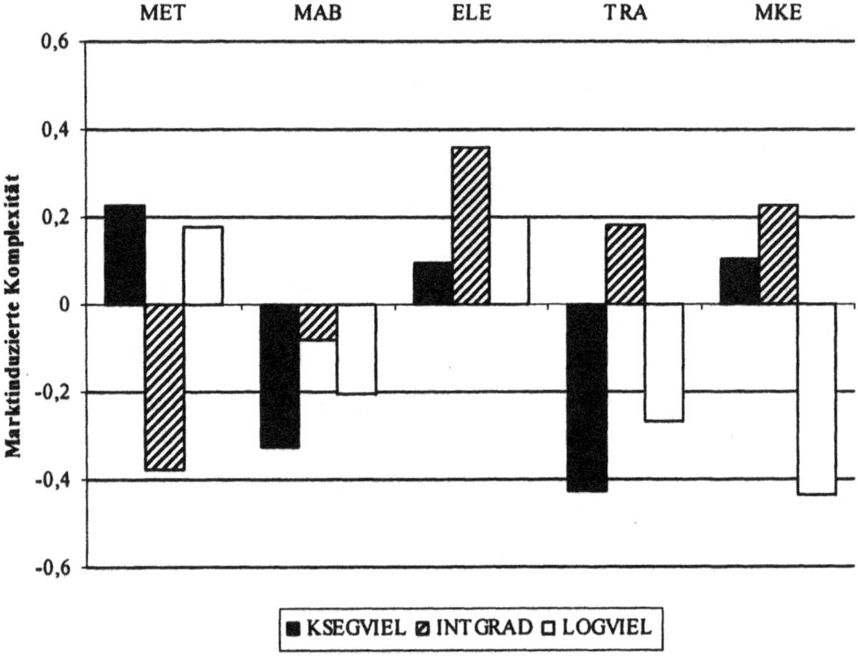

Abbildung 19: Durchschnittliche Marktkomplexität im Branchenvergleich

Wird eine Irrtumswahrscheinlichkeit von $p<0,01$ zugrundegelegt, so unterscheidet sich PDYN zwischen den Branchen MET (Ø = -0,174) und MAB (Ø = 0,258). Die Werke der Branche Maschinenbau operieren in einem Marktumfeld, in dem die Veränderungsgeschwindigkeit von produkt-bezogenen Komplexitätstreibern wie Sortimentbreite und Produktinnovation deutlich höher ist. Für die Komplexitätsfaktoren INTGRAD und LOGVIEL sind jeweils vier von zehn möglichen Paarvergleichen statistisch signifikant verschieden, für den Faktor KSEGVIEL sind es drei.

In Bezug auf diese drei Komplexitätsfaktoren zeigen die Werke des Maschinenbaus insgesamt relativ geringe Komplexität. Insbesondere die Kundensegmentvielfalt ist, ähnlich wie im Fall der Werke aus der Branche Transporteinrichtungen, relativ gering. Hier herrscht eine relativ starke Fokussierung auf wenige Kundensegmente. Ein auffälliger Ausreißer ist im Internationalisierungsgrad der Branche Metallverarbeitung zu erkennen. Offensichtlich ist diese Branche eher lokal ausgerichtet, somit spielen die Probleme der internationalen Geschäftsabwicklung eine weitaus geringere Rolle als in anderen Branchen. Weiterhin deutet dieser Branchenvergleich an, dass mit höherer Kundensegmentvielfalt auch erhöhte Anforderungen in Bezug auf logistische Vielfalt einhergehen. Einzige Ausnahme stellt die Branche Mess- und Kontrolleinrichtungen dar, deren Marktumfeld die geringste logistische Vielfalt erfordert. Dort herrscht offensichtlich ein Feld relativ homogener logistischer Anforderungen. Interessanterweise scheint der Internationalisierungsgrad kaum einen Zusammenhang zur Höhe der logistischen Anforderungen zu besitzen, da hier fast alle Merkmalskombinationen gegenläufig orientiert sind.

Weiterhin können die Branchen im Hinblick auf die zwei Dimensionen der Komplexität und der Gesamtkomplexität untersucht werden. Eine varianzanalytische Untersuchung der Branchenunterschiede zeigt, dass die Dynamik ($p<0,1$), Vielfalt ($p<0,01$) und Gesamtkomplexität ($p<0,05$) zwischen den Branchen unterschiedlich ist. Eine genaue Betrachtung durch paarweisen Vergleich und eine Überprüfung durch die t-Teststatistik zeigt wie schon im oben dargestellten Vergleich der Komplexitätsfaktoren nur vereinzelte statistisch signifikante Unterschiede.[682] Die Branchenmittelwerte sind in Abbildung 20 dargestellt. Dennoch liefert der Branchenvergleich interessante Ergebnisse, die darauf hinweisen, dass die Ausprägung der Komplexitätsdimensionen unterschiedlich ausfallen kann. Während in der Branche MET und ELE beide Dimensionen relativ gleich hohe Werte annehmen, liegen Vielfalt und Dynamik in den anderen Branchen zum Teil weit auseinander. Der Maschinenbau (MAB) ist von großer Dynamik, der größten im Vergleich, aber gleichzeitig nur von geringer Vielfalt geprägt. Dagegen erweist sich das Marktumfeld der Hersteller von Mess- und Kontrolleinrichtungen als sehr wenig dynamisch. Bei Betrachtung der Ergebnisse ist zu berücksichtigen, dass nicht alle Mittelwertunterschiede, die sich aus obiger Abbildung ableiten lassen, auch statistisch signifikant sind. Die Tatsache, dass lediglich drei beziehungsweise vier Paarvergleiche signifikant sind, weist daraufhin,

[682] Vgl. Anhang-Tabelle 4 und Anhang-Tabelle 5.

dass die fünf Teilbranchen eine relativ hohe Homogenität bezüglich der Komplexitätsfaktoren besitzen. Die Branchenunterschiede sind insgesamt als gering zu bezeichnen, beziehungsweise es liegt nur in Einzelfällen ein signifikanter Unterschied vor, weshalb eine Gesamtbetrachtung der Stichprobe für die später untersuchte Wirkungsbeziehung zwischen marktinduzierter Komplexität und interner Konfiguration der Fertigung gerechtfertigt ist. Da Branchenabhängigkeiten aber aufgrund der Ergebnisse nicht vollkommen ausgeschlossen werden können, wird die Branchenzugehörigkeit weiterhin als Kontrollvariable mitgeführt.

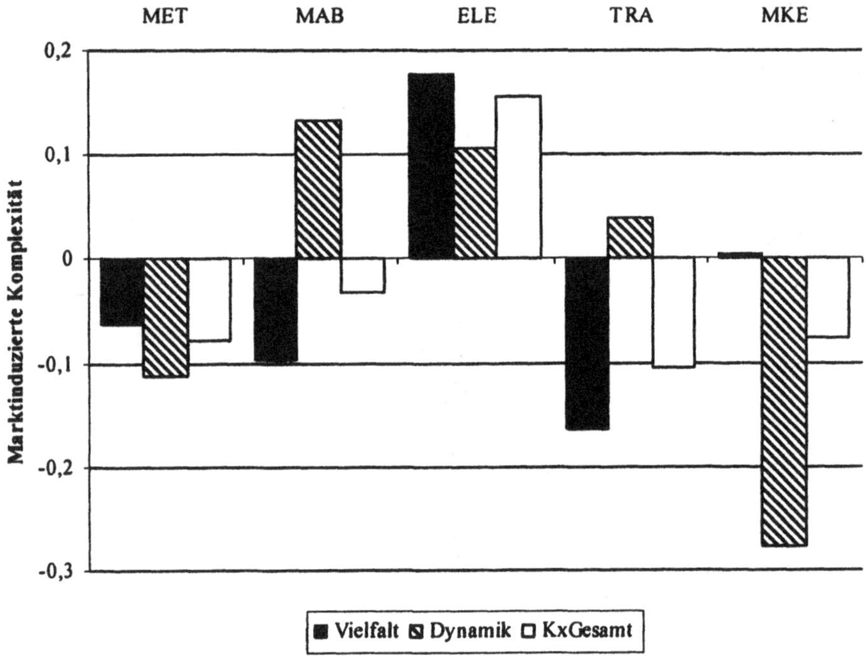

Abbildung 20: Marktinduzierte Gesamtkomplexität und Komplexitätsdimensionen im Branchenvergleich

c) *Werksgröße als Voraussetzung zur Bewältigung marktinduzierter Vielfalt und Dynamik*

Häufig wird Komplexität mit der Größe eines Systems in Verbindung gebracht.[683] Ein hohes Maß an marktinduzierter Komplexität kann dazu führen, dass zusätzliche Aufgaben durch ein Werk zu erfüllen sind und somit die Größe des Werkes zunimmt, während kleine Werke nur in Marktnischen operieren, die eine begrenzte Komplexität besitzen.[684] In einer empirischen Studie zeigen *Hoitsch/Lingnau* das ein signifikanter Zusammenhang zwischen Variantenreichtum und Betriebsgröße besteht.[685] Andererseits kann argumentiert werden, dass nur ausreichend große Werke in der Lage sind, auf vielen Märkten agieren zu können, dass damit Größe also eine Voraussetzung zur Bewältigung hoher Komplexität ist. Zur Untersuchung dieses Zusammenhangs werden die Komplexitätsfaktoren in den vier Werksgrößenklassen[686] untersucht. Dazu wird folgende Hypothese aufgestellt:

$H_{1,C\text{-}4}$: Der Durchschnitt der Komplexitätsfaktoren ist in mindestens zwei Werksgrößenklassen unterschiedlich.

Die Hypothese kann mit einer Irrtumswahrscheinlichkeit von weniger als 1% nur für den Faktor PVIEL angenommen werden. Wird das Signifikanzniveau auf 5% gelockert, so sind auch die Faktoren INTGRAD, LOGVIEL und PDYN als unterschiedlich anzusehen.[687] In Bezug auf die Faktoren KSEGVIEL, KMVIEL und LOGDYN sind keine Unterschiede zwischen den unterschiedlich großen Werken festzustellen, für die weitere Analyse des Zusammenhangs von Werksgröße und Komplexität werden nur die zuerst genannten vier Faktoren weiter berücksichtigt. Eine weitere Untersuchung durch direkten Paarvergleich wird für die vier ausgewählten Faktoren durchgeführt. Die statistisch am höchsten signifikanten Unterschiede ($p<0{,}01$) existieren zwischen den kleinen Werken (Klasse 1, weniger als 150 Mitar-

683 Vgl. dazu Kapitel B.I.3.

684 Vgl. dazu Kapitel C.II.1.a).

685 Vgl. *Hoitsch*, Hans-Jörg und Volker *Lingnau*: Charakteristika variantenreicher Produktion, 1995, S. 483f.

686 Ebenfalls wurde der Zusammenhang zwischen den Komplexitätsfaktoren und der absoluten Mitarbeiteranzahl untersucht. Alle diesbezüglichen Analysen waren nicht signifikant, aus Gründen der Übersichtlichkeit wird auf eine detaillierte Darstellung der nicht signifikanten Ergebnisse verzichtet.

687 Vgl. Anhang-Tabelle 6.

beiter) und den sehr großen Werken (Klasse 4, mehr als 1000 Mitarbeiter) sowie zwischen den mittelgroßen Werken (Klasse 2, bis 500 Mitarbeiter) und den großen Werken (Klasse 3, bis 1000 Mitarbeiter). Die anderen Paarvergleiche sind entweder nicht signifikant oder in einzelnen Fällen lediglich auf 5%-Niveau signifikant.[688] In Abbildung 21 sind die vier signifikant verschiedenen Komplexitätsfaktoren mit ihren durchschnittlichen Klassenmittelwerten abgebildet. Aufgrund der Ergebnisse des t-Tests sind nur die Unterschiede zwischen den Klassen 1 und 4 sowie zwischen den Klassen 2 und 3 signifikant und sollen hier diskutiert werden. Der Vergleich kleiner Werke mit sehr großen Werken zeigt, dass die sehr großen Werke in viel größerem Umfang auf internationalen Märkten operieren. Vermutlich stehen kleinen Werken nicht die Ressourcen zur Verfügung, um in größerem Ausmaß international tätig zu werden, oder diese Werke sind stärker darauf ausgerichtet, den Anforderungen des nationalen Marktes zu entsprechen. Außerdem übertrifft die Produktkomplexität des Marktumfeldes der sehr großen Werke das der kleinen Werke deutlich. Werksgröße und Komplexität scheint einen klaren Zusammenhang zu bilden, auf die Richtung eines möglichen Abhängigkeitsverhältnisses kann daraus jedoch nicht geschlossen werden.

Ein interessantes Ergebnis dieses Vergleichs zeigt der Faktor LOGVIEL, in diesem Fall verursacht das Marktumfeld der kleinen Werke deutlich höhere Komplexitätsanforderungen, möglicherweise sehen kleine Werke gerade in überlegendem Lieferservice eine Gelegenheit sich gegenüber sehr großen Werken differenzieren zu können.[689] Es ist zu beobachten, dass von kleineren Werken größere Anstrengungen bezüglich der Logistik gefordert werden als von großen Werken. Hier besteht möglicherweise ein Wettbewerbsvorteil der kleinen Werke, die eine hohe logistische Leistungsfähigkeit anbieten müssen, um sich gegenüber großen Werken durchsetzen zu können, beispielsweise durch geringere Lieferzeiten und höhere Lieferzuverlässigkeit. Zwar fordert der Markt von kleinen Werken nicht die gleiche Produktprogrammvielfalt wie von großen Werken, dafür müssen kleine Werke höhere logistische Anforderungen erfüllen, die ein Differenzierungsmerkmal im Wettbewerb darstellen können.

---

[688] Vgl. zu den Signifikanzen Anhang-Tabelle 7, die Klassenmittelwerte für alle Faktoren sind in Anhang-Tabelle 8 dargestellt.

[689] Es ist zu ergänzen, dass dieser Faktor einer derjenigen ist, der hinsichtlich Reliabilität und Validität nicht vollständig den in dieser Arbeit gestellten Anforderungen genügen kann.

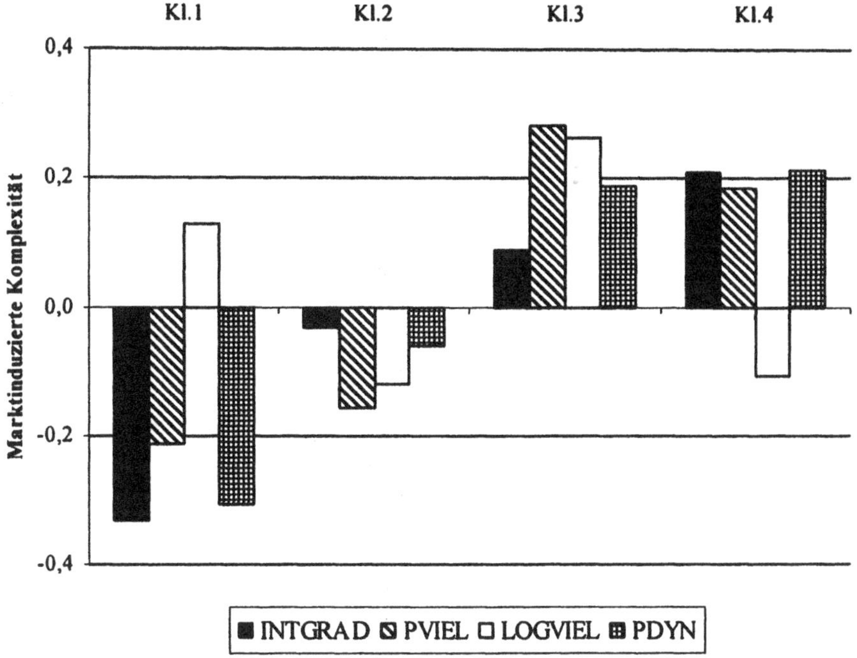

Abbildung 21: Durchschnittliche Komplexität im Größenklassenvergleich

Der Vergleich von mittelgroßen mit großen Werken zeigt deutlich höhere Komplexitätsanforderungen in den Märkten der großen Werke. Insgesamt sehen sich die großen Werke den höchsten Komplexitätsanforderungen gegenüber. Insbesondere die Produktvielfalt und -dynamik ist auffällig, da sie bei den großen Werken die höchsten beziehungsweise zweithöchsten Werte aufweist und im Vergleich zu den mittelgroßen Werken ein deutlich überdurchschnittliches Anforderungsniveau darstellen. Gleichzeitig sind die logistischen Anforderungen die höchsten im Vergleich. Wird im Fall der großen Werke ein Vergleich zu den sehr großen Werken gezogen, der allein für den Faktor LOGVIEL mit einer Irrtumswahrscheinlichkeit von 5% signifikante Unterschiede aufzeigt, so fallen die deutlich höheren logistischen Anforderungen gegenüber den sehr großen Werken auf. Die großen Werke sehen sich demnach in allen vier Bereichen erhöhten Anforderungen gegenüber, während die sehr großen Werke hinsichtlich logistischer Anforderungen weit weniger Anforderungen zu erfüllen haben. Die großen Werke stehen damit vor dem Problem, in allen vier Bereichen gleichzeitig hohe Anforderungen erfüllen zu müssen. Auch die Dimensionen der Komplexität sowie die Gesamtkomplexität werden durch eine Varianzanalyse zwischen den vier Größenklassen der Werke verglichen. Die Mittelwerte der einzelnen Größenklassen sind in Abbildung 22 dargestellt.

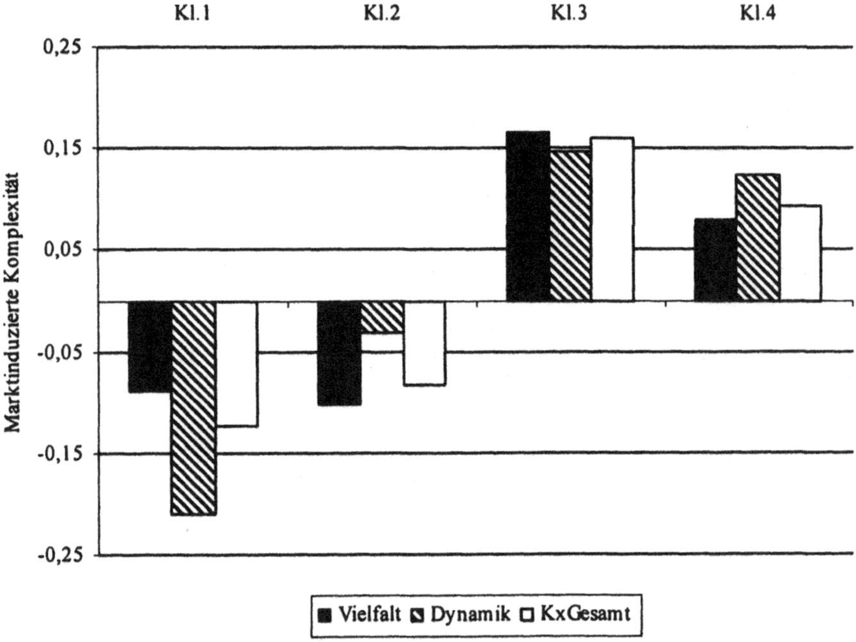

Abbildung 22: Marktinduzierte Gesamtkomplexität und Komplexitätsdimensionen im Größenklassenvergleich

Der Vergleich ist für die Dynamik ($p<0,1$), Vielfalt und Gesamtkomplexität (jeweils $p<0,01$) signifikant.[690] Auch hier, wie im Vergleich der einzelnen Komplexitätsfaktoren, erweisen sich die großen Werke mit bis zu 1000 Mitarbeitern als diejenigen mit der höchsten Komplexität des Markt-

[690] Vgl. Anhang-Tabelle 6 und Anhang-Tabelle 7.

umfeldes. Die einzelnen Vergleiche sind nur zwischen den relativ weit auseinanderliegenden Größenklassen signifikant, beispielsweise zwischen den Klassen 1 und 3. Die Ergebnisse zeigen, dass große Werke in komplexeren Märkten operieren. Insgesamt zeichnen die Ergebnisse des an der Werksgröße orientierten Vergleichs der Komplexitätsfaktoren und -dimensionen ein ähnliches Bild wie der Branchenvergleich im vorangegangenen Kapitel. Nur einzelne Faktor- und Größenvergleiche sind signifikant verschieden. Im Gegensatz zum Branchenvergleich zeigen die Ergebnisse des Größenvergleichs aber eine Tendenz an, wonach große Werke auch größerer Komplexität gegenüberstehen. Eine ebenfalls durchgeführte Korrelationsanalyse zwischen Mitarbeiterzahl und den Komplexitätsfaktoren, Komplexitätsdimensionen sowie der Gesamtkomplexität zeigt aber keinen signifikanten Zusammenhang.

Der Zusammenhang zwischen marktinduzierter Komplexität und Werksgröße ist in den Bereichen, die unmittelbar mit der Vorhaltung bestimmter Kapazitäten verbunden sind, am größten. Dazu zählt insbesondere die Produktvielfalt und -dynamik, die im Falle größerer Werke tendenziell ebenfalls wächst. Andere Aspekte marktinduzierter Komplexität, insbesondere die Kundensegmentvielfalt sowie die Kunden- und Marktvielfalt zeigen keinerlei Zusammenhang zur Werksgröße. Eine systematische Verzerrung der Komplexität in Bezug auf die Werksgröße kann nicht unterstellt werden, eine tendenziell höhere Komplexität des Marktumfeldes großer Werke ist aber festzustellen.

d) Beeinflussung der Leistungsfähigkeit innerhalb der Fertigung durch die Komplexität des Marktumfeldes

Das Ausmaß marktinduzierter Komplexität hat Einfluss auf betriebswirtschaftliche Erfolgsgrößen. Auf der einen Seite bedeutet hohe Komplexität die Möglichkeit, Absatzmenge und Umsatz zu erhöhen, da weitere Märkte und Kundensegmente gewonnen werden können, sowie gegebenenfalls auch Produkte zu höheren Preisen abgesetzt werden können. Andererseits ist die Fertigung eines breiten Produktprogramms mit erhöhten Kosten verbunden, die hauptsächlich als Gemeinkosten über eine Zuschlagskalkulation verrechnet werden müssen, da die Komplexitätskosten zum überwiegenden Teil in indirekten Funktionsbereichen auftreten.[691] Komplexitätskosten sind aller-

[691] *Coenenberg*, Adolf G. und Martin *Prillmann*: Erfolgswirkungen der Variantenvielfalt und Variantenmanagement, 1995, S. 1248f.

dings nicht vollkommen gleichzusetzen mit vielfaltinduzierten Kosten. Vielfalt, auf Produkte oder Prozesse bezogen, kann kundennutzenstiftend oder kundennutzenneutral sein. Während zuerst genannte Kosten über den Preis kompensiert werden können, sind letztere „echte" Komplexitätskosten, die es zu vermeiden gilt.[692] Zu den grundsätzlich zu erwartenden Kostennachteilen und Erlösvorteilen in Märkten großer Komplexität existieren sehr unterschiedliche empirische Ergebnisse[693], die keine generelle Aussage darüber erlauben, welche Nettoeffekte in komplexen Märkten auf Kosten- und Erlösseite zu erwarten sind beziehungsweise ob Erlösvorteile größer als Kostennachteile sind. Für die Analyse der Auswirkungen marktinduzierter Komplexität auf die Leistungsfähigkeit der Fertigung werden verschiedene Erfolgskriterien des IMSS-Fragebogens verwendet, die sich auf die in Tabelle 13 genannten Bereiche beziehen.

Erfolgskriterien	Beschreibung
Fertigungskosten	Kostenstruktur, Zusammensetzung und Gewichtung von - Fertigungseinzelkosten (FEK) - Fertigungsgemeinkosten (FGK) - Kosten ausgelagerter Fertigungsarbeiten (OUT)[694] - Materialeinzelkosten (MEK)
Logistikleistung	Durchlaufzeiteffizienz und Termintreue
Lagerkosten	Bestände an Roh-, Hilfs- und Betriebsstoffen, unfertigen und fertigen Erzeugnissen
Ertragskennzahlen	Umsatzrendite (ROS), Kapitalrendite (ROI), Marktanteil
Investitionen	Investitionsquoten für F&E, Produktionsanlagen sowie Aus- und Weiterbildung

Tabelle 13: Kriterien zur Beurteilung der Leistungsfähigkeit der Fertigung

692 Vgl. *Wildemann*, Horst: Komplexitätsmanagement durch Prozeß- und Produktgestaltung, 1998, S. 52.

693 Vgl. Kapitel C.II.1.b).

694 Unter ausgelagerten Arbeiten werden alle Tätigkeiten zusammengefasst, die nicht durch das befragte Werk durchgeführt werden, die aber zur Herstellung der Produkte erforderlich sind, zum Beispiel ausgelagerte indirekte Tätigkeiten für die Anlageninstandhaltung.

Neben Ertragsgrößen werden vor allem Kostenkriterien berücksichtigt. Weniger direkten Bezug zur Leistungsmessung weisen die Kennzahlen zur Investitionstätigkeit auf. Diese werden zusätzlich in der folgenden Analyse berücksichtigt, da es sich um Kennzahlen handelt, die zum einen sehr stark von der Marktkomplexität abhängen können und zum anderen den langfristigen Erfolg eines Unternehmens beeinflussen. Dabei steht weniger die Effizienz als vielmehr die Effektivität des Mitteleinsatzes im Vordergrund, in dem Sinne, dass ein Unternehmen den Herausforderungen komplexer Märkte nur dann gewappnet ist, wenn ausreichend hohe Investitionen in die Entwicklung künftiger Erfolgsträger getätigt werden.[695] Für alle in Tabelle 13 aufgeführten Erfolgskriterien werden Korrelationsanalysen durchgeführt, um den Zusammenhang mit der Komplexität des Marktumfeldes beurteilen zu können. Folgende Hypothese wird deshalb zur Prüfung formuliert:

$H_{1, C\text{-}5}$: Zwischen der marktinduzierten Komplexität und der Höhe der Erfolgskriterien besteht ein positiver Zusammenhang.

Die Fertigungskosten wurden nicht in absoluter Höhe erhoben, sondern geben die prozentuale Verteilung zwischen Fertigungseinzelkosten (FEK), Fertigungsgemeinkosten (FGK), Materialkosten (MEK) und Kosten ausgelagerter Fertigungsarbeiten (OUT) wieder. Die Werke der Stichprobe können damit anhand ihrer Kostenstruktur verglichen werden. Aufgrund der theoretischen Überlegungen ist zu erwarten, dass bei hoher Komplexität die nicht direkt verrechenbaren Gemeinkosten eine stärke Bedeutung besitzen und dass gleichsam die Materialeinzelkosten weniger stark ins Gewicht fallen. Umgekehrt ist zu erwarten, dass bei geringer Komplexität die MEK eine stärkere und die FGK eine geringere Gewichtung besitzen. Die oben formulierte Hypothese wird deshalb für die Prüfung des Zusammenhangs zwischen Komplexität und Kostenstruktur entsprechend modifiziert.

Zusätzlich zur Korrelationsanalyse werden diejenigen Erfolgskriterien, für die Hypothese $H_{1, C\text{-}5}$ bestätigt werden kann durch einen Mittelwertvergleich auf Basis eines t-Tests zweier Gruppen analysiert. Zur Unterscheidung, ob die Komplexität des Marktumfeldes eines Werkes hoch oder niedrig ist, wird die Stichprobe anhand der Gesamtkomplexität in vier gleich große Quartile unterteilt. Für den Vergleich zwischen hoher und niedriger Komplexität sind nur das erste und das vierte Quartil von Interesse. Die dazwischen liegenden Werke werden für diese Analyse nicht betrachtet. Somit sind dem ersten und

[695] Vgl. *Schwaninger*, Markus: A Concept of Organisational Fitness, 1993, S. 49ff.

vierten Quartil jeweils 25% der Werke zugeordnet, welche die niedrigste (kleiner als -0,757) beziehungsweise höchste (größer als 0,748) Gesamtkomplexität aufweisen. Die zu testende Hypothese lautet wie folgt:

$H_{1, C-6}$: Die Werke der Gruppe hoher marktinduzierter Komplexität erzielen im Durchschnitt schlechtere Ergebnisse bezüglich der Erfolgskriterien als in der Gruppe niedriger Komplexität.

Zunächst folgen die Ergebnisse der Korrelationsanalyse zum Test der Hypothese $H_{1, C-5}$.[696] Diese liefert für die Liefertermintreue und den ROI keine statistisch signifikante Korrelation zur marktinduzierten Komplexität. Die Hypothese ist für diese Kriterien zu verwerfen. Die Hypothese ist für andere Erfolgskriterien hingegen zu bestätigen, im Hinblick auf die Kostenstruktur ist ein positiver Zusammenhang (0,11) zur Höhe der FGK sowie ein negativer Zusammenhang (-0,13) zur Höhe der MEK festzustellen. Die anderen Kostenarten korrelieren nicht mit der Komplexität. Damit kann die negative Auswirkung der Komplexität bestätigt werden, die zu einer Verschiebung der Fertigungskosten zugunsten nicht direkt zurechenbarer Kostenarten führt. Durch zunehmende Zergliederung der Fertigungsprozesse steigt der Koordinationsumfang und sinkt die Koordinationspräzision. Die Kosten hierfür schlagen sich typischerweise in den Fertigungsgemeinkosten nieder, somit steigt der Anteil Koordinationskosten an den Stückkosten.[697] Dadurch singt die Transparenz innerhalb der Fertigungsprozesse, da eine verursachungsgerechte Kostenzuordnung erschwert ist.

Die Durchlaufzeiteffizienz in der Fertigung, gemessen durch das Verhältnis des Zeitanteils wertschöpfender Tätigkeiten an der Gesamtdurchlaufzeit, korreliert mit einem Wert von 0,10 mit der marktinduzierten Komplexität. Bei hoher Komplexität ist demnach auch die Effizienz der Fertigungsprozesse hoch, sie sind durch weniger Transport-, Liege- und Wartezeiten gekennzeichnet. Das spricht dafür, dass Werke bei hoher Komplexität durchaus über relativ effiziente Fertigungsprozesse verfügen. Damit besitzen diese Werke einen Vorteil gegenüber Werken in Märkten geringer Komplexität. Ein Grund dafür kann darin liegen, dass bei hoher Marktkomplexität auch der Kostendruck größer ist und mehr Anstrengungen zur Prozessverbesse-

---

[696] Vgl. Anhang-Tabelle 9.

[697] Vgl. *Kummer*, Sebastian: Logistik im Mittelstand. Stand und Kontextfaktoren der Logistik in mittelständischen Unternehmen, Stuttgart: Poeschel 1992, S. 26.

rung unternommen werden. Im Fall der Lagerkosten ist nur ein Zusammenhang zu den Beständen der Fertigerzeugnisse (0,15) festzustellen.[698] Roh-, Hilfs- und Betriebsstoffe sowie unfertige Erzeugnisse besitzen keinen Zusammenhang zur Komplexität. Hohe Komplexität geht einher mit großen Bestandsreichweiten der Fertigerzeugnisse. Durch hohe Komplexität von Kunden und Produkten besteht eine Tendenz insgesamt größere Mengen der Fertigerzeugnisse vorhalten zu müssen, da sehr viel mehr Varianten existieren. Durch die in den Fertigerzeugnissen bereits enthaltene Wertschöpfung werden hohe Kapitalbindungskosten verursacht, die die Kostenposition im Wettbewerb nachteilig beeinflussen. Die anderen Bestandsarten sind nicht davon betroffen, dies deutet darauf hin, dass es den Werken der Stichprobe gelingt, die Vielfalt der Einsatzstoffe gering zu halten, beispielsweise durch den Einsatz von Konsignationswarenlager. Außerdem können die Lagerbestände im Fertigungsprozess durch geeignete Produktionsplanungssysteme, wie beispielsweise Pull-Systeme, reduziert werden. Die Ergebnisse lassen den Schluss zu, dass die Werke bereits über moderne Fertigungsmethoden verfügen, um die negativen Auswirkungen marktinduzierter Komplexität auf die Lagerbestände minimieren zu können.

Auf der Ertragsseite können die positiven Effekte, die auf komplexen Märkten erwartet werden, nur teilweise bestätigt werden. Zum ROI existiert keine signifikante Korrelation. Für Marktanteile und ROS ist $H_{1,\ C\text{-}5}$ aber zu bestätigen. Beide korrelieren mit einem Wert von 0,15 mit der marktinduzierten Komplexität. Die Verwendung dieser Ergebnisse ist jedoch mit der Einschränkung verbunden, dass ein erheblicher Anteil (66%) der Stichprobe die Frage nach der Umsatzrendite nicht beantwortet hat. Außerdem zeigt die Bandbreite der Antworten, dass diese Größe im internationalen Vergleich sehr unterschiedlich ist. Beides deutet darauf hin, dass die Inhalte, die unter dem Begriff Umsatzrendite verstanden werden, höchst unterschiedlich sein können. Eine verlässliche Interpretation ist deshalb nicht gewährleistet.[699]

Als letzter Aspekt folgt ein Vergleich der Investitionsquoten. Es wurde erhoben, wie groß der prozentuale Anteil vom Umsatz für Investitionen in die Bereiche F&E, Produktionsanlagen sowie Aus- und Weiterbildung ist. Die einzige Größe, die mit der Marktkomplexität korreliert ist die F&E-Quote

---

[698] Hohe Kapitalbindung im Umlaufvermögen als variantenbedingtes Problem bestätigt auch eine empirische Untersuchung von *Hoitsch*, Hans-Jörg und Volker *Lingnau*: Probleme und Aspekte der Produktionsplanung bei Variantenfertigung, 1994, S. 244f.

[699] Die Angaben der Werke für die Umsatzrendite schwanken zwischen -30% und +80%, die Angaben der Kapitalrendite schwanken sogar zwischen -64% und 500%.

(0,16). Bei hoher Marktkomplexität werden also größere Investitionen in innovative Produkte getätigt, um mit der Marktdynamik und den Anforderungen steigender Produktvielfalt Schritt halten zu können.

Nach den Ergebnissen der Korrelationsanalyse zwischen Marktkomplexität und Erfolgskriterien der Fertigung wird Hypothese $H_{1,\ C\text{-}6}$ für Aufteilung der Fertigungskosten, Bestände an Fertigerzeugnissen, den Marktanteil sowie die Umsatzrendite getestet. Die Ergebnisse der t-Teststatistik zeigen, dass die ohnehin schwer interpretierbaren Zusammenhänge der Marktkomplexität mit Marktanteil und ROS durch den Mittelwertvergleich nicht bestätigt werden können. Eine allgemeine Vorteilhaftigkeit, die komplexe Märkte in Bezug auf ROS, ROI oder Marktanteil bieten können, kann für diese Untersuchung deshalb nicht bestätigt werden. Zwar ist die Korrelation zur Marktkomplexität zum Teil positiv, aber die Probleme bei der Erhebung der Daten sowie die nicht existierenden Unterschiede zwischen den Quartilen hoher und niedriger Komplexität sind als nicht ausreichend anzusehen, um auf einen erfolgswirtschaftlichen Vorteil hochkomplexer Märkte zu schließen.

In Bezug auf die anderen Kriterien bestätigt der Mittelwertvergleich hingegen die bereits in der Korrelationsanalyse gezeigten Zusammenhänge und ermöglicht einen Vergleich, der die Größenordnung der Unterschiede zwischen den Erfolgsgrößen bei hoher und niedriger Marktkomplexität erlaubt.[700] Die Analyse der Kostenstrukturen zwischen den beiden Quartilen zeigt, dass eine deutliche Verringerung direkt zurechenbarer Kosten stattfindet, insbesondere steigt der Anteil FGK. In Abbildung 23 sind die standardisierten Werte der vier Kostenarten abgebildet. Die Durchlaufzeiteffizienz ist in der Gruppe hoher Komplexität mit einem Wert von 47,1% etwa zehn Prozent höher als in der Gruppe niedriger Komplexität (37,4%). Im Quartil geringer Komplexität werden ca. 4,89% vom Umsatz für F&E-Investitionen aufgewendet, im Quartil hoher Komplexität dagegen 7,26%.[701] Ein sehr großer Unterschied besteht bei den Beständen fertiger Erzeugnisse. Während die Werke bei geringer Marktkomplexität Bestände für 10,9 Produktionstage vorhalten, steigt die Bevorratung bei hoher Komplexität um ca. 92% auf 20,9 Produktionstage. Dieser deutliche Unterschied ist ein Hinweis darauf, dass Bestände als Flexibilitätspuffer genutzt werden,

---

[700] Zur Kontrolle wurden die Erfolgskriterien auf Unterschiede bezüglich Branchen und Werksgrößenklassen verglichen. Im Hinblick auf die Branchen ergeben sich signifikante Unterschiede bezüglich der FGK, OUT, DLZ-Effizienz und F&E-Invesitionsquote. Im Hinblick auf die Werksgrößen existieren Unterschiede der FEK und MEK. Vgl. Anhang-Tabelle 10.

[701] Die Irrtumswahrscheinlichkeit für diesen Mittelwertvergleich ist $p<0,05$.

um die bei hoher Marktkomplexität auftretenden Absatzmengenschwankungen auszugleichen. Gleichzeitig gelingt es offensichtlich nicht entsprechend kleine Fertigungslose wirtschaftlich zu fertigen, wodurch hohe Bestände an fertigen Produkten entstehen.

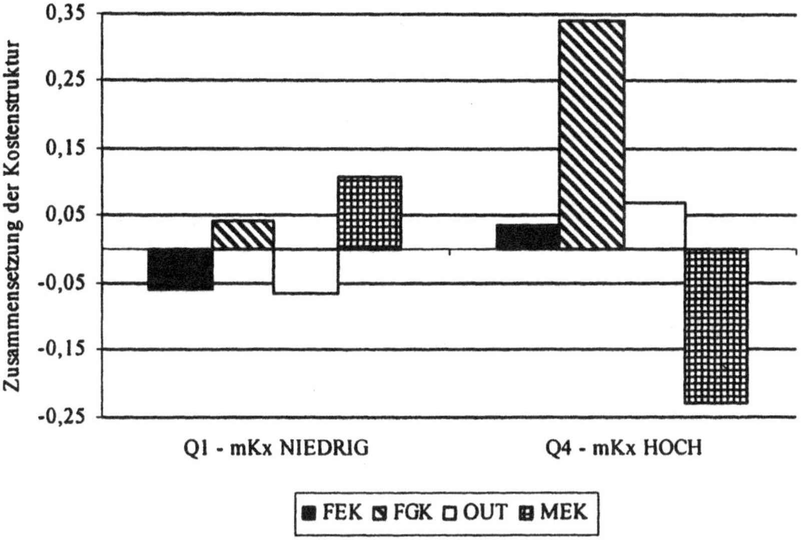

Abbildung 23: Vergleich der Kostenstrukturen bei hoher und niedriger marktinduzierter Komplexität

Während die Werke im Quartil niedriger Komplexität eine nah am Durchschnitt der Stichprobe gelegene Kostenstruktur aufweisen, zeigen die FGK bei hoher Komplexität eine starke Übergewichtung, beziehungsweise die MEK eine deutliche Untergewichtung. Darin ist ein typischer Effekt komplexitätsinduzierter Kosten zu sehen. Diese treten dort hervor, wo die Koordinationskomplexität durch hohe Produktvielfalt steigt, beispielsweise in den Bereichen der Arbeitsvorbereitung, Produktdatenverwaltung, Produktionsplanung, Konstruktion usw., die hier anfallenden Tätigkeiten sind überwiegend nicht einem einzelnen Produkt zurechenbar und müssen deshalb über Gemeinkostenzuschlagsätze verteilt werden.

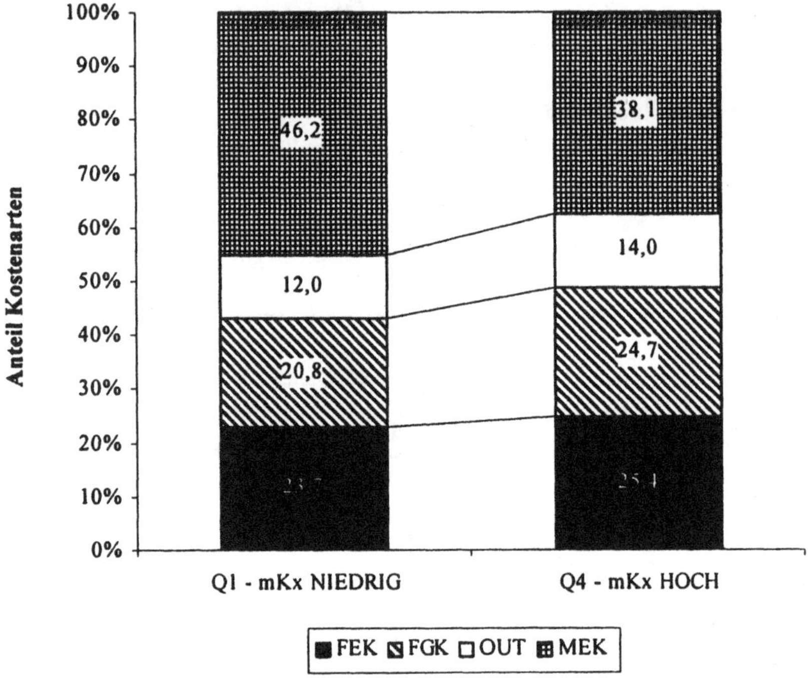

Abbildung 24: Zusammensetzung der Kostenstrukturen bei hoher und niedriger marktinduzierter Komplexität

Die Betrachtung der standardisierten Werte betont die Unterschiedlichkeit der Kostenstruktur innerhalb der Gesamtstichprobe. Wie groß die Unterschiedlichkeit tatsächlich ausfällt kann nur mit absoluten Größen beurteilt werden, dafür ist die Zusammensetzung der Kostenstruktur in Abbildung 24 in Form von absoluten Werten dargestellt. Die MEK machen bei hoher Komplexität etwa 8% weniger an den Gesamtkosten aus, wovon 2% auf eine Auslagerung von Tätigkeiten zurückzuführen ist, deren Verrechenbarkeit aber nicht eindeutig bestimmbar ist. Des Weiteren sind die FEK um etwa 1,7% erhöht, der größte Unterschied liegt in den um ca. 4% höheren FGK.[702]

[702] Die Unterschiede der Kostenarten FEK und OUT sind nicht statistisch signifikant, für die FGK gilt eine Irrtumswahrscheinlichkeit von $p<0,1$, für die MEK gilt $p<0,05$.

Zusammenfassend betrachtet, schlagen sich die Erfolgswirkungen marktinduzierter Komplexität in höheren Lagerkosten und einer Verschlechterung der Kostenstruktur in der Fertigung zugunsten indirekter Kostenarten nieder. Die Fertigungsprozesse sind bei hoher Komplexität effizienter gestaltet, was in einer höheren Durchlaufzeiteffizienz niederschlägt. Die in komplexen Märkten zu vermutende vorteilhafte Entwicklung von Erfolgsgrößen wie Marktanteil oder Rendite werden durch die vorliegenden Daten nicht oder nur schwach bestätigt

III. Strukturelle Bewältigung marktinduzierter Komplexität durch den Einsatz geeigneter Organisationstypen in der Fertigung

Im folgenden Kapitel wird die industrielle Fertigung als Untersuchungsgegenstand herangezogen, um die Auswirkungen der Marktkomplexität auf die Fertigungsorganisation zu untersuchen. Die Vorteilhaftigkeit von Prozesslayout, Arbeitsorganisation sowie eingesetzter Technologie wird durch sprunghafte Veränderungen, die zu einer steigenden Komplexität des Marktumfeldes führen können, in Frage gestellt.[703]

1. Typologisierung von Organisationsformen industrieller Fertigung

a) Prozesslayout und Prozesstyp als Kriterien zur Identifizierung von Fertigungsorganisationstypen

Im Folgenden wird die organisatorische Gestaltung sowie der Einsatz unterschiedlicher Technologien in der Fertigung untersucht. Im Blickpunkt des Interesses stehen dabei die Auswirkungen, die von marktinduzierter Komplexität ausgehen und die Auswahl verschiedener Organisationstypen beeinflusst.

Die Prozessauswahlentscheidung ist eine der wichtigsten Entscheidungen beim Aufbau einer industriellen Fertigung. Sie besitzt konstituierenden Charakter bezüglich einer Vielzahl weiterer Konfigurationsentscheidungen, zum Beispiel bei der Bestimmung der Arbeitsorganisation und Fertigungstech-

[703] Vgl. *Warnecke*, Hans-Jürgen: Agilität und Komplexität, 1997, S. 6f.

nologie.[704] Die Organisation der Fertigung wird häufig nach drei verschiedenen Typen des Fertigungsprozesslayouts unterschieden, wobei als Unterscheidungskriterium die räumliche Anordnung der Betriebsmittel herangezogen wird: i) Werkstattfertigung, ii) Gruppen- oder Zellenfertigung und iii) Linienfertigung.[705] Neben den drei Typen des Prozesslayouts lässt sich die Fertigung nach dem zugrundeliegenden Standardisierungsgrad der Produkte und dem damit verbundenen Prozesstyp unterscheiden, der die Ausbringungsmenge beziehungsweise Größe der Fertigungslose beschreibt. *Adam* unterscheidet auch hier drei verschiedene Typen: Einzelfertigung, Serienfertigung und Massenfertigung.[706] In der Massenfertigung werden homogene Produkte in großen Fertigungslosen hergestellt. Häufig wird dieser Prozesstyp durch eine Linienfertigung organisiert. Das andere Extrem ist die Einzelfertigung, in der von jedem Produkt nur ein Exemplar gefertigt wird, welches häufig kundenindividuell konfiguriert ist. Eine Mittelstellung nimmt die Serienfertigung ein, in der Lose mit verschiedenen Produkten in sich häufig ändernder Abfolge nacheinander produziert werden.

Die Werkstattfertigung besitzt eine hohe Entwicklungsflexibilität, da die Betriebsmittel zu gleichartigen Gruppen zusammengefasst werden und Werkstücke entsprechend ihrer fertigungstechnischen Erfordernisse durch die Fertigung geführt werden können.[707] Die verrichtungsorientierte Organisationsform der Fertigung erlaubt grundsätzlich die Herstellung sehr vieler verschiedener Produkte beziehungsweise Produktvarianten. Aufgrund der Unbestimmtheit des Prozessablaufs, ist dessen Koordination allerdings

---

[704] Vgl. *Hill*, Terry: Manufacturing Strategy. The strategic management of the manufacturing function, 2. Auflage, London et al.: MacMillan 1993, S. 105ff.

[705] Vgl. dazu *Adam*, Dietrich: Produktionsmanagement, 1998, S. 16ff. Vgl. auch *Hoitsch*, Hans-Jörg: Produktionswirtschaft, 1993, S. 15. *Hoitsch* unterscheidet weiter zwischen Linien- und Fließfertigung, dem zuerst genannten Organisationstyp liegt ein konfigurierbarer Verfahrensablauf zugrunde, den das Werkstück durchläuft. Dagegen ist bei der Fließfertigung die Verfahrensreihenfolge technologisch bestimmt, dies ist vor allem in der Prozessindustrie der Fall. Ein weiterer Organisationstyp ist die örtlich gebundene Baustellenfertigung, die in der Bauwirtschaft oder im Großanlagenbau zu finden ist. Dieser Organisationstyp wird von den in dieser Arbeit untersuchten Unternehmen nicht eingesetzt und wird deshalb an dieser Stelle nicht weiter behandelt.

[706] Vgl. *Adam*, Dietrich: Produktionsmanagement, 1998, S. 21ff.

[707] Vgl. *Schiemenz*, Bernd und Olaf *Schönert*: Entscheidung und Produktion, München et al.: Oldenbourg 2001, S. 134.

aufwendig und bedeutet eine erhöhte Komplexität in der Produktionsplanung.[708]

Im Gegensatz dazu ist die Linienfertigung nach dem Prozessfolgeprinzip strukturiert, das Werkstück wird nach einer technisch bedingten oder nach einer organisatorisch festgelegten Prozessfolge Fertigung durchlaufen.[709] Der tendenzielle Vorteil gegenüber der Werkstattfertigung liegt in einer höheren Effizienz des Fertigungsprozesses, da die Durchlaufzeiten geringer sind und durch eine höhere Wiederholhäufigkeit gleicher Prozessfolgen größere Spezialisierungserfolge erzielt werden können. Dieser Vorteil wird allerdings durch den Nachteil geringerer Flexibilität erkauft, da die Werkstücke einem festgelegten Fertigungsprozess folgen müssen und dieser nur mit großem Aufwand verändert werden kann.[710] Die Bestandsflexibilität dieses Layouttyps ist relativ gering, ebenso ist die Entwicklungsflexibilität stark eingeschränkt, da die Erweiterung des Handlungsspielraums einer so organisierten Fertigung, beispielsweise zur Herstellung anderer Produkte oder Produktvarianten mit erheblichem Investitionsaufwand für die Neukonfiguration der Fertigungsabläufe verbunden ist.

Die Gruppen- oder Zellenfertigung soll die Flexibilität der Werkstattfertigung mit der Produktivität der Linienfertigung kombinieren[711]; dieses Prozesslayout wird häufig auch als Fertigungssegmentierung bezeichnet.[712] In diesem Organisationstyp werden Fertigungszellen gebildet, in denen die Bearbeitung ähnlicher Produkte oder Werkstücke zusammengefasst wird. Ziel ist es eine möglichst vollständige Bearbeitung der Produkte innerhalb

---

[708] Vgl. *Schiemenz*, Bernd und Olaf *Schönert*: Entscheidung und Produktion, 2001, S. 134f.

[709] Vgl. *Corsten*, Hans: Produktionswirtschaft. Einführung in das industrielle Produktionsmanagement, 9., vollständig überarbeitete und wesentlich erweiterte Auflage, München et al.: Oldenbourg 2000, S. 34.

[710] Vgl. *Schiemenz*, Bernd und Olaf *Schönert*: Entscheidung und Produktion, 2001, S. 135f.

[711] Vgl. *Collet*, Shawna und Ronald J. *Spicer*: Improving productivity through cellular manufacturing, in: Production and Inventory Management Journal, Jhg. 36, Nr. 1, 1995, S. 71. Vgl. auch *Hyer*, Nancy L. und Urban *Wemmerlöv*: Reorganizing the Factory - Competing through Cellular Manufacturing, Portland: Productivity Press 2002.

[712] Vgl. *Wildemann*, Horst: Fertigungsstrategien. Reorganisationskonzepte für eine schlanke Produktion und Zulieferung, 3., überarbeitete Auflage, München: Transfer-Centrum-Verlag 1997, S. 225.

der Fertigungszelle zu erreichen.[713] Eine Fertigungszelle folgt dabei der Ausrichtung an Produkt-Markt-Kombinationen mit dem Ziel die Fertigungstiefe bezüglich der bearbeiteten Produktgruppe zu maximieren. Des Weiteren zeichnet sich dieser Organisationstyp durch eine Übertragung indirekter Funktionen auf eine Gruppe von Mitarbeitern aus. Diese Gruppe führt Aufgaben wie beispielsweise Arbeitsplanung, Reihenfolgeplanung oder Aufgabenzuordnung innerhalb der Gruppe in eigener Verantwortung durch.[714] Damit wird die Komplexität der Koordinationsaufgabe reduziert beziehungsweise verlagert, weg von einer zentralen Produktionsplanung und hin zu dezentralen Entscheidungsträgern, die mit hohem Aktualitätsgrad auf Veränderungen reagieren können und so die Produktionsplanung entlasten.[715] Die zentrale Produktionsplanung muss nur noch die Abstimmung zwischen den Fertigungszellen organisieren, da die einzelnen Zellen als teilautonome Arbeitsgruppen einen hohen Selbstorganisationsanteil besitzen.[716] Durch die bei diesem Prozesslayout angestrebte Unabhängigkeit der einzelnen Fertigungszellen ist eine solche Fertigung mit einem großen Flexibilitätspotenzial versehen, da es sich um lose gekoppelte Subsysteme handelt, bei denen eine Veränderung ausgewählter Fertigungszellen nur wenige, im Extremfall keine Auswirkungen auf andere Fertigungszellen hat.[717] Im Hinblick auf Bestands- und Entwicklungsflexibilität sind die Möglichkeiten dieses Layouttyps als sehr umfangreich einzuschätzen, da sowohl eine aufwandsarme Neukonfiguration der Fertigung erreicht werden kann, als auch die Erweiterung des Handlungsspielraums durch Neubildung weiterer Fertigungssegmente relativ leicht möglich ist, ohne die bestehenden Fertigungsabläufe zu beeinträchtigen.

Häufig ist die Fertigung innerhalb eines Werks als eine Mischform verschiedener Prozesslayouts und Prozesstypen organisiert beziehungsweise es

---

[713] Vgl. *Zäpfel*, Günther: Moderne Produktionsstrukturen auf dem Weg zur "Fabrik der Zukunft", in: *Milling*, Peter und Günter *Zäpfel* (Hrsg.): Betriebswirtschaftliche Grundlagen moderner Produktionsstrukturen, Berlin: 1993, S. 22f. Vgl. auch *Milling*, Peter und Jörn-Henrik *Thun*: Steigerung der Flexibilität in Produktionsprozessen durch integrierte Fertigung, in: Kaluza, Bernd und Thorsten Blecker (Hrsg.): Erfolgsfaktor Flexibilität. Strategien und Konzepte für wandlungsfähige Unternehmen, Berlin: Erich Schmidt 2005, S. 256.

[714] Vgl. *Wildemann*, Horst: Fertigungsstrategien, 1997, S. 225ff.

[715] Vgl. *Corsten*, Hans: Produktionswirtschaft, 2000, S. 37.

[716] Vgl. *Schiemenz*, Bernd und Olaf *Schönert*: Entscheidung und Produktion, 2001, S. 142f.

[717] Vgl. *Milling*, Peter und Jörn-Henrik *Thun*: Steigerung der Flexibilität in Produktionsprozessen durch integrierte Fertigung, 2005, S. 258.

existieren mehrere Prozesslayouts parallel. Damit sollen unterschiedliche Produktionsanforderungen innerhalb eines Fertigungsstandortes erfüllt werden. Dies wird auch als Mehrebenensystem bezeichnet, in dem Haupt- und Nebenfertigungsstrecken nach unterschiedlichen Prinzipien organisiert sind.[718] So kann die Hauptfertigungsstraße als Linienfertigung organisiert sein, während verschiedene Baugruppen auf nach dem Werkstattprinzip organisierten Nebenstrecken gefertigt werden und an die Haupt-strecke angeliefert werden. Der PKW-Hersteller BMW hat beispielsweise die Fertigung von Sondermodellen der M-Baureihe sowie des Kleinserienherstellers Alpina in die Fertigungsabläufe der Hauptproduktionslinien integriert. Die zuvor in eigener Werkstattfertigung der M-GmbH und der Fa. Alpina produzierten Fahrzeuge laufen über die gleichen Produktionslinien wie die Serienmodelle. Die Individualisierung der Sondermodelle erfolgt über eine modulare Vorproduktion beziehungsweise Überarbeitung von Standardmodulen wie Getriebe oder Motor, die zur Komplettmontage an die Montagestraße der Serienproduktion geliefert werden.[719]

Von *Hayes/Wheelwright* stammt ein Ansatz, den Flexibilitätsgrad der Fertigungsorganisation gemeinsam mit dem Standardisierungsgrad der hergestellten Produkte zu betrachten.[720] Zur Herstellung großer Mengen standardisierter Produkte ist demnach der Organisationstyp der Linienfertigung optimal. Einzelne, nach Kundenwünschen gefertigte Produkte sollten mit einem als Werkstattfertigung organisierten Herstellungsprozess produziert werden. Die Produktion kundenindividueller Produkte mit einer Linienfertigung wird als nicht effizient angesehen und sollte vermieden werden. Diesem Ansatz zugrunde liegt die Annahme, dass ein Abhängigkeitsverhältnis zwischen Effizienz und Flexibilität besteht und das die Erreichung eines Ziels nur auf Kosten des anderen erreicht werden kann.[721]

In Abbildung 25 ist die Produkt-Prozess-Matrix dargestellt, schraffierte Flächen kennzeichnen die zu vermeidenden Konfigurationen. Lediglich Konfigurationen entlang der Diagonalen werden als zweckmäßig betrachtet. Allerdings wird die Notwendigkeit zur Konfiguration entlang der Diagonalen durchaus in Frage gestellt. Moderne flexible Fertigungstechnologien erlau-

---

[718] Vgl. *Corsten*, Hans: Produktionswirtschaft, 2000, S. 35.

[719] Vgl. o. V.: Die Flexibilität am Band, 2004, S. 51.

[720] Vgl. *Hayes*, Robert H. und Steven C. *Wheelwright*: Link manufacturing process and product life cycles, in: Harvard Business Review, Jhg. 57, Nr. 1, 1979.

[721] Vgl. dazu B.II.2.a).

ben es tendenziell eine Organisation zu wählen, welche die Effizienzvorteile einer Linienfertigung mit der Möglichkeit zur Herstellung kundenspezifischer Produkte zu kombiniert und sich dem linken unteren Bereich der Matrix anzunähern.[722]

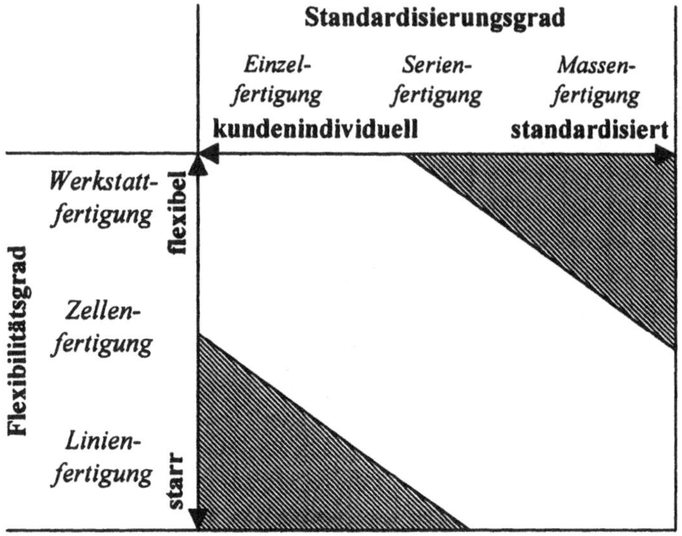

Abbildung 25: Produkt-Prozess-Matrix[723]

Trotz des hohen Bekanntheitsgrades der Produkt-Prozess-Matrix existieren bislang nur relativ wenige empirische Untersuchungen, mit zum Teil widersprüchlichen Ergebnissen.[724] Zum einen wird die Gültigkeit der Ab-

[722] Vgl. *Kotha*, Suresh und Daniel *Orne*: Generic Manufacturing Strategies, 1989, S. 219.

[723] In Anlehnung an *Hayes*, Robert H. und Steven C. *Wheelwright*: Link manufacturing process and product life cycles, 1979, S. 135.

[724] Eine tendenzielle Bestätigung der Aussagen der Produkt-Prozess-Matrix findet sich bei *Safizadeh*, M. Hossein; Larry P. *Ritzman*; Deven *Sharma* und Craig *Wood*: An Empirical Analysis of the Product-Process Matrix, in: Management Science, Jhg. 42, Nr. 11, 1996, S. 1576-1591, ebenso bei *Spencer*, Michael S. und James F. *Cox*: An analysis of the product-process matrix and repetitive manufacturing, in: International Journal of Production Research, Jhg. 33, Nr. 5, 1995, S. 1275-1294. Die Arbeit von *McDermott* et al. erhebt allerdings Zweifel an der Gültigkeit der Aussagen, insbesondere aufgrund technologischer Fortschritte ist eine

hängigkeit zwischen Effizienz und Flexibilität in Frage gestellt, zum anderen existieren Möglichkeiten durch bestimmte Maßnahmen auch die als ineffizient betrachten Bereiche der Matrix zu besetzen. *McDermott* at al. kommen zu dem Ergebnis, dass insbesondere die Komplexität der Umwelt innerhalb derer ein Werk zu operiert in die Frage nach der Zweckmäßigkeit der Organisationsform einbezogen werden sollte.[725] Die Studie von *Ahmad/Schroeder* zeigt, dass ein ökonomisch erfolgreicher Zugang zu den Bereichen links-unten und rechts-oben der Matrix durch verschiedene Maßnahmen erreicht werden kann. Dazu zählt der erfolgreiche Einsatz flexibler Fertigungstechnologien der Prozessautomation, Modularisierung des Produktdesigns sowie integrierte Produktentwicklung durch CAD-Technologien. Moderne Managementkonzepte wie Just-in-time und TQM liefern dazu eine organisationale Infrastruktur, die eine Abweichung von der Diagonale ermöglicht.[726]

Im Folgenden wird untersucht, wie gut die Fertigungsorganisation der in der IMSS-Stichprobe enthaltenen Werke den Annahmen der Produkt-Prozess-Matrix entspricht. Mit Hilfe einer Clusteranalyse werden die Werke der IMSS-Stichprobe untersucht, mit dem Ziel, möglichst homogene Gruppen ähnlicher Fertigungsorganisationstypen zu identifizieren. Eine Schwierigkeit bei der Anwendung clusteranalytischer Verfahren liegt in der Bestimmung der Anzahl zu untersuchender Gruppen. Es kann außerdem eine Vielzahl unterschiedlicher Algorithmen zur Gruppenbildung verwendet werden, die wiederum zu unterschiedlichen Gruppenzusammensetzungen führen können. Da keine allgemein gültige Strukturierung der Gesamtstichprobe unterstellt werden kann, der sich verschiedene Gruppierungsverfahren mehr oder weniger annähern, ist keine generelle Empfehlung für ein bestimmtes Verfahren möglich.[727] Das Hauptargument zur Festlegung der Gruppenanzahl wird

Position auch innerhalb des schraffierten Bereichs möglich. Vgl. *McDermott*, Christopher M.; Noel P. *Greis* und William A. *Fischer*: The diminishing utility of the product/process matrix. A study of the US power tool industry, in: International Journal of Operations & Production Management, Jhg. 17, Nr. 1, 1997, S. 65-84.

[725] Vgl. *McDermott*, Christopher M.; Noel P. *Greis* und William A. *Fischer*: The diminishing utility of the product/ process matrix, 1997, S. 82.

[726] Vgl. *Ahmad*, Sohel und Roger G. *Schroeder*: Refining the product-process matrix, in: International Journal of Operations & Production Management, Jhg. 22, Nr. 1, 2002, S. 116ff.

[727] Vgl. *Bortz*, Jürgen: Statistik für Sozialwissenschaftler, 1999, S. 547ff.

deshalb zumeist in der Interpretierbarkeit und Trennschärfe der ermittelten Gruppen gesehen.[728]

Zur Ermittlung der Organisationstypen werden sechs Variablen aus dem IMSS-Fragebogen verwendet. Dabei wurde erhoben, welchen prozentualen Anteil unterschiedliche Prozesslayouts (Werkstatt-, Zellen- und Linienfertigung) sowie unterschiedliche Prozesstypen (Einzel-, Serien- und Massenfertigung) innerhalb der Fertigung ausmachen. Damit ergeben sich neun unterschiedliche Kombinationsmöglichkeiten, die sich aus Abbildung 25 ableiten lassen. Es wurden verschiedene Gruppierungslösungen analysiert, im Sinne der Interpretierbarkeit der Gruppenbildung hat sich eine Clusteranalyse mit fünf verschiedenen Gruppen als beste Lösung herausgestellt.[729] Zugleich bestätigt dieses Ergebnis die von *Ahmad/Schroeder* identifizierten Organisationstypen in weiten Teilen.[730] In Tabelle 14 sind die Gruppenmittelwerte der standardisierten Variablen zur Typologisierung der Fertigungsorganisation dargestellt. Werte über Null repräsentieren einen überdurchschnittlich hohen Anteil einer bestimmten Organisationsform, umgekehrt bedeuten negative Werte einen unterdurchschnittlichen Anteil einer Organisationsform.

---

728 Vgl. *Miller*, Jeffrey G. und Aleda V. *Roth*: A Taxonomy of Manufacturing Strategies, in: Management Science, Jhg. 40, Nr. 3, 1994, S. 290f.

729 Als Gruppierungsalgorithmus wurde die Ward-Methode verwendet, das Proximitätsmaß zur Ermittlung der Fallunterschiedlichkeit ist auf Basis der quadrierten euklidischen Distanz berechnet worden. Diese Vorgehensweise ist geeignet, die „wahre" Gruppenstruktur einer Stichprobe zu erkennen, vgl. *Backhaus*, Klaus et al.: Multivariate Analysemethoden, 2003, S. 516f.

730 Die auf den Daten des World Class Manufacturing Projekts (WCM) basierende Arbeit von *Ahmad/Schroeder* identifiziert vier verschiedene Fertigungsorganisationstypen: Massenhersteller von überwiegend standardisierten Produkten, Kleinserienhersteller, Großserienhersteller kundenspezieller Produkte sowie klassische Massenfertigung standardisierter Produkte. Vgl. *Ahmad*, Sohel und Roger G. *Schroeder*: Refining the product-process matrix, 2002, S. 112ff. Ein Vergleich der Organisationsprofile der in dieser Arbeit identifizierten Gruppen zeigt, dass diese den Organisationsformen FLEXL, ZELL, STANW und MASS entsprechen. Die klassische Werkstatteinzelfertigung (WSF) konnte zusätzlich in der vorliegenden Arbeit identifiziert werden, der Grund hierfür ist in einer verschiedenartigen Branchenzusammensetzung der Stichprobe zu suchen. Vgl. dazu *Flynn*, Barbara B.; Roger G. *Schroeder*; E. James *Flynn*; Sadao *Sakakibara* und Kimberly A. *Bates*: World class manufacturing project - overview and selected results, in: International Journal of Operations & Production Management, Jhg. 17, Nr. 7, 1997, S. 671ff.

Organisationstyp	Klassische Massenfertigung MASS	Flexible Linienfertigung FLEXL	Flexible Zellenfertigung ZELL	Standardisierte Werkstattfertigung STANW	Klassische Werkstattfertigung WSF
Anzahl	63	115	82	82	88
Prozesslayout					
Werkstattfertigung	-0,610	-0,545	-0,739	1,149	0,732
Zellenfertigung	-0,556	-0,346	1,640	-0,433	-0,269
Linienfertigung	1,062	0,814	-0,709	-0,838	-0,554
Prozesstyp					
Einzelfertigung	-0,663	-0,404	-0,520	-0,419	1,755
Serienfertigung	-1,201	0,551	0,453	0,809	-1,020
Massenfertigung	1,936	-0,266	-0,020	-0,510	-0,610

Tabelle 14: Organisationstypen der Fertigung

Die identifizierten Organisationstypen entsprechen für drei Gruppen den Kernaussagen der Produkt-Prozess-Matrix. Die klassische Massenfertigung (MASS), klassische Werkstattfertigung (WSF) sowie flexible Zellenfertigung (ZELL) liegen entlang der Diagonale. Die beiden anderen Gruppen, die als flexible Linienfertigung (FLEXL) beziehungsweise als standardisierte Werkstattfertigung (STANW) bezeichnet werden können, liegen außerhalb der Diagonalen. In Bezug zur Produkt-Prozess-Matrix lassen die Ergebnisse der Clusteranalyse erkennen, dass eine große Anzahl Werke (insgesamt 197) in ihrer Fertigungsorganisation nicht entlang der Diagonalen positioniert sind, sondern eine davon abweichende Organisation besitzen. Abbildung 26 zeigt die Verteilung der Werke innerhalb der Produkt-Prozess-Matrix.

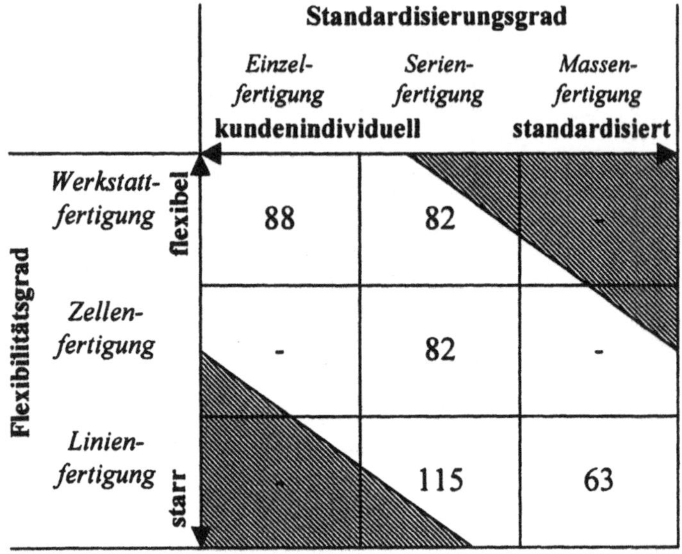

Abbildung 26: Positionierung der Werke der IMSS-Stichprobe innerhalb der Produkt-Prozess-Matrix[731]

Die Extrempositionen links-unten sowie rechts-oben sind jedoch nicht besetzt, was darauf hindeutet, dass diese extremen Organisationsformen noch nicht umgesetzt werden können, da die dort auftretenden Zielkonflikte zu groß sind beziehungsweise die Fertigungstechnologie noch nicht in der Lage ist, diese Konflikte aufzulösen. Um auszuschließen, dass die Gruppenunterschiede zufällig sind, ist folgende Hypothese zu prüfen:

$H_{I,C-7}$: Die identifizierten Organisationstypen der Fertigung unterscheiden sich im Umfang der eingesetzten Prozesslayouts und Prozesstypen.

Für alle Prozesslayouts und Prozesstypen kann diese Hypothese mit hohem Signifikanzniveau angenommen werden, die Unterschiede der identi-

[731] Die zur Gesamtanzahl, der hier verwendeten Stichprobe von 460 Werken, fehlenden Werke (30) sind durch unvollständige oder fehlerhafte Beantwortung der Fragen zu Organisations- und Prozesstyp zu erklären.

fizierten Gruppen sind somit nicht zufällig.[732] Zur Beurteilung der Trennschärfe zwischen den Gruppen werden die Ergebnisse mit Hilfe einer Diskriminanzanalyse überprüft, mit der ermittelten Gruppenzuordnung als abhängige Variable und den Anteilen der verschiedenen Prozesslayouts und Prozesstypen als unabhängige Variablen. Die Diskriminanzanalyse ist ein strukturprüfendes Verfahren, welches geeignet ist, die durch eine Clusteranalyse ermittelte Gruppenstruktur zu verifizieren.[733]

Die Ergebnisse der Diskriminanzanalyse bestätigen eine hohe Trennschärfe der ermittelten Gruppenzuordnung. Zur Beurteilung der Trennkraft wird der kanonische Korrelationskoeffizient herangezogen, der für die erste Diskriminanzfunktion 0,936 beträgt. Weiterhin dient Wilks-Lambda als inverses Maß für die Trennkraft der Gruppenzuordnung. Dieses Maß setzt die nicht erklärte Streuung ins Verhältnis zur Gesamtstreuung. Die Werte für Wilks-Lambda liegen auf sehr niedrigem Niveau und zeigen somit, dass nur ein geringer Streuungsanteil nicht erklärt werden kann.[734] Die ermittelten Diskriminanzfunktionen können dazu verwendet werden die Gruppenzugehörigkeit auf Basis der unabhängigen Variablen vorherzusagen. Ein Vergleich mit der auf Basis der Clusteranalyse ermittelten Gruppenzuordnung ergibt eine Übereinstimmung in 94,2% der Fälle. Die fünf identifizierten Organisationsformen der Fertigung stellen somit ein geeignetes Kriterium dar, um die Werke einem bestimmten Organisationstyp zuordnen zu können und erlauben eine Verwendung dieser Typologisierung für weitere Analysen dieser Arbeit.

Die Auswahl des Organisationstyps der Fertigung besitzt weit reichenden Einfluss für verschiedene Aspekte der Fertigung, insbesondere ist der Einsatz bestimmter Prozesstechnologien mit der Auswahl von Layout- und Prozesstyp abzustimmen.[735] Unter einer Prozesstechnologie können verschiedene technische Aspekte der Ausgestaltung eines Fertigungssystems verstanden werden. Zum einen existieren relativ umfassende informationstechnisch integrierte Fertigungskonzepte (CIM und die verschiedenen CAx-Teilkom-

---

[732] Zur Validierung dieser Clusterlösung wurden die Gruppenunterschiede durch eine Varianzanalyse sowie einen Mittelwertvergleich auf Signifikanz geprüft. Die Irrtumswahrscheinlichkeit liegt in allen Fällen unter 1%, vgl. dazu Anhang-Tabelle 11.

[733] Vgl. *Backhaus*, Klaus et al.: Multivariate Analysemethoden, 2003, S. 156f.

[734] Vgl. Anhang-Tabelle 13.

[735] Vgl. *Hoitsch*, Hans-Jörg: Produktionswirtschaft, 1993, S. 232ff.

ponenten)[736], zum anderen ist auch der Einsatz verfahrenstechnischer Technologiekomponenten von Bedeutung, um die eingesetzte Prozesstechnologie innerhalb eines Werkes zu charakterisieren. Durch den IMSS-Fragebogen wurde das Ausmaß der Anwendung von 12 verschiedenen Fertigungstechnologien erhoben.[737] Durch eine einfaktorielle Varianzanalyse wird untersucht, ob sich Ausmaß des Einsatzes der verschiedenen Technologien zwischen den fünf Organisationstypen unterscheidet. Dazu wird folgende Hypothese formuliert:

$H_{1, C\text{-}8}$: Die Organisationstypen der Fertigung setzen verschiedene Fertigungstechnologien unterschiedlich stark ein.

Hypothese $H_{1, C\text{-}8}$ ist für sechs der erhobenen Technologien anzunehmen. Für die übrigen Technologien muss die Hypothese verworfen werden. Eine Übersicht, der in den verschiedenen Organisationstypen unterschiedlich stark eingesetzten Technologien findet sich in Abbildung 27.[738] Die eingesetzten Technologien, als auch der Umfang ihres Einsatzes, variieren zum Teil erheblich zwischen den Organisationstypen. Besonders auffällig ist der insgesamt umfangreiche Technologieeinsatz der Werke des Typs MASS. Fast alle, durch die Varianzanalyse als signifikant verschieden bestätigte Technologien, werden in erheblichem Umfang im Fertigungssystem dieser Werke eingesetzt. Einzige Ausnahme ist der Einsatz von CAD. Die Werke vom Typ MASS arbeiten mit einer hochtechnisierten und automatisierten Fertigung bei der Roboter, SMED-Technologien, automatische Lagerungssysteme und CAQ in weit überdurchschnittlichem Umfang eingesetzt werden. Interessanterweise ist auch der Einsatz flexibler Fertigungs- und Montagezellen sehr umfangreich. Darin ist ein Versuch zu sehen, die Fertigung flexibler zu gestalten, um die grundsätzlich unflexible Linienfertigung an veränderte Marktanforderungen anpassen zu können. Der Einsatzumfang erreicht annähernd den der Werke des Typs ZELL, für den der umfangreiche Einsatz von flexiblen Fertigungszellen zu erwarten ist. Möglicherweise liegt hier eine Vermischung zweier Technologien vor, die in der betreffenden Frage gemeinsam erhoben wurden. Während der Einsatz von flexiblen Fertigungs-

---

[736] Vgl. *Milling*, Peter: Computer integrated manufacturing in German industry: aspirations and achievements, in: International Journal of Operations & Production Management, Jhg. 17, Nr. 10, 1997, S. 1035f.

[737] Eine Übersicht aller im IMSS-Fragebogen erhobenen Technologiekomponenten findet sich in Anhang-Tabelle 12.

[738] Zu den Ergebnissen der Varianzanalyse vgl. Anhang-Tabelle 12.

zellen für den Layouttyp der Zellenfertigung typisch ist, ist bei der Beantwortung der Fragestellung durch die Werke des Typs MASS unter Umständen der Einsatz von flexiblen Montagezellen in den Blickpunkt gerückt, deren Einsatz auch in der klassischen Massenfertigung häufig zu beobachten

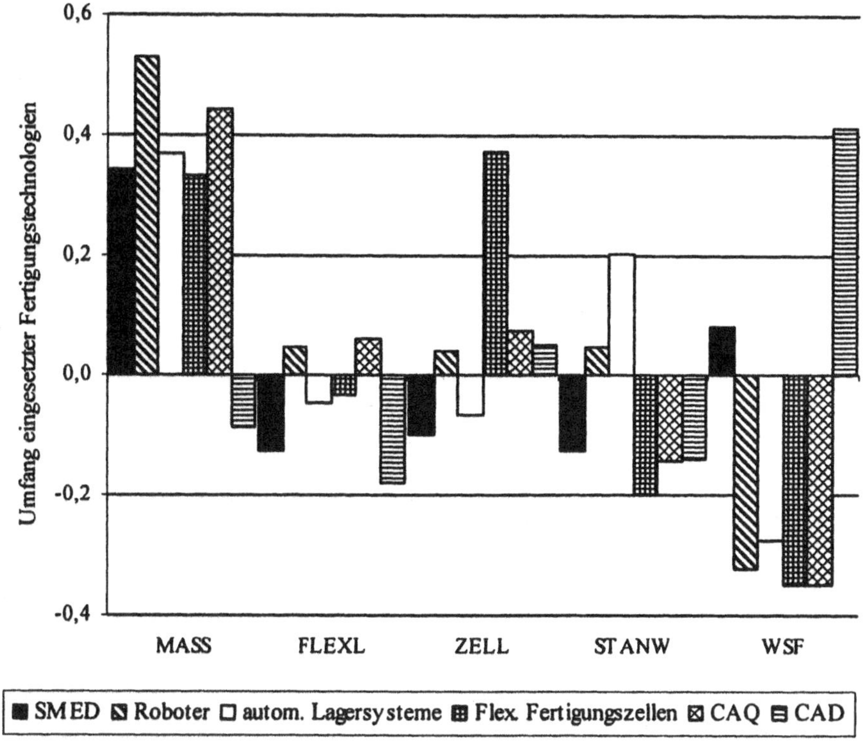

ist.

Abbildung 27: Technologieeinsatz im Vergleich der Fertigungsorganisationstypen

Die Werke des Typs FLEXL, deren Prozesslayout dem der klassischen Massenfertigung sehr ähnlich ist, fallen gegenüber dem Typ MASS deutlich zurück, was den Technologieeinsatz betrifft. Die besonders auf Effizienz ausgerichteten Technologien, welche bei Werken des Typs MASS zu finden sind, werden nur in durchschnittlichem Umfang eingesetzt. Weitere Auffälligkeiten zeigt der Technologievergleich im Hinblich auf die Werke des Typs WSF. Mit weitem Abstand dominieren diese Werke beim Einsatz von

CAD. Durch die enge informationstechnische Verzahnung zwischen Konstruktionsabteilung und Fertigung ist es möglich große Kostensenkungspotenziale bei Einzel- und Kleinserienfertigung zu realisieren, da sowohl die nötigen Zeichnungsunterlagen, als auch fertigungsablaufbezogene Anweisungen (z.B. Programmierung numerisch gesteuerter Maschinen, Erstellung von Stücklisten und Arbeitsplänen) in ein solches System integriert sind.[739]

b) Gestaltung der Fertigungsorganisation unter Berücksichtigung marktinduzierter Komplexität

Um zu überprüfen, ob es Unterschiede bezüglich des Einsatzes bestimmter Organisationstypen in verschieden komplexen Marktumfeldern gibt, werden mit Hilfe einer Varianzanalyse die Unterschiede bezüglich der marktinduzierten Gesamtkomplexität untersucht. Es wird deshalb folgende Hypothese geprüft:

$H_{1,C\text{-}9}$: Das Niveau der marktinduzierten Komplexität ist bei den verschiedenen Organisationstypen unterschiedlich hoch.

Mit einer Irrtumswahrscheinlichkeit von $p<0{,}01$ kann oben stehende Hypothese akzeptiert werden.[740] Die unterschiedlichen Organisationstypen der Fertigung werden unter verschieden hohen Komplexitätsanforderungen eingesetzt. Werke mit einer Zellen-Serienfertigung (ZELL) weisen unter den Organisationstypen die höchsten Komplexitätsanforderungen (ΣmKx=0,17; ΣVielfalt=0,17; ΣDynamik=0,19) auf. Dagegen weisen die Werke der klassischen Massenfertigung (MASS), die zwar hocheffizient aber wenig anpassungsfähig ist, dass geringste Komplexitätsniveau (ΣmKx=-0,15; ΣVielfalt=-0,09; ΣDynamik=-0,27) der Stichprobe auf. Ähnlich geringe Komplexitätsanforderungen (ΣmKx=-0,14; ΣVielfalt=-0,15; ΣDynamik=-0,09) bestehen in Märkten, in denen die Werke der klassischen Werkstattfertigung tätig sind. Auffällig ist die Tatsache, dass die klassische Massenfertigung eine sehr geringe Dynamik aufweist und damit sehr gut den Bedingungen entspricht, unter denen ein solches Prozesslayout eingesetzt werden sollte. Um die Anforderungen hoher Komplexität zu erfüllen, scheinen weder die klassische Massenfertigung noch die klassische Werkstattfertigung geeignet zu sein, da diese zu einseitig jeweils einen bestimmten Aspekt betonen. Während erstere

---

[739] Vgl. *Hoitsch*, Hans-Jörg: Produktionswirtschaft, 1993, S. 65f.

[740] Vgl. zu den Ergebnissen der Varianzanalyse Anhang-Tabelle 14.

zu wenig Flexibilität besitzt, zeichnet sich letztere durch zu geringe Effizienz aus, um auf hochkomplexen Märkten bestehen zu können. Abbildung 28 zeigt das durchschnittliche Komplexitätsniveau des Marktumfeldes, in dem die verschiedenen Organisationstypen operieren.

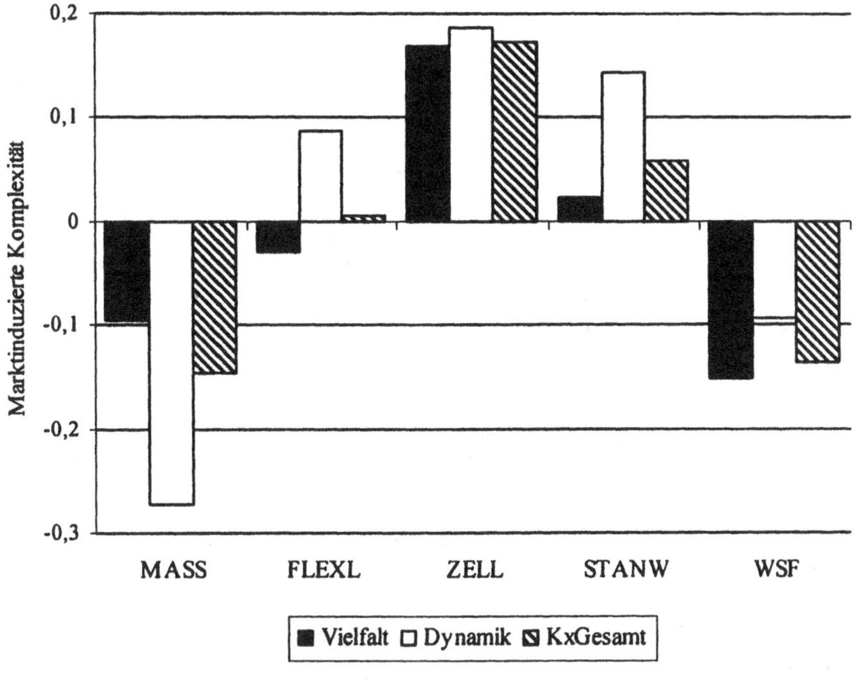

Abbildung 28: Marktinduzierte Komplexität und Typen der Fertigungsorganisation

Die neuen Organisationsformen, die nicht auf der Diagonale der Produkt-Prozess-Matrix liegen (FLEXL und STANW)[741] operieren in durchschnittlich komplexen Märkten, die jedoch eine hohe Dynamik aufweisen, welche eine hohe Anpassungsgeschwindigkeit der Werke erfordert. Aus-

[741] FLEXL (ΣmKx=0,01; ΣVielfalt=-0,03; ΣDynamik=0,09) und STANW (ΣmKx=0,06; ΣVielfalt=0,02; ΣDynamik=0,14)

gehend von der Annahme, dass sich die Werke mit den Organisationsformen FLEXL und STANW durch eine Verschiebung auf der horizontalen Achse der Produkt-Prozess-Matrix gebildet haben, damit hätten diese Werke ihren Ursprung in den Organisationstypen MASS und WSF, würde dies bedeuten, dass mit einer Verstetigung der hochflexiblen Werkstattfertigung beziehungsweise einer Flexibilisierung der Massenfertigung ein erheblicher Anstieg marktinduzierter Komplexität einhergeht. Besonders deutlich fallen die Unterschiede bezüglich der Dynamik aus, die sich von weit unterdurchschnittlich zu deutlich überdurchschnittlichen Werten entwickelt.

Damit zeigt sich, dass eine von *McDermott et al.* geforderte Berücksichtigung der Komplexität des Marktumfeldes bei der Interpretation der Produkt-Prozess-Matrix von Nutzen ist[742], da die hier gewonnenen Ergebnisse verdeutlichen, dass bei hoher Komplexität eine Extremposition entlang der Diagonalen weit weniger häufig eingesetzt wird. Durch diese erweiterte Betrachtung werden neben den Erfordernissen einer effizienten Gestaltung der Fertigungsorganisation, wie sie die Produkt-Prozess-Matrix betont, auch marktbezogene Kriterien berücksichtigt, welche die Anforderungen festlegen, die durch die Fertigung abzuleisten sind. Eine Empfehlung für eine Positionierung innerhalb der Matrix sollte deshalb die Komplexität des Marktumfeldes stets berücksichtigen.

Entsprechend den hier gewonnenen Erkenntnissen wird die Vermutung unterstützt, dass eine modular aufgebaute Zellenfertigung mit der Möglichkeit zur Produktindividualisierung sich gut für den Einsatz in Märkten mit hoher Komplexität eignet. Ihre Modularität erlaubt in weitaus höherem Maße die Auflösung und Neugliederung der Systemorganisation, da die Konnektivität innerhalb einer solchen Organisation geringer ist. Durch die Gestaltung der Fertigungszellen werden voneinander unabhängige Subsysteme geschaffen, die eine erforderliche Anpassung wesentlich aufwandsärmer umsetzen können. Durch die Veränderung einer oder mehrerer Fertigungszellen können die übrigen Fertigungszellen weitgehend unbeeinträchtigt von einer Neuorganisation verbleiben. Der Zusammenhang zwischen der Diagonale der Produkt-Prozess-Matrix und der marktinduzierten Komplexität lässt sich demnach wie in Abbildung 29 darstellen. Die effektive Komplexität, die durch einen bestimmten Organisationstyp bewältigt werden kann ist an den Extrempunkten der Organisationsgestaltung am geringsten, da hier eine zu starke Betonung entweder des Effizienzziels einerseits oder andererseits des

---

[742] Vgl. *McDermott*, Christopher M.; Noel P. *Greis* und William A. *Fischer*: The diminishing utility of the product/ process matrix, 1997, 82f.

Flexibilitätsziels vorliegt.[743] Die Extrempositionen organisationaler Konfigurationen sind zu sehr auf die Erfüllung eines einzelnen Zielkriteriums ausgerichtet, um hohe Komplexitätsanforderungen seitens der Märkte erfüllen zu können. Dies bedeutet jedoch nicht zwangsläufig, dass damit auch erfolgsrelevante Kriterien schlechter erfüllt werden. Auch mit diesen Organisationstypen kann wirtschaftlich sehr erfolgreich operiert werden, ist die Komplexität der Märkte jedoch hoch oder steigt diese durch plötzliche Veränderungen, wie sie beispielsweise durch Technologiesprünge oder neue Wettbewerber auftreten kann, so besitzen solche Werke einen Nachteil im Wettbewerb. Anpassungsfähigkeit ist bei hoher Marktkomplexität als prozessuale Fähigkeit zu verstehen, die ein Unternehmen in die Lage versetzt den Grad der Angepasstheit gegenüber den Marktanforderungen zu erhöhen, damit wirtschaftliche Ziele in ausreichendem Maße erfüllt werden können.

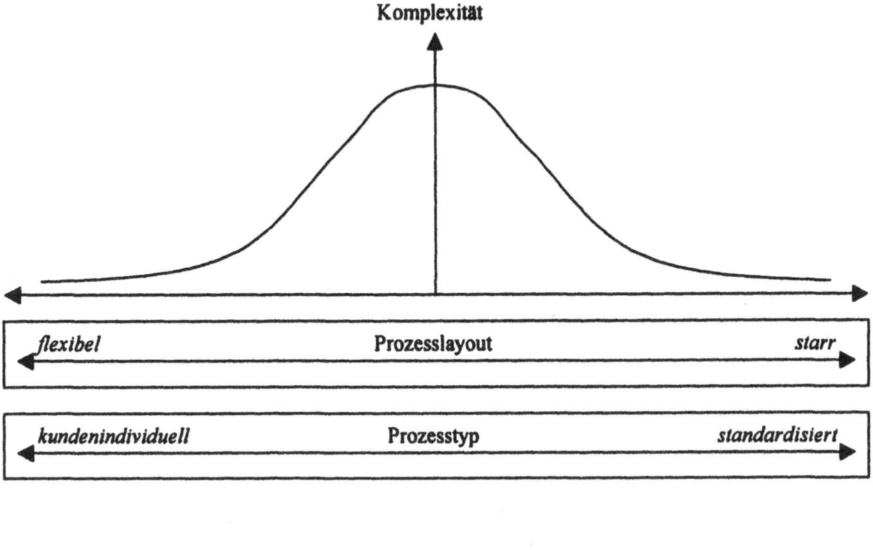

Abbildung 29: Zusammenhang zwischen Komplexität und Organisationstypen der Fertigung

Da das Selektionskriterium der Märkte in der Angepasstheit der Unternehmen zu sehen ist, können auch Extrempositionen wirtschaftlich sehr

[743] Vgl. dazu die Diskussion zum Begriff der effiktiven Komplexität in Kapitel B.I.3.

erfolgreich sein.[744] Fordern die Märkte allerdings hohe Vielfalt und Dynamik, sind Fertigungsorganisationsformen an den Extrempositionen nur schwer in der Lage, sich an veränderte Anforderungen anzupassen, da die Anpassungsleistung gegenüber den Anpassungsbedarfen zu gering ist beziehungsweise sind hochflexible Organisationsformen der Werkstattfertigung häufig mit Effizienznachteilen belastet, wenn ein Wettbewerber mit effizienteren Strukturen in den Markt eintritt. In einer solchen Situation sind wirtschaftliche Nachteile zu erwarten, da eine so organisierte Fertigung nicht mehr optimal an die Anforderungen des Marktes angepasst ist und eine Anpassung mit der existierenden Organisation auch nur schwer erreicht werden kann.

Um die Vorteilhaftigkeit einer zellulären Fertigungsorganisation bei hoher Komplexität weiter zu untersuchen, ist zu überprüfen, ob bestimmte Prozesslayouts unter Einfluss der marktinduzierten Komplexität generell unterschiedlich umfangreich eingesetzt werden. Wie aus Tabelle 15 entnommen werden kann, ist die durchschnittliche Verteilung der Prozesslayouts Werkstattfertigung und Zellenfertigung in den beiden Quartilen statistisch signifikant verschieden. Die Linienfertigung ist dagegen in beiden Quartilen in etwa gleich häufig vertreten, wobei ein tendenziell größerer Anteil im Quartil geringer Komplexität eingesetzt wird. Linienfertigung erweist sich damit als das präferierte Fertigungslayout in Märkten geringer Komplexität.

Quartil	**Werkstatt-fertigung**	**Zellen-fertigung**	**Linien-fertigung**
Niedrige Komplexität	0,150	-0,315	0,133
Hohe Komplexität	-0,189	0,214	-0,012
Signifikanz	0,029	0,000	0,356

Tabelle 15: Prozesslayouts der Fertigung und marktinduzierte Komplexität im Vergleich

Unter den Bedingungen hoher Komplexität wird die Fertigung überwiegend als Zellenfertigung organisiert, was angesichts der Eigenschaften dieses Prozesslayouts zu erwarten ist. Dagegen überrascht die Tatsache, dass die

[744] Vgl. dazu Kapitel B.II.1.e).

Werkstattfertigung trotz höchster Flexibilität, im Quartil hoher Komplexität sehr viel weniger eingesetzt wird als im Quartil niedriger Komplexität. Dies kann daran liegen, dass die Werkstattfertigung eine zu geringe Effizienz aufweist, um in einem Umfeld hoher Komplexität bestehen zu können und deshalb bei hoher Komplexität durch die Zellenfertigung substituiert wird.

2. Spezialisierungsgrad der Fertigungsorganisation bei marktinduzierter Komplexität

a) Organisationale Spezialisierung als Merkmal endogener Komplexität

Wie gezeigt wurde, kann angenommen werden, dass die marktinduzierte Komplexität einen Einfluss auf die Organisationstypen der Fertigung hat. Allgemein theoretisch formulierte Gesetzmäßigkeiten wie das Gesetz der erforderlichen Varietät postulieren diesen Zusammenhang durch eine wechselseitige Abhängigkeit von endogener und exogener Komplexität.[745] Demnach sollte bei hoher systemexogener Komplexität die Komplexität innerhalb des Systems gleichgroß sein, da Komplexität nur durch Komplexität kompensiert werden kann. Eine hohe marktinduzierte Komplexität bedeutet für die Fertigung, dass eine Vielzahl unterschiedlicher und häufig wechselnder Anforderungen zu erfüllen sind, denen ein einzelnes Prozesslayout oder ein einzelner Prozesstyp nicht gerecht werden kann. Eine stärkere Verbreitung organisationaler Mischformen ist deshalb bei hoher marktinduzierter Komplexität zu erwarten.

Ähnliche Auswirkungen der Komplexität postuliert das Modell der organisationalen Fitnesslandschaften.[746] Bei hoher Komplexität ist die Fitnesslandschaft stark zerklüftet und es existieren viele verschiedene organisationale Konfigurationen, die ein lokales Optimum darstellen, welches wirtschaftlichen Erfolg ermöglicht und den Fortbestand eines Unternehmens gewährleisten kann. Ist dagegen die Komplexität gering, so existiert im Extremfall nur eine einzige erfolgversprechende Organisationsform: Nur ein einziger Gipfel auf der Fitnesslandschaft entspricht maximaler Fitness.

[745] Vgl. Kapitel B.I.5.

[746] Vgl. Kapitel B.II.1.c).

Unter hoher Komplexität herrscht demnach eine größere Vielfalt organisationaler Konfigurationen als bei geringer Komplexität, diese ist einerseits notwendig, um die Komplexität zu bewältigen (Gesetz der erforderlichen Varietät), andererseits bietet eine hohe Komplexität erst die Möglichkeit andere organisationale Konfigurationen anzunehmen, da eine größere Anzahl lokal optimaler Konfigurationen bestehen (Modell der NK-Fitness Landschaften). Zwischen der marktinduzierter Gesamtkomplexität und der Komplexität organisationaler Lösungen ist demnach ein Zusammen-hang zu vermuten, der die Äquivalenz endogener und exogener Komplexität postuliert.

Je größer die organisationale Spezialisierung, auf einzelne Prozesslayouts oder -typen, desto geringer ist die endogene Komplexität der Fertigung, da weniger verschiedene Prozesslayouts beziehungsweise Prozesstypen implementiert und gesteuert werden müssen. Je vielfältiger die Prozesslayouts und Prozesstypen sind, die innerhalb eines Werkes eingesetzt werden, desto komplexer gestaltet sich die Koordinationsaufgabe, um einen zielführenden Gesamtfertigungsprozess zu organisieren. Werke, in denen verschiedene Prozesslayouts, beispielsweise produktorientierte und prozessorientierte Fertigungsprozesse, parallel eingesetzt werden, können als hybride Fertigungsorganisationen bezeichnet werden.[747] In den folgenden Analysen wird untersucht, wie groß die organisationale Vielfalt der Werke in den unterschiedlich komplexen Märkten ist. Anders als beispielsweise in der Definition von *Kotha/Orne* wird das in der vorliegenden Arbeit ermittelte Niveau der endogenen Prozesskomplexität nicht durch eine implizite Bewertung verschiedener Prozesslayouts bestimmt[748], sondern bildet sich aus der Anzahl und dem Fokusgrad alternativer organisationaler Lösungen, die zur Organisation der Fertigung eingesetzt werden. Dabei ist es unabhängig davon welcher Art die gewählte Prozessorganisation ist. Häufig wird der Linienfertigung eine große Komplexität zugesprochen, während für die Werkstattfertigung nur eine geringe Komplexität angenommen wird. Dem ist aber nur unter Anwendung einer statischen und strukturtechnischen Betrachtungsweise zuzustimmen, die vom Problem der Koordinationskomplexität und der Anpassungsfähigkeit des Systems abstrahiert. Der Aufbau einer Linienfertigung ist ein sehr komplexes Unterfangen, da die spätere Koordination und

[747] Vgl. *Doerr*, Ken und Michael J. *Magazine*: Design, Coordination and Control of Hybrid Factories, in: International Journal of Operations & Production Management, Jhg. 20, Nr. 1, 2000, S. 85ff.

[748] Vgl. *Kotha*, Suresh und Daniel *Orne*: Generic Manufacturing Strategies, 1989, S. 217-220.

Steuerung bereits durch die festgelegte Prozessfolge zu großen Anteilen in dem Prozesslayout implementiert ist. Die Quantität funktionaler Elemente sowie deren Konnektivität sind hoch. Durch die hohe Konnektivität wird die Koordination während des Betriebs entlastet. Veränderungen innerhalb eines solchen Prozesslayouts umzusetzen ist wiederum ein von größerer Komplexität gekennzeichnetes Unterfangen, da die Prozessabfolge fest definiert ist. Je größer die Konnektivität eines Systems, desto schwerer sind die Folgen einer Veränderung abzuschätzen, im Extremfall stellt sich eine chaotische Verhaltensabfolge heraus. Dagegen ist der Aufbau einer Werkstattfertigung weniger komplex, dafür ist die Komplexität der Steuerung sehr viel größer, da kaum koordinative Relationen innerhalb des Systems existieren, um die Produktionsplanung und -steuerung zu entlasten. Aufgrund der geringeren Konnektivität eines solchen Systems sind Veränderungen aber leichter umzusetzen, da sich die Prozessabfolge lediglich nach relativ leicht anpassbaren Fertigungsaufträgen richtet und nicht durch eine technische Implementierung der Prozessabfolge vorherbestimmt ist. Beide Prozesslayouts sind komplex, aber es tritt die Komplexität in verschiedenen Funktionsbereichen und zu verschiedenen Zeitpunkten auf. Eine generelle Aussage, welches Prozesslayout die größere Komplexität besitzt, wird deshalb nicht getroffen. Zur Analyse der endogenen Komplexität, ausgedrückt durch den Grad organisationaler Spezialisierung, wird folgende Hypothese formuliert:

$H_{1,C-10}$: Bei hoher marktinduzierter Komplexität weisen Werke einen geringeren organisationalen Spezialisierungsgrad auf als bei geringer Komplexität.

Die Fragen zur Organisationsform der Fertigung (Prozesslayout und Prozesstyp) werden zur Untersuchung dieser Hypothese zusammengefasst. Aus den Antworten auf diese Fragen ergeben sich zwei verschiedene Facetten, um auf den organisationalen Spezialisierungsgrad eines Werkes zu schließen. Zum einen kann ermittelt werden wie viele verschiedene Prozesslayouts und Prozesstypen eingesetzt werden (hier jeweils maximal drei Typen). Zum anderen kann aus den Daten ermittelt werden, wie stark ein Werk in seiner Fertigungsorganisation fokussiert ist, beispielsweise, ob bei zwei eingesetzten Prozesslayouts diese gleichbedeutend zu je fünfzig Prozent vorhanden sind, oder ob ein Prozesslayout mit nur geringem Anteil eine relativ nachrangige Bedeutung einnimmt, während ein anderer Layouttyp mit großem Umfang die Fertigungsorganisation dominiert. Im ersten Fall wäre die Spezialisierung gering, im zweiten Fall relativ hoch.[749] Damit stehen insgesamt vier verschiedene Variablen zur Verfügung, mit denen der gesamte Spezialisierungsgrad eine Fertigungsorganisation bewertet werden kann. Um den Spezialisierungsgrad einer Fertigungsorganisation umfassend bewerten zu können, wird ein konfirmatorisches Messmodell aufgestellt und die Faktorwerte der beiden Dimensionen – Prozesslayoutspezialisierung und Prozesstypenspezialisierung – ermittelt. Tabelle 16 fasst das Messmodell der Faktoren zur organisationalen Spezialisierung zusammen.

Faktor/Item	**Faktorladung**	**Cronbachs Alpha**	**Signifikanz[750] (t-Wert)**
Prozesslayoutspezialisierung (PZLOSPEZ); DEV=0,847; FR=0,917			
- Anzahl Prozesslayouts	0,90	0,915	12,58
- Fokussierungsgrad d. Prozesslayouttypen	0,94		12,46
Prozesstypenspezialisierung (PZTYPSPEZ); DEV=0,792; FR=0,883		0,873	
- Anzahl Prozesstypen	0,98		12,22
- Fokussierungsgrad der Prozesstypen	0,79		12,03
Globale Gütekriterien			
χ^2	13,43	RMR	0,011
Freiheitsgrade	1	CFI	1,00
χ^2/df	13,43	GFI	1,00
REMSEA	0,16	AGFI	1,00

Tabelle 16: Ergebnisse des Messmodels zur organisationalen Spezialisierung

Lokale und globale Anpassungsmaße erfüllen die gestellten Anforderungen in hohem Maße und bestätigen eine gute Messung beider Faktoren; auch

[749] Der Fokusgrad wird gebildet als Index aus der Standardabweichung der Organisations- und Prozesstypenverteilung eines Werkes und der maximal möglichen Standardabweichung, die vorliegt, wenn alle drei verschiedenen Typen gleichverteilt sind. Der Wertebereich dieses Index liegt somit zwischen 0 (vollkommene Gleichverteilung der Typen) und 1 (Spezialisierung auf einen einzelnen Typ).

[750] Das Signifikanzniveau einer Faktorladung entspricht für t≥1,645 beziehungsweise für t≥2,326 einer Irrtumswahrscheinlichkeit von 5% beziehungsweise 1%.

die Validität der Messung erfüllt alle Anspruchskriterien.[751] Die Faktorladungen der verschiedenen Indikatoren sind sehr hoch und erreichen eine hohe inhaltliche Konvergenz zwischen den zugrunde gelegten Faktoren und den zu ihrer Messung herangezogenen Indikatoren. Die Faktoren der organisationalen Spezialisierung werden in den folgenden Analysen verwendet, um einen Rückschluss auf den Spezialisierungsgrad einer Fertigungsorganisation insgesamt ableiten zu können.

Durch einen Vergleich der Mittelwerte der standardisierten Variablen organisationaler Spezialisierung zwischen den Werken im Quartil der geringsten und der höchsten Marktkomplexität wird untersucht, ob sich die Quartile niedriger und hoher marktinduzierter Gesamtkomplexität statistisch signifikant unterscheiden. Um den Spezialisierungsgrad einer Fertigungsorganisation insgesamt beurteilen zu können, werden die Faktorwerte der Prozesslayoutspezialisierung und der Prozesstypenspezialisierung zu einem Gesamtwert organisationaler Spezialisierung als ungewichteter Mittelwert der beiden Faktoren zusammengefasst.[752] In Tabelle 17 sind die Quartilsmittelwerte sowie die Signifikanzen der t-Teststatistik zusammengefasst.

Mit Bezug auf die Vielfalt der Fertigungsorganisation zeigen die Ergebnisse, dass im Quartil hoher Komplexität eine deutlich geringere Spezialisierung vorliegt. Bei hoher Komplexität werden mehr Prozesslayouts eingesetzt als bei geringer Komplexität, gleichzeitig ist die Verteilung der Prozesslayouts deutlich weniger fokussiert. Für die eingesetzten Prozesstypen ist ein ähnliches Ergebnis festzustellen. Es zeigt sich, dass die Werke im Quartil niedriger Komplexität eine größere Fokussierung aufweisen und auch weniger Prozesstypen in der Fertigung einsetzen. Allerdings genügt die Signifikanz der Unterschiede lediglich einem Anspruchniveau von $p<0,1$. Hier kann also nur von einer schwachen Bestätigung der Hypothese ausgegangen werden. Gleichwohl weist die Orientierung der Mittelwerte in die vorhergesagte Richtung. Im Fall hoher Komplexität liegen die Mittelwerte sehr nah am Mittelwert der standardisierten Variablen. Somit besteht nur ein durchschnittlicher Spezialisierungsgrad. Dagegen ist bei geringer Komplexität ein überdurchschnittlicher Spezialisierungsgrad festzustellen. Damit kann angenommen werden, dass die Spezialisierung auf einzelne Prozesstypen bei hoher Komplexität durchschnittliches Niveau erreicht und sich somit nicht

[751] Zur Validität der Faktormessung vgl. Anhang-Tabelle 15.

[752] Vgl. zu dieser Vorgehensweise *Little*, Todd D. et al.: To parcel or not to parcel, 2002, S. 151ff. Vgl. auch *Bagozzi*, Richard P. und David *Edwards*: Representing Constructs in Organizational Research, 1998, S. 45ff.

vom Spezialisierungsgrad bei durchschnittlicher Komplexität unterscheidet. Mit niedriger Komplexität geht aber ein hoher Spezialisierungsgrad einher, was darauf hinweist, dass die Konzentration auf einen bestimmten Prozesstyp bei geringer Komplexität sinnvoll ist, wie es das Modell der Fitnesslandschaften postuliert. Der Gesamtwert organisationaler Spezialisierung zeigt bei hohem Signifikanzniveau eine Bestätigung der aufgestellten Hypothese. Hohe Komplexität und organisationale Vielfalt fallen demnach zusammen und bestätigen die oben aufgestellte Hypothese.

Quartil	**Niedrige Komplexität**	**Hohe Komplexität**	**Signifikanz**
Prozesslayout (Flexibilitätsgrad)			
- Fokus	0,159	-0,219	0,016
- Anzahl	-0,164	0,210	0,016
Prozesstypen (Standardisierungsgrad)			
- Fokus	0,213	-0,056	0,080
- Anzahl	-0,207	0,054	0,094
Faktoren der organisationalen Spezialisierung			
PZLOSPEZ	0,194	-0,213	0,012
PZTYPSPEZ	0,231	-0,045	0,079
ΣORGSPEZ (gesamt)	0,212	-0,123	0,010

Tabelle 17: Organisationale Spezialisierung und marktinduzierte Komplexität im Vergleich

Zwischen der Größe einer Organisation und der Komplexität organisationaler Konfigurationen wird ein Zusammenhang vermutet, welcher teilweise auch durch empirische Ergebnisse unterstützt wird.[753] Auch wenn die in

[753] Vgl. *Hall*, Richard H.; J. Eugene *Haas* und Norman J. *Johnson*: Organizational Size, Complexity, and Formalization, 1967, S. 903ff. Vgl. auch *Klatzky*, Sheila R.: Relationship of Organizational Size to Complexity and Coordination, in: Administrative Science Quarterly, Jhg. 15, Nr. 4, 1970, S. 428ff.

Die Ergebnisse einer empirischen Studie von *Beyer/Trice* zeigen einen Zusammenhang zwischen Größe einer Organisation und der Arbeitsteiligkeit innerhalb der Organisation. Eine hohe Arbeitsteilung resultiert wiederrum in einer stärkeren horizontalen und vertikalen

anderen Untersuchungen gewonnenen Ergebnisse zum Teil widersprüchliche Resultate aufweisen, ist zu vermuten, dass je größer ein Werk ist, desto größer auch die Vielfalt organisationaler Konfigurationen ist. Die Größe einer Organisation steht aber nicht notwendigerweise in einer direkten Abhängigkeit zur Komplexität der Organisationsstruktur. *Hall et al.* haben in einer empirischen Untersuchung nur einen sehr schwachen Zusammenhang zwischen beiden Variablen festgestellt.[754] Im Gegensatz zur häufig anzutreffenden Vermutung, dass die Organisationsgröße die Komplexität erhöht, lässt sich auch ein umgekehrtes Abhängigkeitsverhältnis postulieren. Demnach führt eine Erhöhung der Komplexität durch zunehmende Ausdifferenzierung der Tätigkeiten, zu einem Anwachsen der Organisationsgröße durch den Aufbau von Hierarchien und organisatorischen Handlungsanweisungen, da zusätzliche Stellen geschaffen werden müssen, um die Aufgabenvielfalt bewältigen zu können. Um diesen Zusammenhang zu untersuchen, wurden die vier Variablen des Spezialisierungsgrades durch eine einfaktorielle Varianzanalyse mit Bezug auf die Werksgröße untersucht, zusätzlich wurde als Kontrollvariable die Branchenverteilung der Werke innerhalb der beiden Quartile untersucht. Sowohl in Bezug auf die Werksgröße als auch die Branchenverteilung ergeben sich keine statistisch signifikanten Unterschiede zwischen den Werken der beiden Quartile. Es kann damit festgehalten werden, dass die Werksgröße keinen Zusammenhang zum Grad organisationaler Spezialisierung aufweist.

Hypothese ($H_{1,\ C\text{-}10}$) wird durch die empirischen Daten, besonders durch die Spezialisierung des Prozesslayouts und des Gesamtspezialisierungsgrades der Fertigungsorganisation, bestätigt. Eine schwächere Bestätigung dieser Hypothese ist auch für die Prozesstypspezialisierung festzustellen. Insgesamt können damit die theoretischen Aussagen des Gesetzes der erforderlichen Varietät und des Modells organisationaler Fitnesslandschaften bestätigt werden und unterstützen die formulierte Äquivalenzhypothese exogener und endogener Systemkomplexität.

Differenzierung. Somit kann nur von einem indirekten Effekt von Größe auf organisationale Vielfalt ausgegangen werden. Vgl. *Beyer*, Janice M. und Harrison M. *Trice*: The Relations Between Size and Various Components of Organizational Complexity, 1979, S. 61f. Vgl. auch *Dewar*, Robert und Jerald *Hage*: Size, Technology, Complexity, and Structural Differentiation: Toward a Theoretical Synthesis, in: Administrative Science Quarterly, Jhg. 23, Nr. 1, 1978, S. 113.

754 Vgl. *Hall*, Richard H.; J. Eugene *Haas* und Norman J. *Johnson*: Organizational Size, Complexity, and Formalization, 1967, S. 911f.

b) Der Spezialisierungsgrad verschiedener Organisationstypen der Fertigung

Die bisherigen Ergebnisse haben gezeigt, dass unter Einfluss der Komplexität bestimmte Typen der Fertigungsorganisation verstärkt eingesetzt werden. Außerdem besteht ein Zusammenhang zwischen exogener und endogener Komplexität, gemessen durch den Grad organisationaler Spezialisierung. Im Folgenden wird untersucht, ob sich der Spezialisierungsgrad der fünf identifizierten Fertigungsorganisationstypen unterscheidet. Somit soll die Frage beantwortet werden, ob zwischen der Positionierung einer Fertigungsorganisation entsprechend den Dimensionen der Produkt-Prozess-Matrix neben einer Beziehung zur exogenen Komplexität auch eine Beziehung zur endogenen Komplexität der Fertigungsorganisation besteht. Zur Prüfung der nachstehend genannten Hypothese werden die Faktoren organisationaler Spezialisierung sowie der Gesamtspezialisierungsgrad herangezogen. Folgende Hypothese ist durch eine einfaktorielle Varianzanalyse zu überprüfen:

$H_{1,C-11}$: Die verschiedenen Organisationstypen weisen ein unterschiedlich hohes Maß organisationaler Spezialisierung auf.

Mit Bezug auf die Spezialisierung des Prozesslayouts sowie des Gesamtgrades organisationaler Spezialisierung kann die oben formulierte Hypothese mit einer Irrtumswahrscheinlichkeit von $p<0{,}01$ bestätigt werden. Der Spezialisierungsgrad des Prozesslayouts weist auf Unterschiede hin, diese sind jedoch nur mit einer Irrtumwahrscheinlichkeit von $p<0{,}1$ signifikant.[755] Die Mittelwerte der Faktoren innerhalb der fünf identifizierten Organisationstypen der Fertigung sind in Tabelle 18 dargestellt. Besonders im Fall der Prozesslayoutspezialisierung sind deutliche Unterschiede zwischen den fünf Organisationstypen festzustellen. Die Werke mit klassischer Werkstattfertigung sowie Linienfertigung besitzen den höchsten Spezialisierungsgrad bezüglich des Prozesslayouts. Die größte Heterogenität des Prozesslayouts weisen Werke aus, die dem Organisationstyp der flexiblen Linienfertigung zuzurechnen sind. Die Organisationsformen der Zellenfertigung und der standardisierten Werkstattfertigung besitzen ein durchschnittliches Spezialisierungsniveau des Prozesslayouts. Wird die Spezialisierung des Fertigungsprozesstyps betrachtet, findet der niedrige Spezialisierungsgrad der Werke flexibler Linienfertigung Bestätigung, wenn auch nicht so deutlich wie im Fall der Spezialisierung des Prozesslayouts. Auch insgesamt besitzt dieser

[755] Vgl. Anhang-Tabelle 16.

Organisationstyp die geringste organisationale Spezialisierung. Die höchste Spezialisierung findet sich insgesamt bei den Werken des Organisationstyps der klassischen Linienfertigung.

Organisationsform	Klassische Massenfertigung MASS	Flexible Linienfertigung FLEXL	Flexible Zellenfertigung ZELL	Standardisierte Werkstattfertigung STANW	Klassische Werkstattfertigung WSF
PZLOSPEZ	0,223	-0,405	0,063	0,055	0,193
PZTYPSPEZ	0,108	-0,167	0,168	0,098	-0,103
ORGSPEZ (ges.)	0,165	-0,286	0,115	0,076	0,045

Tabelle 18: Grad organisationaler Spezialisierung in den verschiedenen Organisationstypen der Fertigung

Hervorzuheben sind die unterschiedlichen Spezialisierungsgrade der Zellenfertigung und der klassischen Werkstattfertigung. Hier weisen die zwei Faktoren zum Teil deutlich unterschiedliche Werte auf. Die Zellenfertigung ist auf einen bestimmten Prozesstyp spezialisiert, während das Prozesslayout nur durchschnittliche Spezialisierung anzeigt. Klare Tendenzen zeigen die Spezialisierungsgrade von Prozesslayout und Prozesstyp im Fall der klassischen Werkstattfertigung. Während die Werke der klassischen Werkstattfertigung in Bezug auf das Prozesslayout überdurchschnittlich spezialisiert sind, ist der Prozesstyp klar unterdurchschnittlich spezialisiert. In den Werken dieses Organisationstyps wird offensichtlich versucht, mit Hilfe des relativ unbestimmten Fertigungsprozesses einer Werkstattfertigung, ein breites Repertoire an Fertigungsprozesstypen abzudecken. Neben der als optimal angesehenen Einzelfertigung werden demnach auch größere Fertigungslose von den Werken dieses Organisationstyps hergestellt.

Die größte Komplexität der Fertigungsorganisation findet sich in Werken des Organisationstyps der flexiblen Linienfertigung. Hierbei handelt es sich um einen Organisationstyp, der nicht entlang der Diagonale der Produkt-Prozess-Matrix liegt. Innerhalb dieses Quadranten der Matrix werden mehr Prozesslayouts miteinander kombiniert und größere Variationen bezüglich des Standardisierungsgrades der Produkte zugelassen als in Werken anderer Organisationstypen. Gleichwohl ist die Komplexität, die diesen Werken gegenüber steht, nur durchschnittlich hoch (0,005).[756] Es ist deshalb davon auszugehen, dass diese Werke nicht optimal an die Komplexität ihrer Umwelt angepasst sind. Sie sind im Vergleich zu ihrem Marktumfeld zu komplex organisiert. Ein ganz anderes Bild liefert eine Betrachtung der Zellenfertigung. Während eine organisationale Spezialisierung auf leicht überdurchschnittlichem Niveau festzustellen ist, operieren diese Werke in einem innerhalb der Stichprobe deutlich überdurchschnittlich komplexen Marktumfeld (0,173). Auch hier fallen endogene und exogene Komplexität auseinander; mit einer geringen endogenen Komplexität wird in einem Marktumfeld sehr großer Komplexität operiert. Eine annähernde Konsistenz zwischen endogener und exogener Komplexität zeigen die Werke der klassischen Linienfertigung und der standardisierten Werkstattfertigung. Während im ersten Fall geringe Marktkomplexität mit hoher Spezialisierung zusammenfällt, liegen im zweiten Fall endogene und exogene Komplexität auf durchschnittlichem Niveau. Ein ambivalentes Bild präsentieren die Werke der klassischen Werkstattfertigung, die in einem Marktumfeld von geringer Komplexität (-0,136) operieren. Während die Prozesslayoutspezialisierung auf relativ hohen Niveau liegt und somit auf geringe Komplexität hindeutet, fällt der Grad der Prozessspezialisierung deutlich geringer aus und lässt den Schluss zu, dass mit hoher endogener Komplexität eine unzureichende Anpassung an das geringe Niveau marktinduzierter Komplexität vorliegt.

c) Äquivalenz von endogener und exogener Komplexität – ein Vergleich alternativer Organisationstypen der Fertigung

Das Gesetz der erforderlichen Varietät postuliert eine Äquivalenz von exogener und endogener Systemkomplexität. Ist die marktinduzierte Komplexität hoch, so ist eine größere Vielfalt innerhalb der Organisation zu erwarten, die sich durch einen geringen Spezialisierungsgrad ausdrücken lässt. Umgekehrt ist bei geringer Marktkomplexität eine hohe Spezialisierung von Vorteil. Der Gesamtgrad organisationaler Spezialisierung und die marktinduzierte Gesamtkomplexität korrelieren miteinander (-0,153 mit $p<0{,}01$). Dies bedeutet, dass ein Zusammenhang zwischen beiden Variablen

---

[756] Vgl. Abbildung 28.

vermutet werden kann und dass dieser, aufgrund des negativen Vorzeichens, auch die Richtung der vermuteten Beziehung bestätigt. Die in Kapitel C.II.2.d) gezeigten Ergebnisse unterstützen die Äquivalenzhypothese, ohne allerdings eine Quantifizierung zu ermöglichen, in welchem Ausmaß eine Fertigungsorganisation das Gesetz der erforderlichen Varietät erfüllt. Bei einer Nichterfüllung dieser Gesetzmäßigkeiten sind Nachteile für ein Unternehmen zu erwarten, da beispielsweise entweder zu viel endogene Komplexität zu Einbußen der Leistungsfähigkeit führt oder durch eine zu geringe endogene Komplexität eine Anpassung an Anforderungen des Marktes misslingt wodurch Nachteile im Wettbewerb entstehen. In Abbildung 30 ist der theoretisch formulierte Zusammenhang dargestellt.

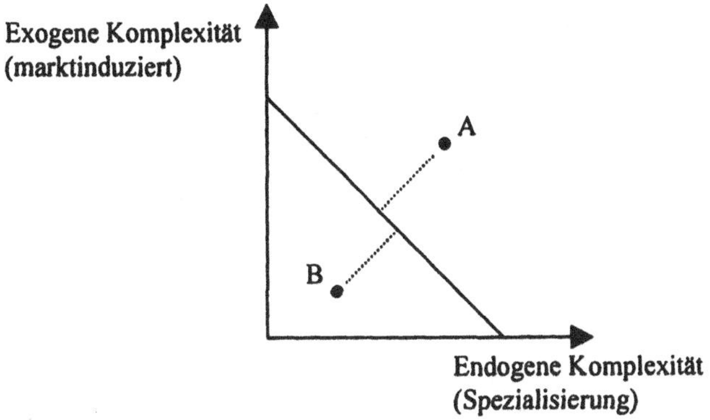

Abbildung 30: Äquivalenz exogener und endogener Komplexität

Liegt das Verhältnis zwischen marktinduzierter Komplexität und organisationaler Spezialisierung auf oder zumindest in der Nähe der Äquivalenzdiagonale, so wird das Gesetz der erforderlichen Varietät durch die Konfiguration der Fertigungsorganisation erfüllt. Die beiden in nachstehender Abbildung dargestellten Fertigungsorganisationen A und B liegen relativ weit entfernt und zeigen an, dass in Bezug auf die Fertigungsorganisation ein Missverhältnis zwischen exogener und endogener Komplexität existiert.

Falls die Anforderungen des Marktes zunächst als Datum akzeptiert werden und deshalb das Komplexitätsniveau bestimmen, an dem sich ein Unternehmen bei der Gestaltung seiner Organisation zu orientieren hat, liegt im Fall A eine Überspezialisierung der Organisation vor. Die endogene Komplexität ist gegenüber der exogenen Komplexität zu gering, es herrscht ein endogener Komplexitätsmangel. Im Fall B liegt eine Unterspezialisierung vor, da die exogene Komplexität gering ist und eine größere Spezialisierung erlauben würde. In diesem Fall werden mögliche Spezialisierungsvorteile nicht genutzt, es herrscht ein endogener Komplexitätsüberschuss.

Sowohl der Gesamtwert marktinduzierter Komplexität als auch der Spezialisierungsgrad einer Fertigungsorganisation werden für die folgenden Analysen auf ein gemeinsames Intervall [0;100] normiert. Um die Fertigungsorganisation der Werke bezüglich ihrer Angepasstheit an die marktinduzierte Komplexität bewerten zu können, wird die euklidische Distanz jedes Werkes von der Äquivalenzdiagonale berechnet. Die ermittelte Entfernung kann als ein Distanzmaß verstanden werden, welches mit einer metrischen Skala die Messung der Angepasstheit einer Fertigungsorganisation an die Komplexität des umgebenden Marktumfeldes ermöglicht. Je geringer der Abstand, desto besser spiegelt die endogene Komplexität das Maß exogener Komplexität wider. Im Durchschnitt der IMSS-Stichprobe beträgt die absolute Abweichung von der Äquivalenzdiagonalen 17,5% der maximal möglichen Distanz (100), die höchste Abweichung beträgt 64%. Insgesamt liegen 118 Werke mit einer Abweichung von weniger als 10% in relativer Nähe zur Äquivalenzdiagonalen und erfüllen das Gesetz der erforderlichen Varietät weitgehend.

Des Weiteren dient die ermittelte Distanz als ein Proximitätsmaß, um die Lage einer Fertigungsorganisation relativ zur Äquivalenzdiagonalen bestimmen zu können. Unterhalb der Diagonalen ist die endogene Komplexität verglichen mit der exogenen Komplexität zu groß (endogener Komplexitätsüberschuss), oberhalb ist die endogene Komplexität zu gering (endogener Komplexitätsmangel). Insgesamt zeigt sich eine Abweichung der Werke in den Bereich oberhalb der Äquivalenzdiagonalen um ca. 7,5%. Die größte Abweichung oberhalb der Diagonalen beträgt 64%, unterhalb der Diagonalen beträgt der größte Abstand 55%. Gegenüber den Anforderungen Äquivalenzhypothese ist festzustellen, dass die Werke im Durchschnitt eine zu geringe Komplexität aufweisen und in stärkerem Umfang spezialisiert sind, als es die Komplexität des Marktsumfeldes erlaubt.

Simulationsergebnisse des Modells organisationaler Fitnesslandschaften führen zu dem Ergebnis, dass die Anpassung beziehungsweise die Sicherstellung der Angepasstheit an die Komplexität des Marktumfeldes unter Bedingungen hoher Komplexität schwieriger ist als bei geringer Komplexität.[757]

---

[757] Vgl. dazu Kapitel B.II.1.c).

Dies liegt zum einen an der Tatsache, dass auf komplexen Fitnesslandschaften neben einer Vielzahl lokal optimaler Gipfel auch eine vergleichbar hohe Anzahl Fitnesstäler existiert, in denen sich ein System befinden kann. Des Weiteren sind komplexe Fitnesslandschaften durch größere Dynamik gekennzeichnet, wodurch die Vorteilhaftigkeit einer Konfiguration starken Schwankungen unterliegt, die eine zuvor günstige Konfiguration in eine nachteilige Konfiguration verwandeln können. Entsprechend diesen Überlegungen ist bei hoher marktinduzierter Komplexität ein größerer Abstand von der Äquivalenzdiagonalen zu erwarten als bei geringer Komplexität. Hohe marktinduzierte Komplexität und Distanz zur Äquivalenzdiagonalen sind nicht unabhängig voneinander. Eine Korrelationsanalyse beider Variablen bestätigt eine relativ hohe Korrelation von 0,511 mit einer Irrtumswahrscheinlichkeit von $p<0{,}01$.[758] Zur Überprüfung des Zusammenhangs zwischen Höhe der marktinduzierten Komplexität und Distanz zur Äquivalenzdiagonalen wird folgende Hypothese formuliert und durch einen Vergleich der Werke im Quartil niedriger Komplexität mit den Werken des Quartils hoher Komplexität getestet.

$H_{I,C\text{-}12}$: Bei hoher marktinduzierter Komplexität ist die Distanz zur Äquivalenzdiagonalen (Übereinstimmung exogener und endogener Komplexität) größer als bei niedriger marktinduzierter Komplexität.

Die Hypothese ist mit einer Irrtumswahrscheinlichkeit von $p<0{,}01$ anzunehmen. In der Gruppe der Werke des Quartils niedriger Komplexität liegt die durchschnittliche standardisierte Abweichung von der Äquivalenzdiagonale bei -0,135 (absolut 15,6). Die Abweichung fällt dagegen bei Werken im Quartil hoher Komplexität sehr viel größer aus: 0,431 (absolut 23,1). Bei hoher Komplexität wird das Gesetz der erforderlichen Varietät sehr viel weniger erfüllt als bei geringer Komplexität. Die Komplexität des Marktumfeldes erschwert bereits die Anpassung an das geforderte Komplexitätsniveau. Die Betrachtung der Distanz zur Äquivalenzdiagonalen wird im Folgenden auf die Typologisierung der Fertigungsorganisationen erweitert, um einen inhaltlichen Bezug zwischen Distanz, Lagemaß und den Organisationstypen der Fertigung herzustellen. Damit können die verschiedenen Organisationstypen hinsichtlich ihrer Eignung bewertet werden, unter dem Einfluss marktinduzierter Komplexität anpassungsfähig zu sein. Einen Überblick der diskutierten Kennzahlen liefert Tabelle 19.

[758] Zur Kontrolle wurde die Stichprobe auf Werksgrößenklassen- und Branchenunterschiede untersucht, statistisch signifikante Unterschiede sind nicht festzustellen.

Eine varianzanalytische Untersuchung der fünf Organisationstypen zeigt statistisch signifikante Unterschiede der Distanz- und Lagemaße zwischen den Organisationstypen.[759] Die klassischen Organisationstypen der Massenfertigung (MASS) und der Werkstattfertigung (WSF) sind in hohem Maße gegenüber der Komplexität ihres Marktumfeldes angepasst. Anders verhalten sich dagegen die Organisationstypen, die nicht entlang der Diagonale der Produkt-Prozess-Matrix positioniert sind. Die flexible Linienfertigung (FLEXL) und die standardisierte Werkstattfertigung (STANW) zeigen erhebliche Gegensätze hinsichtlich ihrer Anpassungsleistung. Während die Werke der flexiblen Linienfertigung eine hohe Anpassungsleistung gegenüber einem durchschnittlich komplexen Marktumfeld erreichen, besitzen die Werke der standardisierten Werkstattfertigung, obwohl sie auf ähnlich komplexen Märkten operieren, nur einen vergleichsweise geringen Anpassungsgrad an das exogene Komplexitätsniveau.

Organisationsform	**MASS**	**FLEXL**	**ZELL**	**STANW**	**WSF**
Organisationale Spezialisierung (gesamt)	0,165	-0,286	0,115	0,076	0,045
Marktinduzierte Komplexität (gesamt)	-0,146	0,005	0,173	0,057	-0,136
Abweichung von der Äquivalenzdiagonalen (Grad der Übereinstimmung exogener und endogener Komplexität)					
Absolute Distanz					
- Distanz (standardisiert)	-0,154	-0,197	0,340	0,233	-0,125
- Durchschnittliche Distanz	15,28	14,71	21,59	20,46	15,67
Distanz als Lagemaß					
- Distanz (standardisiert)	-0,101	-0,245	0,324	0,167	-0,073
- Durchschnittliche Distanz	5,28	2,30	14,05	10,81	5,84
Relation Komplexitätsmangel zu Komplexitätsüberschuss	1,53	1,15	2,94	2,50	1,95

Tabelle 19: Anpassung an marktinduzierter Komplexität – ein Vergleich verschiedener Fertigungsorganisationstypen

[759] Vgl. dazu Anhang-Tabelle 17.

Die größte Abweichung der endogenen von der exogenen Komplexität ist im Fall der Zellenfertigung zu konstatieren. Diese Werke operieren in Märkten hoher Komplexität und sind gleichzeitig am schlechtesten innerhalb der Stichprobe auf diese Komplexität hin ausgerichtet. Möglicherweise ist es gerade die Modularität dieser Fertigungsorganisation, die aufgrund ihrer hohen Flexibilität in der Lage ist, ein Komplexitätsgefälle wirkungsvoll ausgleichen zu können. Werden die absoluten Lagemaße der verschiedenen Organisationstypen betrachtet, so zeigt sich im Durchschnitt eine Abweichung oberhalb der Äquivalenzdiagonalen, was auf eine tendenziell zu geringe Komplexität hinweist. Die größte Abweichung ist bei Werken des Typs ZELL festzustellen. Im Vergleich besitzen diese Werke eine deutlich geringere Komplexität der Fertigungsorganisation als es die Märkte erfordern sollten. Ebenso weicht der Organisationstyp STANW relativ stark in Richtung einer zu geringen endogenen Komplexität ab. Alle anderen Organisationstypen liegen im Durchschnitt relativ nah an der Äquivalenzdiagonale, so dass eine generelle Tendenz zugunsten eines endogenen Komplexitätsüberschusses oder -mangels nicht festzustellen ist. Um die Positionierung der Werke in Relation zur Äquivalenzdiagonalen zu verdeutlichen, ist das Verhältnis zwischen oberhalb und unterhalb der Diagonale positionierten Werken zusätzlich angegeben. Die ermittelten Verhältniszahlen bestätigen die Tendenz zum Komplexitätsmangel gegenüber dem Marktumfeld.[760] Für alle Organisationstypen ist ein, zum Teil deutliches Übergewicht der Werke festzustellen, die eine geringere endogene Komplexität besitzen als das Niveau der exogenen Komplexität erfordern würde. Zusammenfassend können die Organisationstypen der Fertigung im Kontext marktinduzierter Komplexität wie folgt charakterisiert werden:

Klassische Massenfertigung (MASS)

Dieser Fertigungstyp entspricht den Empfehlungen der Produkt-Prozess-Matrix und repräsentiert eine Fertigung die kaum Flexibilität besitzt und in überwiegendem Maße standardisierte Massenprodukte herstellt. Das Prozesslayout Linienfertigung und der Prozesstyp Massenfertigung stellen die dominanten Elemente dieses Organisationstyps dar, was einen hohen Grad organisationaler Spezialisierung zur Folge hat, der mit einem sehr starken Technologieeinsatz einhergeht. Da diese Werke im Vergleich zur Gesamtstichprobe die geringste Komplexität ihres Marktumfeldes besitzen, folgt daraus auch eine große Übereinstimmung endogener und exogener Kom-

[760] Auf die Gesamtstichprobe bezogen ergibt sich ein Verhältnis von Werken mit Komplexitätsmangel zu welchen mit Komplexitätsüberschuss von 1,83:1.

plexität. Werke dieser Gruppe sind entsprechend gut auf das geringe Komplexitätsniveau ihrer Umwelt eingestellt und besitzen demnach ein hohes Anpassungsniveau. Es besteht lediglich eine leichte Tendenz zum Komplexitätsmangel gegenüber den Anforderungen der Märkte.

Flexible Linienfertigung (FLEXL)

Die flexible Linienfertigung entspricht nicht den Annahmen der Produkt-Prozess-Matrix bezüglich einer effizienten Gestaltung der Fertigung. Der relativ starke Einsatz der Linienfertigung in Kombination mit überwiegender Serienfertigung stellt hohe Anforderungen an die Produktionsplanung und -steuerung einer solchen Fertigung. Die Komplexität des Marktumfeldes ist in dieser Gruppe mit einem durchschnittlichen Niveau deutlich größer als das der vergleichbaren klassischen Massenfertigung. Aus den Ergebnissen zur organisationalen Spezialisierung ist zu erkennen, dass die flexible Linienfertigung eine besonders große Heterogenität des Prozesslayouts aufweist. Im Vergleich besitzen diese Werke die geringste Layoutspezialisierung aller Organisationstypen. Die Komplexität des eingesetzten Prozesslayouts besitzt allerdings eine große Übereinstimmung zur exogenen Komplexität des Marktumfeldes. In Bezug auf die exogene Komplexität erweist sich dieser Organisationstyp als derjenige mit der höchsten Übereinstimmung zur Komplexität des Marktumfeldes.

Zellenfertigung (ZELL)

Die Zellenfertigung nimmt auf der Diagonalen der Produkt-Prozess-Matrix die mittlere Position ein und steht sowohl für anpassungsfähige Fertigungsprozesse als auch für die Herstellung an Kundenwünsche anpassbarer Produkte. In Bezug auf das Prozesslayout sind die Werke dieses Organisationstyps sehr stark auf die modulare Struktur zellulärer Fertigungssysteme spezialisiert. Damit operieren die Werke dieses Typs in Märkten mit der im Vergleich höchsten Komplexität innerhalb der Stichprobe. Dennoch ist die Komplexität der Märkte deutlich größer als die Komplexität der Fertigungsorganisation. Somit liegt hier die größte Distanz zur Äquivalenzdiagonale vor, wobei die überwiegende Anzahl der Werke –im Verhältnis drei zu eins – dem Bereich des endogenen Komplexitäts-mangels zuzuordnen ist. Die Anpassung an das exogene Komplexitätsniveau ist mithin gering. Dies kann zum einen darin begründet sein, dass eine hohe Dynamik marktbezogener Veränderungsprozesse eine bessere Anpassung nicht erlaubt, da die Anpassungsgeschwindigkeit zu gering ist. Zum anderen ist es denkbar, dass eine höhere Anpassung gar nicht erforderlich ist, da die Flexibilität der Zellenfertigung ein Werk gerade dazu befähigt, unter einem Missverhältnis zwischen exogener und endogener Komplexität zu operieren, ohne Einbußen wesentlicher Erfolgskriterien hinnehmen zu müssen.

Standardisierte Werkstattfertigung (STANW)

Die Werke dieses Organisationstyps sind überwiegend als Werkstattfertigung organisiert und produzieren mit diesem Layout teilweise standardisierte Produkte in Serien. Dabei werden auch in durchschnittlichem Umfang andere Layouttypen der Fertigung eingesetzt, woraus ein mittlerer Grad organisationaler Spezialisierung resultiert. Da auch die Komplexität des Marktumfeldes von durchschnittlichem Niveau ist, wäre nach diesen Ergebnissen eine gute Übereinstimmung zwischen exogener und endogener Komplexität zu erwarten. Eine genauere Betrachtung der einzelnen Ausprägungen dieses Organisationstyps zeigt jedoch, dass eine Betrachtung lediglich der durchschnittlichen Komplexitäts- und Spezialisierungsgrade nicht ausreicht. Tatsächlich erweisen sich die Werke dieses Typs als sehr schlecht an die exogene Komplexität angepasst. Dies kann damit begründet werden, dass ein mittlerer Grad organisationaler Spezialisierung durchaus viele verschiedene, unter Umständen weit voneinander entfernt positionierte organisationale Konfigurationen beinhalten kann. Innerhalb dieser Gruppe ist die größte Streuung der Distanzwerte innerhalb der Stichprobe festzustellen, außerdem besitzt keine Gruppe einen so großen Anteil an Werken, die weiter als 25% von der Äquivalenzdiagonalen positioniert sind, was letztlich die schlechte Anpassungsleistung der Werke dieses Organisationstyps erklärt. Werke dieser Gruppe sind schlecht angepasst an die Komplexität der umgebenden Märkte und sind überwiegend durch einen endogenen Komplexitätsmangel gekennzeichnet.

Klassische Werkstattfertigung (WSF)

Werke der klassischen Werkstattfertigung setzen als Prozesslayout überwiegend eine verrichtungsorientierte Werkstattfertigung ein und produzieren beinahe ausschließlich kundenindividuelle Produkte in Einzelfertigung. Insbesondere die Konzentration auf diesen Prozesstyp ist sehr hoch, wobei durchaus die Möglichkeit genutzt wird auch Lose gleicher oder ähnlicher Produkte herzustellen, da die Spezialisierung der Prozesstypen relativ gering ist. Bis auf einen sehr umfangreichen Einsatz von CAD ist die Fertigung durch einen weit unterdurchschnittlichen Einsatz moderner Fertigungstechnologien gekennzeichnet. Die Komplexität des Marktumfeldes ist für diese Werke sehr gering. Zwar ist eine beachtenswerte Vielfalt zu vermuten, die eine kundenindividuelle Fertigung erfordert, aber die Bandbreite bearbeiteter Märkte und Kundensegmente ist gering, da größere Komplexität durch aufwendig zu planende und steuernde Herstellungsprozesse der Werkstattfertigung die Koordinationsfähigkeit des Unternehmens schnell erschöpfen würde. Für diese Werke ist eine hohe Anpassung gegenüber der exogenen Komplexität festzustellen.

IV. Der Einsatz von Verbesserungsinitiativen in der Fertigung zur Anpassung an die Erfordernisse komplexer Märkte

Nachdem in den vorangegangenen Kapiteln der Zusammenhang zwischen marktinduzierter Komplexität und strukturellen Merkmalen der Fertigungsorganisationstypen aufgezeigt wurde, wird in den folgenden Ausführungen und empirischen Analysen dargestellt, wie in der industriellen Fertigung Veränderungsprozesse gesteuert und vollzogen werden. Es wird untersucht, auf welche Weise sich Anpassungsprozesse in Fertigungsunternehmen vollziehen. Besonderes Augenmerk wird auf den Einfluss marktinduzierter Komplexität gelegt.

1. Ein Prozessmodell zur Betrachtung von Leistungsverbesserungen in der Fertigung

Die Fertigung kann als ein komplex-adaptives System angesehen werden, welches sich unter Beachtung des Zielssystems an das Marktumfeld anpasst.[761] In dem Bestreben einen möglichst hohen Grad der Zielerreichung sicherzustellen vollzieht sich ein Anpassungsprozess, an dessen Ausgestaltung verschiedene Einflussfaktoren beteiligt sind, beispielsweise das Zielsystem und die Anforderungen des Marktes. Gleichzeitig können auch die zur Verfügung stehenden Handlungsalternativen zur Verbesserung der Fertigung oder auch das bisher erreichte Leistungsniveau von Bedeutung sein, und den innerhalb der Fertigung ablaufenden adaptiven Prozess beeinflussen. Mit Voranschreiten der Zeit und stetigen Anpassungsanstrengungen steigt der Grad der Angepasstheit kontinuierlich, kurzzeitig kann zwar durch unerwartete Umweltveränderungen, vor allem in hochkomplexen Märkten, der Grad der Anpassung sinken, danach wird allerdings wieder ein kontinuierlicher Anstieg der Angepasstheit folgen.

[761] Vgl. *McCarthy*, Ian P.: Manufacturing strategy, 2004, S. 124ff.

Anpassungsprozesse führen im Zeitverlauf zu kontinuierlich ansteigenden Fähigkeiten. Ein Verbesserungsprozess zur Steigerung der Leistungsfähigkeit in der Fertigung besteht dabei sowohl aus expliziten als auch aus impliziten Steuerungsmechanismen, die miteinander in Wechselwirkung stehen.[762] Zur Beurteilung, ob Veränderungsprozesse in der Fertigung konsistent sind, und welche Vorteile dadurch zu erwarten sind, ist eine dynamische Perspektive anzuwenden. Diese muss den Einfluss und die Ergebnisse vergangener Entscheidungen und Handlungen berücksichtigen.[763] Von manchen Autoren wird dieser Anpassungsprozess als ein Ausdruck beziehungsweise als ein Ergebnis einer Fertigungsstrategie bezeichnet. *Hayes/Wheelwright* definieren eine Fertigungsstrategie als „... a sequence of decisions that, over time, enables a business unit to achieve a desired manufacturing structure, infrastructure, and set of specific capabilities."[764] Durch die Möglichkeit, kontinuierliche Verbesserungen als einen kohärenten Fluss von Entscheidungen zu betrachten, werden sowohl operationale Leistungsverbesserungen der bestehenden Fähigkeiten berücksichtigt, als auch vollkommen neue Fähigkeiten, die einen langfristigen Wettbewerbsvorteil bieten, der nur schwer imitiert werden kann.[765] Mit Hilfe impliziter Anpassung können in der Fertigung neue Fähigkeiten entwickelt werden, die sich nicht allein aus strategischen Zielen erklären lassen. Dazu ist es erforderlich, dass Mitarbeiter geschult, Erfahrungen gesammelt und erhalten, und neue verbesserte Abläufe erlernt werden. Gelingen Verbesserungen auf diese Art und Weise, beeinflussen sie die strategische Ausrichtung der Fertigung und begründen den oftmals emergenten Charakter einer Fertigungsstrategie.[766] „Operations' role is larger than just that of implementer of strategy; it is the foundation for—indeed, the driver

---

[762] Vgl. Kapitel B.II.2.a).

[763] Vgl. *Cagliano*, Raffaella und Gianluca *Spina*: How improvement programmes of manufacturing are selected. The role of strategic priorities and past experience, in: International Journal of Operations & Production Management, Jhg. 20, Nr. 7, 2000, S. 773f.

[764] *Hayes*, Robert H. und Steven C. *Wheelwright*: Restoring Our Competitive Edge: Competing Through Manufacturing, New York: Wiley & Sons 1984, S. 32.

[765] Vgl. *Wernerfelt*, Birger: A Resource-Based View of the Firm, 1984, S. 173ff.

[766] Vgl. *Hayes*, Robert H. und David M. *Upton*: Operations-Based Strategy, 1998, S. 22. Vgl. auch *Barnes*, David: The complexities of the manufacturing strategy formation process in practice, in: International Journal of Operations & Production Management, Jhg. 22, Nr. 10, 2002, S. 1093ff. Vgl. ferner zum Wesen emergenter Strategien *Mintzberg*, Henry: Patterns in Strategy Formation, 1978, S. 934ff.

behind—successful strategic attacks and defenses."[767] Die Fertigung stellt in diesem Sinne eine Ressource dar, deren selbstorganisatorisches Potenzial einen impliziten Anpassungsprozess durch-führen kann und somit den Bedarf einer expliziten Anpassung vermindert.

Grundsätzlich sind Anpassungsmaßnahmen bei hoher Komplexität des Marktumfeldes erschwert, da die Vorteilhaftigkeit bestimmter Fähigkeiten größeren Schwankungen unterlegen ist. Zum einen ist das Risiko von Fehlinvestitionen erhöht, zum anderen besteht nur eine geringe Zeit der Stabilität, um Effizienzvorteile aus den entwickelten Fähigkeiten zu erzielen. Umfangreiche Ressourceninvestitionen, die kontinuierlich über lange Zeit getätigt werden müssen, um positive Ergebnisse zu erzielen, werden bei hoher Komplexität tendenziell weniger stark eingesetzt. Das Modell organisationaler Fitnesslandschaften[768] postuliert Anpassungsprozesse, die weniger auf die Verbesserung bestimmter Fähigkeiten ausgerichtet sind. Anpassungsmaßnahmen sollten sich bei hoher Komplexität stärker auf die Verbesserung generischer Fähigkeiten konzentrieren, welche die Bewältigung künftiger, zum gegenwärtigen Zeitpunkt noch unbekannter Störgrößen, erlauben. Zugleich sind die Ergebnisse, die durch Verbesserungsanstrengungen erreicht werden weniger stark voneinander abhängig, da durch einzelne Verbesserungsmaßnahmen nur unspezifische Auswirkungen auf den Gesamtfitnesswert beobachtet werden können. Die Kausalität zwischen Maßnahmen und Ergebnis ist weniger stark ausgeprägt.

Werden betriebliche Änderungsprozesse ausschließlich aus dem Blickwinkel der Unternehmensumwelt betrachtet, so werden wesentliche Determinanten ausgeblendet. Insbesondere im Zielsystem der Fertigung ist eine Einflussgröße zu sehen, welche den Einsatz von Verbesserungsanstrengungen beeinflusst.[769] Gleichzeitig resultieren die in der Vergangenheit erreichten Leistungsverbesserungen in entsprechenden Erfahrungen bezüglich der Wirksamkeit bestimmter Verbesserungsinitiativen, die in den Auswahlprozess integriert werden, um Leistungssteigerungen in den priorisierten Zieldimensionen erreichen zu können.[770] Es besteht deshalb eine Pfadabhängig-

---

[767] *Hayes*, Robert H. und David M. *Upton*: Operations-Based Strategy, 1998, S. 8.

[768] Vgl. dazu die Ausführungen im Kapitel B.II.1.

[769] Vgl. *Miller*, Danny und Peter H. *Friesen*: Archetypes of Organizational Transition, 1980, S. 269f.

[770] Vgl. *Barnes*, David: The complexities of the manufacturing strategy formation process in practice, 2002, S. 1103ff.

keit von den in der Vergangenheit getroffenen Entscheidungen, die den aktuellen Entscheidungsraum begrenzen. Die theoretischen Überlegungen postulieren die Pfadabhängigkeit von impliziten Steuerungsmechanismen, die einen kontinuierlichen Verlauf bei der Nutzung von Verbesserungsinitiativen erzeugen.

Ebenso ist das gewählte Zielsystem, welches den Weg künftiger Verbesserungsanstrengungen festlegt, nicht vollkommen frei gewählt, sondern wird durch verschiedene Größen beeinflusst. Die Anforderungen des Marktumfeldes sind dabei ebenso von Bedeutung wie die bisher erzielten Leistungsverbesserungen, die sich angesichts der zur erfüllenden Marktanforderungen als ausreichend oder nicht ausreichend darstellen. Die Auswahl konkreter Maßnahmen zur Verbesserung der Fertigung stellen eine Selektionsentscheidung dar, die durch das gewählte Zielsystem der Fertigung gesteuert wird und in diesem Sinne als eine explizite Anpassungsmaßnahme zu interpretieren ist, deren Steuerungsgröße – die Ziele – aber nicht vollkommen unabhängig definiert werden kann. Aufbauend auf eine Arbeit von *Cagliano/Spina* wird hier ein Modell vorgeschlagen, das die Auswahl von Verbesserungsinitiativen unter dem Einfluss der Fertigungsziele und den in der Vergangenheit gewählten Verbesserungsprogrammen betrachtet.[771] Im Vordergrund steht die Frage wie künftige Verbesserungsinitiativen ausgewählt werden und welche Größen den Auswahlprozess regeln. In der vorliegenden Untersuchung wird unterschieden in exogene Einflussgrößen – der marktinduzierten Komplexität – und endogenen Einflussgrößen des Anpassungsprozesses. Die fertigungsstrategischen Ziele definieren einen Zielzustand, dessen Erreichung durch die Nutzung verschiedener Verbesserungsinitiativen erreicht werden kann. Der Nutzungsgrad solcher Initiativen stellt wiederum einen Indikator für den Umfang der Anpassungsanstrengungen eines Werkes dar und kann beispielsweise abhängig sein von der Komplexität des Marktumfeldes. Grundsätzlich ist weiterhin anzunehmen, dass zwischen dem bisherigen und dem zukünftigen Nutzungsgrad einer Verbesserungsinitiative eine Pfadabhängigkeit besteht, die fortgesetzte Investitionen in eine bereits in der Vergangenheit erfolgreich genutzte Initiative begünstigt. Der Erfolg wird durch die bisher erreichten Leistungsverbesserungen in der Fertigung ermittelt und ist einerseits als Einflussgröße für das formulierte Zielsystem zu berücksichtigen, andererseits werden die Leistungsverbesserungen durch die in der Vergangenheit genutzten Verbesserungsinitiativen erzeugt. In Abbildung 31

---

[771] Vgl. *Cagliano*, Raffaella und Gianluca *Spina*: How improvement programmes of manufacturing are selected, 2000, S. 774f.

ist das Modell eines solchen Anpassungsprozesses dargestellt. Die verschiedenen Komponenten des Anpassungsprozesses sind durch Wirkungsbeziehungen miteinander verbunden und charakterisieren den zeitlichen Verlauf, den die Verbesserung der Fertigung durchläuft.

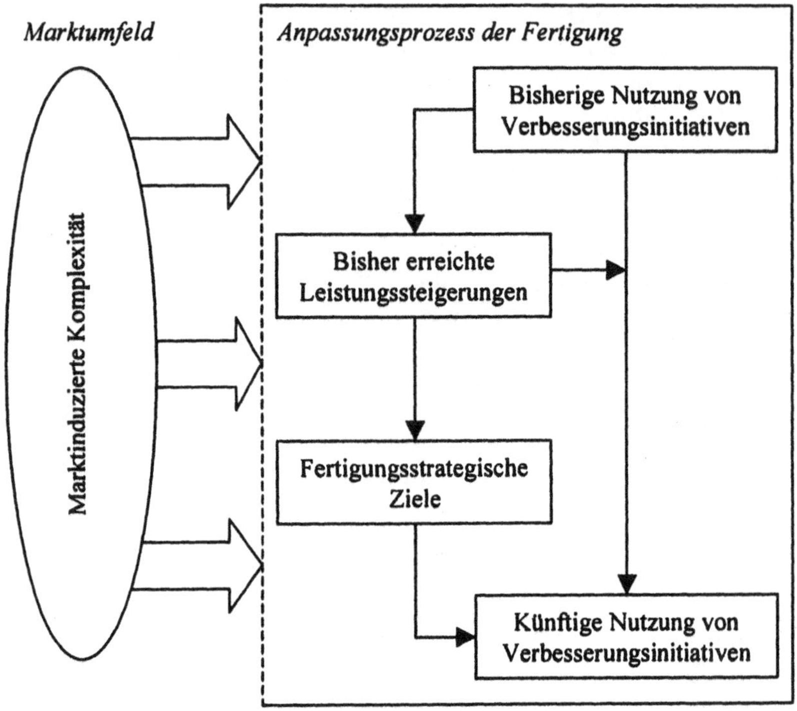

Abbildung 31: Modell eines Verbesserungsprozesses der Fertigung unter Einfluss marktinduzierter Komplexität

Die einzelnen Komponenten sowie die Wirkungsbeziehungen dieses Modells können dabei direkt oder indirekt von der Marktkomplexität beeinflusst werden. In den folgenden Abschnitten werden zunächst die ver-schiedenen Teilkomponenten dieses Anpassungsprozesses beschrieben und Möglichkeiten einer Operationalisierung vorgestellt. Grundsätzlich vollzieht sich der Anpassungsprozess innerhalb der Bedingungen die der Fertigung durch das Marktumfeld und durch den gewählten Organisationstyp auferlegt werden.

Es ist grundsätzlich anzunehmen, dass sich die Schwerpunkte in Abhängigkeit der markinduzierten Komplexität verändern beziehungsweise dass die Stärke der Wirkungszusammenhänge durch den Einfluss marktinduzierter Komplexität variiert. Des Weiteren werden die verschiedenen Organisationstypen unterschiedliche Anpassungsprozesse durchlaufen und somit die Bedeutung der verschiedenen Komponenten des Anpassungsprozess nicht in allen Organisationstypen gleichgewichtig sein. Die Organisationstypen der Fertigung spielen dabei eine wesentliche Rolle, um beispielsweise Zielprioritäten oder die Auswahl bestimmter Verbesserungsprogramme interpretieren zu können.

2. Komponenten zur Gestaltung von Anpassungsprozessen in der industriellen Fertigung

In den folgenden Abschnitten werden die verschiedenen Bestandteile, die den Anpassungsprozess der Fertigung darstellen können, beschrieben und Messmodelle zur Operationalisierung der Konstrukte vorgestellt. Weiterhin wird die Beziehung, welche die einzelnen Bestandteile des Anpassungsprozesses zur marktinduzierten Komplexität besitzen, untersucht, um festzustellen über welchen Weg die Marktkomplexität Eingang in die Verbesserungsanstrengungen der Fertigung findet.

a) Fertigungsstrategische Verbesserungsziele als Steuerungsparameter expliziter Anpassungsprozesse

Als die zentralen Zielgrößen zur Gestaltung der Fertigung werden Kosten, Qualität und Zeit genannt.[772] Verschiedene Autoren vertreten die Auffassung,

[772] Vgl. *Adam*, Dietrich: Produktionsmanagement, 1998, S. 33ff. Vgl. auch *Ward*, Peter T.; Deborah J. *Bickford* und G. Keong *Leong*: Configurations of Manufacturing Strategy, Business Strategy, Environment and Structure, in: Journal of Management, Jhg. 22, Nr. 4, 1996, S. 599f. Vgl. auch *Swamidass*, Paul M. und William T. *Newell*: Manufacturing Strategy, Environmental Uncertainty and Performance: A Path Analytic Model, in: Management Science, Jhg. 33, Nr. 4, 1987, S. 510f. Eine ähnliche Systematisierung verwendet auch *Wheelwright*, Steven C.: Manufacturing Strategy: Defining the Missing Link, in: Strategic Management Journal, Jhg. 5, Nr. 1, 1984, S. 77-91. Vgl. auch *Milling*, Peter; Uwe *Schwellbach* und Jörn-Henrik *Thun*: The Role of Speed in Manufacturing, in: *Machuca*, José A. D. und Tomislav *Mandakovic* (eds.): POM Facing the New Millennium - Evaluating the past, leading with the present and planning the future of Operations, Sevilla: 2000, S. M3S01.1-10.

dass eine weitere Zielgröße die Wettbewerbsfähigkeit von Industrieunternehmen beeinflusst. Diese wird zumeist mit dem Begriff Flexibilität oder Agilität umschrieben und meint die Anpassungsfähigkeit und Veränderbarkeit der Fertigung an sich wandelnde Kundenanforderungen oder verändernde Wettbewerbskräfte.[773] Die wechselnden Anforderungen der Kunden erfordern Berücksichtigung in den fertigungsstrategischen Zielsetzungen von Fertigungsunternehmen. Zu den Anforderungen zählt eine große Breite qualitativ hochwertiger Produkte, die innerhalb kurzer Zeit, in variierenden Mengen und zu niedrigen Kosten hergestellt werden können.[774] Des Weiteren müssen Unternehmen in der Lage sein, kontinuierlich Innovationen sowie Produkt- und Prozessverbesserungen zu erzeugen. Die Vielzahl solcher Anforderungen verlangt ein großes Maß an Anpassungsfähigkeit im Bereich der Fertigung.[775]

Empirische Untersuchungen betonen die Bedeutung der Flexibilität in der Fertigung als wettbewerbsstrategischer Imperativ, ohne den das Bestehen im internationalen Wettbewerb in Frage gestellt ist.[776] Im Gegensatz zu Erfolgsfaktoren wie Kosten oder Qualität ist die Flexibilität sehr viel stärker als eine potenzielle Fähigkeit zu interpretieren. Eine flexible Fertigung ist in der Lage, eine Vielzahl verschiedener hypothetischer Aufgaben zu erfüllen. Hierbei spielt es zunächst keine Rolle ob, diese Aufgaben, beispielsweise die Herstellung einer Vielzahl von Produktvarianten, tatsächlich umgesetzt

---

[773] Vgl. *Wheelwright*, Steven C.: Manufacturing Strategy: Defining the Missing Link, 1984, S. 80ff. Vgl. auch *Ward*, Peter T.; John K. *McCreery*; Larry P. *Ritzman* und Deven *Sharma*: Competitive Priorities in Operations Management, in: Decision Science, Jhg. 29, Nr. 4, 1998, S. 1036ff. Eine Übersicht verschiedener Inhalte fertigungsstrategischer Zielsetzungen findet sich bei *D'Souza*, Derrick E. und Fredrik P. *Williams*: Toward a Taxonomy of Manufacturing Flexibility Dimensions, in: Journal of Operations Management, Jhg. 18, 2000, S. 577-593. Einen Überblick empirischer Arbeiten zu den strategischen Zieldimensionen in der Fertigung findet sich bei *Vokurka*, Robert J. und Scott W. *O'Leary-Kelly*: A Review of empirical Research on Manufacturing Flexibility, in: Journal of Operations Management, Jhg. 18, 2000, S. 485-501. Vgl. auch *Thun*, Jörn-Henrik: Die zeitbasierte Fertigungsstrategie. Methoden zur Leistungssteigerung in Industriebetrieben, Wiesbaden: Gabler 2002, S. 27ff.

[774] Vgl. *Stalk*, George Jr. und Thomas M. *Hout*: Competing against Time, 1990, S. 269ff.

[775] Vgl. *Milling*, Peter: Computer integrated manufacturing in German industry, 1997, S. 1034ff.

[776] Vgl. *DeMeyer*, Arnoud; Jinichiro *Nakane*; Jeffrey G. *Miller* und Kasra *Ferdows*: Flexibility: The Next Competitive Battle - The Manufacturing Futures Survey, in: Strategic Management Journal, Jhg. 10, 1989, S. 138ff.

werden. Dagegen stellen Qualität und Kosten Fähigkeiten dar, die ihren Wert dadurch erlangen, dass sie umgesetzt und genutzt werden.[777] In diesem Kontext wird Flexibilität häufig weniger als ein Ziel verstanden, dessen Erreichung erstrebenswert scheint, sondern als ein Mittel, um andere Ziele zu erfüllen. Zur Begründung, dass die Fertigung flexibel sein müsse, werden deshalb andere Zieldimensionen, beispielsweise kürzere Lieferzeiten oder bessere Erfüllung von Kundenwünschen, herangezogen.[778]

Die zunehmende Geschwindigkeit, mit der sich marktliche Veränderungsprozesse vollziehen, hat zu einer verstärkten Orientierung an Zeitzielen geführt. Die Einführung neuer Produkte wird beschleunigt, Produktlebenszyklen verkürzen sich. Durch diese Entwicklung wird die Erreichung anderer Zielkriterien beeinträchtigt. So führt eine Reduzierung von Entwicklungszeiten sowie die Verkürzung von Produktlebenszyklen zu einer verkürzten Zeitspanne, innerhalb derer Qualitätsprobleme behoben und Produktivität gesteigert werden können. Die Qualität der Produkte sinkt beziehungsweise Qualitätsanstrengungen müssen erhöht werden, um in kürzerer Zeit das gleiche Qualitätsniveau erreichen zu können.[779]

Eine Erweiterung des Zeitziels, über lieferzeitbezogene Kriterien hinaus, resultiert insbesondere durch die Berücksichtigung von Konzepten wie zum Beispiel Just-in-Time oder Just-in-Sequence in der Fertigung.[780] Hierdurch werden zusätzliche zeitorientierte Eigenschaften der Fertigung wie beispielsweise Durchlauf- und Rüstzeit stärker in die fertigungsstrategischen Überlegungen einbezogen.[781] Der Erfolg der Fertigung wird oft ausschließlich an Effizienzkriterien gemessen.[782] Die Bewertung der Fertigung ausschließlich

---

[777] Vgl. *Upton*, David M.: The Management of Manufacturing Flexibility, 1994, S. 76.

[778] Vgl. *Slack*, Nigel: The Flexibility of Manufacturing Systems, in: International Journal of Operations & Production Management, Jhg. 7, Nr. 4, 1987, S. 40.

[779] Vgl. *Milling*, Peter: Forschung und Innovation in der Industrie, in: *Dichtl*, Erwin (Hrsg.): Standort Bundesrepublik Deutschland - die Wettbewerbsbedingungen auf dem Prüfstand, Frankfurt: Frankfurter Allg. Zeitung, Verl.-Bereich Wirtschaftsbücher 1994, S. 51ff.

[780] Vgl. *Thun*, Jörn-Henrik und Martin *Drüke*: Just in Sequence – Eine Erweiterung des Just in Time durch Sequenzzulieferung, Arbeitsbericht der Fakultät für Betriebswirtschaftslehre der Universität Mannheim: Nr. 2005-01, Mannheim 2005, S. 1-17.

[781] Vgl. *Stalk*, George Jr. und Thomas M. *Hout*: Competing against Time, 1990, vgl. auch *Thun*, Jörn-Henrik: Die zeitbasierte Fertigungsstrategie, 2002, S. 19f.

[782] Vgl. *Skinner*, Wickham: The Productivity Paradox, in: Harvard Business Review, Jhg. 64, Nr. 4, 1986, S. 56f.

durch Effizienzgrößen ist aber als nicht ausreichend zu beurteilen. Da Flexibilität eine potenzielle Ressource darstellt, deren Aufrechterhaltung Kosten verursacht, verfügt die Fertigung häufig nur über unzureichende eigene Flexibilitätspotenziale, beispielsweise in Form von Materialpuffern. Die Fertigung ist damit nicht in der Lage, auf qualitative Anpassungsbedarfe reagieren zu können. Sollen Anpassungen vorgenommen werden, sind diese nur über den Umweg einer zentralen Produktionsprogrammplanung zu erreichen, was mit erheblichen Zeit- und Koordinationsbedarf verbunden ist.[783]

Da die Bewertung der klassischen Zielgrößen der Fertigung, insbesondere der Kosten relativ differenziert erfolgt und leichter operationalisiert werden kann als der Nutzen der Flexibilität, wird dem Kostenziel häufig der Vorrang gegenüber Flexibilitätszielen eingeräumt.[784] Zur Art der Zusammenhänge zwischen den Zieldimensionen herrscht allerdings keine einhellige Auffassung. Zwei Hauptargumentationslinien können identifiziert werden. Zum einen der Trade-off Ansatz[785], der einen konkurrierenden Zusammenhang der Zieldimensionen unterstellt und zum anderen der kumulative Ansatz des sogenannten Sand-Cone Modells[786]. Letzterer geht von der Annahme aus, dass die Fertigungsziele in einer komplementären Beziehung zueinander stehen und aufeinander aufbauen. Der Trade-Off Ansatz unterstellt dagegen, dass „... a production system can be designed to do some things well, but always at the expense of other abilities“[787]. Soll beispielsweise die Erreichung des Kostenziels weiter vorangetrieben werden, so werden die Maßnahmen zur Umsetzung dieses Vorhabens dazu führen, dass die Erfüllung anderer Ziele darunter leidet.

Wird der Trade-Off Argumentation gefolgt, so resultiert eine simultane Verfolgung aller oder mehrerer Fertigungsziele in einer erhöhten Komplexität in der Fertigung. Unklare Prioritäten erschweren die Erreichung von Leistungsverbesserungen und führen dazu, dass keines der gesetzten Ziele in

---

[783] Vgl. *Westphal*, Jan R.: Komplexitätsmanagement in der Produktionslogistik, 2001, S. 42.

[784] Vgl. *Gerwin*, Donald: Manufacturing Flexibility: A Strategic Perspective, in: Management Science, Jhg. 39, Nr. 4, 1993, S. 402.

[785] Vgl. Skinner, Wickham: Manufacturing - Missing Link in Corporate Strategy, in: Harvard Business Review, Vol. 47, May-June, 1969, S. 136-145.

[786] Vgl. *Ferdows*, Kasra und Arnoud *De Meyer*: Lasting Improvements in Manufacturing Performance: In Search of a New Theory, in: Journal of Operations Management, Vol. 9, No. 2, 1990, S. 168-184.

[787] *Skinner*, Wickham: Manufacturing - Missing Link in Corporate Strategy, 1969, S. 138.

dem beabsichtigten Maße erreicht wird. Widersprüche der verschiedenen Fertigungsziele bewirken unter Umständen sogar eine Konterkarierung von Anstrengungen zur Verbesserung der Zielerreichung in bestimmten Bereichen aufgrund von Maßnahmen, die zur Zielverfolgung anderer Bereiche erforderlich sind.[788] Ein Hauptproblem, welches von *Skinner* genannt wird, ist eine einseitige Konzentration der Fertigung auf Effizienzziele, voranging ausgedrückt durch die Zielvorgabe, zu geringst möglichen Stückkosten produzieren zu können. Sehr häufig bleiben die Erfolge bei Verfolgung dieses Ziels weit hinter den Erwartungen zurück und rechtfertigen die eingesetzten Anstrengungen nicht.[789] Die Ursachen hierfür liegen in verschieden Aspekten der Umsetzung produktivitätssteigender Maßnahmen beziehungsweise im Verständnis darüber, was die Produktivität ausmacht und wie diese beeinflusst werden kann. Zumeist wird im Rahmen von Programmen zur Steigerung der Produktivität besonderes Augenmerk auf die direkten Lohnkosten gelegt. Es wird vernachlässigt, dass in nur wenigen Industriezweigen der Anteil direkter Lohnkosten über zehn Prozent liegt. Dagegen werden in anderen Entscheidungsbereichen der Fertigung, Fertigungsstruktur und -technologie, über 80 Prozent der Fertigungskosten determiniert. Durch die Übergewichtung kostenorientierter Ziele erfolgt zudem ein systematisches Ausblenden alternativer Wege zum Aufbau von Wettbewerbsvorteilen wie Zeit oder Qualität. Als Folge davon werden diese Wettbewerbsparameter nicht aufrechterhalten und eine Fehlallokation betrieblicher Ressourcen vermindert auf diese Weise die Wettbewerbsfähigkeit der Fertigung.[790]

Es ist die Angepasstheit der Fertigung, an die Anforderungen des Marktumfeldes, welche den langfristigen Erfolg der Fertigung mitbestimmt. Es gilt zu beachten, dass „...an effective manufacturing operation is not necessarily one that promises the maximum efficiency, or engineering perfection, but rather one that fits the needs of the business..."[791] Die Anforderungen, welche es zu erfüllen gilt, entstammen den Bedingungen des Marktes und beeinflussen durch die gewählte Unternehmensstrategie die strategische Ausrichtung der Fertigung.[792] Die Fertigung muss die aktuellen Anforderungen so

---

[788] Vgl. *Skinner*, Wickham: Manufacturing: The formidable Competitive Weapon, New York et al. 1985, S. 74ff.

[789] Vgl. *Skinner*, Wickham: The Productivity Paradox, 1986, S. 55-59

[790] Vgl. *Skinner*, Wickham: The Productivity Paradox, 1986, S. 56f.

[791] *Skinner*, Wickham: Manufacturing - Missing Link in Corporate Strategy, 1969, S. 83.

[792] Vgl. *Hasenpusch*, Jürgen: Strategiekonsistenz in Geschäftseinheit und Fertigung als Voraussetzung für den Erfolg industrieller Unternehmen, Frankfurt: Peter Lang 2001.

effizient wie möglich erfüllen, aber gleichzeitig die Fähigkeit besitzen, sich im Hinblick auf zukünftig mögliche Anforderungen hin anzupassen.[793] Im Rahmen des IMSS-Fragebogens wurde erhoben, welchen Stellenwert, auf einer Likertskala von eins bis fünf, verschiedene Verbesserungsziele innerhalb der kommenden drei Jahre besitzen. Die Verbesserungsziele stellen einen Indikator der vermuteten fertigungsstrategischen Zieldimensionen dar, die als Faktoren abgebildet werden. Von den insgesamt 17 Verbesserungszielen entsprechen 13 einem hier vorgeschlagenen Faktorenmodell, welches die vier oben diskutierten fertigungsstrategischen Zieldimensionen repräsentiert. Die Ergebnisse des konfirmatorischen Messmodells sind in Tabelle 20 zusammengefasst; das Modell zeigt eine gute Messung der vorgeschlagenen Zieldimensionen. Die verschiedenen Ziele werden zum Teil gemeinsam verfolgt, die Korrelation zwischen den Faktoren ist positiv und zeigt den Grad der gleichzeitigen Priorisierung an.

Die Verbesserung von Zeit- und Qualitätszielen wird häufig gemeinsam mit der Erreichung von Kostenzielen angestrebt, da beispielsweise durch eine Reduzierung von Durchlaufzeiten verschiedene Kosten (z.B. Fertigungskosten, Lagerkosten oder Kapazitätsauslastung) positiv beeinflusst werden. Analog gilt für Qualität, dass durch eine Verbesserung der Fertigungsqualität Kosten für Ausschuss oder Nacharbeiten reduziert werden können. Diese Zusammenhänge bestätigen sich durch die Ergebnisse einer Korrelationsanalyse, die einen relativ starken Zusammenhang zwischen Zeit und Kosten (0,68), sowie zwischen Qualität und Kosten (0,51) aufzeigt. Ähnliches gilt für den Zusammenhang zwischen Zeit und Flexibilität (0,51), auch diese Ziele werden häufig gemeinsam verfolgt. Zeit- und Flexibilitätsziele weisen eine hohe inhaltliche Kongruenz auf, da durch eine Verbesserung einer Zieldimension auch das andere Ziel positiv beeinflusst werden kann. Die existierenden Korrelationen sind signifikant ($p<0,01$) und weisen auf starke Zusammenhänge hin, ohne jedoch die Konstruktbildung an sich in Frage zu stellen, dies wird durch die Gütemaße der Diskriminanzvalidität bestätigt.[794]

---

[793] Vgl. *Jelinek*, Mariann und Michael C. *Burstein*: A Paradigm for Strategic Fit, 1982, S. 245.

[794] Vgl. Anhang-Tabelle 18.

Faktor/Item	**Faktor-ladung**	**Cronbachs Alpha**	**Signifikanz[795] (t-Wert)**
Fertigungsziel Qualität (FZQUAL); DEV=0,490; FR=0,658		0,650	
- Fertigungsqualität	0,72		13,03
- Produktqualität u. -zuverlässigkeit	0,68		13,01
Fertigungsziel Zeit (FZZEIT); DEV=0,438; FR=0,753		0,749	
- Lieferzeit	0,56		17,41
- Lieferzuverlässigkeit	0,56		17,61
- Durchlaufzeit	0,74		21,95
- Vorlaufzeit in der Beschaffung	0,76		22,67
Fertigungsziel Kosten (FZKOST); DEV=0,378; FR=0,752		0,721	
- Beschaffungskosten	0,66		19,84
- Arbeitsproduktivität	0,60		18,40
- Lagerumschlagshäufigkeit	0,61		17,84
- Kapazitätsauslastung	0,62		18,59
- Gemeinkosten	0,58		16,16
Fertigungsziel Flexibilität (FZFLEX); DEV=0,613; FR=0,754		0,724	
- Flexibilität der Ausbringungsmenge	0,91		14,15
- Flexibilität des Produktmixes	0,63		14,14
Globale Gütekriterien			
χ^2	228,82	RMR	0,056
Freiheitsgrade	59	CFI	0,98
χ^2/df	3,87	GFI	0,98
REMSEA	0,083	AGFI	0,97

Tabelle 20: Messmodell der fertigungsstrategischen Zieldimensionen

In weiteren Untersuchungen dieser Arbeit dienen die ermittelten Zieldimensionen als Messgrößen einer Fertigungsstrategie, die den expliziten Anpassungsprozess der Fertigung steuert. Aus den ermittelten Zieldimensionen lässt sich das Zielsystem eines Werkes beschreiben, um die Entwicklungsrichtung, die in einem Werk eingeschlagen wird, zu charakterisieren. Es ist anzunehmen, dass die Schwerpunkte der Zielgewichtung in hochkomplexen Märkten anders gesetzt werden als in Märkten niedriger Komplexität.

[795] Das Signifikanzniveau einer Faktorladung entspricht für $t \geq 1{,}645$ beziehungsweise für $t \geq 2{,}326$ einer Irrtumswahrscheinlichkeit von 5% beziehungsweise 1%.

Veränderungen, die sich mit hoher Geschwindigkeit vollziehen, erfordern eine erhöhte Anpassungsgeschwindigkeit. So kann beispielsweise angenommen werden, dass in hochkomplexen Märkten Flexibilitäts- und Zeitziele eine größere Rolle spielen. Gleichzeitig wird die Zielgewichtung durch die gegenwärtige organisationale Konfiguration eines Werkes beeinflusst. Ein Werk, dessen Organisation bereits stark auf eine effizienzorientierte Linienfertigung hin ausgerichtet ist, wird, falls das Marktumfeld keinen großen Veränderungen unterliegt, weiterhin nach Effizienz streben und deshalb die Erreichung von Kostenzielen verstärkt berücksichtigen. Der Einfluss marktinduzierter Komplexität sowie der organisationalen Spezialisierung auf die Zielgewichtung wird deshalb im Folgenden untersucht.

Ein Komplexitätsproblem kann in der Fertigung entstehen, falls die Anforderungen an die Fertigung bereits eine zu große Anzahl unterschiedlicher, sich unter Umständen widersprechender Zielvorgaben beinhalten.[796] Die strategischen Ziele sollten möglichst klar und einfach formuliert sein, da je größer die Komplexität, desto weniger besteht die Möglichkeit, einem streng vorgegebenen und ausdifferenziert formulierten Kurs verfolgen zu können.[797] Die Argumentation, dass ein ausufernder Zielkatalog, beispielsweise bestehend aus der Anforderung innerhalb eines Werkes stückkostenminimal und gleichzeitig hochflexibel zu produzieren, zu hochgradig ineffizienten Fertigungsstrukturen und nicht beherrschbaren Abläufen führt, findet sich bereits bei *Skinner*.[798] Es ist deshalb erforderlich, ein konsistentes und überschaubares Zielbündel zu definieren, und damit die Fertigung in die Lage zu versetzen, diese Ziele erfüllen und zu einem fortdauernden Wettbewerbsvorteil ausbauen zu können.[799] Nur wenn sich die Fertigung nicht in einer unübersichtlichen Mischung vieler Zielvorgaben verliert, kann es gelingen, einen Lerneffekt zu erreichen, der zum Aufbau strategischer Kompetenzen führt und einen effizienten Fertigungsablauf ermöglicht. Zur Untersuchung

---

796 Vgl. *Garvin*, David A.: Manufacturing Strategic Planning, in: California Management Review, Jhg. 35, Nr. 4, 1993, S. 57.

797 Vgl. *Levy*, David: Chaos Theory and Strategy, 1994, 172. Vgl. auch *Eisenhardt*, Kathleen M. und Donald N. *Sull*: Strategy as Simple Rules, in: Harvard Business Review, Jhg. 79, Nr. 1, 2001, S. 107ff.

798 Vgl. *Skinner*, Wickham: The Focused Factory, in: Harvard Business Review, Jhg. 52, Nr. 3, 1974, S. 114ff.

799 Konsistenz zwischen Unternehmenszielen und fertigungsstrategischen Zielvorgaben wirken sich positiv auf die Leistugsfähigkeit der Fertigung aus. Vgl. *Hasenpusch*, Jürgen: Strategiekonsistenz in Geschäftseinheit und Fertigung, 2001, S. 183ff.

des Zusammenhangs zwischen marktinduzierter Komplexität, der Vielfalt sowie der Dynamik und den vier fertigungsstrategischen Zielen wird folgende Hypothese formuliert und durch eine Korrelationsanalyse getestet:

$H_{I, C\text{-}13}$: Zwischen der marktinduzierten Komplexität und der Gewichtung der Fertigungsziele besteht ein positiver Zusammenhang.

Die oben formulierte Hypothese ist für drei der Fertigungsziele zu bestätigen; für das Ziel Qualität ist die Hypothese zu verwerfen. In Tabelle 21 sind die Korrelationskoeffizienten zusammengefasst.[800] Ausgehend von diesen Ergebnissen kann gefolgert werden, dass Qualität als Fertigungsziel unabhängig von der Komplexität des Marktes ist und somit gleichermaßen in allen Märkten notwendig ist. Es bieten sich zwei mögliche Interpretationen dieses Ergebnisses an. Die Qualität besitzt die Charakteristika eines „order qualifiers", sie stellt eine notwendige Bedingung für den Erfolg in komplexen Märkten dar, bietet aber kein hinreichendes Differenzierungspotenzial, um sich gegenüber Wettbewerbern durchsetzen zu können.[801] Eine zweite Interpretation liegt in einer möglichen Irrelevanz des Qualitätskriteriums in Bezug auf die marktinduzierte Komplexität; somit ist Qualität kein bevorzugtes Fertigungsziel, dessen Erreichung verstärkt betrieben werden müsste, um die Auswirkungen der Marktkomplexität zu bewältigen.

Ziel	ΣmKx	ΣVielfalt	ΣDynamik
Qualität	0,08$^{n.s.}$	0,08$^{n.s.}$	0,04$^{n.s.}$
Zeit	0,27*	0,25*	0,20*
Kosten	0,19*	0,18*	0,13**
Flexibilität	0,19*	0,18*	0,13*
* signifikant mit p<0,01; **signifikant mit p<0,05; n.s. = nicht signifikant			

Tabelle 21: Zusammenhang zwischen Fertigungszielen und marktinduzierter Komplexität

[800] Als Kontrollvariable wurde durch eine Varianzanalyse der Einfluss der Werksgröße auf die Fertigungsziele untersucht, die Ergebnisse weisen keinen Zusammenhang aus.

[801] Vgl. *Hill*, Terry: Manufacturing Strategy, 1993, S. 42-47 und S. 59ff.

Die Fertigungs- und Produktqualität werden also von den Werken nicht als ein Leistungsmerkmal eingeschätzt, welches durch hohe Komplexität gefährdet ist. Daraus kann gefolgert werden, dass die Produkt- und Prozessqualität bereits so gut beherrscht wird, dass Vielfalt und Dynamik einen zu geringen Einfluss darauf haben, als dass verstärkte Bemühungen zur Verbesserung dieser Zielgröße erforderlich sind. Die anderen Ziele besitzen einen Zusammenhang zur Marktkomplexität. Zeit, Kosten und Flexibilität werden von den Werken bei hoher Komplexität in stärkerem Maße als erfolgskritisch beurteilt und deren Verbesserung entsprechend hoch gewichtet. Diese Ziele geraten bei hoher Komplexität verstärkt unter Druck; dies gilt klassischerweise für Zeit und Flexibilität, da Anpassungsfähigkeit und -geschwindigkeit Eigenschaften der Fertigung sind, die von komplexen Märkten besonders stark gefordert sind. Dort, wo häufige Anpassungen der Fertigung an veränderte Anforderungen nötig sind, geraten auch Kostenziele unter Druck und führen gerade in komplexen Märkten zu einer starken Betonung dieses Ziels. Das Erreichen von Effizienz ist bei hoher Änderungsrate und großer Vielfalt erschwert; umso mehr müssen Unternehmen bei hoher Komplexität die Verfolgung von Kostenzielen sicherstellen, um nicht in eine Misserfolgsfalle zu geraten, in der Erfahrungskurveneffekte nicht mehr realisiert werden können.[802]

Nachdem die grundsätzliche Abhängigkeit zwischen Fertigungszielen und Marktkomplexität bestätigt werden kann, und eine allgemeine Verstärkung der Zielgewichtung zu erkennen ist, wird in einem weiterführenden Vergleich zwischen Werken hoher und niedriger Komplexität das Profil des verfolgten Zielbündels untersucht. Nachfolgende Hypothese wird durch einen t-Test auf Signifikanz geprüft:

$H_{1, C\text{-}14}$: Werke der Gruppe hoher marktinduzierter Komplexität verfolgen im Durchschnitt die vier Fertigungsziele in stärkerem Maße als die Werke der Gruppe niedriger Komplexität.

Wie schon im Fall der weiter oben durchgeführten Korrelationsanalyse ist auch Hypothese $H_{1, C\text{-}14}$ für das Qualitätsziel zu verwerfen; für die anderen drei Ziele ist die Hypothese anzunehmen. Die Gewichtung von Zeit, Kosten und Flexibilität ist bei den Werken im Quartil hoher Komplexität größer als bei Werken im Quartil niedriger Komplexität. Aus Abbildung 32 ist zu erkennen, dass alle Verbesserungsziele der Fertigung bei hoher marktindu-

[802] Vgl. *March*, James G.: The future, disposable organizations, 1995, S. 432ff.

zierter Komplexität verstärkt verfolgt werden. Das Qualitätsziel zeigt die gleiche Orientierung, auch wenn der Unterschied nicht groß genug ausfällt, um statistisch signifikant zu sein. Besonders deutlich ist die Orientierung an Zeit- und Flexibilitätszielen, wenn bei Marktanforderungen von hoher Komplexität gefertigt wird.

Bei hoher Komplexität sehen die Werke offensichtlich eine umfassende Verbesserung der Fertigung als erforderlich an, um auch in Zukunft mit der Dynamik der Märkte Schritt halten zu können. Ein Problem, welches aus einem solchen Zielkatalog erwachsen kann, ist in der großen Komplexität des Zielsystems zu sehen, die mit der gleichzeitigen Verfolgung vieler Ziele verbunden ist. Zwar bestätigt sich die theoretische Annahme, dass marktinduzierte Komplexität umfangreiche Verbesserungsanstrengungen erforderlich werden lässt, aber gleichzeitig kann dies zu einer Überforderung der Veränderungsfähigkeit führen. Werden zu viele Ziele gleichzeitig verfolgt, führt dies zu insgesamt schlecht abgestimmten Veränderungsprozessen, deren Verlauf starken Schwankungen ausgesetzt sein kann.

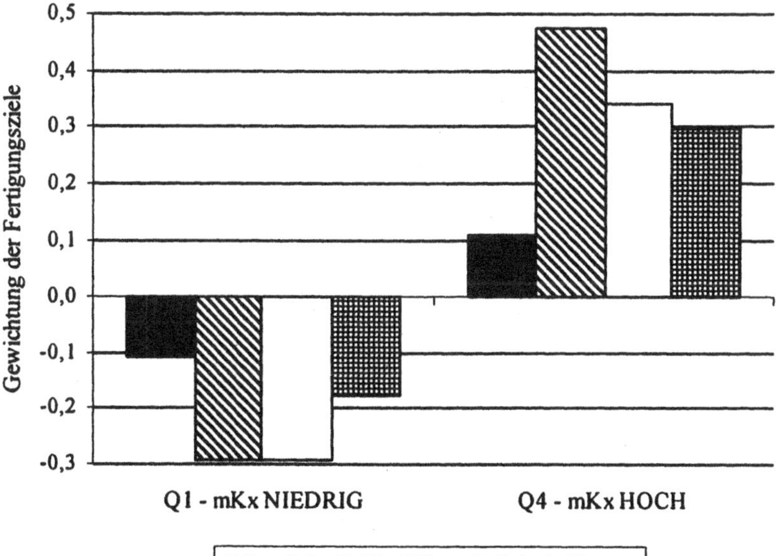

Abbildung 32: Verbesserungsziele der Fertigung im Vergleich

In Systemen, die durch große Konnektivität gekennzeichnet sind, wird eine organisationale Fitnesslandschaft, auf der eine zielführende Verbesserung erreicht werden soll, instabil. Das komplexe Märkte große Anstrengungen erfordern, ist unstreitig, aber die Konsequenzen, in einem hochkonnektiven System an vielen Bereichen gleichzeitig Veränderungen vorzunehmen, lässt eine Verhaltensabfolge entstehen, die nur schwer zu kontrollieren ist. Simulationsergebnisse mit NK-Fitnessmodellen empfehlen unter Bedingungen großer Komplexität einfachere Verbesserungsvorhaben, deren Ergebnis sich leichter kontrollieren lässt.[803] Auf der anderen Seite besteht die Möglichkeit, dass bei hoher Marktdynamik die Zeit, welche zur Verfügung steht, um Verbesserungen zu erzielen, so gering ist, dass die Existenzsicherung gefährdet ist, wenn nicht schnell genug gehandelt wird.

Zusätzlich zur Marktkomplexität ist die Komplexität der Fertigung zu betrachten, die Einfluss nimmt auf die Bedeutung, die den Verbesserungszielen zugesprochen wird. Es ist deshalb notwendig, die Zielorientierung der Werke zu vergleichen mit dem Grad der organisationalen Spezialisierung.[804] Ist die organisationale Spezialisierung hoch, also die endogene Komplexität gering, sind Verbesserungen innerhalb der Fertigung leichter durchzuführen und weniger anspruchsvolle Ziele müssen definiert werden, da die Abhängigkeit zwischen den Systemelementen geringer ist. Die Anpassung auf einer Fitnesslandschaft mit wenigen Relationen ist leichter umzusetzen. Im Sinne einer organisationalen Fitnesslandschaft bedeutet eine Anpassung unter solchen Bedingungen, dass weniger Gipfel existieren und dass diese über einen längeren Zeitraum stabil bleiben. Bei hoher Spezialisierung ist ein weniger starkes Bestreben nach Verbesserungen zu erwarten. In Bezug auf die Zielgewichtung der Fertigung bedeutet dies, dass exogene und endogene Komplexität sich antagonistisch zu den Verbesserungszielen verhalten. Steigende exogene Komplexität erfordert größere Anstrengungen; gleichzeitig erschwert hohe endogene Komplexität umfangreiche Verbesserungen. Ist die organisationale Spezialisierung hoch, ist die Bedeutung der angestrebten Verbesserungsziele geringer. Folgende Hypothesen leiten sich aus diesen Überlegungen ab:

$H_{1,\,C\text{-}15/a}$: Je größer die marktinduzierte Komplexität, desto höher werden die Verbesserungsziele der Fertigung gewichtet.

[803] Vgl. Kapitel B.II.1.c).

[804] Vgl. Kapitel C.III.2.

$H_{1, C\text{-}15/b}$: Je größer die organisationale Spezialisierung, desto niedriger werden die Verbesserungsziele der Fertigung gewichtet.

Zur Überprüfung dieser Aussagen wird ein lineares Strukturgleichungsmodell verwendet, um die Kausalbeziehungen von marktinduzierter Komplexität und organisationaler Spezialisierung zu den Zielen der Fertigung zu überprüfen. Das analysierte Gesamtmodell ist in Abbildung 33 dargestellt.

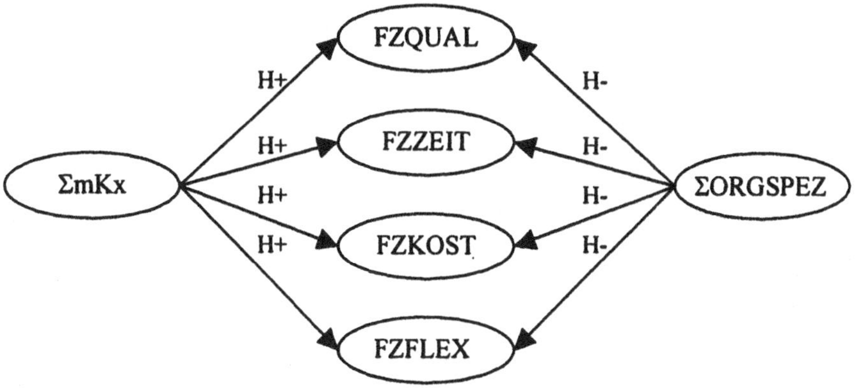

Abbildung 33: Einfluss marktinduzierter Komplexität und organisationaler Spezialisierung auf das Zielsystem der Fertigung

Tabelle 22 fasst die Modellergebnisse zusammen. Die Gesamtmodellanpassung erfüllt die geforderten Gütekriterien. Allein der χ^2-Wert ist relativ hoch; der REMSEA ist an der zulässigen Obergrenze. Insgesamt kann durch dieses Modell ein großer Anteil empirischer Kovarianz erklärt werden, die Modellteilstrukturen erreichen hohe Signifikanzwerte. Die beiden unter Hypothese $H_{1, C\text{-}15}$ formulierten Varianten werden durch das Kausalmodell bestätigt und unterstützen den theoretisch vermuteten Einfluss von exogener und endogener Komplexität auf das Zielsystem der Fertigung. Die γ-Werte zeigen die Stärke des Beziehungszusammenhangs zwischen den Faktoren an. Die organisationale Spezialisierung beeinflusst alle Ziele der Fertigung negativ, woraus geschlossen werden kann, dass hoch spezialisierte Fertigungsorganisationen weit weniger zum Objekt umfangreicher Verbesserungsziele werden. Ist die Fertigung auf nur ein einzelnes Prozesslayout fokussiert, werden weniger ehrgeizige Verbesserungsziele festgelegt. Es kann vermutet werden, dass sich die Fertigung bereits am Ende eines Entwicklungspfades befindet und auf die gegebene Marktkomplexität gut eingestellt ist. Besonders starke Wirkungen sind für die Ziele Zeit und Kosten festzustellen. Je größer die Spezialisierung, desto stärker wird die Bedeutung dieser Ziele reduziert. Daraus ist zu folgern, dass eine spezialisierte Organisationsform, die ihrerseits das Ergebnis einer bewussten Konfigurationsentscheidung ist, hinsichtlich der Ziele Zeit und Kosten kaum noch verbessert werden soll. Die Ergebnisse weisen darauf hin, dass eine spezialisierte Fertigungsorganisation einen vorläufigen Endpunkt einer Anpassungsbewegung darstellt.

Wirkungsbeziehung			**γ**	**t-Wert**[805]
ΣmKx	→	FZQUAL	0,48	7,17
	→	FZZEIT	0,98	9,84
	→	FZKOST	0,86	8,76
	→	FZFLEX	0,61	9,41
ΣORGSPEZ	→	FZQUAL	-0,52	-7,20
	→	FZZEIT	-0,86	-8,25
	→	FZKOST	-0,83	-8,15
	→	FZFLEX	-0,52	-7,00

Globale Gütekriterien			
χ^2	488,37	RMR	0,072
Freiheitsgrade	114	CFI	0,93
χ^2/df	4,28	GFI	0,95
REMSEA	0,100	AGFI	0,93

Tabelle 22: Ergebnisse des Kausalmodells zur Untersuchung der Zusammenhänge zwischen Fertigungszielen, marktinduzierter Komplexität und organisationaler Spezialisierung

Die Ziele der Fertigung werden aber nicht nur von der endogenen Komplexität beeinflusst. Gleichzeitig bewirkt die marktinduzierte Komplexität eine Beeinflussung in die entgegengesetzte Richtung. Ein Anstieg der marktinduzierten Komplexität führt zu einer verstärkten Betonung von Verbesserungszielen in der Fertigung als Reaktion auf veränderte Marktanforderungen. Ein Werk, welches sich großer Komplexität gegenüber sieht, versucht besonders stark Zeit- und Kostenziele zu verbessern. Die Verbesserung

[805] Das Signifikanzniveau einer Faktorladung entspricht für $t \geq 1{,}645$ beziehungsweise für $t \geq 2{,}326$ einer Irrtumswahrscheinlichkeit von 5% beziehungsweise 1%.

der Kostensituation ist eine grundsätzliche Voraussetzung zum Fortbestehen des Unternehmens, deren Erfüllung durch hochkomplexe Märkte am stärksten gefährdet erscheint. Gleichzeitig sollen Zeitziele verbessert werden, um die Anpassungsgeschwindigkeit an veränderte Marktanforderungen zu erhöhen.

Welcher der beiden Einflussfaktoren – marktinduzierte Komplexität und organisationale Spezialisierung – in dem Bestreben obsiegt, die Gestaltung des Zielsystems in der Fertigung zu beeinflussen, hängt von der jeweiligen Ausgestaltung der Fertigungsorganisation und den Merkmalen des umgebenden Marktumfeldes ab. In Kapitel C.III wurde die Beziehung zwischen Marktkomplexität und organisationaler Spezialisierung untersucht; dabei ist das Verhältnis beider Größen zueinander im Kontext unterschiedlicher Organisationstypen der Fertigung diskutiert worden. Zusammen mit den oben dargestellten Ergebnissen ergibt sich, dass diejenigen Werke, die in der Lage sind, ihren organisationalen Spezialisierungsgrad über das Niveau der Marktkomplexität zu erheben, eine weniger intensive Verfolgung der vier Zieldimensionen betreiben als Werke, die dem Gesetz der erforderlichen Varietät entsprechen oder sogar eine komplexere Organisation besitzen, als sie vom Markt gefordert wird. Bei Überkomplexität der Fertigungsorganisation werden also anspruchsvollere Ziele formuliert, die bei Unterkomplexität, also einem hohen Spezialisierungsgrad, nicht nötig sind. Dies kann bedeuten, dass mit einer hohen organisatorischen Komplexität die Zielerreichungsgrade der Werke sinken. Es müssen deshalb größere Anstrengungen initiiert werden, um innerhalb komplexer Fertigungsorganisationen Zielverbesserungen erreichen zu können. Ob die vorgegebenen Zielvorgaben damit überhaupt erreicht werden können, ist fraglich. Vermutlich ist es sinnvoller, in diesem Fall eine größere Spezialisierung der Fertigungsorganisation anzustreben oder sogar eine Neuorganisation der Fertigung zur Reduzierung der endogenen Komplexität in Erwägung zu ziehen.

b) Verbesserungsinitiativen in der Fertigung – Technologie, Reorganisation und moderne Managementkonzepte

Um die Leistungsfähigkeit der Fertigung zu steigern, werden häufig die strategischen Zieldimensionen als Auswahlkriterien für Verbesserungsmaßnahmen herangezogen. Die Aggregationsebene der vier strategischen Ziele der Fertigung ist aber zu hoch, um die kurz- und mittelfristige Selektion geeigneter Maßnahmen unterstützen zu können.[806] Beispielsweise ist allein die Aussage die Qualität verbessern zu wollen, nicht ausreichend, um einen geeigneten Prozess der Leistungssteigerung zu initiieren, da zu viele Interpretationsmöglichkeiten dieser Zielvorgabe gegenüberstehen. Die Verbesserungsprogramme, die innerhalb der Fertigung umgesetzt werden, sind als Maßnahmen zu verstehen, welche die Umsetzung einer Fertigungsstrategie widerspiegeln.[807]

Fertigungsstrategische Ziele und deren Erreichung durch den Einsatz unterschiedlicher Verbesserungsprogramme ist ein in der Literatur häufig diskutiertes Thema. Dabei wird davon ausgegangen, dass die Leistungsfähigkeit bestimmter strategischer Fähigkeiten der Fertigung durch gezielte Verbesserungsprogramme erhöht wird.[808] Durch verschiedene empirische Untersuchungen hat sich ein umfassendes Inventar von Verbesserungsprogrammen der Fertigung herausgebildet[809], welches in den IMSS-Fragebogen eingeflossen ist. Die meisten empirischen Arbeiten verfolgen allerdings einen sta-

---

[806] Vgl. *Garvin*, David A.: Manufacturing Strategic Planning, 1993, S. 87.

[807] Vgl. *Schroeder*, Roger G.: Operations Management - Contemporary Concepts, Boston et al.: Irwin/McGraw-Hill 2000, S. 42ff. Vgl. auch *Kim*, Jay S. und Peter *Arnold*: Operationalizing manufacturing strategy. An exploratory study of constructs and linkage, in: International Journal of Operations & Production Management, Jhg. 16, Nr. 12, 1996, S. 1295ff. Vgl. auch *Leong*, G. Keong und Peter T. *Ward*: The Six Ps of Manufacturing Strategy, in: International Journal of Operations & Production Management, Jhg. 15, Nr. 12, 1995, S. 40f.

[808] Empirische Ergebnisse zum Einsatz von Verbesserungsprogrammen finden sich beispielsweise bei *Laugen*, Bjørge T.; Nuran *Acur*; Harry *Boer* und Jan *Frick*: Best manufacturing practices: What do the best-performing companies do?, in: International Journal of Operations & Production Management, Jhg. 25, Nr. 2, 2005, S. 131ff. Andere Arbeiten konzentrieren sich auf relativ wenige, vorrangig aus dem Lean Production Konzept stammende Verbesserungsinitiativen, vgl. *Ketokivi*, Mikko und Roger *Schroeder*: Manufacturing practices, strategic fit and performance. A routine-based view, in: International Journal of Operations & Production Management, Jhg. 24, Nr. 2, 2004, S. 171ff. Vgl. auch *Voss*, Christopher A.: Alternative paradigms for manufacturing strategy, in: International Journal of Operations & Production Management, Jhg. 15, Nr. 4, 1995, S. 12f. Vgl. auch *Flynn*, Barbara B. et al.: World class manufacturing project - overview and selected results, 1997, S. 671-685.

[809] Vgl. dazu *Sakakibara*, Sadao; Barbara B. *Flynn*; Roger G. *Schroeder* und William T. *Morris*: The Impact of Just-in-Time Manufacturing and its Infrastructure on Manufacturing Performance, in: Management Science, Jhg. 43, Nr. 9, 1997, S. 1246ff. Vgl. auch *Ketokivi*, Mikko und Roger *Schroeder*: Manufacturing practices, strategic fit and performance, 2004, S. 171ff. Vgl. auch *Cagliano*, Raffaella und Gianluca *Spina*: How improvement programmes of manufacturing are selected, 2000, S. 772fff.

tischen Ansatz, der sich auf die Konsistenz zwischen fertigungsstrategischen Zielen, der Auswahl von Verbesserungsprogrammen und deren Auswirkungen auf bestimmte Leistungskriterien bezieht. Häufig wird vernachlässigt, dass die Auswahl und die Auswirkungen Teil eines dynamischen Prozesses sind. Die Erfahrungen und Ergebnisse der Vergangenheit spielen eine große Rolle bei der Auswahl von Verbesserungsprogrammen. Dadurch besteht eine Pfadabhängigkeit bei der Auswahl und auch bei der Bewertung des Erfolges von Verbesserungsprogrammen.[810] Zur Auswahl von Verbesserungsprogrammen sind der strategische Kontext, bisherige Fähigkeiten der Fertigung, als auch externe Einflussfaktoren zu berücksichtigen; somit ist eine unreflektierte Implementierung von „best practice"-Lösungen als nicht ausreichend anzusehen.[811]

Im Folgenden wird dieser Pfadabhängigkeit dadurch Rechnung getragen, dass der Einsatz von Verbesserungsprogrammen sowohl für den Zeitraum der vergangenen als auch der nachfolgenden drei Jahre, gerechnet ab dem Zeitpunkt der Befragung, erhoben wurden. Des Weiteren liefert der IMSS-Fragebogen Ergebnisse zu den in der Vergangenheit erzielten Verbesserungserfolgen in Bezug auf die vier strategischen Fertigungsziele. In Verbindung mit den in Kapitel C.IV.2.a) diskutierten Verbesserungszielen ergibt sich ein dynamisiertes Bild bezüglich des Auswahlprozesses von Verbesserungsprogrammen in Abhängigkeit von Fertigungszielen und bereits in der Vergangenheit realisierten Leistungssteigerungen.

Die betrachteten Verbesserungsprogramme (insgesamt 14 verschiedene) beziehen sich auf unterschiedliche Bereiche der Fertigung: Verbesserung der Produktionsanlagen, Reorganisation der Fertigungsprozesse im Hinblick auf Fertigungsinseln, Verbesserung der Anlagenproduktivität usw.[812] Ein Verbesserungsprogramm ist dabei nicht als eine einzelne Maßnahme zu verstehen, sondern als Maßnahmenbündel, welches in der Lage ist, eine qualitative Verbesserung der Fertigung herbeizuführen, ohne einen direkten Bezug

---

[810] Vgl. *Cagliano*, Raffaella und Gianluca *Spina*: How improvement programmes of manufacturing are selected, 2000, S. 773f.

[811] Vgl. *Harrison*, Alan: Manufacturing strategy and the concept of world class manufacturing, in: International Journal of Operations & Production Management, Jhg. 18, Nr. 3/4, 1998, S. 399f. Vgl. auch *Hayes*, Robert H. und David M. *Upton*: Operations-Based Strategy, 1998, S. 24.

[812] Eine Übersicht der Verbesserungsprogramme findet sich in Anhang-Tabelle 24.

zu den klassischen vier Fertigungszielen herzustellen.[813] Im Hinblick auf die vier Fertigungsziele sind die Programme also zunächst unspezifisch und müssen ihren leistungssteigernden Einfluss unter Beweis stellen. Die unterschiedlichen Möglichkeiten zur Verbesserung der Fertigung können nach *Hayes/Upton* drei verschiedenen Kategorien von Fähigkeiten zugeordnet werden.[814] Dazu zählen:

1. Fertigungsprozessbezogene operationale Fähigkeiten, welche die Transformation von Material und Information innerhalb der Fertigung verbessern. Durch solche Fähigkeiten werden insbesondere Qualitäts- und Kostenziele positiv beeinflusst, eine Verbesserung ist relativ kurzfristig zu erreichen, allerdings können die Verbesserungen durch Wettbewerber leicht imitiert werden.

2. Koordinationsverbessernde operationale Fähigkeiten; die durch eine flexible Koordination der Fertigungsprozesse eine schnelle Anpassung an eine Vielzahl möglicher Veränderungsbedarfe erlaubt. Bestimmte Organisationsformen der Fertigung unterstützen den Anpassungsprozess und ermöglichen damit insbesondere eine Verbesserung von Flexibilitäts- und Zeitzielen.

3. Organisationsbasierte operationale Fähigkeiten, diese stellen eine generische Fähigkeit dar, mit deren Hilfe die Bewältigung von Veränderungsprozessen verbessert wird. Die Umsetzung vollkommen neuer, bisher nicht im Handlungsspielraum einer Organisation befindlicher Alternativen wird durch diese Fähigkeiten gefördert. Sie erfordern einen langfristigen Aufbau, sind aber gleichzeitig auch am schwersten zu imitieren. Gelingt der kontinuierliche Aufbau dieser Fähigkeiten über einen langen Zeitraum, besteht die Möglichkeit, einen nachhaltigen Wettbewerbsvorteil aufzubauen.

Anhand dieser Systematik werden die verschiedenen Verbesserungsprogramme zu drei umfassenden Verbesserungsinitiativen (VBI) zusammengefasst: Fertigungstechnik, Prozessreorganisation und moderne Fertigungskonzepte zur kontinuierlichen Verbesserung: i) Als VBI Fertigungstechnik (VBITECH) werden Programme zur Modernisierung und Kapazitätsausweitung von Produktionsanlagen, Steigerung des Automationsgrades und Einführung von ERP-Systemen zusammengefasst. ii) Die VBI Prozessreorgani-

---

[813] Vgl. *Garvin*, David A.: Manufacturing Strategic Planning, 1993, S. 88ff. Vgl. auch *Leong*, G. Keong und Peter T. *Ward*: The Six Ps of Manufacturing Strategy, 1995, S. 41.

[814] Vgl. *Hayes*, Robert H. und David M. *Upton*: Operations-Based Strategy, 1998, S. 15ff.

sation (VBIREORG) umfasst Programme zur Konzentration auf Kernaktivitäten, die Restrukturierung und Fokussierung von Fertigungsprozessen (z.B. im Sinne einer fraktalen Fabrik) sowie die Umstellung auf Pull-Systeme der Produktionssteuerung, wie beispielsweise KANBAN, und Maßnahmen zur Reduzierung von Losgrößen und Rüstzeiten. iii) Zur VBI moderner Fertigungskonzepte (VBIFKNZ) zählen die Einführung von Programmen zur Qualitätsverbesserung (z.B. TQM, six-sigma), Steigerung der Anlagenproduktivität (z.B. TPM), Erhöhung des Entscheidungsdelegationsgrades und des Wissens der Mitarbeiter (z.B. Einführung autonomer Arbeitsgruppen, KVP-Teams) sowie Maßnahmen zur Beschleunigung der Neuproduktentwicklung (concurrent engineering, Plattformstrategien, Produktmodularisierung, quality-function-deployment). Die drei Verbesserungsinitiativen werden durch mehrere Indikatoren repräsentiert, welche sowohl den Nutzungsgrad der genannten Verbesserungsprogramme in den vergangenen drei Jahren als auch den geplanten Nutzungsgrad in den kommenden drei Jahren umfassen. Durch eine Betrachtung der Differenz zwischen bisheriger und künftig geplanter Nutzung kann die generelle Tendenz zur Intensivierung der Verbesserungsanstrengungen in der Fertigung untersucht werden. Gleichzeitig lassen die Differenzen erkennen, ob die Werke Prioritäten bei der Auswahl von Verbesserungsprogrammen setzen. Um zufällige Unterschiede zwischen bisheriger und künftig geplanter Nutzung der Verbesserungsprogramme auszuschließen, wird ein Mittelwertvergleich für abhängige Variablen durchgeführt, folgende Hypothese wird zur Überprüfung formuliert:

$H_{1, C\text{-}16}$: Der zukünftig geplante Grad der Nutzung von Verbesserungsprogrammen unterscheidet sich vom bisherigen Nutzungsgrad.

Hypothese $H_{1, C\text{-}16}$ kann mit hoher Signifikanz[815] für alle Verbesserungsprogramme, mit Ausnahme der Ausweitung der Produktionskapazitäten, bestätigt werden.[816] Künftig geplante und bisherige Nutzung unterscheiden sich in der Mehrheit der untersuchten Verbesserungsprogramme. In Tabelle 23 ist die mittlere Differenz für alle untersuchten Verbesserungsprogramme dargestellt. Die Ergebnisse zeigen eine allgemeine Erhöhung bei der Nutzung von Verbesserungsinitiativen in der Fertigung. Hinsichtlich der Höhe der Intensivierung ist zu erkennen, dass technische Verbesserungen im Durch-

[815] Die Irrtumswahrscheinlichkeit ist für alle signifikant verschiedenen Paarvergleiche kleiner 0,001.

[816] Vgl. Anhang-Tabelle 24.

schnitt weniger stark ansteigen als eine Reorganisation der Fertigungsprozesse oder Implementierung moderner Fertigungskonzepte. Letztere überwiegen in ihrem Bedeutungszuwachs für die Verbesserung der Fertigung.

Verbesserungs-initiative	Indikator	Erhöhung oder Senkung
VBITECH	- Modernisierung der Produktionsanlagen	0,17
	- Ausweitung der Produktionskapazitäten	-0,05*
	- Steigerung der Prozessautomation	0,32
	- Implementierung von IT-Systemen	0,25
VBIREORG	- Restrukturierung der Zulieferstrategie	0,48
	- Konzentration auf Kernaktivitäten	0,40
	- Restrukturierung des Produktionsprozesses und -layouts	0,36
	- Implementierung von Pull-Systemen in der Produktion	0,48
VBIFKNZ	- Programme zur Qualitätssteigerung (TQM)	0,46
	- Steigerung der Anlagenproduktivität (TPM)	0,46
	- Erhöhung des Delegationsgrades/des Wissens (Autonome Arbeitsgruppen)	0,62
	- Beschleunigung des Produktentwicklungsprozesses (sim. engineering, QFD)	0,61
* = nicht signifikant		

Tabelle 23: Veränderungsrate des Nutzungsgrades von Verbesserungsinitiativen

Nachdem eine allgemeine Erhöhung der Verbesserungsanstrengungen festgestellt werden kann, wird im Folgenden untersucht, ob diese mit der Komplexität des Marktumfeldes im Zusammenhang steht. Dazu wird folgende Hypothese durch eine einfaktorielle Varianzanalyse zwischen den Werken der verschiedenen Komplexitätsquartile überprüft:

$H_{1,\,C\text{-}17}$: Die Steigerungen bei der Nutzung von Verbesserungsprogrammen sind in den Werken der verschiedenen Komplexitätsquartile unterschiedlich hoch.

Die Hypothese $H_{1,\,C\text{-}17}$ kann für keine Veränderungsrate der Verbesserungsprogramme bestätigt werden. Die Komplexität des Marktumfeldes besitzt demnach keine direkte Beziehung zur Intensivierung der Verbesserungsanstrengungen. Zwar kann der absolute Nutzungsumfang mit der Marktkomplexität im Zusammenhang stehen, ihre Steigerung tut dies jedoch nicht. Es ist deshalb zu vermuten, dass die im Anstieg befindliche Nutzung von Verbesserungsprogrammen eher das Ergebnis eines Entscheidungsprozesses des Managements ist, um festgestellte Abweichungen zwischen Zielvorgaben und tatsächlicher Leistungsfähigkeit zu korrigieren. Diese Abweichungen können zwar durch die Marktkomplexität verursacht werden, der sich daraus ableitende Verbesserungsbedarf ergibt sich aber erst aus dem Ergebnis einer Soll-Ist-Abweichung. Die untersuchten Verbesserungsprogramme werden im Folgenden durch ein konfirmatorisches Messmodell zusammengefasst. Die Zuordnung der Indikatoren zu einem Faktor orientiert sich dabei an der Systematik für umfassende Verbesserungsinitiativen, wie es von *Hayes/Upton* vorgeschlagen wird.[817] Damit werden die Verbesserungsinitiativen als einzelne Faktoren mehrerer Indikatoren operationalisiert. Die Ergebnisse dieses Messmodels sind in Tabelle 24 dargestellt.

Das Messmodell zeigt eine gute Anpassung an die empirischen Daten und bestätigt die drei vorgeschlagenen Faktoren der Verbesserungsinitiativen Fertigungstechnik, Prozessreorganisation und moderne Fertigungskonzepte. Werden die lokalen Anpassungsmaße betrachtet, ist festzustellen, dass die Ausweitung der Produktionskapazitäten und die Konzentration auf Kernaktivitäten nur eine geringe Faktorladung aufweisen. Insgesamt werden diese Indikatoren nur in geringem, wenn auch statistisch signifikantem Ausmaß durch den vermuteten Faktor abgebildet. Aufgrund der hohen Signifikanz sollen die Indikatoren weiter Berücksichtigung finden; allerdings deutet die niedrige Faktorladung darauf hin, dass andere Einflussfaktoren existieren können, welche diese Verbesserungsprogramme erklären können. Insbesondere unter dem Indikator der Konzentration auf Kernaktivitäten ist ein umfassenderes Konstrukt zu vermuten, da sich eine solche Maßnahme auf eine sehr viel breitere funktionale Basis bezieht als die Verbesserung der Fertigung allein.[818] Die in nachstehender Tabelle dargestellten Ergebnisse beziehen sich auf den bisherigen Einsatz der Verbesserungsinitiativen. Ein konzeptuell identisches Modell für den künftigen Nutzungsgrad der Verbesserungsinitiativen erzielt vergleichbare Ergebnisse und ist im Anhang dargestellt.[819]

---

[817] Vgl. *Hayes*, Robert H. und David M. *Upton*: Operations-Based Strategy, 1998, S. 15f.

[818] Vgl. *Prahalad*, C. K. und Gary *Hamel*: The Core Competence of the Corporation, in: Harvard Business Review, Jhg. 68, Nr. 3, 1990, S. 79ff.

[819] Vgl. Anhang-Tabelle 25 und Anhang-Tabelle 26, Zur Unterscheidung werden die VBI-Faktoren, die sich auf den bisherigen Nutzungsgrad beziehen mit einer Eins versehen, die Faktoren des Modells der künftigen Nutzung tragen am Ende eine Zwei.

Faktor/Item (Faktoren und Items beziehen sich auf bisherige Nutzung in den vergangenen drei Jahren)	**Faktor ladung**	**Cronbachs Alpha**	**Signifikanz**[820] **(t-Wert)**
Verbesserungsinitiative Technologie (VBITECH1); DEV=0,370; FR=0,705			
- Modernisierung der Produktionsanlagen	0,58	0,675	17,33
- Ausweitung der Produktionskapazitäten	0,43		13,67
- Steigerung der Prozessautomation	0,72		19,85
- Implementierung von IT-Systemen (z.B. ERP-Systeme)	0,61		18,43
Verbesserungsinitiative Reorganisation (VBIREORG1); DEV=0,390; FR=0,711			
- Restrukturierung der Zulieferstrategie	0,63	0,710	19,88
- Konzentration auf Kernaktivitäten	0,41		14,34
- Restrukturierung des Produktionsprozesses und -layouts (Fokussierung)	0,74		21,65
- Implementierung von Pull-Systemen in der Produktion (z.B. KANBAN)	0,67		20,72
Verbesserungsinitiative Fertigungskonzepte (VBIFKNZ1); DEV=0,454; FR=0,767			
- Programme zur Qualitätssteigerung (TQM)	0,64	0,767	20,93
- Steigerung der Anlagenproduktivität (TPM)	0,76		23,47
- Erhöhung des Delegationsgrades und des Wissens (Autonome Arbeitsgruppen)	0,71		22,67
- Beschleunigung des Produktentwicklungsprozesses (QFD, concurrent engineering)	0,57		19,36
Globale Gütekriterien			
χ^2	117,26	RMR	0,042
Freiheitsgrade	51	CFI	1,00
χ^2/df	2,29	GFI	0,99
REMSEA	0,058	AGFI	0,98

Tabelle 24: Ergebnisse des Messmodells der eingesetzten Verbesserungsinitiativen der Fertigung

Mit Hilfe der vorliegenden Messmodelle kann der bisherige Nutzungsgrad (innerhalb der vergangenen 3 Jahre) und der künftig geplante Nutzungsgrad (in den kommenden 3 Jahren) für die drei Verbesserungsinitiativen ermittelt

[820] Das Signifikanzniveau einer Faktorladung entspricht für t≥1,645 beziehungsweise für t≥2,326 einer Irrtumswahrscheinlichkeit von 5% beziehungsweise 1%.

werden. Wie bereits im vorangegangenen Kapitel argumentiert wurde, ist bei hoher Marktkomplexität mit verstärkten Anstrengungen zur Verbesserung der Fertigung zu rechnen. Deshalb ist folgende Hypothese zu überprüfen:

$H_{1, C\text{-}18}$: Zwischen der marktinduzierten Komplexität, dem bisherigen sowie zukünftigen Nutzungsgrad der Verbesserungsinitiativen besteht ein positiver Zusammenhang.

Mit hohem Signifikanzniveau kann obige Hypothese für fast alle Verbesserungsinitiativen bestätigt werden.[821] Die Verbesserungsinitiativen werden bei hoher Marktkomplexität tendenziell stärker genutzt als bei geringer Komplexität. Auffällig ist, dass die Korrelationen mit der künftig geplanten Nutzung von Verbesserungsinitiativen durchweg größer ausfallen als die der bisherigen Nutzung. Die künftige Nutzung weist also einen stärkeren Zusammenhang zur aktuellen Situation auf als die bisherige Nutzung. Dies kann als Beleg dafür betrachtet werden, dass die Werke ihre gegenwärtige Situation, gegebenenfalls ihre mangelnde Angepasstheit erkennen, und dies zum Anlass nehmen, um verstärkt Veränderungsmaßnahmen zu ergreifen, welche die Angepasstheit in der Zukunft erhöhen sollen. Diese Annahme wird durch das Hinzuziehen der Distanz, die eine Fertigungsorganisation zur Äquivalenzdiagonalen[822] aufweist, bestätigt. Die Korrelationen sind für alle Verbesserungsinitiativen positiv; bei hoher Diskrepanz zwischen exogener und endogener Komplexität wird gleichzeitig ein hoher Nutzungsgrad der Verbesserungsinitiativen geplant. Zwischen dem Nutzungsgrad der Verbesserungsinitiativen (bisherigem und zukünftig geplantem) und der marktinduzierten Komplexität besteht ein Zusammenhang, der im Weiteren genauer untersucht werden soll. Dazu wird ein Mittelwertvergleich zwischen den Werken im Quartil hoher und niedriger Marktkomplexität durchgeführt, womit folgende Hypothese überprüft wird:

$H_{1, C\text{-}19}$: Werke im Quartil niedriger Komplexität setzen Verbesserungsinitiativen generell in geringerem Umfang ein, beziehungsweise planen eine geringere zukünftige Nutzung als Werke im Quartil hoher Komplexität.

---

[821] Die einzige nicht signifikante Korrelation besteht zwischen VBITECH1 und ΣDynamik, vgl. Anhang-Tabelle 30.

[822] Vgl. Kapitel C.III.2.c). Die Korrelationen zwischen der euklidischen Distanz zur Äquivalenzdiagonalen und dem künftigem Einsatz der Verbesserungsinitiativen sind signifikant ($p<0,05$) und betragen 0,154 für VBITECH2; 0,127 für VBIREORG2 und 0,135 für VBIFKNZ2.

Für alle Verbesserungsinitiativen kann Hypothese $H_{1,\ C\text{-}19}$ bestätigt werden.[823] Ähnlich wie bei den, im vorangegangenem Kapitel diskutierten, Auswirkungen auf das Zielsystem der Fertigung ist auch hier festzustellen, dass hohe Marktkomplexität mit hohem Nutzungsgrad von Verbesserungsinitiativen einhergeht. In Übereinstimmung mit den theoretischen Überlegungen ist deshalb für die Nutzung von Verbesserungsinitiativen der Fertigung ebenfalls davon auszugehen, dass hohe Marktkomplexität mit einer umfangreichen Nutzung der Verbesserungsinitiativen zusammenhängt. Analog zum Strukturmodell der Fertigungsziele in Abbildung 33 wird im Folgenden ein Modell für die künftige Nutzung der Verbesserungsinitiativen analysiert, um zu untersuchen, ob eine direkte Abhängigkeit vorliegt. Folgende Hypothesen werden damit überprüft:

$H_{1,\ C\text{-}20/a}$: Je größer die marktinduzierte Komplexität, desto größer die künftige Nutzung von Verbesserungsinitiativen.

$H_{1,\ C\text{-}20/b}$: Je größer die organisationale Spezialisierung, desto weniger stark werden künftige Verbesserungsinitiativen genutzt.

Die Ergebnisse des Strukturmodells führen zu einer Ablehnung beider Hypothesen. Globale und lokale Gütemaße liegen außerhalb der Akzeptanzgrenzen. Daraus ist die Schlussfolgerung zu ziehen, dass Verbesserungsinitiativen der Fertigung nicht direkt durch die Komplexität der Märkte oder den Grad organisationaler Spezialisierung beeinflusst werden. Zwar ist, wie vorherige Analysen gezeigt haben, die künftige Nutzung von Verbesserungsinitiativen erhöht, wenn die Marktkomplexität ebenfalls hoch ist, aber dieser Tatsache liegt keine direkte Abhängigkeit zugrunde. Der Anpassungsprozess, der zu einer Auswahl von Verbesserungsinitiativen führt, ist demnach nicht allein durch die marktliche Komplexität zu erklären, sondern resultiert aus einem betrieblichen Entscheidungsprozess, der weitere entscheidungsrelevante Bestandteile betrachten muss. Die Frage, welche Bedingungen und Prozesse letztlich zur Auswahl der Verbesserungsinitiativen führt, wird in Kapitel C.IV.3 thematisiert.

[823] Vgl. Anhang-Tabelle 31.

c) Quantifizierung des Anpassungserfolgs durch Steigerung der Leistungsfähigkeit in der Fertigung

Gelingt es einem Werk sich besser auf die Gegebenheiten des Marktumfeldes einzustellen, so sind Verbesserungen der Leistungsfähigkeit zu erwarten. Die Veränderungsrate einzelner Leistungsindikatoren bietet die Möglichkeit, einen Vergleich innerhalb der Stichprobe durchzuführen, der eine Aussage darüber erlaubt, wie gut ein Werk in der Lage ist, seine eigene Leistungsfähigkeit zu erhöhen, unabhängig davon, wie groß die absolute Leistungsfähigkeit in Bezug auf die einzelnen Indikatoren tatsächlich ist. Da die Werke zum Teil sehr verschiedene Produkte herstellen, ist ein Vergleich absoluter Leistungsverbesserungen ohnehin nur von eingeschränkter Aussagefähigkeit und für das hier verfolgte Untersuchungsziel nicht erforderlich. Die Fähigkeit, unter bestimmten Marktbedingungen, hier der Komplexität des Marktumfeldes, die eigene Leistungsfähigkeit zu erhöhen, kann deshalb als eine Messgröße für den Erfolg, mit dem sich Anpassungsprozesse vollziehen, interpretiert werden.

Zur Untersuchung des Erfolges, der mit dem Einsatz von Verbesserungsinitiativen verbunden ist, werden die Leistungsveränderungen der vier strategischen Zieldimensionen betrachtet. Dazu wurden die Werke dahingehend befragt, wie stark sich verschiedene Leistungsindikatoren in den vergangenen drei Jahren verändert haben.[824] Solche Leistungsverbesserungen sind in stärkerem Umfang in hochkomplexen Märkten zu erwarten, da dort die Leistungsindikatoren größeren Schwankungen ausgesetzt sind, deshalb in höherer Frequenz auftreten und sich in größeren Amplituden bewegen als in Märkten geringerer Komplexität.

Werden alle Leistungsindikatoren zunächst einzeln betrachtet, so zeigt eine Gesamtbetrachtung aller Werke, dass keiner der Indikatoren unter einem Wert von drei liegt, der für die Konstanthaltung eines Indikators steht. Insgesamt kann für alle Indikatoren eine leichte Verbesserung berichtet werden (Ø-min: 3,23; Ø-max: 3,81).[825] Zur Kontrolle werden die Leistungsindikatoren auf Branchen- und Werksgrößenunterschiede untersucht. Der Branchen-

[824] Die Veränderungen sind auf einer fünfstufigen Likertskala, von stark-verschlechtert bis stark-verbessert erfasst worden und orientieren sich an den Dimensionen, die in Kapitel C.IV.2.a) zur Operationalisierung der fertigungsstrategischen Ziele verwendet werden.

[825] Eine Übersicht aller Leistungsindikatoren und deren durchschnittliche Veränderungen findet sich in Anhang-Tabelle 27.

vergleich zeigt signifikante Unterschiede lediglich in Bezug auf zwei Indikatoren (Flexibilität der Ausbringungsmenge und Flexibilität des Produktmixes). Die Hersteller elektrischer Ausrüstung (383: ELE) weisen überdurchschnittliche große Verbesserungen bezüglich dieser Indikatoren auf (4,07 und 3,84).

Die Verbesserungen der vier strategischen Leistungsdimensionen werden analog zum Modell fertigungsstrategischer Ziele durch ein Vier-Faktoren-Messmodell (LSTGQUAL, LSTGZEIT, LSTGKOST und LSTGFLEX) repräsentiert. Insgesamt werden 13 Leistungsindikatoren verwendet, um ein Messinstrument für die Verbesserungen der Dimensionen Qualität, Zeit, Kosten und Flexibilität zu bilden. Jeder Indikator verkörpert die Veränderung eines Faktors, der einer Verbesserung beziehungsweise einer Verschlechterung einer der strategischen Zielgrößen der Fertigung entspricht.[826] Das konfirmatorische Messmodell erfüllt die gestellten Gütekriterien und führt zur Bestätigung des Vier-Faktoren-Modells der Leistungsverbesserungen.

Die erzielten Leistungsverbesserungen eines Werkes können durch die Verbesserungsinitiativen beeinflusst werden; die Effektivität der Verbesserungsinitiativen kann aber unterschiedlich sein, abhängig davon, ob sie in Märkten hoher oder geringer Komplexität genutzt werden. Aufgrund hoher Dynamik in hochkomplexen Märkten steht mehr Spielraum zu Verfügung, gleichzeitig existiert auch eine größere Notwendigkeit, umfangreiche Leistungsverbesserungen umzusetzen. In einer komplexen Fitnesslandschaft werden häufiger lokale Optima erreicht, die durch einen relativ steilen Anstieg organisationaler Fitnesswerte gekennzeichnet sind; es finden Verbesserungen in größerem Ausmaß statt als in einfachen Fitnesslandschaften, die im Extremfall eingipfelig sind und nur einen gleichförmigen, von keinen Ausschlägen gekennzeichneten Weg der Steigerung organisationaler Fitnesswerte aufweisen. Es wird untersucht, ob die Leistungssteigerungen in den vier Quartilen der Marktkomplexität unterschiedlich stark ausfallen. Folgende Hypothese wird durch eine Varianzanalyse auf Signifikanz überprüft:

$H_{1,\,C\text{-}21}$: Die Leistungssteigerungen sind in den Quartilen marktinduzierter Komplexität unterschiedlich stark ausgeprägt.

[826] Die Ergebnisse des Messmodells sind in Anhang-Tabelle 28 und Anhang-Tabelle 29 zusammengefasst.

Hypothese $H1,_{C\text{-}21}$ ist für Leistungssteigerungen in den Bereichen Qualität, Zeit und Flexibilität anzunehmen. Die Werke erzielen unterschiedlich starke Verbesserungen, je nachdem, wie hoch die Komplexität des Marktumfeldes ist. In Abbildung 34 sind die mittleren Leistungssteigerungen in den einzelnen Quartilen dargestellt. Für die Leistungssteigerungen im Bereich der Kosten ist Hypothese $H_{1,\ C\text{-}21}$ zu verwerfen.[827] Die erreichten Kostenverbesserungen sind demnach bei hoher und niedriger Komplexität nicht signifikant verschieden.

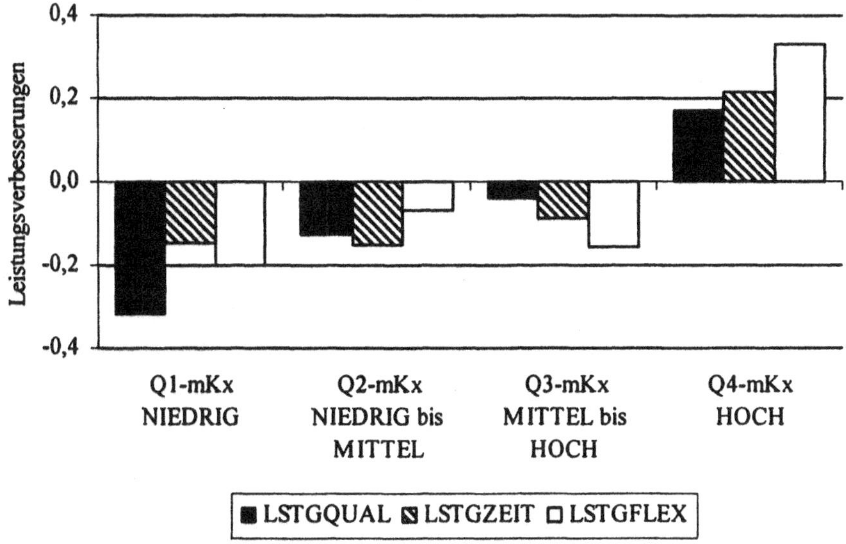

Abbildung 34: Erreichte Leistungssteigerungen im Vergleich der Quartile marktinduzierter Komplexität

Aus dem Mittelwertvergleich ist ersichtlich, dass die größten Leistungssteigerungen ausschließlich von Werken im Quartil der höchsten Marktkomplexität erreicht werden konnten. Am deutlichsten unterscheiden sich die Verbesserungen der Flexibilität. Da bei hoher Komplexität sowohl Vielfalt als auch Dynamik von großer Bedeutung sind, ist festzustellen, dass die Werke in diesem Quartil durchaus in der Lage sind, eine angemessene An-

---

827 Die Ergebnisse der Varianzanalyse sind in Anhang-Tabelle 20 zusammengefasst.

passung an diese Umstände zu erreichen. Ungewöhnlich ist die Tatsache, dass außer im Quartil hoher Marktkomplexität keine Gruppe existiert, die signifikant überdurchschnittliche Leistungsverbesserungen erreicht. Substanzielle Verbesserungen, die eine Differenzierung gegenüber den anderen Werken erlauben, finden demnach nur bei hoher Marktkomplexität statt. Dies kann zum einen daran liegen, dass nur bei hoher Komplexität entsprechend große Anstrengungen unternommen werden, die zu einer signifikanten Leistungssteigerung führen. Auf der anderen Seite erfordert die hohe Komplexität kontinuierliche Leistungsverbesserungen, da bestehende Fertigungsprozesse permanent angepasst und zu größerer Effizienz geführt werden müssen.

Aus der Tatsache, dass sich die Kostenveränderungen zwischen den Quartilen nicht unterscheiden, kann gefolgert werden, dass selbst bei hoher Marktkomplexität Verbesserungen im Bereich der Kosten erzielt werden können, wenn entsprechende Anstrengungen unternommen werden, um einen nachteiligen Effekt der Marktkomplexität auf die Kosten der Fertigung zu vermeiden. In Kapitel C.IV.2.b) wurde bereits gezeigt, dass die Werke im Quartil hoher Marktkomplexität durch eine insgesamt intensivere Nutzung der Verbesserungsinitiativen gekennzeichnet sind. Wird eine Verbesserungsinitiative in größerem Umfang eingesetzt, so können auch größere Leistungsverbesserungen erzielt werden. Durch die vermehrte Nutzung der Verbesserungsinitiativen gelingt es offenbar hinsichtlich der Qualität, der Zeit und Flexibilität, überdurchschnittliche Leistungssteigerungen zu erzielen und gleichzeitig die Kosten unter Kontrolle zu halten. Dies zeigt auch, dass in hochkomplexen Märkten der Kostendruck so groß ist, dass selbst mit deutlich überdurchschnittlichen Verbesserungsanstrengungen die Kostensituation nur konstant gehalten werden kann aber eine entsprechende Verbesserung nicht gelingt.

Um den Zusammenhang zwischen den in der Vergangenheit genutzten Verbesserungsinitiativen und den erzielten Leistungssteigerungen zu untersuchen, wird eine Korrelationsanalyse durchgeführt. Dies dient der Feststellung, welche Verbesserungsinitiativen die vier Leistungsdimensionen positiv beeinflussen können.[828] Die Korrelationen werden separat für die Werke im Quartil niedriger und hoher Marktkomplexität ermittelt. Die in Tabelle 25 zusammengefassten Ergebnisse einer Korrelationsanalyse zeigen,

[828] Eine für den Grad organisationaler Spezialisierung ebenfalls durchgeführte Korrelationsanalyse mit den Leistungssteigerungen der Fertigung zeigt keinen statistisch signifikanten Zusammenhang.

dass die Leistungsverbesserungen in den Werken der Gruppe hoher Marktkomplexität stärker und auch in einer größeren Anzahl mit den eingesetzten Verbesserungsinitiativen korrelieren.

Quartil	Verbesserungsinitiativen	VBI-TECH	VBI-REORG	VBI-FKNZ
niedrige Marktkomplexität	Verbesserungen in ...			
	Qualität	n. s.	n. s.	n. s.
	Zeit	0,21***	0,25**	n. s.
	Kosten	0,23***	n. s.	n. s.
	Flexibilität	n. s.	n. s.	n. s.
hohe Marktkomplexität	Verbesserungen in ...			
	Qualität	0,21***	n. s.	0,21***
	Zeit	0,20***	0,27**	0,34*
	Kosten	0,22**	0,26**	0,37*
	Flexibilität	0,21***	n. s.	n. s.
* mit p<0,01; ** mit p<0,05; *** mit p<0,10; n. s. = nicht signifikant				

Tabelle 25: Zusammenhänge zwischen Leistungsverbesserungen und bisheriger Nutzung von Verbesserungsinitiativen bei niedriger und hoher Marktkomplexität

Leistungsverbesserungen, die in den Werken des Quartils niedriger Komplexität erzielt werden, stehen überwiegend in Zusammenhang mit Verbesserungen der Fertigungstechnologie und beziehen sich auf die Steigerung von Zeit- und Kostenziele, wobei Leistungssteigerungen der Zeitkriterien auch durch Reorganisationsmaßnahmen festzustellen sind. Die Nutzung moderner Fertigungskonzepte steht dagegen mit keiner Leistungssteigerung im Zusammenhang. Da bei geringer Marktkomplexität die Fitnesswerte relativ stabil sind, besteht auch nur ein verminderter Bedarf beziehungsweise weniger Veranlassung, deutliche Verbesserungen zu erreichen.

Dagegen gelingen den Werken des Quartils hoher Marktkomplexität vielfältige Leistungsverbesserungen durch den Einsatz der genutzten Verbesserungsinitiativen. Da die organisationalen Fitnesswerte einer zerklüfteten Fitnesslandschaft bei hoher Komplexität durch eine hohe Veränderungsgeschwindigkeit gekennzeichnet sind, ist es erforderlich, schnell auf Veränderungen reagieren zu können und die Leistungsfähigkeit unter veränderten Bedingungen wieder auf ein hohes Niveau steigern zu können. In Anbetracht der Tatsache, dass auch die Anforderungen an die Leistungsfähigkeit der Fertigung in hochkomplexen Märkten größer sind und häufigeren Veränderungen unterliegen, besitzen diese Werke eine hohe Anpassungsfähigkeit, im

Sinne einer umfangreichen Leistungssteigerung trotz großer Komplexität des Marktumfeldes. Nachdem die bisherigen Ergebnisse einen Zusammenhang zwischen marktinduzierter Komplexität und den erreichten Leistungssteigerungen gezeigt haben, ist zu überprüfen, ob daraus ein direkter Einfluss abgeleitet werden kann. Dafür wird ein Strukturmodell aufgestellt, welches analog zum Strukturmodell der Fertigungsziele in Abbildung 33 eine direkte Abhängigkeit der Leistungssteigerungen von der Marktkomplexität überprüft. Folgende Hypothesen werden mit diesem Modell getestet:

$H_{1, C\text{-}22/a}$: Je größer die marktinduzierte Komplexität ist, desto größer sind die erzielten Leistungssteigerungen in der Fertigung.

$H1_{, C\text{-}22/b}$ Je größer die organisationale Spezialisierung ist, desto geringer sind die erzielten Leistungssteigerungen in der Fertigung.

Wie schon im Fall der Verbesserungsinitiativen sind beide Hypothesen zu verwerfen. Globale und lokale Gütemaße liegen außerhalb der Akzeptanzgrenzen. Die erreichten Leistungssteigerungen sind also nicht direkt von der Komplexität des Marktes oder dem Grad organisationaler Spezialisierung abhängig. Dieses Ergebnis unterstreicht die Annahme, dass der Anpassungsprozess selbst zu den erreichten Leistungsverbesserungen führt. Marktkomplexität und organisationale Spezialisierung liefern zwar den kontextualen Rahmen für den Anpassungsprozess der Fertigung und beeinflussen die Zielrichtung, die für die Auswahl von Verbesserungsinitiativen von Bedeutung ist, nicht jedoch das hieraus resultierende Ergebnis – nämlich die erreichten Leistungsverbesserungen.

d) Charakterisierung des Anpassungsprozesses am Beispiel von Werken mit zellulärer Fertigungsorganisation

Die folgenden Ausführungen konzentrieren sich auf Werke, deren Fertigung in Zellen organisiert ist, diese dienen als Beispiel, um den Verbesserungsprozess eines Organisationstyps insgesamt darzustellen.[829] Die bisherigen Ergebnisse haben gezeigt, dass Werke dieses Organisationstyps in Märkten höchster Komplexität operieren und gleichzeitig eine relativ geringe Kom-

[829] Eine umfangreiche Diskussion für alle Organisationstypen der Fertigung wird hier nicht geführt. Zum Vergleich sind die jeweiligen Mittelwerte der anderen Organisationstypen im Anhang zusammengefasst. Vgl. Anhang-Tabelle 21.

plexität der Fertigungsorganisation besitzen.[830] Es ist anzunehmen, dass eine zellulär organisierte Fertigung besonders gut geeignet ist, hohe Komplexität zu bewältigen und sich den Veränderungen dynamischer Märkte gegenüber schnell anzupassen. Neben den strukturellen Vorteilen, die eine modulare Fertigungsorganisation grundsätzlich bietet, sind darüber hinaus Veränderungsprozesse erforderlich, um sich der hohen Komplexität gegenüber als anpassungsfähig zu erweisen und die Leistungsfähigkeit der Fertigung zu erhalten beziehungsweise zu erhöhen. Der Anpassungsprozess in der Fertigung zur Verbesserung der Leistungsfähigkeit trotz hoher Marktkomplexität steht im Blickpunkt der folgenden Ausführungen. Zur Beschreibung des Anpassungsprozesses wurden in den vorangegangenen Abschnitten verschiedene Faktoren vorgestellt, die sich auf insgesamt vier unterschiedliche Bestandteile des Anpassungsprozesses beziehen:

- Ziele in der Fertigung
- Bisheriger Einsatz von Verbesserungsinitiativen
- Künftig geplanter Einsatz von Verbesserungsinitiativen
- Erzielte Leistungsverbesserungen

Die durchschnittlichen Ausprägungen dieser Faktoren in den Werken des Typs Zellenfertigung werden im Folgenden diskutiert und sind in Tabelle 26 zusammengefasst.

	Mittelwert		Mittelwert
Fertigungsziele		**Genutzte Verbesserungsinitiativen**	
FZQUAL	-0,16	VBITECH1	0,22
FZZEIT	-0,05	VBIREORG1	0,33
FZKOST	-0,11	VBIFKNZ1	0,22
FZFLEX	0,06		
Leistungsverbesserungen		**Geplante Verbesserungsinitiativen**	
LSTGQUAL	0,23	VBITECH2	0,23
LSTGZEIT	0,11	VBIREORG2	0,32
LSTGKOST	-0,10	VBIFKNZ2	0,27
LSTGFLEX	0,04		

Tabelle 26: Übersicht der Komponenten des Anpassungsprozesses der Fertigung am Beispiel von Werken mit Zellenfertigung

[830] Vgl. Kapitel C.III.2.b).

Leistungsverbesserungen

Die Werke des Typs ZELL sind relativ erfolgreich bei der Verbesserung ihrer Leistung, erzielen dies allerdings unter umfangreichem Einsatz von Verbesserungsinitiativen. Mit einer Zellenfertigung arbeitende Werke schaffen es, überdurchschnittliche Verbesserungen hinsichtlich zeitbezogener Leistungsindikatoren zu erreichen. Flexibilitätsverbesserungen sind dagegen nur auf durchschnittlichem Niveau. Dagegen gelingt es, beträchtliche Qualitätsverbesserungen zu erzielen. Es fällt auf, dass diese Werke im Bereich der Kosten nur deutlich unterdurchschnittliche Verbesserungen erreichen. Hier zeigt sich, dass die hohe Komplexität der Märkte, in denen diese Werke operieren, vermutlich die Kostenposition so stark beeinträchtigt, dass selbst unter Aufbietung höchster Anstrengungen zur Verbesserungen der Fertigung Nachteile bezüglich der Kosten eintreten.

Fertigungsziele

Die Werke des Organisationstyps ZELL operieren in den Märkten der größten Komplexität innerhalb der Stichprobe; ihr Zielbündel ist aber weder besonders fokussiert, noch ist es bezüglich der Anzahl verfolgter Ziele als umfangreich zu bezeichnen. Ein Blick auf die relative Zielgewichtung der Werke dieses Typs zeigt überwiegend unterdurchschnittlich gewichtete Zieldimensionen.[831] Ein Schwerpunkt ist lediglich im Ziel Flexibilität zu erkennen, auch wenn dieser im Vergleich der Stichprobe nur schwach ausgeprägt ist. Die Erklärung dafür ist in der hohen Spezialisierung dieser Werke zu suchen (0,12); innerhalb der Stichprobe sind nur die Werke des Typs MASS stärker spezialisiert. Obwohl auch die Komplexität des Marktumfeldes sehr groß ist, versetzt das in großem Umfang implementierte Prozesslayout der Zellenfertigung diese Werke in die Lage, bei hoher Marktkomplexität und gleichzeitig hoher Spezialisierung nur wenig umfangreiche Verbesserungen in der Fertigung anzustreben. Es ist deshalb anzunehmen, dass es in den strukturellen Eigenschaften dieses Organisationstyps selbst begründet liegt, dass es auch ohne ein komplexes Zielbündel möglich ist, in hochkomplexen Märkten zu bestehen, da die Bestandsflexibilität dieses Organisationstyps so groß ist, dass die hohe Marktkomplexität bewältigt werden kann. Durch den modularen Aufbau einer Zellenfertigung besteht innerhalb der Organisationsstruktur eine hohe Flexibilität. Somit muss Flexibilität als Verbesserungsziel nur schwach überdurchschnittlich gewichtet werden. Dagegen besitzt Flexi-

---

[831] FZQUAL: -0,16; FZZEIT: -0,05; FZKOST: -0,11; FZFLEX: 0,06.

bilität bei anderen Werken, deren Fertigungsorganisationen wesentlich weniger strukturelle Flexibilität besitzen, einen sehr viel höheren Stellenwert.[832]

Verbesserungsinitiativen

Die Werke des Typs ZELL nutzen die drei Verbesserungsinitiativen in weit überdurchschnittlichem Maße und weiten den Nutzungsgrad sogar noch zusätzlich aus. Verbesserungen der Fertigungstechnologie und Einführung moderner Fertigungskonzepte werden in ihrem künftigen Nutzungsgrad zunehmen. Die hohe Marktkomplexität, unter der diese Werke operieren, scheint eine kontinuierliche Nutzung von Verbesserungsinitiativen eher zu erfordern als Märkte geringer Komplexität. Dies zeigt insbesondere ein Vergleich mit den Werken des Typs MASS; die Marktkomplexität ist hier vergleichsweise gering. Der Einsatz von Verbesserungsinitiativen erfolgt bei den Werken dieses Typs eher diskontinuierlich.[833] Hervorzuheben ist die intensive bisherige und geplante Nutzung moderner Fertigungskonzepte (VBIFKNZ1 und VBIFKNZ2), worunter TQM, TPM usw. zu verstehen sind. Die mit deutlichem Abstand größte Nutzung dieser Verbesserungsprogramme innerhalb der Stichprobe findet sich bei den Werken des Typs ZELL. Zugleich ist eine noch umfangreichere Nutzung solcher Konzepte in der Zukunft geplant. Da das Zielsystem dieser Werke nur relativ unterdurchschnittliche Zielgewichtungen aufweist, ist anzunehmen, dass der umfangreiche Einsatz der Verbesserungsinitiativen in diesem Fall nur schwach mit den Zielvorgaben korreliert. Der kontinuierliche Einsatz der Verbesserungsinitiativen ist vielmehr als ein autonomer, pfadabhängiger Verbesserungsprozess zu verstehen, der neben einer hohen strukturellen Anpassungsfähigkeit auf einem kontinuierlichen Einsatz von Verbesserungsinitiativen in der Fertigung basiert. Dieser ermöglicht einen impliziten Anpassungsprozess, der nur wenig durch direkte Steuerung des Zielsystems geführt wird. Es besteht angesichts des hohen Anpassungspotenzials innerhalb der Fertigungsorganisation und dem intensiven Bestreben, sich kontinuierlich zu verbessern, kein Erfordernis, durch hoch gesteckte Ziele explizite Verbesserungsprozesse anzustoßen, wie es bei anderen Organisationstypen der Fall ist.[834]

---

[832] Beispielsweise beträgt die Beteutung der Flexibilität im Zielsystem der Werke des Typs FLEXL 0,18.

[833] Vgl. Anhang-Tabelle 21.

[834] Als Beispiel ist hier auf die Werke des Typs FLEXL zu verweisen, die innerhalb der Stichprobe die höchsten Zielgewichtungen in Bezug auf Zeit (0,15), Kosten (0,16) und Flexibilität (0,18) besitzen.

3. Wirkungszusammenhänge innerhalb fertigungsbezogener Verbesserungsprozesse

Nachdem die verschiedenen Komponenten eines Anpassungsprozesses für die industrielle Fertigung vorgestellt wurden, werden in den folgenden Abschnitten die Wirkungsbeziehungen zwischen diesen Komponenten untersucht. Durch diese Vorgehensweise können die Abhängigkeiten und Ursache-Wirkungsbeziehungen innerhalb des dynamisch verlaufenden Anpassungsprozesses dargestellt werden. Damit die Effekte, die von der marktinduzierten Komplexität ausgehen und den Verbesserungsprozess der Fertigung beeinflussen, ermittelt werden können, wird die Stichprobe für die folgenden Analysen in zwei Hälften geteilt. In der einen Hälfte werden die Werke der beiden unteren Komplexitätsquartile zusammengefasst, in der anderen Hälfte die Werke der beiden oberen Komplexitätsquartile.[835]

a) Auswahl von Verbesserungsinitiativen unter Berücksichtigung von Verbesserungszielen der Fertigung

Zur Analyse des Einflusses einer expliziten Steuerung durch Fertigungsziele wird im Folgenden ein Vergleich des Zusammenhangs zwischen den Fertigungszielen und dem geplanten Einsatz von Verbesserungsinitiativen durchgeführt. Grundsätzlich kann davon ausgegangen werden, dass die strategischen Verbesserungsziele, die ein Werk für die Fertigung festlegt, die Bestimmung des künftigen Nutzungsgrades der Verbesserungsinitiativen beeinflusst. Die hier untersuchten Verbesserungsinitiativen sind nicht speziell auf ein bestimmtes Verbesserungsziel hin ausgerichtet, sondern vereinigen inhaltlich homogene Maßnahmenpakete, die auf die Verbesserung bestimmter Bereiche (Technologie, Prozessorganisation und umfassende Fertigungskonzepte) der Fertigung ausgerichtet sind. Grundsätzlich sind die Verbesserungsinitiativen geeignet, Verbesserungen der Fertigung zu erreichen, auch wenn bestimmte Schwerpunkte aufgrund der verwendeten Indikatorvariablen erwartet werden können.[836] Das Muster der Fertigungsziele, die zur Auswahl der Verbesserungsinitiativen dienen ist hier zu untersuchen. Eine Bestätigung

---

[835] Vgl. Kapitel C.II.2.c).

[836] Aufschluss über die tatsächliche Wirksamkeit der drei Verbesserungsinitiativen in Bezug auf die vier verschiedenen Dimensionen der Leistungssteigerungen bieten die Ergebnisse in Kapitel C.IV.3.c).

einzelner Ziel-Mittelrelationen ist aufgrund der grundsätzlichen Unabhängigkeit der Verbesserungsinitiativen von den untersuchten Zieldimensionen nicht beabsichtigt. Folgende Hypothese wird durch einen Vergleich der Zusammenhangsstärke zwischen Fertigungszielen und geplanter Nutzung von Verbesserungsinitiativen überprüft.

$H_{1, C\text{-}23}$: Die Fertigungsziele beeinflussen die Auswahl künftiger Verbesserungsinitiativen positiv

Zur detaillierten Darstellung der Zusammenhänge zwischen Zielgrößen und Verbesserungsinitiativen wird $H_{1, C\text{-}23}$ zunächst für jede Verbesserungsinitiative überprüft, um den Einfluss der expliziten Steuerung durch Ziele im Veränderungsprozess der Fertigung zu analysieren. Gleichzeitig werden die Unterschiede zur Zielsteuerung bei niedriger und hoher Marktkomplexität anhand der unterschiedlichen Parameterschätzungen der alternativen Modelle diskutiert. Durch die Stärke der Abhängigkeit zwischen den vier Fertigungszielen und der künftigen Nutzung der Verbesserungsinitiativen wird die Erwartungshaltung des Managements aufgezeigt, von welchen Verbesserungsinitiativen eine Verbesserung bestimmter Zielgrößen erwartet wird beziehungsweise welche Ziele von bestimmten Verbesserungsmaßnahmen unbeeinflusst bleiben. Die Ergebnisse der Strukturmodelle bezüglich der Verbesserungsinitiative VBITECH2 sind in Tabelle 27 zusammengefasst. Hinsichtlich der Gütekriterien ist eine gute Modellanpassung an die empirischen Daten festzustellen.

Für die Werke aus der Gruppe mit niedriger Marktkomplexität kann Hypothese $H_{1, C\text{-}23}$ für Qualität, Kosten und Flexibilität bestätigt werden. Demnach führen Qualitäts-, Kosten- und Flexibilitätsziele bei niedriger Marktkomplexität zu einer verstärkten Investition in neue Technologien. Dem Einsatz moderner Anlagen und einem erhöhten Grad der Prozessautomatisierung wird zugetraut, Verbesserungen hinsichtlich dieser drei Zieldimensionen erreichen zu können. Besonders stark tragen Kostenziele zur Auswahl technisch orientierter Verbesserungsinitiativen bei. Hypothese $H_{1, C\text{-}23}$ ist für Zeitziele hingegen nur teilweise zu bestätigen. Das Modell zeigt einen statistisch signifikanten Zusammenhang zwischen der Verfolgung von Zeitzielen und dem Einsatz fertigungstechnischer Verbesserungsinitiativen; dieser ist jedoch mit negativem Vorzeichen versehen. Verfolgt ein Werk zeitorientierte Ziele, so bewirken diese eine reduzierte Nutzung technisch orientierter Verbesserungsinitiativen. Dieses Ergebnis überrascht auch in Bezug auf den positiven Einfluss, der durch das Flexibilitätsziel ausgeübt wird, da die Erfüllung von Zeitzielen als eine unterstützende Funktion der

Flexibilität, hier der Handlungsgeschwindigkeit, zu sehen ist. Da die Einführung neuer Technologien in der Fertigung einen aufwendigen Veränderungsprozess darstellt, der geeignet ist, die Abläufe der Fertigung während einer Einführungs- und Anlaufphase nachhaltig zu stören, kann darin ein Grund für den negativen Einfluss von Zeitzielen bei der Auswahl technischer Verbesserungsinitiativen gesehen werden. Dies setzt allerdings voraus, dass bei der Bewertung des Zeitziels durch die befragten Werke eine vornehmlich kurzfristige Perspektive gewählt wurde, da langfristig auch durch technische Verbesserungen Vorteile hinsichtlich der Erfüllung von Zeitzielen zu erwarten sind. Bei hoher Marktkomplexität sind nur Kosten und Flexibilität als Zielgrößen bei der Auswahl technischer Verbesserungsinitiativen von signifikantem Einfluss. Zeit- und Qualitätsziele haben keine Auswirkungen auf die Auswahlentscheidung, obwohl insbesondere die Zeitziele von Werken in Märkten hoher Komplexität verfolgt werden.[837] Bei der Auswahl technischer Verbesserungen spielen diese jedoch keine Rolle.

Wirkungsbeziehung			Niedrige Marktkomplexität		Hohe Marktkomplexität	
			γ	t-Wert	γ	t-Wert[838]
FZQUAL	→	VBITECH2	0,15	2,33	-	n.s.
FZZEIT	→	VBITECH2	-0,26	-2,65	-	n.s.
FZKOST	→	VBITECH2	0,34	3,24	0,36	3,73
FZFLEX	→	VBITECH2	0,13	1,95	0,22	2,90

Globale Gütekriterien							
Niedrige Marktkomplexität				Hohe Marktkomplexität			
χ^2	199,34	RMR	0,078	χ^2	146,37	RMR	0,052
Freiheitsgrade	109	CFI	0,97	Freiheitsgrade	109	CFI	1,00
χ^2/df	1,83	GFI	0,95	χ^2/df	1,34	GFI	0,97
REMSEA	0,075	AGFI	0,94	REMSEA	0,049	AGFI	0,95

Tabelle 27: Ergebnisse des Strukturmodells der Wirkungsbeziehungen zwischen Fertigungszielen und künftiger Nutzung der Verbesserungsinitiative Technologie

[837] Vgl. Kapitel C.IV.2.b).

[838] Das Signifikanzniveau einer Faktorladung entspricht für t≥1,645 beziehungsweise für t≥2,326 einer Irrtumswahrscheinlichkeit von 5% beziehungsweise 1%.

Der Vergleich beider Modelle deutet darauf hin, dass die Werke in komplexen Märkten eine größere Klarheit hinsichtlich der Zuordnung zwischen Verbesserungszielen und Verbesserungen der Fertigungstechnik besitzen. Es ist deshalb anzunehmen, dass auch die Auswahl der zur Verfügung stehenden Technologien stärker an den verfolgten Zielen orientiert ist, die sich besonders auf Kosten und Flexibilität der Fertigungstechnik beziehen. Überraschend ist allerdings, dass ausgerechnet diese zwei Zieldimensionen, die allgemein als sich gegenseitig ausschließend betrachtet werden, bei der Auswahl technischer Verbesserungen annähernd gleichstarken Einfluss auf die Wahlentscheidung ausüben. Es spricht grundsätzlich für eine stärker fokussierte Ausrichtung von Zielsystem und Auswahl der Verbesserungsinitiativen, dass Werke in komplexen Märkten die auf solchen Märkten besonders stark unter Druck stehenden Zielgrößen Kosten und Flexibilität bei der Auswahlentscheidung stärker berücksichtigen. Technische Verbesserungen in der Fertigung werden so bewertet, dass durch diese eine gezielte Verbesserung in den dort verfolgten Zieldimensionen erreicht werden kann. Im Vergleich dazu ist die Auswahlentscheidung der Werke mit niedriger Komplexität weniger klar, sie ist durch den negativen Einfluss des Zeitziels sogar widersprüchlich und deutet darauf hin, dass bei niedriger Komplexität kaum strategische Prioritäten bei der Auswahl technischer Verbesserungen gesetzt werden. Dadurch ist zu erwarten, dass tatsächlich erreichte Verbesserungen nur relativ unspezifisch über alle Zieldimensionen verteilt erfolgen, da eine gezielte Technologieauswahl nicht vorliegt. Unabhängig von der Komplexität des Marktumfeldes herrscht eine hohe Übereinstimmung bei der Bedeutung des Kostenziels, was den Schluss zulässt, dass mit technischen Verbesserungen generell Kosteneinsparungen erreicht werden können.

Im Folgenden werden die Strukturmodelle zur Auswahl von Maßnahmen zur Reorganisation der Fertigungsprozesse untersucht. Das Modell zur Untersuchung der Verbesserungsinitiative Reorganisation bestätigt Hypothese $H_{1, C\text{-}23}$ im Fall der Gruppe niedriger Marktkomplexität. Bei hoher Komplexität ist lediglich das Flexibilitätsziel von statistisch signifikantem Einfluss. In Tabelle 28 sind die Ergebnisse der Strukturmodelle für niedrige und hohe Marktkomplexität zusammengefasst.

Hinsichtlich der anzuwendenden Gütekriterien ist festzustellen, dass eine gute Modellanpassung erreicht wurde und dass die spezifizierten Strukturmodelle die empirischen Daten gut erklären können. Die Werke in Märkten niedriger Komplexität zeigen einen statistisch signifikanten Einfluss von allen fertigungsstrategischen Zielen auf die Auswahl von Aktivitäten zur Reorganisation der Fertigung. Es liegt also auch bei der Auswahl von Aktivitäten zur Reorganisation der Fertigung ein nicht fokussiertes Zielsystem vor, welches durch alle Zieldimensionen die Auswahlentscheidung von Verbesserungsinitiativen beeinflusst. Die Reorganisation der Fertigung wird von den Werken bei niedriger Marktkomplexität eingesetzt, um Qualitäts-, Kosten- und Flexibilitätsziele zu erfüllen. Auch hier überrascht das negative Vorzeichen bei der Verfolgung des Zeitziels, welches möglicherweise ebenfalls mit dem störenden Einfluss solcher Reorganisationsmaßnahmen bei der Erreichung von Zeitzielen zusammenhängt. Der hier untersuchten Verbesserungsinitiative Reorganisation wird in der Gruppe niedriger Komplexität nicht zugetraut, dass Zeitziel zu verbessern, im Gegenteil, es wird offensichtlich seitens der Werke ein zielabträglicher Einfluss vermutet. Anders verhält es sich bei Werken in der Gruppe hoher Komplexität. Hier besitzen Qualitäts-, Zeit- und Kostenziel keinen Einfluss bei der Auswahl von Reorganisationsprojekten. Es dominiert das Streben nach höherer Flexibilität in der Fertigung. Damit zeigt sich eine sehr starke Fokussierung der Zielsteuerung. Allein verbunden mit dem Ziel der Flexibilitätssteigerung werden Maßnahmen zur Fertigungsreorganisation ausgewählt, andere Zielgrößen spielen in Märkten großer Komplexität keine Rolle.

Wirkungsbeziehung			**Niedrige Marktkomplexität**		**Hohe Marktkomplexität**	
			γ	**t-Wert**	**γ**	**t-Wert**[839]
FZQUAL	→	VBIREORG2	0,22	3,70	-	n.s.
FZZEIT	→	VBIREORG2	-0,16	-1,79	-	n.s.
FZKOST	→	VBIREORG2	0,55	5,71	-	n.s.
FZFLEX	→	VBIREORG2	0,27	4,68	0,63	5,48

Globale Gütekriterien							
Niedrige Marktkomplexität				**Hohe Marktkomplexität**			
χ^2	197,57	RMR	0,078	χ^2	175,10	RMR	0,61
Freiheitsgrade	109	CFI	0,98	Freiheitsgrade	109	CFI	1,00
χ^2/df	1,81	GFI	0,96	χ^2/df	1,61	GFI	0,95
REMSEA	0,075	AGFI	0,94	REMSEA	0,065	AGFI	0,94

Tabelle 28: Ergebnisse des Strukturmodells der Wirkungsbeziehungen zwischen Fertigungszielen und künftiger Nutzung der Verbesserungsinitiative Reorganisation

[839] Das Signifikanzniveau einer Faktorladung entspricht für $t \geq 1{,}645$ beziehungsweise für $t \geq 2{,}326$ einer Irrtumswahrscheinlichkeit von 5% beziehungsweise 1%.

Als dritte Verbesserungsinitiative werden Maßnahmen zur Einführung moderner Fertigungskonzepte (z.B. TQM, six sigma, TPM, teilautonome Arbeitsgruppen) untersucht. Im Hinblick auf ihre Abhängigkeit vom Zielsystem der Fertigung ist Hypothese $H_{I,\ C\text{-}23}$ für alle vier Fertigungsziele zu bestätigen. Dies gilt sowohl für Werke in Märkten niedriger Komplexität als auch in Märkten hoher Komplexität, Tabelle 29 fasst die Modellergebnisse zusammen.

Wirkungsbeziehung			**Niedrige Marktkomplexität** γ	**Niedrige Marktkomplexität** t-Wert	**Hohe Marktkomplexität** γ	**Hohe Marktkomplexität** t-Wert[840]
FZQUAL	→	VBIFKNZ2	0,17	3,62	0,17	1,68
FZZEIT	→	VBIFKNZ2	-0,22	-3,16	-0,49	-2,92
FZKOST	→	VBIFKNZ2	0,49	6,36	0,76	4,97
FZFLEX	→	VBIFKNZ2	0,32	6,48	0,18	1,68

Globale Gütekriterien

Niedrige Marktkomplexität				**Hohe Marktkomplexität**			
χ^2	193,68	RMR	0,081	χ^2	187,93	RMR	0,065
Freiheitsgrade	109	CFI	0,96	Freiheitsgrade	109	CFI	1,00
χ^2/df	1,78	GFI	0,95	χ^2/df	1,72	GFI	0,95
REMSEA	0,073	AGFI	0,93	REMSEA	0,071	AGFI	0,93

Tabelle 29: Ergebnisse des Strukturmodells der Wirkungsbeziehungen zwischen Fertigungszielen und künftiger Nutzung der Verbesserungsinitiative Fertigungskonzepte

Von großem Einfluss ist die Erreichung von Kostenzielen durch die Implementierung dieser Programme. Flexibilität und Qualität fallen in ihrer Einflussstärke klar hinter den Kostenzielen zurück. Besonders stark fällt dieser Effekt in den Märkten hoher Komplexität aus. Durch die Einführung moderner Fertigungskonzepte sollen Kosteneinsparungen gelingen, während andere Zielgrößen nur von vergleichsweise geringem Einfluss sind. Es ist möglich, dass auf Seiten des Managements eine falsche Erwartungshaltung bezüglich der Vorteile von TQM- oder TPM-Konzepten vorliegt, da diese Konzepte ihr Potenzial zur Kostensenkung erst nach relativ langer Zeit reali-

840 Das Signifikanzniveau einer Faktorladung entspricht für $t \geq 1{,}645$ beziehungsweise für $t \geq 2{,}326$ einer Irrtumswahrscheinlichkeit von 5% beziehungsweise 1%.

sieren.[841] Ein unerwartetes Ergebnis ist erneut für die Zieldimension Zeit zu verzeichnen. Die Verfolgung zeitbasierter Zielgrößen führt unabhängig von der Marktkomplexität zu einer Verringerung der Nutzung der Verbesserungsinitiative VBIFKNZ. Der Effekt des Zielsystems bezüglich der Auswahl dieser Verbesserungsinitiative ist als wenig fokussiert zu betrachten. Die Einführung von modernen Fertigungskonzepten wird offensichtlich mit allen Zieldimensionen in Verbindung gebracht, unabhängig von der Komplexität des Marktumfeldes. Einzig die Beziehung zur Verbesserung des Kostenziels ist stark ausgeprägt. Insgesamt kann festgehalten werden, dass die vorgestellten Ergebnisse zum einen den Einfluss fertigungsstrategischer Ziele bei der Auswahl von Verbesserungsinitiativen bestätigen, zum anderen zeigt sich, dass die Zusammenhänge bei niedriger beziehungsweise bei hoher Marktkomplexität zum Teil sehr unterschiedlich ausgeprägt sind.

Die Werke in der Gruppe mit niedriger Marktkomplexität besitzen generell keine fokussierten Zielsysteme bei der Auswahl von Verbesserungsinitiativen. Es werden die hier untersuchten Verbesserungsinitiativen überwiegend mit allen Fertigungszielen zu Verbindung gebracht. Im Gegensatz dazu zeigen die Werke in der Gruppe hoher Marktkomplexität stärker fokussierte Mechanismen bei der Auswahl von Verbesserungsinitiativen. Die explizite Steuerung der Fertigung ist damit bei hoher Marktkomplexität einfacher und klarer formuliert, was zum einen vermuten lässt, dass die konkrete Umsetzung von Maßnahmen verbessert wird und zum anderen, dass die Anforderungen, die an eine Verbesserungsmaßnahme gestellt werden, nicht überfrachtet werden, was in möglicherweise nicht erreichbaren und konfliktären Zielvorgaben resultieren würde. Einzige Ausnahme ist die Einführung moderner Fertigungskonzepte. Damit verbinden alle Werke der Stichprobe eine umfassende Verbesserung der Fertigungsziele. Diesen Fertigungskonzepten wird die Fähigkeit zugetraut, umfangreiche Verbesserungen, mit Schwerpunkt auf der Erreichung von Kostenzielen, zu ermöglichen. Andererseits verkörpern diese Konzepte auch zu großen Anteilen das, was mit einer modernen Fertigung generell verbunden wird. Konzepte wie TQM oder TPM werden als universell taugliche Ansätze angesehen, die eine umfassende Ver-

---

[841] Vgl. *Hayes*, Robert H. und David M. *Upton*: Operations-Based Strategy, 1998, S. 17f. Vgl. auch *Hendricks*, Kevin B. und Vinod R. *Singhal*: Does Implementing an Effective TQM Program Actually Improve Operating Performance? Empirical Evidence from Firms That Have Won Quality Awards, in: Management Science, Jhg. 43, Nr. 9, 1997, S. 1261f.

besserung der Fertigung erlauben.[842] Wird die Einflussstärke der einzelnen Ziele betrachtet, fällt der dominierende Charakter des Kostenziels auf. Immer wenn dieses Ziel von signifikantem Einfluss ist, übertrifft dessen Gewicht die Stärke anderer Ziele, zum Teil um ein Vielfaches. Die Reduzierung von Kosten ist demnach beinahe in allen Fällen das treibende, und auch finale Ziel bei der Auswahl von Verbesserungsinitiativen. Als einzige Ausnahme fällt die Wahl von Maßnahmen zur Reorganisation der Fertigung in Märkten hoher Komplexität auf. Dort wird der Auswahlprozess ausschließlich und sehr stark durch das Flexibilitätsziel getrieben. Mit Bezug auf Zeit als fertigungsstrategisches Ziel bei der Auswahl von Verbesserungsinitiativen hat die Untersuchung unerwartete Ergebnisse aufgezeigt, da wann immer das Ziel Zeit von statistisch signifikantem Einfluss ist, dieser mit negativem Vorzeichen versehen ist. Entweder sind alle untersuchten Verbesserungsinitiativen in der Beurteilung des Managements der hier befragten Werke nicht in der Lage, Zeitziele zu erfüllen, beziehungsweise sind dem Zeitziel sogar abträglich, oder aber die Interpretation der Zieldimension seitens der befragten Werke ist hinsichtlich der Fristigkeit unterschiedlich.

b) Herausbildung des Zielsystems der Fertigung unter Berücksichtigung bisher erreichter Leistungsverbesserungen

Die Gewichtung der verschiedenen Zieldimensionen zur Verbesserung der Fertigung kann durch die in der Vergangenheit bereits erreichten Leistungssteigerungen beeinflusst werden und eine Intensivierung der Bemühungen zur Verbesserung der Fertigung auslösen. Sind die in der Vergangenheit erreichten Leistungssteigerungen nicht ausreichend oder sind diese Leistungssteigerungen angesichts der Marktkomplexität gefährdet, müssen zusätzliche Anstrengungen unternommen werden, um innerhalb des Marktumfeldes bestehen zu können. Gleichzeitig ist es möglich, dass die erreichten Leistungssteigerungen als ausreichend angesehen werden und eine weitere Intensivierung der Anstrengungen, um Verbesserungen in der Fertigung zu erreichen, reduziert werden. Die formulierten Zielgrößen Qualität, Zeit, Kosten und Flexibilität sind auf ihren Zusammenhang zu den bisher erreichten Leistungssteigerungen in der gleichen Dimension zu untersuchen. Zwi-

[842] Vgl. *Flynn*, Barbara B.; Sadao *Sakakibara* und Roger G. *Schroeder*: Relationship between JIT and TQM: Practices and Performance, in: The Academy of Management Journal, Jhg. 38, Nr. 5, 1995, S. 1327ff. Vgl. auch *Voss*, Christopher A.: Alternative paradigms for manufacturing strategy, 1995, S. 12ff.

schen den Leistungssteigerungen und dem formulierten Zielbündel können sowohl positive, wenn die erreichten Leistungssteigerungen angesichts der Marktsituation als nicht ausreichend angesehen werden, als auch negative Wirkungsbeziehungen bestehen, wenn die Leistungssteigerungen als zufriedenstellend eingeschätzt werden und eine weitere Erhöhung als nicht sinnvoll betrachtet wird. Da es sich bei der Verbesserung der Fähigkeiten in der Fertigung um einen langfristigen Prozess handelt, der viel Zeit in Anspruch nimmt, und gleichzeitig der hier untersuchte Zeitraum (Leistungsverbesserungen in den vergangenen drei Jahren, sowie geplante Verbesserungen in den kommenden drei Jahren) relativ eng begrenzt ist, kann davon ausgegangen werden, dass grundsätzlich eine relativ starke Pfadabhängigkeit der Verbesserungsinitiativen existiert. Folgende Hypothese wird zur Überprüfung formuliert:

$H_{1, C\text{-}24}$: Die Fertigungsziele werden positiv durch in der Vergangenheit erzielte Leistungsverbesserungen beeinflusst.

Damit die Intensivierung der Anstrengungen bestimmt werden kann, wird eine weitere Größe betrachtet, welche die Differenz zwischen zukünftiger und bisheriger Nutzung der Verbesserungsinitiativen (VBIDELTA) zusammenfasst. Die bereits in Tabelle 23 dargestellten Veränderungsraten werden im Folgenden durch einen gemeinsamen Faktor repräsentiert. Ein positiver Wert von VBIDELTA bedeutet eine allgemeine Erhöhung der Verbesserungsanstrengungen eines Werks. Mit Berücksichtigung dieses Faktors wird erkennbar, ob die erreichten Leistungsverbesserungen als ausreichend betrachtet werden oder ob die Anstrengungen intensiviert werden, und somit die betreffende Leistungsdimension noch nicht dem geforderten Niveau entsprechen. Da an dieser Stelle keine Annahmen getroffen werden können, ob eine Erhöhung oder eine Senkung beim Einsatz der Verbesserungsinitiativen zu erwarten ist, wird die Hypothese ungerichtet formuliert. Zur Überprüfung dieser Fragestellung wird deshalb die folgende Hypothese aufgestellt:

$H_{1, C\text{-}25}$: Die in der Vergangenheit erreichten Leistungsverbesserungen beeinflussen die Veränderung der geplanten Nutzung von Verbesserungsinitiativen.

Die Beziehungen zwischen den diskutierten Faktoren können in unterschiedlich komplexen Märkten variieren. Um den Effekt, der von der marktinduzierten Komplexität auf die Wirkungsbeziehungen ausgehen kann, zu kontrollieren, wird überprüft, ob sich die Wirkungsbeziehungen der Faktoren unterscheiden, wenn sich ein Werk in hochkomplexen Märkten befindet.

Dazu werden getrennte Strukturmodelle für die Teilstichprobe[843] der Werke mit hoher und niedriger Marktkomplexität berechnet. In Tabelle 30 sind beide Modelle dargestellt.

Hypothese $H_{1,\,C\text{-}24}$ kann für alle Wirkungsbeziehungen zwischen den Ziel- und Leistungsdimensionen bestätigt werden. Die bislang erreichten Leistungsverbesserungen in den Bereichen Qualität, Zeit, Kosten und Flexibilität bewirken eine verstärkte Zielgewichtung dergleichen Dimension im Hinblick auf künftige Verbesserungsziele. Daraus kann gefolgert werden, dass die Werke die erreichten Leistungsverbesserungen in allen Bereichen als einen noch nicht vollständig beendeten Prozess betrachten und weitere Verbesserungen der betreffenden Leistungsdimension anstreben beziehungsweise die unternommenen Anstrengungen über einen längeren Zeitraum als hier betrachtet fortsetzen müssen, um das angestrebte Niveau zu erreichen. Dies gilt sowohl für Werke in Märkten geringer Komplexität als auch in Märkten hoher Komplexität. Hinsichtlich der Einflussstärke liegen die Werke der beiden Teilstichproben ebenfalls nicht weit auseinander. Einzig Qualität und Flexibilität zeigen Unterschiede über 0,1. So führen Qualitätsverbesserungen bei hoher Komplexität noch stärker zu einer Gewichtung dieser Zielgröße für weitere Verbesserungen, während umgekehrt erreichte Flexibilitätsverbesserungen weniger stark auf die Verfolgung weiterer Flexibilitätssteigerungen hin ausgerichtet sind. Wird dem oben angeführten Argument, dass unzureichende Leistungsverbesserungen zu einer Steigerung der Zielbedeutung führen gefolgt, so bedeutet dies, dass die Werke in Märkten geringer Komplexität offensichtlich erhöhten Verbesserungsbedarf hinsichtlich der Flexibilität anstreben, während die Werke in Märkten hoher Komplexität diesen Verbesserungsbedarf im Bereich der Qualität sehen.

Zusätzlich unterstützen die Ergebnisse die Tatsache, dass substanzielle Verbesserungen kontinuierliche Anstrengungen erfordern, die über einen langen Zeitraum aufrechterhalten werden müssen. Besonders stark ist die Wirkungsbeziehung der Kostendimension. Kostenreduzierungen setzen oft den Schwerpunkt der Verbesserungsbemühungen innerhalb der Fertigung, was durch die vorliegenden Ergebnisse bestätigt wird. Die Reduzierung der Fertigungskosten stellt ein kontinuierliches Bemühen der Werke dar, welches durch bisher erreichte Kostensenkungen weiter verstärkt wird. Ähnliches gilt für die Steigerung der Flexibilität. Insbesondere Zeitverbesserungen sind

[843] Die Teilstichproben setzen sich aus den Werken der Komplexitätsquartile 1 und 2 (unterdurchschnittliche Marktkomplexität) beziehungsweise den Quartilen 3 und 4 (überdurchschnittliche Marktkomplexität) zusammen.

dagegen weit weniger im Fokus kontinuierlicher Verbesserungsbemühungen. Unter Umständen ist ein Grund darin zu suchen, dass die bisher erreichten Verbesserungen in diesem Bereich als ausreichend eingeschätzt werden, so dass eine weitere Betonung dieses Ziels nicht erforderlich ist.

Wirkungsbeziehung			**Niedrige Marktkomplexität**		**Hohe Marktkomplexität**	
			γ	**t-Wert**	**γ**	**t-Wert**[844]
LSTGQUAL	→	FZQUAL	0,38	6,53	0,49	5,60
	→	VBIDELTA	-	n.s.	-	n.s.
LSTGZEIT	→	FZZEIT	0,43	14,06	0,37	6,03
	→	VBIDELTA	0,34	2,92	-	n.s.
LSTGKOST	→	FZKOST	0,61	13,04	0,55	6,53
	→	VBIDELTA	-	n.s.	-	n.s.
LSTGFLEX	→	FZFLEX	0,55	8,69	0,45	6,00
	→	VBIDELTA	-0,42	-3,19	-	n.s.

Globale Gütekriterien							
Niedrige Marktkomplexität				**Hohe Marktkomplexität**			
χ^2	709,14	RMR	0,010	χ^2	614,34	RMR	0,086
Freiheitsgrade	363	CFI	0,91	Freiheitsgrade	363	CFI	0,97
χ^2/df	1,95	GFI	0,86	χ^2/df	1,69	GFI	0,88
REMSEA	0,085	AGFI	0,84	REMSEA	0,072	AGFI	0,87

Tabelle 30: Ergebnisse der Strukturmodelle der Wirkungsbeziehungen zwischen erreichten Leistungsverbesserungen, geplanten Veränderungen der Nutzung von Verbesserungsinitiativen und Zielen der Fertigung

Eine weitere Detaillierung der Ergebnisse wird durch die Berücksichtigung des Einflusses erreichter Leistungsverbesserungen auf die Erhöhung oder Senkung der Nutzung von Verbesserungsinitiativen möglich. Die oben formulierte Hypothese $H_{1,\ C\text{-}25}$ ist für zwei der betreffenden Wirkungsbeziehungen im Modell der Werke mit niedriger Marktkomplexität zu bestätigen: Zeit

[844] Das Signifikanzniveau einer Faktorladung entspricht für $t \geq 1{,}645$ beziehungsweise für $t \geq 2{,}326$ einer Irrtumswahrscheinlichkeit von 5% beziehungsweise 1%.

und Flexibilität. Für die anderen beiden Dimensionen, sowie für Werke mit hoher Marktkomplexität ist die Hypothese zu verwerfen. Folglich führen die erreichten Leistungsverbesserungen im Bereich Kosten und Qualität nicht zu einer Berücksichtigung bei der Entscheidung über die künftigen Anstrengungen zur Verbesserung der Fertigung. Es ist denkbar, dass der bisherige Nutzungsgrad von Verbesserungsprogrammen als ausreichend angesehen wird oder dass die hier untersuchten Verbesserungsprogramme von den Werken nicht als relevant für die weitere Verbesserung der genannten Zielgrößen betrachtet wird. Dies gilt insbesondere für die Werke in der Gruppe hoher Marktkomplexität. Bisherige Leistungsverbesserungen führen nicht zu einer Erhöhung oder Senkung der Verbesserungsanstrengungen. Zusammen mit den in anderen Analysen dieser Arbeit vorgestellten Ergebnissen bezüglich des absoluten Nutzungsgrades[845] der Verbesserungsinitiativen zeigt sich, dass die Nutzung von Verbesserungsinitiativen als permanente Aufgabe verstanden wird, die nicht durch die mittelfristige Erreichung bestimmter Leistungserfolge oder Zwischenziele unterbrochen wird. Die Werke streben bei hoher Marktkomplexität fortlaufend zu weiteren Leistungssteigerungen, ohne eine Veränderung der Verbesserungsanstrengungen zu betreiben. Da der hier betrachtete Zeitraum begrenzt ist, können die Ergebnisse auch so interpretiert werden, dass die Wirkungszeiträume, welche die Werke bei hoher Komplexität den Verbesserungsinitiativen zubilligen, erheblich länger sind und somit einen langfristigen, kontinuierlichen Einsatz der Verbesserungsinitiativen auf hohem Nutzungsniveau betreiben. Dieses Vorgehen ist angesichts der Dynamik und Vielfalt hochkomplexer Märkte als zweckadäquat zu betrachten, da ein einmal erreichtes Leistungsniveau ständig durch die Veränderungen der Märkte bedroht ist. Nur wenn dauerhaft an der Verbesserung der Leistungsfähigkeit gearbeitet wird, kann die Existenz des Unternehmens gesichert werden.

Anders verhalten sich die Werke in der Gruppe mit niedriger Marktkomplexität. Hier resultieren die erreichten Leistungssteigerungen im Bereich der Zeit in einer Erhöhung der weiteren Anstrengungen. Offensichtlich wird der bisherige Nutzungsgrad von Verbesserungsinitiativen als nicht ausreichend angesehen und somit eine verstärkte Nutzung in Betracht gezogen. Werke der Gruppe niedriger Marktkomplexität sind vorwiegend durch relativ starre Organisationsformen der Fertigung geprägt. Daraus resultiert vermutlich ein größerer Bedarf zur Steigerung der Reaktionsgeschwindigkeit. Bezüglich der Steigerung der Flexibilität in der Fertigung werden dagegen die Anstren-

---

[845] Vgl. Kapitel C.IV.2.b).

gungen zur weiteren Verbesserung reduziert. Verbesserungen der Fertigungsflexibilität, ohnehin kein vorrangiges Ziel von Werken in Märkten geringer Komplexität, sind demnach in ausreichendem Umfang erzielt worden. Maßnahmen zur weiteren Verbesserung der Flexibilität werden deshalb nicht angestrebt.

c) Zusammenhang zwischen eingesetzten Verbesserungsinitiativen und Leistungsverbesserungen in der Fertigung

Ob zwischen den eingesetzten Verbesserungsinitiativen und den erreichten Leistungssteigerungen kausale Abhängigkeitsbeziehungen bestehen und wie stark der leistungssteigernde Einfluss einer Verbesserungsinitiative ist, wird im Folgenden durch ein Strukturgleichungsmodell überprüft. Auf die in Tabelle 25 dargestellten Ergebnisse der Korrelationsanalyse wird an dieser Stelle Bezug genommen, da diese erste Hinweise für mögliche Abhängigkeitsbeziehungen liefern. Weiterhin existiert eine Vielzahl empirischer Arbeiten, welche den positiven Einfluss der betrachteten Verbesserungsinitiativen auf bestimmte Zielgrößen der Fertigung bestätigen.[846] So wird die Einführung moderner Fertigungskonzepte als Ursache für Kostensenkungen und Qualitätsverbesserungen genannt. Die positiven Auswirkungen von Reorganisationsmaßnahmen resultieren dagegen in Verbesserungen der Flexibilität und Senkung der Durchlaufzeiten. Von Verbesserungen der Fertigungstechnologie können Verbesserungen in Bezug auf Kosten- und Zeitziele erwartet werden. Folgende Hypothese wird deshalb formuliert und überprüft:

$H_{1,\,C\text{-}26}$: Der Einsatz von Verbesserungsinitiativen beeinflusst Leistungssteigerungen der vier Leistungsdimensionen (Qualität, Zeit, Kosten und Flexibilität) positiv.

Ein Vergleich der beiden Modelle für die Werke der verschiedenen Komplexitätsgruppen zeigt eine große Ähnlichkeit der Ergebnisse. Die Unter-

---

[846] Vgl. *DeMeyer*, Arnoud und Kasra *Ferdows*: Influence of Manufacturing Improvement Programmes on Performance, in: International Journal of Operations & Production Management, Jhg. 10, Nr. 2, 1990, S. 120ff. Vgl. auch *Cagliano*, Raffaella und Gianluca *Spina*: Advanced manufacturing technologies and strategically flexible production, in: Journal of Operations Management, Jhg. 18, 2000, S. 169ff. Vgl. auch *Fynes*, Brian und Chris *Voss*: A Path Analytic Model of Quality Practicies, Quality Performance, and Business Performance, in: Production and Operations Management, Jhg. 10, Nr. 4, 2001, S. 494ff.

schiede sind so gering[847], so dass eine Zusammenfassung der Teilstichproben gerechtfertigt erscheint, da die Teilung der Stichprobe zu keinen neuen Erkenntnissen führt. Es ist davon auszugehen, dass der positive Einfluss einer Verbesserungsinitiative auf die Leistungssteigerung der Fertigung in beiden Marktumfeldern gleichermaßen ausgeprägt ist. Obgleich die Leistungssteigerungen bei niedriger und hoher Marktkomplexität unterschiedlich umfangreich ausfallen, verbleiben Stärke und Richtung der Kausalbeziehung zwischen den genutzten Verbesserungsinitiativen und den erreichten Leistungsverbesserungen unabhängig vom Grad der Marktkomplexität. Damit bestätigen die Verbesserungsinitiativen ihre grundsätzliche Fähigkeit zur Verbesserung bestimmter Leistungsdimensionen der Fertigung und empfehlen sich für einen von der Marktsituation unabhängigen Einsatz. Dieser kann durch die Verbesserungsziele und den daraus abzuleitenden Verbesserungsbedarfen angestoßen werden. Im Folgenden werden die Resultate eines Strukturmodells diskutiert, welches auf der gesamten IMSS-Stichprobe beruht. In Tabelle 31 sind die Ergebnisse des Strukturmodells dargestellt.

Wirkungsbeziehung			γ	t-Wert[848]
VBITECH1	→	LSTGZEIT	0,57	26,32
VBIREORG1	→	LSTGFLEX	0,51	19,91
VBIFKNZ1	→	LSTGQUAL	0,45	19,09
	→	LSTGKOST	0,54	22,81
Globale Gütekriterien				
χ^2		780,66	RMR	0,089
Freiheitsgrade		268	CFI	0,93
χ^2/df		2,91	GFI	0,93
REMSEA		0,074	AGFI	0,92

Tabelle 31: Ergebnisse des Strukturmodells der Wirkungsbeziehungen zwischen eingesetzten Verbesserungsinitiativen und erreichten Leistungssteigerungen

Das Modell zeigt, dass Hypothese $H_{1,\,C\text{-}26}$ in mehreren Fällen bestätigt werden kann. Dabei zeigen die Verbesserungsinitiativen grundsätzlich einen

[847] Vgl. Anhang-Tabelle 33.

[848] Das Signifikanzniveau einer Faktorladung entspricht für $t \geq 1{,}645$ beziehungsweise für $t \geq 2{,}326$ einer Irrtumswahrscheinlichkeit von 5% beziehungsweise 1%.

starken Zusammenhang zu Verbesserungen bestimmter Leistungsdimensionen. Lediglich die Nutzung moderner Fertigungskonzepte erzielt einen signifikant positiven Einfluss auf zwei Leistungsdimensionen. Werden Verbesserungen der technischen Ausrüstung in der Fertigung vorgenommen, so führt dies zu deutlichen Verbesserungen hinsichtlich der zeitbezogenen Leistungskriterien. Ein höherer Grad der Prozessautomation, sowie modernisierte technische Anlagen zeichnen sich demnach durch eine erhöhte Geschwindigkeit bei der Bearbeitung der Werkstücke aus. Werden in der Fertigung dagegen Maßnahmen zur Reorganisation der Prozesse durchgeführt, so erzielen die untersuchten Werke signifikante Steigerungen der Flexibilität. Der größte positive Effekt auf die Leistungsfähigkeit der Fertigung geht von modernen Fertigungskonzepten aus. Hier zeigen sich eine dimensionsübergreifende Verbesserung der Qualität von Produkten und Fertigungsprozessen, und gleichzeitig eine Reduzierung der Fertigungskosten. Die Verbesserungsinitiativen erweisen sich damit als relativ stark fokussiert. Da die Werke bei hoher Marktkomplexität umfangreiche Verbesserungen aller Zielgrößen der Fertigung anstreben[849], ist gleichzeitig ein umfangreicher Einsatz der verschiedenen Verbesserungsinitiativen erforderlich, da nur so Verbesserungen aller Leistungsdimensionen erreicht werden können. Neben dem tatsächlich erzielten Erfolg des Anpassungsprozesses – gemessen durch die erreichten Leistungsverbesserungen – ist hier auch ein prozessualer Erfolg festzustellen. Im Hinblick auf die gesetzten strategischen Ziele, dem Niveau der marktinduzierten Komplexität und der Wirksamkeit der verschiedenen Verbesserungsinitiativen ist das Anpassungsverhalten der Werke bei hoher Komplexität als inhaltlich konsistent zu bewerten und deutet auf einen wirksamen Anpassungsprozess zur Bewältigung der marktinduzierten Komplexität hin.

d) Kontinuierliche Nutzung von Verbesserungsinitiativen in der Fertigung als pfadabhängiger Verbesserungsprozess

Die vorliegenden Ergebnisse zeigen, dass Verbesserungsprozesse der Fertigung durch das Zielsystem der Fertigung gesteuert werden. Diese Anpassung ist expliziter Natur, da sie durch einen bewussten Auswahlprozess des Managements herbeigeführt wird. Allein durch die explizite Anpassung kann der Adaptionsprozess eines Werkes aber nur unvollständig erklärt werden. Durch die Pfadabhängigkeit adaptiver Prozesse beeinflussen Veränderungs-

[849] Vgl. Abbildung 32.

maßnahmen der Vergangenheit sowohl durch ihr Ergebnis als auch durch ihre Implementierung den weiteren Verlauf des Veränderungsprozesses. Im Folgenden ist deshalb zu überprüfen, ob der Einsatz von Verbesserungsinitiativen in der Vergangenheit den zukünftigen Einsatz beeinflusst und wie stark die Pfadabhängigkeit der untersuchten Verbesserungsinitiativen ist.

$H_{1,\,C\text{-}27}$: Der Grad der bisherigen Nutzung von Verbesserungsinitiativen beeinflusst den zukünftigen Nutzungsgrad der Verbesserungsinitiativen positiv.

In beiden Gruppen (niedrige und hohe Komplexität) liegen nur wenig verschiedene Modellergebnisse vor. Die Pfadabhängigkeit von Verbesserungsprozessen wird demnach nicht durch die Komplexität der Märkte beeinflusst.[850] Es wird deshalb ein Modell auf Basis der gesamten Stichprobe berechnet, da die Stichprobenteilung zu keinen weiteren Erkenntnissen führt. Die Pfadabhängigkeit von Verbesserungsinitiativen stellt einen impliziten Adaptionsprozess dar, der ohne die Beteilung von zielorientierten Steuerungsimpulsen vollzogen wird. Die Tatsache, dass kein signifikanter Unterschied in Abhängigkeit zur Marktkomplexität festgestellt werden kann, bedeutet, dass es sich bei der Pfadabhängigkeit um einen autonomen Prozess handelt, der die Entwicklung eines Unternehmens vorantreibt, ohne direkte Beeinflussung durch die Gegebenheiten des Marktumfeldes. Hypothese $H_{1,\,C\text{-}27}$ wird im Hinblick auf alle drei Verbesserungsinitiativen durch die Ergebnisse des in Tabelle 32 dargestellten Strukturmodells bestätigt. Der künftige Nutzungsgrad wird durch den bisherigen Nutzungsgrad einer Verbesserungsinitiative stark beeinflusst. Bei der Interpretation der Ergebnisse ist zu berücksichtigen, dass die Abhängigkeit zwischen bisheriger und künftiger Nutzung der Verbesserungsinitiativen durch den üblicherweise mit der Umsetzung verbundenen Zeitaufwand verzerrt wird. Ein Teil des Wirkungszusammenhangs ist deshalb damit zu begründen, dass sich ein Werk noch innerhalb eines Einführungsprozesses befindet, der, wenn noch nicht beendet, in der folgenden Planungsperiode fortzusetzen ist. Die Abhängigkeit ist demnach als eine zusammengesetzte Größe aus tatsächlicher Pfadabhängigkeit und einem zufälligen Effekt, der aus der Teilung eines Einführungsprozesses durch den Erhebungszeitpunkt resultiert, zu betrachten.

---

[850] Vgl. Anhang-Tabelle 34.

Wirkungsbeziehung			γ	t-Wert[851]
VBITECH1	→	VBITECH2	0,71	15,44
VBIREORG1	→	VBIREORG2	0,86	22,19
VBIFKNZ1	→	VBIFKNZ2	0,96	21,72
Globale Gütekriterien				
χ^2		1469,00	RMR	0,083
Freiheitsgrade		246	CFI	0,93
χ^2/df		5,97	GFI	0,94
REMSEA		0,11	AGFI	0,92

Tabelle 32: Ergebnisse des Strukturmodells zur Pfadabhängigkeit zwischen bisheriger und zukünftiger Nutzung von Verbesserungsinitiativen

Die Einführung technischer Verbesserungen ist üblicherweise von kürzerer Dauer als die Implementierung von umfangreichen Fertigungskonzepten wie es TQM oder TPM darstellen. Gleichzeitig sind die Auswirkungen, die von den hier betrachteten Verbesserungsinitiativen ausgehen, unterschiedlich. Während eine technische Verbesserung einen relativ festen Endpunkt besitzt, an dem die Einführung als abgeschlossen betrachtet werden kann, sind Fertigungskonzepte zum Teil definiert als kontinuierliche Verbesserungsprozesse, die über lange Zeiträume fortgesetzt werden, ohne dass ein definierbarer Endpunkt vorliegt.

Erwartungsgemäß unterscheidet sich die Pfadabhängigkeit der drei Verbesserungsinitiativen. Die geringste Abhängigkeit vom bisherigen Nutzungsgrad ist für technische Verbesserungen festzustellen. Es handelt sich tendenziell um Programme, die als einmalige Verbesserungsmaßnahme umgesetzt werden können und deren künftiger Einsatz sehr viel weniger durch die bisherige Nutzung verursacht wird. Investitionen in flexible Prozessautomation treten häufig als sprunghafte, inkrementale Verbesserungsprogramme auf, die weniger kontinuierlich betrieben werden.[852] Investitionen in Prozesstechnologie sind relativ kurzfristiger Natur und können schnell von Wettbewerbern nachvollzogen werden. Dagegen sind Programme, die darauf zielen, die Fähigkeit zur kontinuierlichen Verbesserung zu steigern von langfristiger

[851] Das Signifikanzniveau einer Faktorladung entspricht für $t \geq 1{,}645$ beziehungsweise für $t \geq 2{,}326$ einer Irrtumswahrscheinlichkeit von 5% beziehungsweise 1%.

[852] Vgl. *Boyer*, Kenneth K.: Evolutionary Patterns of Flexible Automation and Performance: A Longitudinal Study, in: Management Science, Jhg. 45, Nr. 6, 1999, S. 827.

Wirkung und als solche zunächst unspezifisch in ihren Ergebnissen. Diese Verbesserungen sind schwer zu kopieren und benötigen mehr Zeit, um ihre Vorteilhaftigkeit durch verbesserte Leistungsfähigkeit unter Beweis zu stellen.[853] Maßnahmen wie die Reorganisation der Fertigungsprozesse und insbesondere die Einführung moderner Fertigungskonzepte sind ebenfalls sehr viel stärker pfadabhängig und resultieren in kontinuierlichen Anpassungsanstrengungen, die über einen sehr langen Zeitraum betrieben werden müssen.

Die Ergebnisse zur Analyse der Pfadabhängigkeit von Veränderungsprozessen lassen zwei verschiedene Schlussfolgerungen zu. Zum einen ist ein starker Einfluss von vergangener Nutzung einer Verbesserungsinitiative auf die künftige Nutzung festzustellen. Damit besteht zum einen eine große Vergangenheitsabhängigkeit bei der Entscheidung, welcher Weg in Zukunft eingeschlagen werden kann. Es besteht eine hohe Irreversibilität von Veränderungsprozessen, da ein einmal eingeschlagener Weg nur schwer zu Gunsten eines anderen verlassen werden kann. Zum anderen lassen die Ergebnisse den Schluss zu, dass adaptive Prozesse einen stark kontinuierlichen Verlauf erfordern und nicht ad hoc implementiert werden können. Die Erreichung nachhaltiger Verbesserungen der Fertigung erfordern permanente Investitionen in Verbesserungsinitiativen.

4. Ergebnisse zur Beurteilung von Verbesserungsprozessen in der Fertigung unter Einfluss marktinduzierter Komplexität

Die verschiedenen Wirkungsbeziehungen zwischen den Komponenten des Verbesserungsprozesses wurden in den vorangegangenen Kapiteln diskutiert. Ziel dieses Kapitels ist es, die Ergebnisse zusammenzuführen und eine Gesamtsicht auf den Verbesserungsprozess herzustellen, die eine betriebswirtschaftliche Interpretation von Verbesserungen in der Fertigung erlaubt. Zum Einfluss marktinduzierter Komplexität auf den Anpassungsprozess ist festzustellen, dass eine direkte Wirkungsbeziehung nur zu den fertigungsstrategischen Zielen vorliegt. Alle anderen Komponenten werden nur indirekt von der Marktkomplexität beeinflusst. Die Auswirkungen der Marktkomplexität bestehen in den Fällen indirekter Einwirkung in einer Variation der Stärke von Wirkungszusammenhängen zwischen den Prozesskomponenten. Das führt dazu, dass bestimmte Zusammenhänge sich in ihrer Stärke und/oder ihrer statistischen Signifikanz unterscheiden, abhängig davon, ob

---

[853] Vgl. *Hayes*, Robert H. und David M. *Upton*: Operations-Based Strategy, 1998, S. 22ff.

ein Verbesserungsprozess in hoch- oder niedrigkomplexen Märkten durchgeführt wird. Somit ist ein Ergebnis dieser Arbeit darin zu sehen, dass die Marktkomplexität einen sehr viel größeren Einfluss auf die Art und Weise hat, wie sich Verbesserungsprozesse vollziehen als auf die tatsächliche Ausgestaltung der Verbesserungsprozesse. Trotzdem weisen viele Komponenten in Abhängigkeit der Marktkomplexität auch absolut unterschiedliche Werte auf, die statistisch signifikant verschieden sind. Somit sind Ausprägungen der tatsächlichen Ausgestaltung von Verbesserungsprozessen durch die Marktkomplexität beeinflusst. Der Grund hierfür ist aber in unterschiedlichen Verbesserungsprozessen zu sehen, nicht in einer direkten Abhängigkeit von marktinduzierter Komplexität. In Abbildung 34 sind die Wirkungsbeziehungen des Anpassungsprozesses dargestellt.

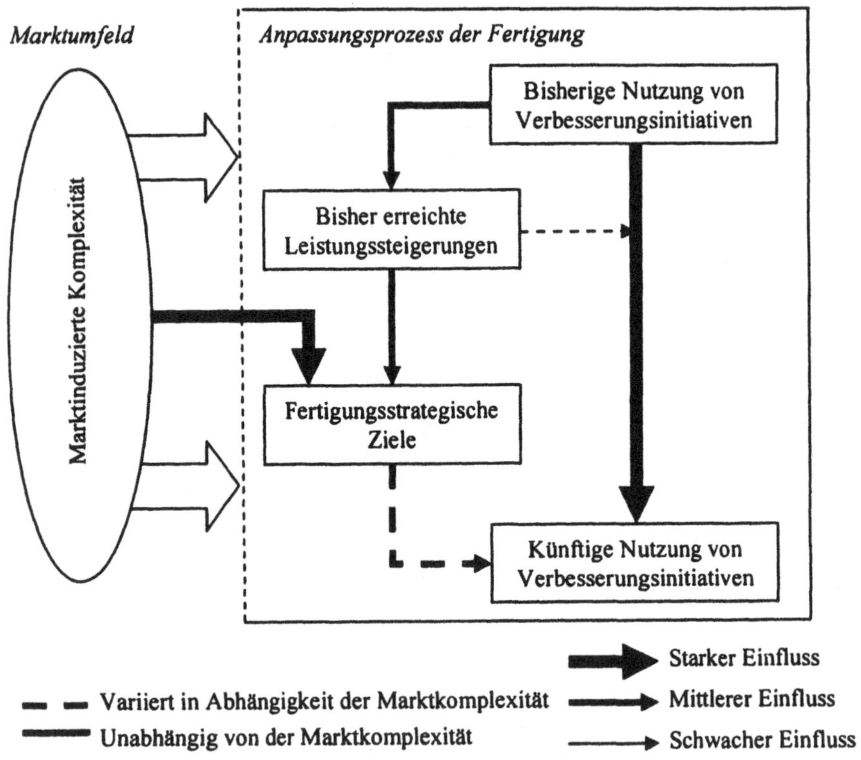

Abbildung 35: Der Anpassungsprozess der Fertigung und die Beeinflussung durch marktinduzierte Komplexität

Je breiter eine Linie gezeichnet ist, desto stärker wirkt eine Komponente auf die andere. Einige Wirkungsbeziehungen sind über die gesamte Stichprobe identisch und damit als unbeeinflusst von der Marktkomplexität zu betrachten. Zur Unterscheidung sind solche Zusammenhänge als zusammenhängende Linien dargestellt. Diejenigen Wirkungsbeziehungen, die deutliche Unterschiede zwischen den beiden Teilstichproben der Werke in Märkten niedriger beziehungsweise hoher Komplexität aufweisen, sind gestrichelt gezeichnet.

Die Komplexität der Märkte findet direkten Eingang zum Anpassungsprozess der Fertigung lediglich über die Zielvorgaben, die ihrerseits aber nur eine Komponente innerhalb des Beziehungsgeflechts darstellen. Das lässt den Schluss zu, dass die Fertigung hinsichtlich ihrer Zielsetzung von den Märkten beeinflusst wird und somit verstärkt marktorientiert geführt wird. Die Formulierung der Fertigungsziele liefert eine wichtige Steuerungsgröße, um die Fertigung zu verbessern. Die Ergebnisse zeigen, dass sich die Ansprüche in komplexen Märkten über die gesamte Breite der vier strategischen Zieldimensionen erstrecken und zu einem insgesamt sehr anspruchsvollen Zielkatalog führen. Bei einer Detailbetrachtung der einzelnen Zieldimensionen fällt auf, dass insbesondere Kosten, Zeit und Flexibilität in hochkomplexen Märkten als Zielschwerpunkte gewählt werden und eine überdurchschnittliche Gewichtung aufweisen. Dagegen werden in Bezug zur Produkt- und Prozessqualität keine signifikanten Übergewichtungen dieses Ziels vorgenommen. Gleichwohl besteht ein starker positiver Zusammenhang des Qualitätsziels zur Marktkomplexität. Daraus ist zu folgern, dass zwar die Qualität einen engen Bezug zur Marktkomplexität besitzt, diese jedoch nicht direkt in signifikant höheren Zielvorgaben für die Fertigung umgesetzt wird. Hohe Qualität in der Fertigung stellt eine Mindestanforderung (order qualifier) dar[854], die von den Werken unter jeglichen Marktbedingungen erreicht werden muss; niedrig komplexe Märkte zeichnen sich demnach nicht durch geringere Qualitätsanforderungen aus, wohl aber werden in hochkomplexen Märkten die Flexibilitäts-, Zeit- und Kostenziele als besonders wichtig eingeschätzt. Das höchste Gewicht wird einer Verbesserung der Fertigungsflexibilität beigemessen, eine Fähigkeit, die zum Bestehen in hochkomplexen Märkten von entscheidender Bedeutung ist. Gleichzeitig werden aber auch die Kostenziele nicht außer Acht gelassen, was zeigt, dass die Werke bei hoher Komplexität das damit verbundene Kostenproblem erkennen und eine Reduzierung der Fertigungskosten anstreben.

---

[854] Vgl. *Hill*, Terry: Manufacturing Strategy, 1993, S. 42-47.

Durch das Zielsystem der Fertigung wird die Wahl von Verbesserungsinitiativen beeinflusst. Die Ergebnisse zeigen, dass ein direkter Einfluss der Marktkomplexität bezüglich des künftigen Einsatzes von Verbesserungsinitiativen nicht gegeben ist. Die Marktorientierung wird somit über die Ziele erreicht und in den Verbesserungsprozess hineingetragen. Allerdings ist festzustellen, dass die Zusammenhangsstärke zwischen Zielen und Verbesserungsinitiativen sich bei niedrigkomplexen Märkten von der bei hochkomplexen Märkten unterscheidet. Grundsätzlich stellen die Werke bei hoher Marktkomplexität eine sehr viel stärkere Fokussierung zwischen Zielen und Verbesserungsinitiativen her. Verbesserungen der Fertigungstechnik und Reorganisationsmaßnahmen des Fertigungsprozesses werden bei hoher Marktkomplexität überwiegend durch ein Ziel verursacht: Flexibilität, teilweise in Kombination mit dem Kostenziel. Dagegen treffen die Werke in Märkten mit geringer Komplexität eine sehr undifferenzierte Zielauswahl bei der Bestimmung des künftigen Nutzungsgrades dieser Verbesserungsinitiativen, alle Ziele beeinflussen den zukünftigen Nutzungsgrad. Bei geringer Marktkomplexität ist das Zielsystem, mit dem die Fertigung gesteuert wird, deshalb als sehr viel komplexer zu bezeichnen, welches teilweise im Widerspruch zueinander stehende Zieldimensionen beinhaltet. Der Ansatz, alles gleichzeitig erreichen zu wollen, ist für ein komplexes System, wie es die Fertigung darstellt, als problematisch einzustufen. Dagegen ist das Zielsystem von Werken in hochkomplexen Märkten von größerer Einfachheit und erlaubt gezielte Verbesserungen bestimmter Leistungsdimensionen.

Es ist festzustellen, dass bei geringer Komplexität weniger Präzision bei der Auswahl geeigneter Verbesserungsinitiativen herrscht als bei hoher Komplexität. Die Kompetenz zur Durchführung von Verbesserungsprozessen in der Fertigung ist bei Werken in hochkomplexen Märkten sehr viel höher einzuschätzen. Dies wird durch den Vergleich der erreichten Leistungsverbesserungen bestätigt. Die Werke aus dem Quartil höchster Marktkomplexität erzielen signifikant größere Leistungssteigerungen als Werke im Quartil niedriger Marktkomplexität. Einzige Ausnahme sind Kostenreduzierungen, die sich über alle Komplexitätsquartile nicht statistisch signifikant unterscheiden. Das Kostenproblem lässt sich demnach lediglich kontrollieren, überdurchschnittliche Reduzierungen der Fertigungskosten können aber auch bei hohen Anstrengungen nicht erreicht werden. Gute Erfolge erzielen die Werke bei hoher Marktkomplexität besonders in den kritischen Dimensionen Zeit und Flexibilität. Damit zeigt sich ein hohes Anpassungsvermögen, welches einen engen Bezug zu den bei hoher Marktkomplexität erforderlichen Fähigkeiten besitzt. Die Werke differenzieren sich besonders hinsichtlich ihrer Flexibilität, nicht über niedrige Kosten. Bemerkenswert ist die Tatsache, dass es den Werken aus dem Quartil hoher Marktkomplexität durch erfolgreiche Verbesserungsprozesse gelingt, hinsichtlich ihrer relativen Kostenposition keinen signifikanten Nachteil hinnehmen zu müssen gegenüber den Werken bei niedriger Marktkomplexität.

Unter Umständen fehlt es den Werken in Märkten geringer Marktkomplexität an Erfahrung bezüglich des Eignungsgrades der Verbesserungsinitiativen, um beurteilen zu können, welche Maßnahmen auf welche Zielgröße wirken. Dies wird deutlich, wenn die Verursachung der erreichten Leistungssteigerungen in den vier Zieldimensionen durch die bisher eingesetzten Verbesserungsinitiativen berücksichtigt wird. Durch die Marktkomplexität wird der Zusammenhang einer Verbesserungsinitiative zu bestimmten Leistungsverbesserungen nicht beeinflusst. Die Entscheidungsgrundlage, welche Verbesserungsinitiative angesichts bestimmter Zielgrößen zu den gewünschten Leistungsverbesserungen führt ist demnach für alle Werke gleich. Verbesserungen der Fertigungstechnik und Reorganisation der Fertigungsprozesse besitzen einen eindeutigen Zusammenhang zu Zeit- beziehungsweise Flexibilitätsverbesserungen. Die Steigerung der Flexibilität wird sehr stark durch Reorganisationsmaßnahmen des Fertigungsprozesses verursacht. Gleichzeitig führt bei hoher Marktkomplexität das Flexibilitätsziel zu einer betonten Auswahl dieser Verbesserungsinitiative. Es ist also festzustellen, dass die Werke eine große Genauigkeit bei der Auswahl der Verbesserungsinitiativen besitzen; die Werke bei geringer Komplexität diese jedoch vermissen lassen. Dort fehlt es unter Umständen an Erfahrung oder Wissen um die Vorteilhaftigkeit bestimmter Verbesserungsmaßnahmen, so dass eine zielgerichtete Auswahl nicht gelingt. Ob dieser Umstand im Angesicht der niedrigeren Marktkomplexität zu Nachteilen führt, kann hier zwar nicht beantwortet werden, aber im Sinne einer effizienten Ressourcenverwertung ist eine solche Vorgehensweise nicht. Verbesserungsinitiativen, deren Auswahl durch unpassende oder zu umfangreiche Ziele getrieben wird, laufen Gefahr, bei der Implementierung an den existierenden Zielkonflikten zu scheitern. Zugleich besteht ein Nachteil in fehlerhaften Schlussfolgerungen, die aus dem Einsatz von Verbesserungsinitiativen gezogen werden können. Wird eine Verbesserungsinitiative mit dem Anspruch versehen, alle relevanten Leistungsdimensionen verbessern zu können und bleibt der Erfolg aus, so führt dies unter Umständen dazu, dass die Wirksamkeit der Verbesserungsinitiativen generell in Frage gestellt, in Folge dessen können resignative Effekte entstehen, welche die Bemühungen zur Verbesserung der Fertigung grundsätzlich vermindern.

Die Ursache liegt aber in diesem Fall weniger in der Implementierung selbst, sondern in falschen Zielvorstellungen, die das Management eines Werkes mit den Verbesserungsinitiativen verknüpft. Dies gilt in besonderem Maße für zwei Verbesserungsinitiativen (VBITECH und VBIREORG). Eine Ausnahme stellen Verbesserungsmaßnahmen dar, die unter dem Faktor moderne Fertigungskonzepte (VBIFKNZ) zusammengefasst sind. In beiden Komplexitätsgruppen führt ein umfangreiches Zielbündel zur Auswahl dieser Verbesserungsinitiative. Allerdings besteht auch hier die größere Fokussierung in den Werken mit hoher Marktkomplexität, wo insbesondere Kostenziele die Nutzungsentscheidung dominieren. Zwei Gründe sind für die Zielvielfalt, die zur Auswahl dieser Verbesserungsinitiative führen können, anzumerken. Zum einen besteht die Verbesserungsinitiative VBIFKNZ überwiegend aus Maßnahmen und Programmen, deren Anspruch es ist, umfangreiche Zielverbesserungen zu erreichen, beispielsweise gleichzeitige Kosten- und Qualitätsverbesserungen. Zum anderen zeigen die Ergebnisse das moderne Fertigungskonzepte in der Lage sind, diesen Anspruch auch teilweise zu erfüllen, da in der Vergangenheit zwei Leistungsdimensionen – Qualität und Kosten – gleichzeitig verbessert werden konnten, wenn moderne Fertigungskonzepte (z.B. TQM und TPM) eingeführt wurden. Das Entscheidungskalkül, multidimensionale Zielverbesserungen mit dieser Verbesserungsinitiative erreichen zu wollen, ist also nicht grundsätzlich fehlerhaft. Mit der starken Betonung der Kostenziele bei der Auswahl zeigen die Werke in hochkomplexen Märkten eine sehr gute Übereinstimmung mit den Möglichkeiten, die diese Verbesserungsinitiative bieten. Die Werke in Märkten geringer Komplexität besitzen auch hier keine Fokussierung bei der Auswahl. Als besonders kritisch ist festzustellen, dass moderne Fertigungskonzepte von Werken mit geringer Marktkomplexität auch mit dem Ziel Flexibilität relativ stark in Zusammenhang gebracht werden. In Kombination mit der nur geringfügig stärkeren Betonung des Kostenziels liegen hier große Konfliktpotenziale, die eine erfolgreiche Implementierung moderner Fertigungskonzepte gefährden.

Alle drei untersuchten Verbesserungsinitiativen sind durch einen stark kontinuierlichen Charakter gekennzeichnet, wobei das Maß der Pfadabhängigkeit deutliche Unterschiede aufweist. Verbesserungsinitiativen sind demnach durch ihre Langfristigkeit geprägt und haben somit einen starken Einfluss auf die Auswahl künftiger Verbesserungsinitiativen. Besonders stark ausgebildet ist dieser Wirkungszusammenhang im Fall moderner Fertigungskonzepte. Die zusammengefassten Maßnahmen und Programme benötigen grundsätzlich eine längere Zeitspanne zur Implementierung als beispielsweise Maßnahmen zur Verbesserung der Fertigungstechnik. Somit besitzen die Ergebnisse eine hohe inhaltliche Übereinstimmung mit den hier vorgestellten Faktorindikatoren. Die starke Pfadabhängigkeit limitiert gleichzeitig den Einfluss, der durch das Zielsystem auf die Auswahl künftiger Verbesserungsinitiativen ausgeübt werden kann. Damit erweisen sich Verbesserungsprozesse der Fertigung zum einen als sehr langfristig und zum anderen als bedeutender impliziter Steuerungsprozess, der die Entwicklungsrichtung auf einen bestimmten Pfad einschränkt. Durch sich plötzlich verändernde Bedingungen seitens der Märkte kann damit nur eingeschränkt durch explizite Steuerungsmaßnahmen reagiert werden. Einmal getroffene Entscheidungen zur Nutzung von Verbesserungsinitiativen sind stark richtungweisend. Die hohe Pfadabhängigkeit führt zu irreversiblen Entwicklungspfaden, von denen nur schwerlich wieder abgewichen werden kann. Diese Tatsache verschärft die Problematik der oben diskutierten Fehler bei der zielorientierten Auswahl von Verbesserungsinitiativen, wie sie bei Werken in Märkten mit geringer Komplexität festzustellen ist. Zum einen wird die Erreichung der Ziele gefährdet, da die Verbesserungsinitiativen nicht zielorientiert eingesetzt werden und bei der Umsetzung nicht die gewünschten Erfolge erreicht werden können, zum anderen führt eine grundsätzlich hohe Pfadabhängigkeit dazu, dass unter Umständen lang anhaltende Anstrengungen zur Verbesserung der Fertigung unternommen werden, ohne dass die Möglichkeit besteht, tatsächliche Leistungssteigerungen zu erreichen.

Es ist festzuhalten, dass die Auswahl von Verbesserungsinitiativen in Werken mit hoher Marktkomplexität von größerer Präzision gekennzeichnet ist als von Werken mit geringer Marktkomplexität. Werke in hochkomplexen Märkten sind vermutlich auch deshalb erfolgreicher bei der Erzielung von Leistungsverbesserungen durch die Nutzung der Verbesserungsinitiativen. Hier fallen besonders die Verbesserungen hinsichtlich der Zielgrößen Flexibilität und Zeit auf, die im Quartil der höchsten Marktkomplexität sehr umfangreich ausfallen. Die intensive Nutzung von Reorganisationsmaßnahmen, die hohe Leistungssteigerungen bezüglich der Flexibilität ermöglichen, sind ein gutes Beispiel für eine konsequente und vor allem hinsichtlich der Zielvorgaben und Marktanforderungen konsistente Umsetzung von Verbesserungsprozessen in der Fertigung.

D. Maßnahmen zur erfolgreichen Ausgestaltung einer an der Anpassungsfähigkeit orientierten Komplexitätsbewältigung in der Fertigung

Die in dieser Arbeit vorgelegten Ergebnisse bestätigen die These, dass marktinduzierte Komplexität Einfluss auf verschiedene Bereiche der Fertigung nimmt. Im Rahmen der empirischen Analysen sind verschiedene Möglichkeiten aufgezeigt worden, wie die Komplexität des Marktes Eingang findet, in die organisationale Gestaltung der Fertigungsprozesse, die Veränderungsprozesse der Fertigung und in welchem Umfang die Leistungsfähigkeit der Fertigung beeinflusst wird. Verschiedene Alternativen sind herausgearbeitet worden, wie ein sinnvoller Umgang mit dem Komplexitätsproblem in der Fertigung gestaltet werden kann. Die zentralen Forschungshypothesen dieser Arbeit, dass es sich dabei einerseits um strukturelle Gestaltungsmaßnahmen der Fertigungsorganisation und andererseits um prozessuale Mittel zur Sicherstellung einer möglichst hohen Anpassungsfähigkeit handelt, können bestätigt werden. Die Werke, die in Märkten hoher Komplexität tätig sind, setzen modulare Fertigungsorganisationsformen in großem Umfang ein und sind in der Gestaltung ihrer Anpassungsfähigkeit durch eine größere Konsistenz und Kontinuität der eingesetzten Verbesserungsanstrengungen gekennzeichnet. Zwar müssen diese Werke nachteilige Kostenstrukturen in Kauf nehmen, signifikante Erlösnachteile lassen sich jedoch nicht nachweisen. Eine adäquate Fertigungsorganisation und ein effektives Management von Anpassungsprozessen ist erforderlich, um in komplexen Märkten erfolgreich sein zu können; die Kostennachteile lassen sich dadurch zumindest teilweise kompensieren. Einer solchen Komplexitätsbewältigung liegen erhebliche Anstrengungen zugrunde, deren Einsatz wohl überlegt erfolgen sollte.

Ein umfassendes Management der Komplexität muss frühzeitig einsetzen. Nach *Wildemann* lassen sich drei grundsätzliche Strategien zur Bewältigung von Komplexität unterscheiden: Komplexitätsreduzierung, Komplexitätsvermeidung und Komplexitätsbeherrschung. Die genannten Strategien sind in der dargestellten Reihenfolge zu priorisieren, d.h. die Reduzierung von Komplexität ist ihrer Vermeidung oder Beherrschung gegenüber vorzuziehen.[855] In komplexen Systemen ist stets, bevor Möglichkeiten zur Beherrschung der Komplexität in Betracht gezogen werden, eine Vereinfachung der Aufgaben anzustreben. Strategien zur Vereinfachung komplexer Systeme sollten mit einer Reduzierung der Detailkomplexität beginnen.[856] Durch das Exkludieren von Elementen wird eine Reduzierung der Konnektivität erreicht, da weniger Relationen betrachtet werden müssen und die zu beherrschende Vielfalt verringert wird. Die Bemühungen, Komplexität zielgerichtet zu gestalten, sind von langfristiger Natur, sie erfordern funktionsübergreifende Programme, beispielsweise zur Reduzierung der Produktvielfalt. Um ein solches Vorhaben umsetzen zu können, müssen Funktionsbereiche über die gesamte Wertschöpfungskette hinweg auf dieses Ziel ausgerichtet werden. Bei Vertriebspartnern, Lieferanten und Kunden muss das grundsätzliche Bewusstsein dafür erweckt werden, dass eine Reduzierung der Variantenvielfalt keinen Nachteil bedeuten muss. Konstante Produktqualität durch größere Lose, verlässliche Terminzusagen, sind Beispiele positiver Auswirkungen, deren Wert und deren Erfolgswirksamkeit berücksichtigt werden müssen. Dies gilt nicht zuletzt für die Gestaltung von Fertigungsprozessen.[857]

Nicht reduzierbare Komplexität sollte so effektiv wie möglich bewältigt werden. Folglich ist nach Ansätzen zu suchen, die geeignet sind, die verbleibende Komplexität zu bewältigen. Die Ergebnisse dieser Arbeit haben verschiedene Hebel dafür aufgezeigt. Eine grundsätzliche Möglichkeit der Komplexitätsbewältigung bietet die Modularisierung. Eine Anwendung dieses Prinzips stellt die hier untersuchte Fertigungsorganisation in Fertigungszellen dar, innerhalb derer die Herstellung gleichartiger Produkte zusammengefasst wird. Die Komplexität des Marktumfeldes erhöht grundsätzlich den Bedarf mehrere Prozesslayouts und Prozesstypen in der Fertigung vorzusehen, um die Komplexität bewältigen zu können. Mit zunehmender Prozessheterogenität wächst zwangsläufig die Komplexität innerhalb der Fertigung. Durch eine Konzentration auf modulare Fertigungsorganisationstypen erreichen die in dieser Arbeit untersuchten Werke ein sehr großes Potenzial zur Bewältigung marktinduzierter Komplexität, ohne eine Vielzahl verschiedener Organisationsformen parallel betreiben zu müssen. Eine Bewältigung der durch steigende Variantenvielfalt und Dynamik bedingten

855 Vgl. *Wildemann*, Horst: Komplexitätsmanagement durch Prozeß- und Produktgestaltung, 1998, S. 55f.

856 Vgl. *Klir*, George J.: Facets of Systems Science, 1991, S. 138ff.

857 Vgl. *Child*, Peter; Raimund *Diederichs*; Falk-Hayo *Sanders* und Stefan *Wisniowski*: The management of complexity, 1991, S. 56ff.

Komplexitätserhöhung kann an verschiedenen Punkten ansetzen. Nach *Rathnow* bieten die folgenden Gestaltungsparameter[858] erfolgversprechende Aussichten, um eine Bewältigung der Komplexität im Bereich der industriellen Fertigung zu erzielen.

(i) Die Reduzierung des vertikalen Integrationsgrades in der betrieblichen Leistungserstellung stellt einen Ansatzpunkt dar, der durch einen „intelligenten" Fremdbezug von Komponenten oder Baugruppen die betriebliche Komplexität reduzieren kann.[859] Steigt die Anzahl der innerhalb des Unternehmens integrierten Wertschöpfungsstufen und die Unternehmensgröße, ist die Koordinationsleistung des Führungssystems nicht selten überfordert. Generell kann davon ausgegangen werden, dass eine Erhöhung der Anzahl auszuführender Aktivitäten einen Komplexitätsanstieg bewirkt. Dieser wird dann zumeist mit einer Vorantreibung der Spezialisierung betrieblicher Funktionen beantwortet, um die Belastung der Unternehmensführung zu reduzieren.[860]

(ii) Hinsichtlich der Produktgestaltung erweisen sich verschiedene Konzepte wie Modularisierung und Teilefamilienbildung als geeignet, um eine möglichst wechselarme Produktion mit großer Sortimentsbreite bei gleichzeitig reduzierter Teile- und Komponentenvielfalt zu realisieren.[861] Für bestimmte, nur sehr selten und in geringen Stückzahlen verkaufte Produkte kann es wirtschaftlich sinnvoll sein den Allzeitbedarf einmalig als einzelnes Los zu fertigen.[862]

(iii) Der umfangreichste Ansatz zur Komplexitätsbewältigung liegt in der Gestaltung des Leistungserstellungsprozesses, der Kombination aus verwendeten Betriebsmitteln, der Organisation der Fertigung und den Fähigkeiten der eingesetzten Mitarbeiter. Eine erhöhte Flexibilisierung des Leistungserstellungsprozesses ermöglicht es die bestehende Komplexität besser zu bewältigen. Investitionen in Flexibilität sollten allerdings erst nach möglichen Vermeidungsansätzen umgesetzt werden. Die Gestaltung und Auswahl

---

[858] Vgl. *Rathnow*, Peter J.: Integriertes Variantenmanagement, 1993, S. 106ff.

[859] Vgl. *Wildemann*, Horst: Komplexität: Vermeiden oder beherrschen lernen, in: Harvard Business Manager, Jhg. 21, Nr. 6, 1999, S. 38f.

[860] Vgl. *Hayes*, Robert H.; Steven C. *Wheelwright* und Kim B. *Clark*: Dynamic Manufacturing - creating the Learning Organization, New York: The Free Press 1988, S. 109ff.

[861] Vgl. S. 47f.

[862] Vgl. *Wildemann*, Horst: Komplexität: Vermeiden oder beherrschen lernen, 1999, S. 33.

des Leistungserstellungsprozesses stellt eine strategische Entscheidung dar, die umfangreiche Investitionen notwendig macht und den Inhalt künftiger Handlungsspielräume begrenzt beziehungsweise auf bestimmte Alternativen einengt. Häufig sind es allerdings Marktveränderungen innerhalb kurzer Zeitabstände, die eine Anpassung der Produktionsprozesse erfordern. Die Dynamik der Veränderungsprozesse im Markt führt häufig zu nicht-angepassten Prozessen, die nicht mehr in der Lage sind Produkte zu wettbewerbsfähigen Preisen und in entsprechender Qualität herzustellen beziehungsweise es erfordert die Anpassung interner Prozesse erhebliche finanzielle Mittel.[863] Auch wenn die Organisation der Leistungserstellung bereits ein hohes Potenzial zur Komplexitätsbewältigung aufweist, ist es erforderlich, sich an Veränderungen anpassen zu können. Dies bedingt die Ausformung geeigneter Anpassungsprozesse, besonders in der industriellen Fertigung.

In dem Bestreben sich an die Komplexität der Märkte und den sich dort vollziehenden Veränderungen anzupassen, entwickeln sich Verbesserungsprozesse innerhalb der Fertigung in Form eines „adaptive walk" auf einer Fitnesslandschaft, dessen Verlauf zwar von den Zielsetzungen der Werke beeinflusst wird, aber dessen Orientierung sehr stark von vergangenen Anpassungsmaßnahmen bestimmt wird. Die Kontinuität des Einsatzes von Verbesserungsinitiativen wird dabei mehr vom Wesen und Inhalt der Verbesserungsinitiativen selbst bestimmt als von der Komplexität des Marktumfeldes. Die am weitesten reichenden Veränderungen durch moderne Fertigungskonzepte wie zum Beispiel TQM, TPM oder KANBAN besitzen die größte Pfadabhängigkeit, dagegen sind Verbesserungen der Fertigungstechnologie sehr viel weniger vergangenheitsabhängig und deshalb tendenziell stärker durch einen kurzfristigen Einsatz bestimmt. Bei der Planung von Verbesserungsprozessen ist in Betracht zu ziehen, dass ein einmal eingeschlagener Weg nur schwer wieder verlassen werden kann. Der Entscheidung, bestimmte Verbesserungsinitiativen zu nutzen und andere zu verwerfen, kommt deshalb eine sehr große Bedeutung zu. Werden dabei Fehler gemacht, kann dies unter Umständen zu existenzgefährdenden Fehlentwicklungen führen. Der erfolgreichen Ausgestaltung von Verbesserungsprozessen in der Fertigung kommt deshalb eine entscheidende Rolle zu, um die erforderliche Anpassungsfähigkeit der Fertigung gegenüber einem sich mit großer Geschwindigkeit und in großer Vielfalt veränderndem Marktumfeld zu gewährleisten. Die Ergebnisse zeigen, dass Werke, die bereits modulare Orga-

[863] Vgl. *Schroeder*, Roger G.: Operations Management - Contemporary Concepts, 2000, S. 67f.

nisationsstrukturen in der Fertigung einsetzen, zwar intensive Bemühungen zur weiteren Verbesserung der Fertigung einsetzen, gleichzeitig aber weit weniger anspruchsvolle Verbesserungsziele formulieren als Werke deren Organisationsstruktur ein geringeres Komplexitätsbewältigungspotenzial aufweisen, z.B. Werke mit klassischer Linienfertigung. Aus diesen Ergebnissen kann der Schluss gezogen werden, dass eine modulare Fertigungsorganisation die Werke bereits in die Lage versetzt, sich schnell und mit weniger Aufwand an Veränderungen anzupassen. Die Bestandsflexibilität einer modularen Organisation ist von entscheidender Bedeutung bei der Bewältigung marktinduzierter Komplexität. Die Veränderungsprozesse müssen deshalb weniger stark durch hohe Zielvorgaben initiiert werden, da die Bereitschaft und Fähigkeit zur Verbesserung bereits in der Struktur verankert ist.

Je größer die marktinduzierte Komplexität ist, desto stärker ist die Rolle des Managements als Gestalter und Organisator von Veränderungsprozessen zu gewichten, eine einseitige Betonung von Effizienzsteigerungen reicht bei hoher Marktkomplexität nicht aus. Andererseits darf in dem Bemühen die Anpassungsfähigkeit der Fertigung zu gewährleisten das Effizienzziel nicht vollkommen aus den Augen verloren werden. Wie die Ergebnisse dieser Arbeit zeigen, bestehen für Werke, die in Märkten mit hoher Komplexität operieren, strukturelle Kostennachteile, die zu einem hohen Anteil nicht direkt zurechenbarer Fertigungsgemeinkosten zu lokalisieren sind. Die dadurch erzeugte Invarianz gegenüber Veränderungen des Beschäftigungsgrades verstärkt die Forderung nach hoher Anpassungsbereitschaft, da im Fall plötzlicher oder umfangreicher Veränderungen des Marktes umgehend neue Produkte eingeführt oder neue Produktionsprozesse implementiert werden müssen. Es entsteht ein struktureller Anpassungsbedarf. Würde diese Anpassung ausbleiben oder in die falsche Richtung führen, wären zurückgehenden Produktionsmengen die Folge, da aber die Produktionskosten gleichzeitig nur unterproportional sinken, müssten größere Kostenanteile auf eine geringere Menge hergestellter Produkte verteilt werden.

Der kontinuierliche Einsatz von Verbesserungsbemühungen bedeutet eine grundsätzliche Ausrichtung der Fertigung an den Erfordernissen, die ein komplexes Marktumfeld als Herausforderung industriellen Unternehmen auferlegt. Hier spiegelt sich ein verändertes Rollenverständnis der Fertigung wider, innerhalb dessen die erworbenen Fähigkeiten zur Gestaltung und Umsetzung von Veränderungen als ein Instrument aktiver Wettbewerbspolitik zu verstehen sind.

Anhang

Branchen	MET (381)	MAB (382)	ELE (383)	TRA (384)
MAB (382)	0,015 (-2,437)			
ELE (383)	0,080 (-1,757)	0,422 (0,804)		
TRA (384)	0,000 (-4,203)	0,071 (-1,818)	0,008 (-2,671)	
MKE (385)	0,256 (-1,139)	0,512 (0,657)	0,886 (0,143)	0,043 (2,053)
Signifikanzniveau, t-Werte in Klammern				

Anhang-Tabelle 1: Ergebnisse der t-Teststatistik für den Branchenvergleich der Mitarbeiteranzahl

Komplexitätsfaktoren	KSEGVIEL	KMVIEL	INTGRAD	PVIEL	LOGVIEL	PDYN
KMVIEL	0,05					
INTGRAD	0,00	0,02				
PVIEL	0,00	0,25	0,07			
LOGVIEL	0,05	0,02	0,00	0,25		
PDYN	0,00	0,10	0,00	0,55	0,05	
LOGDYN	0,04	0,00	0,01	0,07	0,32	0,32

Anhang-Tabelle 2: Quadrierte multiple Korrelationen der Komplexitätsfaktoren

Komplexitäts-faktoren	KSEGVIEL	KMVIEL	INTGRAD	PVIEL	LOGVIEL	PDYN
KMVIEL	88,46					
INTGRAD	85,46	99,82				
PVIEL	58,39	46,55	58,20			
LOGVIEL	64,47	92,95	67,54	33,29		
PDYN	56,51	84,77	57,23	6,55	52,75	
LOGDYN	69,80	91,95	70,16	49,58	18,31	21,57

Anhang-Tabelle 3: Ergebnisse des χ^2-Differenzentests für das Messmodel marktinduzierter Komplexität

Komplexitäts-faktoren	Mittel der Quadrate Zwischen den Gruppen	Innerhalb der Gruppen	F-Wert	Signifikanz
KSEGVIEL	5,341	0,941	5,676	0,000
KMVIEL	2,055	0,993	2,070	0,084
INTGRAD	7,436	0,923	8,058	0,000
PVIEL	1,450	1,006	1,442	0,220
LOGVIEL	4,652	0,951	4,890	0,001
PDYN	2,769	0,972	2,849	0,024
LOGDYN	1,520	0,979	1,553	0,187
ΣVielfalt	1,210	0,348	3,474	0,008
ΣDynamik	1,542	0,760	2,030	0,09
ΣmKx	0,852	0,338	2,520	0,041

Anhang-Tabelle 4: Einfaktorielle Varianzanalyse der Komplexitätsfaktoren und -dimensionen in den Teilbranchen der Stichprobe

Paarver-gleich	MET zu MAB	MET zu ELE	MET zu TRA	MET zu MKE	MAB zu ELE	MAB zu TRA	MAB zu MKE	ELE zu TRA	ELE zu MKE	TRA zu MKE
KSEGVIEL	0,00	0,38	0,00	0,54	0,00	0,57	0,02	0,01	0,96	0,03
KMVIEL	0,14	0,05	0,71	0,01	0,68	0,21	0,25	0,12	0,39	0,03
INTGRAD	0,03	0,00	0,00	0,00	0,00	0,17	0,13	0,36	0,52	0,85
PVIEL	0,07	0,03	0,59	0,95	0,83	0,52	0,26	0,38	0,15	0,72
LOGVIEL	0,01	0,85	0,02	0,00	0,01	0,76	0,27	0,02	0,00	0,52
PDYN	0,00	0,14	0,19	0,71	0,12	0,41	0,01	0,77	0,17	0,18
LOGDYN	0,69	0,12	0,84	0,24	0,21	0,93	0,10	0,34	0,02	0,21
ΣVielfalt	0,68	0,00	0,39	0,54	0,00	0,61	0,41	0,00	0,15	0,26
ΣDynamik	0,05	0,09	0,40	0,38	0,83	0,57	0,02	0,70	0,04	0,12
ΣmKx	0,59	0,01	0,81	0,98	0,03	0,55	0,71	0,03	0,05	0,84

Anhang-Tabelle 5: Signifikanz von Branchenmittelwertunterschieden der Komplexitätsfaktoren

Komplexitäts-faktoren	**Mittel der Quadrate**		**F-Wert**	**Signifikanz**
	Zwischen den Gruppen	**Innerhalb der Gruppen**		
KSEGVIEL	6,233	332,218	2,114	0,098
KMVIEL	1,491	341,305	0,492	0,688
INTGRAD	9,231	331,527	3,137	0,026
PVIEL	13,578	331,175	4,620	0,004
LOGVIEL	8,267	330,895	2,815	0,039
PDYN	10,791	327,727	3,710	0,012
LOGDYN	1,428	334,597	0,481	0,696
ΣVielfalt	1,404	0,349	4,024	0,008
ΣDynamik	1,610	0,761	2,115	0,098
ΣmKx	1,358	0,335	4,050	0,008

Anhang-Tabelle 6: Einfaktorielle Varianzanalyse der Komplexitätsfaktoren in den Werksgrößenklassen

Paarvergleich	Kl.1 zu Kl.2	Kl.1 zu Kl.3	Kl.1 zu Kl.4	Kl.2 zu Kl.3	Kl.2 zu Kl.4	Kl.3 zu Kl.4
KSEGVIEL	0,324	0,273	0,974	0,010	0,298	0,299
KMVIEL	0,873	0,953	0,412	0,813	0,230	0,466
INTGRAD	0,074	0,024	0,003	0,417	0,093	0,456
PVIEL	0,731	0,011	0,026	0,004	0,015	0,578
LOGVIEL	0,127	0,455	0,205	0,009	0,933	0,031
PDYN	0,110	0,019	0,005	0,090	0,038	0,889
LOGDYN	0,481	0,274	0,423	0,458	0,788	0,686
ΣVielfalt	0,875	0,026	0,127	0,002	0,031	0,436
ΣDynamik	0,196	0,053	0,041	0,167	0,187	0,879
ΣmKx	0,649	0,017	0,047	0,005	0,030	0,521

Kl.1 = weniger als 150 Mitarbeiter; Kl.2 = weniger als 500 Mitarbeiter; Kl.3 = weniger als 1000 Mitarbeiter; Kl.4 = mehr als 1000 Mitarbeiter

Anhang-Tabelle 7: Signifikanz von Mittelwertunterschieden der Komplexitätsfaktoren in den verschiedenen Werksgrößenklassen

Klassenmittelwerte	Kl.1	Kl.2	Kl.3	Kl.4
KSEGVIEL	0,010	-0,141	0,225	0,004
KMVIEL	-0,038	-0,063	-0,027	0,109
INTGRAD	-0,330	-0,032	0,088	0,210
PVIEL	-0,212	-0,157	0,282	0,185
LOGVIEL	0,128	-0,119	0,263	-0,107
PDYN	-0,308	-0,061	0,188	0,213
LOGDYN	-0,114	-0,003	0,107	0,034

Anhang-Tabelle 8: Mittelwerte der Komplexitätsfaktoren in den verschiedenen Werksgrößenklassen

Erfolgskriterien		ΣmKx Korrelations-koeffizient	ΣmKx Signifikanz
Fertigungs-kosten	FEK	0,03	0,524
	FGK	0,11	0,050
	OUT	0,07	0,213
	MEK	-0,13	0,018
Logistik	DLZ-Effizienz	0,10	0,091
	Liefertermintreue	-0,05	0,358
Lagerkosten	RHB	-0,01	0,788
	UE	-0,04	0,446
	FE	0,15	0,007
Erfolgs-größen	Marktanteil	0,15	0,028
	ROS	0,14	0,073
	ROI	0,03	0,699
Investitionen	F&E	0,16	0,006
	Produktionsanlagen	-0,02	0,772
	Aus- und Weiterbildung	-0,06	0,294

Anhang-Tabelle 9: Korrelationsanalyse zwischen marktinduzierter Komplexität und verschiedenen Erfolgskriterien

Kontrollvariablen		**Fertigungskosten FEK**	**Fertigungskosten FGK**	**Fertigungskosten OUT**	**Fertigungskosten MEK**	**DLZ-Effiz.**	**Lager-kosten FE**	**Investitionen F&E**
Branchen	381	n.s.	20,4%	10,9%	n.s.	39,9%	n.s.	4,06%
	382		18,5%	17,3%		41,6%		5,99%
	383		21,6%	11,9%		48,8%		8,77%
	384		16,7%	10,8%		39,3%		5,17%
	385		24,9%	12,5%		32,8%		8,56%
Werks-größen-klassen	Kl.1	26,2%	n.s.	n.s.	44,9%	n.s.	n.s.	n.s.
	Kl.2	25,8%			43,7%			
	Kl.3	26,2%			36,4%			
	Kl.4	20,0%			48,3%			
Unterschiede sind signifikant mit $p<0,05$; n.s. = nicht signifikant								

Anhang-Tabelle 10: Erfolgskriterien im Vergleich der Kontrollvariablen Branche und Werksgröße

Prozesslayout und Prozesstypen der Fertigung	**Mittel der Quadrate**		**F-Wert**	**Signifikanz**
	zwischen den Gruppen	**Innerhalb der Gruppen**		
Werkstattfertigung	36,242	0,661	54,806	0,000
Zellenfertigung	44,434	0,608	73,114	0,000
Linienfertigung	26,683	0,739	36,123	0,000
Einzelfertigung	90,268	0,129	701,606	0,000
Serienfertigung	92,078	0,137	673,780	0,000
Massenfertigung	94,374	0,101	932,428	0,000

Anhang-Tabelle 11: Einfaktorielle Varianzanalyse der Organisationstypen in den Werksgrößenklassen

Prozesstechnologien	MASS	FLEXL	ZELL	STANW	WSF	Signifikanz
Einzel-, NC-Maschinen	-0,17	-0,14	0,11	0,19	0,09	0,085
Maschinengruppen	0,18	-0,21	0,06	0,04	0,08	0,120
CNC-/DNC-Maschinen	-0,10	-0,19	0,19	0,11	0,09	0,069
Autom. Werkzeugwechsel (SMED)	0,34	-0,13	-0,10	-0,03	0,08	0,054
Roboter	0,53	0,05	0,04	-0,15	-0,32	0,000
Fahrerl. Transportsysteme (FTS)	0,15	0,02	-0,09	-0,12	-0,04	0,528
Autom. Lagersysteme	0,37	-0,05	-0,07	0,20	-0,28	0,001
Flex. Fertigungs-/Montagezellen	0,33	-0,04	0,37	-0,20	-0,35	0,000
CAQ	0,44	0,06	0,08	-0,14	-0,35	0,000
CAD/CAE	0,09	-0,18	0,05	-0,14	0,41	0,000
CIM	0,12	-0,12	0,02	-0,05	0,04	0,642
Produktdatenmanagementsyst.	0,15	0,06	0,17	-0,25	-0,07	0,060

Anhang-Tabelle 12: Eingesetzte Fertigungstechnologien im Vergleich

Funktion	Eigenwert	Erklärte Varianz	Kanonische Korrelation	Wilks-Lambda		
				Fkt.	λ	Sign.
1	7,048	60,3	0,936	1-4	0,009	0,000
2	2,622	22,4	0,851	2-4	0,070	0,000
3	1,321	11,3	0,754	3-4	0,255	0,000
4	0,691	5,9	0,639	4	0,591	0,000

Anhang-Tabelle 13: Gütekriterien zur Identifizierung unterschiedlicher Fertigungsorganisationstypen

	Mittel der Quadrate		F-Wert	Signifikanz
	Zwischen den Gruppen	Innerhalb der Gruppen		
Gesamtkomplexität	1,08	0,33	3,268	0,012

Anhang-Tabelle 14: Ergebnisse der Varianzanalyse zu Komplexitätsunterschieden der verschiedenen Fertigungsorganisationstypen

Faktoren organisationaler Spezialisierung	PZLOSPEZ	
	Quadrierte multiple Korrelation	χ^2-Differenz
PZTYPSPEZ	0,14	468,26

Anhang-Tabelle 15: Quadrierte multiple Korrelation und χ^2-Differenzentest für das Messmodel organisationaler Spezialisierung

	Mittel der Quadrate Zwischen den Gruppen	Mittel der Quadrate Innerhalb der Gruppen	F-Wert	Signifikanz
PZLOSPEZ	6,41	0,95	6,710	0,000
PZTYPSPEZ	1,98	0,99	1,993	0,094
ORGSPEZ (ges.)	3,19	0,68	4,699	0,001

Anhang-Tabelle 16: Ergebnisse der Varianzanalyse zu Unterschieden der organisationalen Spezialisierung der verschiedenen Fertigungsorganisationstypen

	Mittel der Quadrate Zwischen den Gruppen	Mittel der Quadrate Innerhalb der Gruppen	F-Wert	Signifikanz
Distanz zur Äquivalenzdiagonalen	4,011	0,986	4,067	0,003

Anhang-Tabelle 17: Ergebnisse der Varianzanalyse zum Unterschied der Distanz zur Äquivalenzdiagonalen bezüglich der Fertigungsorganisationstypen

Fertigungsziele	Korrelation FZQUAL	Korrelation FZZEIT	Korrelation FZKOST	χ^2-Differenz FZQUAL	χ^2-Differenz FZZEIT	χ^2-Differenz FZKOST
FZZEIT	0,39			84,65		
FZKOST	0,51	0,68		72,44	110,74	
FZFLEX	0,12	0,51	0,36	101,10	112,77	133,18

Anhang-Tabelle 18: Korrelation und χ^2-Differenzentest für das Messmodel fertigungsstrategischer Ziele

Fertigungs-ziele	MASS	FLEXL	ZELL	STANW	WSF	Sig.
FZQUAL	0,01	-0,01	-0,16	0,01	0,12	0,547
FZZEIT	-0,12	0,15	-0,05	0,03	-0,04	0,471
FZKOST	0,19	0,16	-0,11	-0,17	-0,08	0,093
FZFLEX	-0,03	0,18	0,06	-0,01	-0,14	0,306

Anhang-Tabelle 19: Mittelwertvergleich der Verbesserungsziele in der Fertigung

Verbesserungen von...	Mittel der Quadrate		F-Wert	Signifikanz
	Zwischen den Gruppen	Innerhalb der Gruppen		
LSTGQUAL	3,194	0,984	3,244	0,022
LSTGZEIT	2,397	0,969	2,472	0,062
LSTGKOST	0,963	0,962	0,999	0,391
LSTGFLEX	4,680	0,977	4,788	0,002

Anhang-Tabelle 20: Ergebnisse der Varianzanalyse zu Unterschieden der Leistungssteigerungen in den vier Quartilen der Marktkomplexität

Verbesserungs-initiativen	MASS	FLEXL	ZELL	STANW	WSF	Sig.
Bisherige Nutzung						
VBITECH1	0,39	-0,04	0,22	-0,17	-0,28	0,00
VBIREORG1	0,27	0,04	0,33	-0,30	-0,27	0,00
VBIFKNZ1	0,30	-0,03	0,22	-0,23	-0,21	0,00
Geplante Nutzung						
VBITECH2	0,06	0,02	0,23	-0,08	-0,27	0,05
VBIREORG2	0,11	0,12	0,32	-0,29	-0,30	0,00
VBIFKNZ2	0,10	0,09	0,27	-0,31	-0,24	0,00

Anhang-Tabelle 21: Bisherige und geplante Nutzung von Verbesserungsinitiativen im Vergleich der Organisationstypen der Fertigung

Verbesserungen von...	Mittel der Quadrate: Zwischen den Gruppen	Mittel der Quadrate: Innerhalb der Gruppen	F-Wert	Signifikanz
LSTGQUAL	2,005	0,976	2,055	0,086
LSTGZEIT	2,564	0,990	2,590	0,036
LSTGKOST	3,889	0,946	4,112	0,003
LSTGFLEX	1,264	9,992	1,295	0,271

Anhang-Tabelle 22: Ergebnisse der Varianzanalyse zu Unterschieden der Leistungssteigerungen bei den verschiedenen Organisationstypen der Fertigung

Fertigungsziele	Korrelation: VBITECH 1	Korrelation: VBIREORG1	χ^2-Differenz: VBITECH 1	χ^2-Differenz: VBIREORG1
VBIREORG1	0,70		73,17	
VBIFKNZ1	0,72	0,86	68,41	32,84

Anhang-Tabelle 23: Korrelation und χ^2-Differenzentest für das Messmodel der Verbesserungsinitiativen in der Fertigung

Verbesserungsprogramme der Fertigung	Bisherige Nutzung (Ø)	Künftige Nutzung (Ø)	Sig.
Modernisierung der Produktionsanlagen auf Branchendurchschnitt oder besser	3,30	3,52	0,000
Ausweitung der Produktionskapazitäten	3,34	3,30	0,531
Engagement in Programmen zur Prozessautomation	2,59	2,99	0,000
Implementierung von IuK-Technologien (z.B. SAP R/3)	3,25	3,54	0,000
Reorganisation des Unternehmens im Hinblick auf e-commerce und/oder e-business	1,96	2,81	0,000
Überdenken und Restrukturieren der Zulieferstrategie und der Organisation und des Managements des Zulieferer Portfolios	2,84	3,41	0,000
Konzentration auf Kernaktivitäten und Auslagerung von Hilfsprozessen und -aktivitäten	2,58	3,02	0,000
Restrukturierung des Produktionsprozesses und -layouts zur Fokussierung (z.B. „Fabrik in der Fabrik", Fertigungs-zellen)	3,11	3,49	0,000
Durchführung von Maßnahmen zur Implementierung von Pull-Systemen in der Produktion (Verringerung der Los-größen, KANBAN)	2,88	3,42	0,000
Durchführung von Programmen zur Qualitäts-verbes-serung und -kontrolle (z.B. TQM, six sigma)	3,24	3,69	0,000
Durchführung von Programmen zur Verbesserung der Anlagenproduktivität (z.B. TPM)	2,73	3,38	0,000
Implementierung von Aktionen zur Erhöhung des Delegationsgrades und des Wissens der Arbeitskräfte (z.B. empowerment, Verbesserungsteams, autonome Arbeits-gruppen)	3,03	3,70	0,000
Implementierung von Aktionen zur Verbesserung oder Beschleunigung des Entwicklungsprozesses von neuen Produkten (z.B. Plattformstrategien, Modularisierung von Produkten, concurrent engineering, QFD)	2,84	3,52	0,000
Aufwand und Verpflichtung zur Verbesserung der Umwelt-verträglichkeit des Unternehmens und der Arbeitsplatz-sicherheit	3,27	3,69	0,000
Likert-Skala: 1(keine Nutzung) - 5(starke Nutzung)			

Anhang-Tabelle 24: Bisherige und künftige Nutzung von Verbesserungsprogrammen im Überblick

Faktor/Item (Faktoren und Items bzgl. der künftigen Nutzung in den kommenden drei Jahren)	**Faktor-ladung**	**Cronbachs Alpha**	**Sig. (t-Wert)**
Verbesserungsinitiative Technologie (VBITECH2); DEV=0,379; FR=0,709			
- Modernisierung der Produktionsanlagen	0,59	0,681	14,32
- Ausweitung der Produktionskapazitäten	0,60		14,54
- Steigerung der Prozessautomation	0,67		16,41
- Implementierung von IT-Systemen (z.B. ERP-Systeme)	0,60		15,02
Verbesserungsinitiative Reorganisation (VBIREORG2); DEV=0,356; FR=0,676			
- Restrukturierung der Zulieferstrategie	0,68	0,664	18,01
- Konzentration auf Kernaktivitäten	0,34		10,51
- Restrukturierung des Produktions-prozesses und -layouts (Fokussierung)	0,65		17,34
- Implementierung von Pull-Systemen in der Produktion (z.B. KANBAN)	0,65		17,28
Verbesserungsinitiative Fertigungskonzepte (VBIFKNZ2); DEV=0,359; FR=0,690			
- Programme zur Qualitätssteigerung (TQM)	0,62	0,660	16,80
- Steigerung der Anlagenproduktivität (TPM)	0,63		16,97
- Erhöhung des Delegationsgrades und des Wissens (Autonome Arbeitsgruppen)	0,61		16,27
- Beschleunigung des Produktentwicklungs-prozesses (QFD, concurrent engineering)	0,53		14,18

Globale Gütekriterien			
χ^2	144,75	RMR	0,053
Freiheitsgrade	51	CFI	0,98
χ^2/df	2,83	GFI	0,98
REMSEA	0,070	AGFI	0,97

Anhang-Tabelle 25: Messmodell der künftigen Nutzung von Verbesserungsinitiativen der Fertigung

Fertigungsziele	VBITECH2 Korrelation	VBIREORG2	VBITECH2 χ^2-Differenz	VBIREORG2
VBIREORG2	0,55		114,88	
VBIFKNZ2	0,61	0,83	96,44	21,54

Anhang-Tabelle 26: Korrelation und χ^2-Differenzentest für das Messmodel der künftigen Verbesserungsinitiativen in der Fertigung

Leistungsveränderungen	Durchschnitt
Veränderungen der Fertigungsqualität	3,71
Veränderungen d. Produktqualität u. -zuverlässigkeit	3,81
Veränderungen der Lieferzeit	3,71
Veränderungen der Lieferzuverlässigkeit	3,70
Veränderungen der Durchlaufzeit	3,66
Veränderungen der Vorlaufzeit in der Beschaffung	3,36
Veränderungen der Beschaffungskosten	3,33
Veränderungen der Arbeitsproduktivität	3,62
Veränderungen der Lagerumschlagshäufigkeit	3,48
Veränderungen der Kapazitätsauslastung	3,53
Veränderungen der Gemeinkosten	3,23
Veränderungen d. Flexibilität d. Ausbringungsmenge	3,82
Veränderungen der Flexibilität des Produktmixes	3,65
Likert-Skala: 1(stark verschlechtert) - 3(keine Änderung) - 5(stark verbessert)	

Anhang-Tabelle 27: Durchschnittliche Veränderung der Leistungsindikatoren

Faktor/Item	Faktor-ladung	Cronbachs Alpha	Signifikanz (t-Wert)
Fertigungsziel Qualität (LSTGQUAL); DEV=0,514; FR=0,678			
- Veränderungen der Fertigungsqualität	0,77	0,675	13,10
- Veränderungen der Produktqualität u. -zuverlässigkeit	0,66		12,99
Fertigungsziel Zeit (LSTGZEIT); DEV=0,409; FR=0,732			
- Veränderungen der Lieferzeit	0,63		17,45
- Veränderungen der Lieferzuverlässigkeit	0,73	0,714	19,44
- Veränderungen der Durchlaufzeit	0,66		18,67
- Veränderungen der Vorlaufzeit in der Beschaffung	0,52		14,6
Fertigungsziel Kosten (LSTGKOST); DEV=0,329; FR=0,709			
- Veränderungen der Beschaffungskosten	0,59		15,01
- Veränderungen der Arbeitsproduktivität	0,65	0,657	17,33
- Veränderungen der Lagerumschlagshäufigkeit	0,55		14,14
- Veränderungen der Kapazitätsauslastung	0,56		14,30
- Veränderungen der Gemeinkosten	0,51		12,47
Fertigungsziel Flexibilität (LSTGFLEX); DEV=0,577; FR=0,729			
- Veränderungen der Flexibilität der Ausbringungsmenge	0,84	0,702	12,72
- Veränderungen der Flexibilität des Produktmixes	0,67		13,60

Globale Gütekriterien			
χ^2	265,55	RMR	0,062
Freiheitsgrade	59	CFI	0,96
χ^2/df	4,50	GFI	0,97
REMSEA	0,093	AGFI	0,95

Anhang-Tabelle 28: Messmodell der Leistungsverbesserungen im Bereich der Fertigung

Fertigungsziele	LSTGQUAL	LSTGZEIT	LSTGKOST	LSTGQUAL	LSTGZEIT	LSTGKOST
	Korrelation			χ^2-Differenz		
LSTGZEIT	0,47			80,80		
LSTGKOST	0,41	0,68		92,13	75,26	
LSTGFLEX	0,32	0,49	0,31	116,93	95,33	125,40

Anhang-Tabelle 29: Korrelation und χ^2-Differenzentest für das Messmodel der erzielten Leistungsverbesserungen in der Fertigung

Verbesserungsinitiativen		ΣmKx	ΣVielfalt	ΣDynamik
Bisherige VBI-Nutzung	VBITECH1	0,226*	0,264*	0,079***
	VBIRRORG1	0,244*	0,258*	0,132**
	VBIFKNZ1	0,240*	0,257*	0,126**
Geplante VBI-Nutzung	VBITECH2	0,271*	0,288*	0,146*
	VBIRRORG2	0,279*	0,284*	0,171*
	VBIFKNZ2	0,260*	0,271*	0,148*
Mit * für p<0,01; ** für p<0,05 und *** nicht signifikant				

Anhang-Tabelle 30: Korrelationskoeffizienten zwischen Verbesserungsinitiativen und marktinduzierten Komplexitätsfaktoren

Verbesserungsinitiativen		Quartil niedrige Markt-komplexität	Quartil hohe Markt-komplexität	Signifikanz
Bisherige VBI-Nutzung	VBITECH1	-0,206	0,335	0,000
	VBIRRORG1	-0,253	0,370	0,000
	VBIFKNZ1	-0,226	0,362	0,000
Geplante VBI-Nutzung	VBITECH2	-0,307	0,350	0,000
	VBIRRORG2	-0,296	0,427	0,000
	VBIFKNZ2	-0,236	0,379	0,000

Anhang-Tabelle 31: Durchschnittlicher Einsatz von Verbesserungsinitiativen bei niedriger und hoher Marktkomplexität

Verbesserungs-initiativen	Mittel der Quadrate		F-Wert	Signifikanz
	Zwischen den Gruppen	Innerhalb der Gruppen		
VBITECH1	4,77	0,90	5,287	0,000
VBIREORG1	5,68	0,93	6,11	0,000
VBIFKNZ1	3,75	0,95	3,93	0,001
VBITECH2	2,30	0,98	2,34	0,05
VBIREORG2	5,10	0,97	5,23	0,000
VBIFKNZ2	4,12	0,98	4,21	0,001

Anhang-Tabelle 32: Ergebnisse der Varianzanalyse zu Unterschieden der Nutzung von Verbesserungsinitiativen in den verschiedenen Fertigungsorganisationstypen

Wirkungsbeziehung			Niedrige Marktkomplexität γ	Niedrige Marktkomplexität t-Wert	Hohe Marktkomplexität γ	Hohe Marktkomplexität t-Wert
VBITECH1	→	LSTGZEIT	0,57	14,19	0,55	10,02
VBIREORG1	→	LSTGFLEX	0,50	10,58	0,51	9,40
VBIFKNZ1	→	LSTGQUAL	0,44	10,39	0,43	7,28
	→	LSTGKOST	0,55	13,53	0,54	9,62

Globale Gütekriterien

Niedrige Marktkomplexität				Hohe Marktkomplexität			
χ^2	488,25	RMR	0,096	χ^2	466,30	RMR	0,099
Freiheitsgrade	289	CFI	0,92	Freiheitsgrade	289	CFI	0,92
χ^2/df	2,78	GFI	0,90	χ^2/df	3,63	GFI	0,89
REMSEA	0,076	AGFI	0,89	REMSEA	0,066	AGFI	0,88

Anhang-Tabelle 33: Wirkungszusammenhang zwischen bisheriger Nutzung der Verbesserungsinitiativen und erreichten Leistungsverbesserungen bei niedriger und hoher Marktkomplexität

Wirkungsbeziehung			Niedrige Marktkomplexität γ	Niedrige Marktkomplexität t-Wert	Hohe Marktkomplexität γ	Hohe Marktkomplexität t-Wert
VBITECH1	→	VBITECH2	0,61	6,95	0,78	19,57
VBIREORG1	→	VBIREORG2	0,90	11,93	0,90	21,91
VBIFKNZ1	→	VBIFKNZ2	0,98	19,91	0,99	25,83

Globale Gütekriterien

Niedrige Marktkomplexität				Hohe Marktkomplexität			
χ^2	684,63	RMR	0,096	χ^2	893,14	RMR	0,099
Freiheitsgrade	246	CFI	0,92	Freiheitsgrade	246	CFI	0,95
χ^2/df	2,78	GFI	0,90	χ^2/df	3,63	GFI	0,92
REMSEA	0,101	AGFI	0,89	REMSEA	0,125	AGFI	0,90

Anhang-Tabelle 34: Wirkungszusammenhang zwischen bisheriger und geplanter Nutzung der Verbesserungsinitiativen bei niedriger und hoher Marktkomplexität

Literaturverzeichnis

Ackoff, Russell L.: Towards a System of Systems Concepts, in: Management Science, Jhg. 17, Nr. 11, 1971, S. 661-671.

Adam, Dietrich: Die Komplexitätsfalle, in: *Adam*, Dietrich (Hrsg.): Komplexitätsmanagement, Schriften zur Unternehmensführung Bd. 61, Wiesbaden: Gabler 1998, S. 5-28.

Adam, Dietrich: Produktionsmanagement, 9. Auflage, Wiesbaden: Gabler 1998.

Ahmad, Sohel und Roger G. *Schroeder*: Refining the product-process matrix, in: International Journal of Operations & Production Management, Jhg. 22, Nr. 1, 2002, S. 103-124.

Alchian, Armen A.: Uncertainty, Evolution, and Economic Theory, in: The Journal of Political Economy, Jhg. 58, Nr. 3, 1950, S. 211-221.

Anderson, James C.: An Approach for Confirmatory Measurement and Structural Equation Modeling of Organizational Properties, in: Management Science, Jhg. 33, Nr. 4, 1987, S. 525-541.

Anderson, Philip: Complexity Theory and Organization Science, in: Organization Science, Jhg. 10, Nr. 3, 1999, S. 216-232.

Anderson, Philip und Michael L. *Tushman*: Technological Discontinuities and Dominant Designs: A Cyclical Model of Technological Change, in: Administrative Science Quarterly, Jhg. 35, Nr. 4, 1990, S. 604-633.

Ansoff, H. Igor: Corporate Strategy, New York: 1965.

Ansoff, H. Igor und Richard G. *Brandenburg*: A Language for Organization Design: Part I, in: Management Science, Jhg. 17, Nr. 12, 1971, S. 705-716.

Argyris, Chris und Donald A. *Schön*: Organizational Learning: A Theory of Action Perspective, Reading: Addison-Wesley 1978.

Ashby, W. Ross: An Introduction to Cybernetics, New York: Wiley & Sons 1958.

Ashby, W. Ross: Principles of the Self-Organizing System, in: *von Foerster*, Heinz und George W. *Zopf* (Hrsg.): Principles of Self-Organization, New York: Pergamon Press 1962, S. 255-278.

Backhaus, Klaus; Bernd *Erichson*; Wulff *Plinke* und Rolf *Weiber*: Multivariate Analysemethoden. Eine anwendungsorientierte Einführung, 10. Auflage, Berlin et al.: Springer 2003.

Baehr, Hans D.: Thermodynamik, 8. Auflage, Berlin et al.: Springer 1992.

Baetge, Jörg: Betriebswirtschaftliche Systemtheorie. Regelungstheoretische Planungs-Überwachungsmodelle für Produktion, Lagerung und Absatz, Opladen: Westdeutscher Verlag 1974.

Bagozzi, Richard P. und David *Edwards*: A General Approach to Representing Constructs in Organizational Research, in: Organizational Research Methods, Jhg. 1, Nr. 1998, S. 45-87.

Bagozzi, Richard P.; Youjae *Yi* und Lynn W. *Phillips*: Assessing Construct Validity in Organizational Research, in: Administrative Science Quarterly, Jhg. 36, Nr. 3, 1991, S. 421-458.

Bandalos, Deborah L.: The effects of item parceling on goodness-of-fit and parameter estimate bias in structural equation modeling, in: Structural Equation Modeling, Jhg. 9, Nr. 1, 2002, S. 78-102.

Barnes, David: The complexities of the manufacturing strategy formation process in practice, in: International Journal of Operations & Production Management, Jhg. 22, Nr. 10, 2002, S. 1090-1111.

Bea, Franz Xaver: Prozessorientierte Produktionstheorie und Lernen, in: Zeitschrift für Betriebswirtschaft - Ergänzungsheft 3, Jhg. 65, Nr. 1995, S. 39-47.

Beck, Thilo C.: Kosteneffiziente Netzwerkkooperation. Optimierung komplexer Partnerschaften zwischen Unternehmen, Wiesbaden: Gabler 1998.

Beer, Stafford: Brain of the Firm, 2nd Ed., Chichester, New York u.a.: Wiley 1981.

Behrbohm, Peter: Flexibilität in der industriellen Produktion, Frankfurt am Main et al.: Peter Lang 1985.

Bentler, Peter M.: Comparative Fit Indexes in Structural Models, in: Psychological Bulletin, Jhg. 107, Nr. 2, 1990, S. 238-246.

Berry, William L.; Terry J. *Hill* und Jay E. *Klompmaker*: Customer-driven manufacturing, in: International Journal of Operations & Production Management, Jhg. 15, Nr. 3, 1995, S. 4-15.

Beyer, Janice M. und Harrison M. *Trice*: A Reexamination of The Relations Between Size and Various Components of Organizational Complexity, in: Administrative Science Quarterly, Jhg. 24, Nr. 1, 1979, S. 48-64.

Binswanger, Mathias: Information und Entropie. Ökologische Perspektiven des Übergangs zu einer Informationswirtschaft, Frankfurt und New York: Campus 1992.

Binswanger, Mathias: Das Entropiegesetz als Grundlage einer ökologischen Ökonomie, in: *Beckenbach*, Frank und Hans *Diefenbacher* (Hrsg.): Zwischen Entropie und Selbstorganisation: Perspektiven einer ökologischen Ökonomie, Marburg: Metropolis 1994, S. 155-200.

Blaseio, Helmuth: Das Kognos-Prinzip: zur Dynamik sich-selbts-organisierender wirtschaftlicher und sozialer Systeme, Berlin: Duncker & Humblot 1986.

Bleicher, Knut: Das Konzept Integriertes Management, 3. Auflage, Frankfurt am Main, New York: Campus-Verlag 1995.

Bohne, Fabian: Komplexitätskostenmanagement in der Automobilindustrie. Identifizierung und Gestaltung vielfaltinduzierter Kosten, Wiesbaden: Gabler 1998.

Bollen, Kenneth A.: Structural Equations with latent Variables, New York: John Wiley 1989.

Boltzmann, Ludwig: Über die mechanische Bedeutung des zweiten Hauptsatzes der Wärmetheorie, in: *Hasenohrl*, F. (Hrsg.): Boltzmann, Ludwig: Wissenschaftliche Abhandlungen, Ausgabe 1, Leipzig, Neuauflage 1968, New York: 1866, S. 9-33.

Boomsma, Anne: Reporting Analyses of Covariance Structures, in: Structural Equation Modeling, Jhg. 7, Nr. 3, 2000, S. 461-483.

Bortz, Jürgen: Statistik für Sozialwissenschaftler, 5., vollständig überarbeitetet und aktualisierte Auflage, Berlin u.a.: Springer 1999.

Boulding, Kenneth E.: General Systems Theory - The Skeleton of Science, in: Management Science, Jhg. 2, Nr. 3, 1956, S. 197-208.

Boutellier, Roman; Günther *Schuh* und Hans Dieter *Seghezzi*: Industrielle Produktion und Kundennähe - Ein Widerspruch?, in: *Schuh*, Günther und Hans-Peter *Wiendahl* (Hrsg.): Komplexität und Agilität, Berlin u.a.: Springer 1997, S. 37-64.

Boyer, Kenneth K.: Evolutionary Patterns of Flexible Automation and Performance: A Longitudinal Study, in: Management Science, Jhg. 45, Nr. 6, 1999, S. 824-842.

Brannick, Michael T.: Critical Comments on Applying Covariance Structure Modeling, in: Journal of Organizational Behavior, Jhg. 16, Nr. 3, 1995, S. 201-213.

von Braun, Christoph-Friedrich: Die Beschleunigungsfalle, in: Zeitschrift für Planung, Jhg. 1, Nr. 1991, S. 51-70.

Brehm, Carsten R.: Organisatorische Flexibilität der Unternehmung. Bausteine eines erfolgreichen Wandels, Wiesbaden: Deutscher Universitätsverlag 2003.

Bremermann, Hans J.: Optimization through Evolution and Recombination, in: *Yovits*, Marshall C.; George T. *Jacobi* and Gordon D. *Goldstein* (eds.): Self-organizing Systems, Washington D. C.: Spartan Books 1962, S. 93-106.

Brown, Shona L. und Kathleen M. *Eisenhardt*: The Art of continuous Change: Linking Complexity Theory and Time-paced Evolution in Relentlessly Shifting Organizations, in: Administrative Science Quarterly, Jhg. 42, Nr. 1, 1997, S. 1-34.

Browne, Michael W. und Robert *Cudeck*: Alternative ways of assessing model fit, in: *Bollen*, Kenneth A. und J. Scott *Long*: Testing structural equation models, Newbury Park, Ca.: Sage 1993, S. 136-162.

Burgelman, Robert A.: Intraorganizational Ecology of Strategy Making and Organizational Adaptation: Theory and Field Research, in: Organization Science, Jhg. 2, Nr. 3, 1991, S. 239-262.

Burns, Tom und George M. *Stalker*: The Management of Innovation, 3rd Ed., London: Tavistock 1971.

Buzzell, Robert D. und Bradley T. *Gale*: The PIMS Principles: Linking Strategy to Performance, New York und London: Free Press 1987.

Cagliano, Raffaella und Gianluca *Spina*: Advanced manufacturing technologies and strategically flexible production, in: Journal of Operations Management, Jhg. 18, Nr. 2000, S. 169-190.

Cagliano, Raffaella und Gianluca *Spina*: How improvement programmes of manufacturing are selected. The role of strategic priorities and past experience, in: International Journal of Operations & Production Management, Jhg. 20, Nr. 7, 2000, S. 772-791.

Capon, Noel; James M. *Hulbert*; John U. *Farley* und L. Elizabeth *Martin*: Corporate Diversity and Economic Performance: The Impact of Market Specialization, in: Strategic Management Journal, Jhg. 9, Nr. 1, 1988, S. 61-74.

Carmines, Edward G. und John P. *McIver*: Analyzing models with unobserved variables: Analysis of covariance structures, in: *Bohmstedt*, George W. und Edward F. *Borgatta* (eds.): Social Measurement, Thousand Oaks: Sage Publications 1981, S. 65-115.

Chakravarthy, Bala: A New Strategy Framework for Coping with Turbulence, in: Sloan Management Review, Jhg. 37, Nr. Winter, 1997, S. 69-82.

Chandler, Alfred D.: Strategy and Structure, Cambridge: MIT Press 1962.

Child, John: Organization structure, environment and performance: The role of strategic choice, in: Sociology, Jhg. 6, Nr. 1972, S. 1-22.

Child, John: Predicting and Understanding Organization Structure, in: Administrative Science Quarterly, Jhg. 18, Nr. 2, 1973, S. 168-185.

Child, Peter; Raimund *Diederichs*; Falk-Hayo *Sanders* und Stefan *Wisniowski*: The management of complexity, in: The McKinsey Quarterly, Jhg. 27, Nr. 4, 1991, S. 52-68.

Coenenberg, Adolf G.: Kostenrechnung und Kostenanalyse, 4., aktualisiert Auflage, Landsberg/Lech: Verlag moderne Industrie 1999.

Coenenberg, Adolf G. und Martin *Prillmann*: Erfolgswirkungen der Variantenvielfalt und Variantenmanagement, in: Zeitschrift für Betriebswirtschaft, Jhg. 65, Nr. 11, 1995, S. 1231-1253.

Collet, Shawna und Ronald J. *Spicer*: Improving productivity through cellular manufacturing, in: Production and Inventory Management Journal, Jhg. 36, Nr. 1, 1995, S. 71-75.

Corsten, Hans: Produktionswirtschaft. Einführung in das industrielle Produktionsmanagement, 9., vollständig überarbeitete und wesentlich erweiterte Auflage, München et al.: Oldenbourg 2000.

Corsten, Hans und Thomas *Will*: Simultaneität von Kostenführerschaft und Differenzierung durch neuere Produktionskonzepte, in: ZfO, Jhg. 63, Nr. 5, 1994, S. 286-293.

Cramer, Friedrich: Chaos und Ordnung: Die komplexe Struktur des Lebendigen, 3. Auflage, Stuttgart: Deutsche Verlags-Anstalt 1989.

D'Souza, Derrick E. und Fredrik P. *Williams*: Toward a Taxonomy of Manufacturing Flexibility Dimensions, in: Journal of Operations Management, Jhg. 18, Nr. 2000, S. 577-593.

DeMeyer, Arnoud und Kasra *Ferdows*: Influence of Manufacturing Improvement Programmes on Performance, in: International Journal of Operations & Production Management, Jhg. 10, Nr. 2, 1990, S. 120-131.

DeMeyer, Arnoud; Jinichiro *Nakane*; Jeffrey G. *Miller* und Kasra *Ferdows*: Flexibility: The Next Competitive Battle - The Manufacturing Futures Survey, in: Strategic Management Journal, Jhg. 10, Nr. 1989, S. 135-144.

Der, Ralf: Über den heuristischen Wert physikalischer Erfahrung für die ökonomische Theorie, in: *Beckenbach*, Frank und Hans *Diefenbacher* (Hrsg.): Zwischen Entropie und Selbstorganisation: Perspektiven einer ökologischen Ökonomie, Marburg: Metropolis 1994, S. 47-51.

Dess, Gregory G. und Donald W. *Beard*: Dimensions of Organizational Task Environments, in: Administrative Science Quarterly, Jhg. 29, Nr. 1, 1984, S. 59-73.

Dewar, Robert und Jerald *Hage*: Size, Technology, Complexity, and Structural Differentiation: Toward a Theoretical Synthesis, in: Administrative Science Quarterly, Jhg. 23, Nr. 1, 1978, S. 111-136.

Doerr, Ken und Michael J. *Magazine*: Design, Coordination and Control of Hybrid Factories, in: International Journal of Operations & Production Management, Jhg. 20, Nr. 1, 2000, S. 85-102.

Dörner, Dietrich: Die Logik des Mißlingens. Strategisches Denken in komplexen Situationen, 15. Auflage, Reinbek bei Hamburg: Rowohlt 2002.

Dörner, Dietrich und Cornelius *Buerschaper*: Denken und Handeln in komplexen Systemen, in: *Ahlemeyer*, Heinrich W. und Roswita *Königswieser* (Hrsg.): Komplexität managen - Strategien, Konzepte und Fallbeispiele, Wiesbaden: Gabler 1997, S. 79-91.

Dörner, Dietrich; Heinz W. *Kreuzig*; Franz *Reither* und Thea *Stäudel* (Hrsg.): Lohausen - Vom Umgang mit Unbestimmtheit und Komplexität, Bern u.a.: Hans Huber 1983.

Drucker, Peter F.: The Age of discontinuity : guidelines to our changing society, New York: Harper & Row 1969.

Duncan, Robert B.: Characteristics of Organizational Environments and Perceived Environmental Uncertainty, in: Administrative Science Quarterly, Jhg. 17, Nr. 3, 1972, S. 313-327.

Ebeling, Werner: Selbstorganisation und Entropie in ökologischen und ökonomischen Prozessen, in: *Beckenbach*, Frank und Hans *Diefenbacher* (Hrsg.): Zwischen Entropie und Selbstorganisation: Perspektiven einer ökologischen Ökonomie, Marburg: Metropolis 1994, S. 29-46.

Eisenführ, Franz und Martin *Weber*: Rationales Entscheiden, 4., neu bearbeitete Auflage, Berlin u.a.: Springer 2003.

Eisenhardt, Kathleen M. und Donald N. *Sull*: Strategy as Simple Rules, in: Harvard Business Review, Jhg. 79, Nr. 1, 2001, S. 107-116.

Emery, Fred E. und Eric L. *Trist*: The Causal Texture of Organizational Environments, in: Human Relations, Jhg. 18, Nr. 1, 1965, S. 21-32.

Espejo, Raúl: Management of Complexity in Problem Solving, in: *Espejo*, Raúl und Markus *Schwaninger* (Hrsg.): Organisational Fitness. Corporate Effectiveness through Management Cybernetics, Frankfurt und New York: Campus Verlag 1993, S. 67-90.

Ettlie, John E. und Joan D. *Penner-Hahn*: Flexibility Ratios and Manufacturing Strategy, in: Management Science, Jhg. 40, Nr. 11, 1994, S. 1444-1454.

Eversheim, Walter; Franz-Bernd *Schenke* und Luca *Warnke*: Komplexität im Unternehmen verringern und beherrschen - Optimale Gestaltung von Produkten und Produktionssystemen, in: *Adam*, Dietrich (Hrsg.): Komplexitätsmanagement, SzU, Band 61, Wiesbaden: Gabler 1998, S. 29-46.

Fan, Xitao; Bruce *Thompson* und Lin *Wang*: Effects of Sample Size, Estimation Methods, and Model Specification on Structural Equation Modeling Fit Indexes, in: Structural Equation Modeling, Jhg. 6, Nr. 1, 1999, S. 56-83.

Fiegenbaum, Avi und Aneel *Karnani*: Output Flexibility. A Competitive Advantage for Small Firms, in: Strategic Management Journal, Jhg. 12, Nr. 2, 1991, S. 101-114.

Flynn, Barbara B.; Roger G. *Schroeder*; E. James *Flynn*; Sadao *Sakakibara* und Kimberly A. *Bates*: World class manufacturing project - overview and selected results, in: International Journal of Operations & Production Management, Jhg. 17, Nr. 7, 1997, S. 671-685.

Flynn, Barbara B.; Sadao *Sakakibara* und Roger G. *Schroeder*: Relationship between JIT and TQM: Practices and Performance, in: The Academy of Management Journal, Jhg. 38, Nr. 5, 1995, S. 1325-1360.

von Foerster, Heinz: Sicht und Einsicht, Braunschweig und Wiesbaden: Vieweg 1985.

von Foerster, Heinz: Entdecken oder Erfinden. Wie läßt sich Verstehen verstehen?, in: Einführung in den Konstruktivismus, München und Zürich: Piper Verlag 1998, S. 41-88.

Fornell, Claes und David F. *Larcker*: Evaluating Structural Equation Models with Unobservable Variables and Measurement Error, in: Journal of Marketing Research, Jhg. 18, Nr. 1, 1981, S. 39-50.

Franken, Rolf und Herbert *Fuchs*: Grundbegriffe zur allgemeinen Systemtheorie, in: *Grochla*, Erwin; Herbert *Fuchs* und Helmut *Lehmann* (Hrsg.): Systemtheorie und Betrieb, Opladen: Westdeutscher Verlag 1974, S. 23-46.

Frese, Erich: Produktion: Herausforderung für das Management, in: Schuh, Günther und Hans-Peter Wiendahl (Hrsg.): Komplexität und Agilität, Berlin et al.: Springer 1997, S. 25-36.

Frohlich, Markham T.: Techniques for improving response rates in OM survey research, in: Journal of Operations Management, Jhg. 20, Nr. 2002, S. 53-62.

Fuchs, Herbert: Steuerung und Regelung in betrieblichen Systemen, in: *Grochla*, Erwin; Herbert *Fuchs* und Helmut *Lehmann* (Hrsg.): Systemtheorie und Betrieb, Opladen: Westdeutscher Verlag 1974, S. 83-98.

Funk, Jeffrey L.: Just-in-time manufacturing and logistical complexity: a contingency model, in: International Journal of Operations & Production Management, Jhg. 15, Nr. 5, 1995, S. 60-71.

Fynes, Brian und Chris *Voss*: A Path Analytic Model of Quality Practicies, Quality Performance, and Business Performance, in: Production and Operations Management, Jhg. 10, Nr. 4, 2001, S. 494-513.

Gagsch, Bernd: Wandlungsfähigkeit von Unternehmen: Konzept für ein kontextgerechtes Management des Wandels, Frankfurt am Main: Peter Lang 2002.

Garvin, David A.: Manufacturing Strategic Planning, in: California Management Review, Jhg. 35, Nr. 4, 1993, S. 85-106.

Gell-Mann, Murray: Das Quark und der Jaguar. Vom Einfachen zum Komplexen, 3. Auflage, München: Piper 2000.

Gell-Mann, Murray: What is Complexity?, in: *Quadrio Curzio*, Alberto und Marco *Fortis* (eds.): Complexity and Industrial Clusters, Heidelberg und New York: Physica 2002, S. 13-24.

Georgescu-Roegen, Nicholas: The Entropy Law and the Economic Process, Cambridge, Massachusetts: Harvard University Press 1971.

Gersick, Connie J. G.: Revolutionary change theories: a multilevel exploration of the punctuated equilibrium paradigm, in: Academy of Management Review, Jhg. 16, Nr. 1, 1991, S. 10-26.

Gerwin, Donald: Manufacturing Flexibility: A Strategic Perspective, in: Management Science, Jhg. 39, Nr. 4, 1993, S. 395-410.

Ghemawat, Pankaj und Patricio *del Sol*: Commitment versus Flexibility?, in: California Management Review, Jhg. 40, Nr. 4, 1998, S. 26-42.

Ginsberg, Ari und N. *Venkatraman*: Institutional Initiatives for Technological Change: From Issue Interpretation to Strategic Choice, in: Organization Studies, Jhg. 16, Nr. 3, 1995, S. 425-448.

Gomez, Peter: Organising for Autonomy, in: *Espejo*, Raúl und Markus Schwaninger (Hrsg.): Organisational Fitness. Corporate Effectiveness through Management Cybernetics, Frankfurt am Main und New York: Campus Verlag 1993, S. 165-182.

Grochla, Erwin: Systemtheoretisch-kybernetische Modellbildung betrieblicher Systeme, in: *Grochla*, Erwin; Herbert *Fuchs* und Helmut *Lehmann* (Hrsg.): Systemtheorie und Betrieb, Opladen: Westdeutscher Verlag 1974, S. 11-22.

Grochla, Erwin: Grundlagen der organisatorischen Gestaltung, Stuttgart: Poeschel 1982.

Gupta, Yash P.; Subhash C. *Lonial* und W. Glynn *Mangold*: An Examination of the Relationship between Manufacturing Strategy and Marketing Objectives, in: International Journal of Operations & Production Management, Jhg. 11, Nr. 10, 1991, S. 33-43.

Gutenberg, Erich: Grundlagen der Betriebswirtschaftslehre - Erster Band - Die Produktion, 24., unveränderte Auflage, Berlin u.a.: Springer 1983.

Haken, Hermann: Synergetik, 2. Auflage, Berlin u.a.: Springer 1983.

Haken, Hermann: Synergetik im Management, in: *Balck*, Henning und Rolf *Kreibich* (Hrsg.): Evolutionäre Wege in die Zukunft. Wie lassen sich komplexe Systeme managen?, Weinheim und Basel: Beltz 1991, S. 65-91.

Hall, Richard H.; J. Eugene *Haas* und Norman J. *Johnson*: Organizational Size, Complexity, and Formalization, in: American Sociological Review, Jhg. 32, Nr. 6, 1967, S. 903-912.

Hammer, Michael und James *Champy*: Business Reengineering, 4. Auflage, Frankfurt am Main und New York: Campus 1994.

Hannan, Michael T. und John *Freeman*: The Population Ecology of Organizations, in: The American Journal of Sociology, Jhg. 82, Nr. 5, 1977, S. 929-964.

Hannan, Michael T. und John *Freeman*: Structural Inertia and Organizational Change, in: American Sociological Review, Jhg. 49, Nr. 2, 1984, S. 149-164.

Harrison, Alan: Manufacturing strategy and the concept of world class manufacturing, in: International Journal of Operations & Production Management, Jhg. 18, Nr. 3/4, 1998, S. 397-408.

Hart, Albert G.: Anticipations, Uncertainty, and Dynamic Planning, 3. Auflage, New York: Kelley 1965.

Hasenpusch, Jürgen: Strategiekonsistenz in Geschäftseinheit und Fertigung als Voraussetzung für den Erfolg industrieller Unternehmen, Frankfurt: Peter Lang 2001.

Hax, Herbert: Investitionsentscheidungen bei unsicheren Erwartungen, in: *Hax*, Herbert (Hrsg.): Entscheidung bei unsicheren Erwartungen, Köln: Westdt. Verlag 1970, S.

Hax, Herbert und Helmut *Laux*: Flexible Planung - Verfahrensregeln und Entscheidungsmodelle für die Planung bei Ungewißheit, in: Zeitschrift für betriebswirtschaftliche Forschung, Jhg. 24, Nr. 1972, S. 318-340.

von Hayek, Friedrich A.: Die Theorie komplexer Phänomene, Tübingen: J. C. B. Mohr (Paul Siebeck) 1972.

Hayes, Robert H. und David M. *Upton*: Operations-Based Strategy, in: California Management Review, Jhg. 40, Nr. 4, 1998, S. 8-25.

Hayes, Robert H. und Steven C. *Wheelwright*: Link manufacturing process and product life cycles, in: Harvard Business Review, Jhg. 57, Nr. 1, 1979, S. 133-140.

Hayes, Robert H. und Steven C. *Wheelwright*: Restoring Our Competitive Edge: Competing Through Manufacturing, New York: Wiley & Sons 1984.

Hayes, Robert H.; Steven C. *Wheelwright* und Kim B. *Clark*: Dynamic Manufacturing - creating the Learning Organization, New York: The Free Press 1988.

Heinemann, Volker: Zur Überführbarkeit des Entropiekonzepts in die Ökonomie, in: *Beckenbach*, Frank und Hans *Diefenbacher* (Hrsg.): Zwischen Entropie und Selbstorganisation: Perspektiven einer ökologischen Ökonomie, Marburg: Metropolis 1994, S. 201-216.

Heinen, Edmund: Industriebetriebslehre als Entscheidungslehre, in: *Heinen*, Edmund (Hrsg.): Industriebetriebslehre. Entscheidungen im Industriebetrieb, Wiesbaden: Gabler 1978, S. 25-78.

Hejl, Peter M.: Konstruktion der sozialen Konstruktion. Grundlinien einer konstruktivistischen Sozialtheorie, in: Einführung in den Konstruktivismus, München und Zürich: Piper Verlag 1998, S. 109-146.

Hellwig, Winfried: Anpassungsfähigkeit und Ungewissheitstheorie. Zur Berücksichtigung der Elastizität des Handelns in der Unternehmenstheorie, Tübingen: J. C. B. Mohr (Paul Siebeck) 1972.

Hendricks, Kevin B. und Vinod R. *Singhal*: Does Implementing an Effective TQM Program Actually Improve Operating Performance? Empirical Evidence from Firms That Have Won Quality Awards, in: Management Science, Jhg. 43, Nr. 9, 1997, S. 1258-1274.

Heylighen, Francis: Building a Science of Complexity, in: *Fatmi*, Hanif A. (Hrsg.): Proceedings of the Annual Conference of the Cybernetics Society, London: Cybernetics Society, King's College 1988, S. 1-22.

Heylighen, Francis: Self-Organization, Emergence and the Architecture of Complexity, in: Proceedings of the 1st European Conference on System Science, Paris: AFCET 1989, S. 23-32.

Hildebrandt, Lutz: Kausalanalytische Validierung in der Marketingforschung, in: *Hildebrandt*, Lutz und Christian *Homburg* (Hrsg.): Die Kausalanalyse. Ein Instrument der empirischen betriebswirtschaftlichen Forschung, Stuttgart: Schäffer-Poeschel 1998, S. 85-110.

Hill, Terrence J. und R. M. G. *Duke-Woolley*: Progression or Regression in Facilities Focus, in: Strategic Management Journal, Jhg. 4, Nr. 2, 1983, S. 109-121.

Hill, Terry: Manufacturing Strategy. The strategic management of the manufacturing function, 2. Auflage, London et al.: MacMillan 1993.

Hogarth, Robin M. und Spyros *Makridakis*: Forecasting and Planning: An Evaluation, in: Management Science, Jhg. 27, Nr. 2, 1981, S. 115-138.

Hoitsch, Hans-Jörg: Produktionswirtschaft. Grundlagen einer industriellen Betriebswirtschaftslehre, 2., völlig überarbeitete und erweiterte Auflage, München: Verlag Franz Vahlen 1993.

Hoitsch, Hans-Jörg und Volker *Lingnau*: Probleme und Aspekte der Produktionsplanung bei Variantenfertigung - Ergebnisse einer empirischen Untersuchung, in: Journal für Betriebswirtschaft, Jhg. 44, Nr. 6, 1994, S. 242-263.

Hoitsch, Hans-Jörg und Volker *Lingnau*: Charakteristika variantenreicher Produktion - Ergebnisse einer empirischen Untersuchung, in: Die Betriebswirtschaft, Jhg. 55, Nr. 4, 1995, S. 481-491.

Holland, John H.: Emergence. From Chaos to Order, Oxford et al.: Oxford University Press 2000.

Homburg, Christian: Exploratorische Ansätze der Kausalanalyse als Instrument der Marketingplanung, Frankfurt am Main et al.: Peter Lang 1988.

Homburg, Christian und Annette *Giering*: Konzeptualisierung und Operationalisierung komplexer Konstrukte - Ein Leitfaden für die Marketingforschung, in: Hildebrandt, Lutz und Christian Homburg (Hrsg.): Die Kausalanalyse. Ein Instrument der empirischen betriebswirtschaftlichen Forschung, Stuttgart: Schäffer-Poeschel 1998, S. 111-146.

Homburg, Christian und Hans *Baumgartner*: Beurteilung von Kausalmodellen, in: Marketing ZfP, Jhg. 17, Nr. 3, 1995, S. 162-176.

Homburg, Christian und Hans *Baumgartner*: Die Kausalanalyse als Instrument der Marketingforschung, in: Zeitschrift für Betriebswirtschaft, Jhg. 65, Nr. 10, 1995, S. 1091-1108.

Hopfmann, Lienhard: Flexibilität im Produktionsbereich, Frankfurt am Main et al.: Peter Lang 1989.

Huy, Quy Nguyen und Henry *Mintzberg*: The Rhythm of Change, in: Sloan Management Review, Jhg. 44, Nr. 4, 2003, S. 79-84.

Hyer, Nancy L. und Urban *Wemmerlöv*: Reorganizing the Factory - Competing through Cellular Manufacturing, Portland: Productivity Press 2002.

Jacob, Herbert: Unsicherheit und Flexibilität, in: Zeitschrift für Betriebswirtschaft, Jhg. 44, Nr. 5, 1974, S. 299-326.

Janssen, Holger: Flexibilitätsmanagement, Stuttgart: Schäffer-Poeschel 1997.

Jehle, Egon: Allgemeine Systemtheorie und wissenschaftliche Analyse externer Einflüsse auf das Unternehmungsverhalten, in: *Jehle*, Egon (Hrsg.): Systemforschung in der Betriebswirtschaftslehre, Stuttgart: Poeschel 1975, S. 35-52.

Jelinek, Mariann und Michael C. *Burstein*: The Production Administrative Structure: A Paradigm for Strategic Fit, in: Academy of Management Review, Jhg. 7, Nr. 2, 1982, S. 242-252.

Johnson, Richard A.; Fremont E. *Kast* und James E. *Rosenzweig*: Systems Theory and Management, in: Management Science, Jhg. 10, Nr. 2, 1964, S. 367-384.

Jöreskog, Karl G. und Dag *Sörbom*: Recent Developments in Structural Equation Modeling, in: Journal of Marketing Research, Jhg. 19, Nr. November, 1982, S. 404-416.

Jöreskog, Karl G. und Dag *Sörbom*: LISREL 8: User's Reference Guide, 2. Auflage, Lincolnwood: Scientific Software International 2001.

Kaluza, Bernd: Wettbewerbsstrategien und sozio-ökonomischer Wandel, in: *Czap*, Hans (Hrsg.): Unternehmensstrategien im sozio-ökonomischen Wandel, Berlin: Duncker & Humblot 1990, S. 57-73.

Kauffman, Stuart A.: The Origins of Order. Self-Organization and Selection in Evolution, New York et al.: Oxford University Press 1993.

Kauffman, Stuart A.: At Home in the Universe. The Search for the Laws of Self-Organization and Complexity, New York und Oxford: Oxford University Press 1995.

Keats, Barbara W. und Michael A. *Hitt*: A Causal Model of Linkages among Environmental Dimensions, Macro Organizational Characteristics, and Performance, in: The Academy of Management Journal, Jhg. 31, Nr. 3, 1988, S. 570-598.

Kekre, Sunder und Kannan *Srinivasan*: Broader Product Line: A Necessity to Achieve Success?, in: Management Science, Jhg. 36, Nr. 10, 1990, S. 1216-1231.

Kelloway, E. Kevin: Structural Equation Modelling in Perspective, in: Journal of Organizational Behavior, Jhg. 16, Nr. 3, 1995, S. 215-224.

Ketokivi, Mikko und Roger *Schroeder*: Manufacturing practices, strategic fit and performance. A routine-based view, in: International Journal of Operations & Production Management, Jhg. 24, Nr. 2, 2004, S. 171-191.

Khandwalla, Pradip N.: Mass Output Orientation of Operations Technology and Organizational Structure, in: Administrative Science Quarterly, Jhg. 19, Nr. 1, 1974, S. 74-97.

Kieser, Alfred: Zur Flexibilität verschiedener Organisationsstrukturen, in: ZO, Jhg. 38, Nr. 7, 1969, S. 273-282.

Kieser, Alfred: Business Process Reengineering - neue Kleider für den Kaiser?, in: Zeitschrift für Führung und Organisation, Jhg. 65, Nr. 3, 1996, S. 179-185.

Kieser, Alfred: Moden & Mythen des Organisierens, in: Die Betriebswirtschaft, Jhg. 56, Nr. 1, 1996, S. 21-39.

Kieser, Alfred: Der Situative Ansatz, in: *Kieser*, Alfred (Hrsg.): Organisationstheorien, Stuttgart: Kohlhammer 2001, S. 169-191.

Kieser, Alfred: Konstruktivistische Ansätze, in: *Kieser*, Alfred (Hrsg.): Organisationstheorien, Stuttgart: Kohlhammer 2001, S. 287-315.

Kieser, Alfred und Herbert *Kubicek*: Organisation, 3., völlig neubearbeitete Auflage, Berlin und New York: de Gruyter 1992.

Kieser, Alfred und Michael *Woywode*: Evolutionstheoretische Ansätze, in: *Kieser*, Alfred (Hrsg.): Organisationstheorien, Stuttgart: Kohlhammer 2001, S. 253-286.

Kim, Jay S. und Peter *Arnold*: Operationalizing manufacturing strategy. An exploratory study of constructs and linkage, in: International Journal of Operations & Production Management, Jhg. 16, Nr. 12, 1996, S. 45-73.

Klatzky, Sheila R.: Relationship of Organizational Size to Complexity and Coordination, in: Administrative Science Quarterly, Jhg. 15, Nr. 4, 1970, S. 428-438.

Klir, George J.: Facets of Systems Science, New York und London: Plenum Press 1991.

Kluge, Gerhard und Gernot *Neugebauer*: Grundlagen der Thermodynamik, Heidelberg u. a.: Spektrum 1994.

Klumb, Morten Jesko: Organisationale Flexibilität und Marktstrukturen: moderne Organisationsformen und ihre Rolle im globalen Wettbewerb, Wiesbaden: Deutscher Universitätsverlag 2002.

Knight, Frank H.: Risk, Uncertainty and Profit, Wiederabdruck der 4. Auflage, New York: Harper & Row 1965.

Kolmogorov, Andrej N.: Three approaches to the quantitative definition of information, in: Problems of Information Transmission, Jhg. 1, Nr. 1, 1965, S. 1-7.

Kosiol, Erich: Organisation der Unternehmung, 2., durchgesehene Auflage, Wiesbaden: Gabler 1976.

Kotha, Suresh und Daniel *Orne*: Generic Manufacturing Strategies: A Conceptual Synthesis, in: Strategic Management Journal, Jhg. 10, Nr. 1989, S. 211-231.

Kraft, Kornelius: Are product- and process-innovations independent of each other?, in: Applied Economics, Jhg. 22, Nr. 8, 1990, S. 1029-1038.

Krieg, Walter: Kybernetische Grundlagen der Unternehmungsgestaltung, Bern und Stuttgart: Haupt 1970.

Kruschwitz, Lutz: Investitionsrechnung, 5., durchgesehene Auflage, Berlin und New York: Walter de Gruyter 1993.

Kummer, Sebastian: Logistik im Mittelstand. Stand und Kontextfaktoren der Logistik in mittelständischen Unternehmen, Stuttgart: Poeschel 1992.

Küppers, Günter: Experimentelle Steuerung: Kalkulierbare Eingriffe in die Selbstorganisation, in: *Beckenbach*, Frank und Hans *Diefenbacher* (Hrsg.):

Zwischen Entropie und Selbstorganisation: Perspektiven einer ökologischen Ökonomie, Marburg: Metropolis 1994, S. 119-141.

Küppers, Günter und Wolfgang *Krohn*: Selbstorganisation. Zum Stand einer Theorie in den Wissenschaften, in: *Krohn*, Wolfgang und Günter *Küppers* (Hrsg.): Emergenz. Die Entstehung von Ordnung, Organisation und Bedeutung, Frankfurt am Main: Suhrkamp 1992, S. 7-26.

Lampel, Joseph und Henry *Mintzberg*: Customizing Customization, in: Sloan Management Review, Jhg. 38, Nr. 1, 1996, S. 21-30.

Langley, Ann; Henry *Mintzberg*; Patricia *Pitcher*; Elizabeth *Posada* und Jan Saint-*Macary*: Opening up Decision Making: The View from the Black Stool, in: Organization Science, Jhg. 6, Nr. 3, 1995, S. 260-279.

Lapré, Michael A. und Luk N. *Van Wassenhove*: Managing Learning Curves in Factories by Creating and Transferring Knowledge, in: California Management Review, Jhg. 46, Nr. 1, 2003, S. 53-71.

Laszlo, Erwin: Evolution. Die neue Synthese, Wien: Europa Verlag 1987.

Laugen, Bjørge T.; Nuran *Acur*; Harry *Boer* und Jan *Frick*: Best manufacturing practices: What do the best-performing companies do?, in: International Journal of Operations & Production Management, Jhg. 25, Nr. 2, 2005, S. 131-150.

Laux, Helmut: Flexible Investitionsplanung, Opladen: Westdt. Verlag 1971.

Lawrence, Paul R. und Jay W. *Lorsch*: Differentiation and Integration in Complex Organizations, in: Administrative Science Quarterly, Jhg. 12, Nr. 1, 1967, S. 1-47.

Lawrence, Paul R. und Jay W. *Lorsch*: Organization and Environment. Managing Differentiation and Integration, Homewood: Irwin 1969.

Leong, G. Keong und Peter T. *Ward*: The Six Ps of Manufacturing Strategy, in: International Journal of Operations & Production Management, Jhg. 15, Nr. 12, 1995, S. 32-45.

Levinthal, David A.: Organizational Adaptation and Environmental Selection-Interrelated Processes of Change, in: Organization Science, Jhg. 2, Nr. 1, 1991, S. 140-145.

Levinthal, David A.: Adaptation on Rugged Landscapes, in: Management Science, Jhg. 43, Nr. 7, 1997, S. 934-950.

Levinthal, David A.: Modeling Adaptation on Rugged Landscapes, in: Lomi, Alessandro und Erik R. Larsen (eds.): Dynamics of Organizations, Cambridge, Massachusetts: The MIT Press 2001, S. 329-348.

Levy, David: Chaos Theory and Strategy: Theory, Applications, and Managerial Implications, in: Strategic Management Journal, Jhg. 15, Nr. 2, 1994, S. 167-178.

Lewin, Arie Y. und Henk W. *Volberda*: Prolegomena on Coevolution: A Framework for Research on Strategy and New Organizational Forms, in: Organization Science, Jhg. 10, Nr. 5, 1999, S. 519-534.

Lindblad, Göran: Non-Equilibrium Entropy and Irreversibility, Dordrecht et al.: D. Reidel 1983.

Lingnau, Volker: Variantenmanagement. Produktionsplanung im Rahmen einer Produktdifferenzierungsstrategie, Berlin: Schmidt 1994.

Little, Todd D.; William A. *Cunningham*; Golan *Shahar* und Keith F. *Widaman*: To parcel or not to parcel: Exploring the question, weighing the merits, in: Structural Equation Modeling, Jhg. 9, Nr. 2, 2002, S. 151-173.

Loistl, Otto und Iro *Betz*: Chaostheorie: Zur Theorie nichtlinearer dynamischer Systeme, München: Oldenbourg 1993.

Luhmann, Niklas: Zweckbegriff und Systemrationalität, Tübingen: J. C. B. Mohr (Paul Siebeck) 1968.

Luhmann, Niklas: Soziale Systeme. Grundriß einer allgemeinen Theorie, 6. Auflage, Frankfurt am Main: Suhrkamp 1996.

MacDuffie, John P.; Kannan *Sethuraman* und Marshall L. *Fisher*: Product Variety and Manufacturing Performance: Evidence from the International Automotive Assembly Plant Study, in: Management Science, Jhg. 42, Nr. 3, 1996, S. 350-369.

Mainzer, Klaus: Chaos, Selbstorganisation und Symmetrie, in: *Krohn*, Wolfgang; Hans-Jürgen *Krug* und Günter *Küppers* (Hrsg.): Selbstorganisation. Jahrbuch f. Komplexität in den Natur-, Sozial- und Geisteswissenschaften. Bd. 3, Konzepte von Chaos und Selbstorganisation in der Geschichte der Wissenschaften, Berlin: Duncker & Humblot 1992, S. 259-278.

Mainzer, Klaus: Thinking in Complexity: The Complex Dynamics of Matter, Mind, and Mankind, 3. Auflage, Berlin: Springer 1997.

Malik, Fredmund: Strategie des Managements komplexer Systeme. Ein Beitrag zur Management-Kybernetik evolutionärer Systeme, 6., unveränderte Auflage, Bern und Stuttgart: Haupt 2000.

Mandelbrot, Benoit: Fractals: Form, Chance and Dimension, San Francisco: Freeman 1977.

March, James G.: The future, disposable organizations, and the rigidities of imagination, in: Organization, Jhg. 2, Nr. 3/4, 1995, S. 427-440.

Matern, Christian: Systemwirtschaftliches Variantenmanagement. Operationalisierung und Quantifizierung des integrierten Variantenmanagements, Göttingen: Vandenhoeck & Ruprecht 2000.

McCarthy, Ian P.: Manufacturing strategy: understanding the fitness landscape, in: International Journal of Operations & Production Management, Jhg. 24, Nr. 2, 2004, S. 124-150.

McDermott, Christopher M.; Noel P. *Greis* und William A. *Fischer*: The diminishing utility of the product/process matrix. A study of the US power tool industry, in: International Journal of Operations & Production Management, Jhg. 17, Nr. 1, 1997, S. 66-84.

McKelvey, Bill: Avoiding Complexity Catastrophe in Coevolutionary Pockets: Strategies for rugged Landscapes, in: Organization Science, Jhg. 10, Nr. 3, 1999, S. 294-321.

McKinley, William: Complexity and Administrative Intensity: The Case of Declining Organizations, in: Administrative Science Quarterly, Jhg. 32, Nr. 1, 1987, S. 87-105.

Meffert, Heribert: Systemtheorie aus betriebswirtschaftlicher Sicht, in: Schenk, K. E. (Hrsg.): Systemanalyse in den Wirtschafts- und Sozialwissenschaften, Berlin: Duncker & Humblot 1971, S. 174-206.

Mellwig, Winfried: Anpassungsfähigkeit und Ungewissheitstheorie. Zur Berücksichtigung der Elastizität des Handelns in der Unternehmenstheorie, Tübingen: J.C.B. Mohr (Paul Siebeck) 1972.

Mellwig, Winfried: Flexibilität als Aspekt unternehmerischen Handelns, in: Zeitschrift für betriebswirtschaftliche Forschung, Jhg. 24, Nr.??, 1972, S. 724-744.

Mesarovic, Mihajlo D.: Foundations for a General Systems Theory, in: *Mesarovic*, Mihajlo D. (eds.): Views on General Systems Theory, New York et al.: Wiley 1964, S. 1-24.

Mildenberger, Udo: Selbstorganisation von Produktionsnetzwerken. Erklärungsansatz auf Basis der neuen Systemtheorie, Wiesbaden: Gabler 1998.

Miller, Danny und Peter H. *Friesen*: Archetypes of Organizational Transition, in: Administrative Science Quarterly, Jhg. 25, Nr. 2, 1980, S. 268-299.

Miller, Danny und Peter H. *Friesen*: Momentum and Revolution in Organizational Adaptation, in: The Academy of Management Journal, Jhg. 23, Nr. 4, 1980, S. 591-614.

Miller, Danny und Peter H. *Friesen*: Structural Change and Performance: Quantum Versus Piecemeal-Incremental Approaches, in: The Academy of Management Journal, Jhg. 25, Nr. 4, 1982, S. 867-892.

Miller, Georg A.: The Magical Number Seven, Plus or Minus Two: Some Limits on Our Capacity for Processing Information, in: Psychological Review, Jhg. 63, Nr. 1956, S. 81-97.

Miller, Jeffrey G. und Aleda V. *Roth*: A Taxonomy of Manufacturing Strategies, in: Management Science, Jhg. 40, Nr. 3, 1994, S. 285-304.

Milling, Peter: Systemtheoretische Grundlagen zur Planung der Unternehmenspolitik, Berlin: Duncker & Humblot 1981.

Milling, Peter: Entscheidungen bei unscharfen Prämissen - Betriebswirtschaftliche Aspekte der Theorie unscharfer Mengen, in: Zeitschrift für Betriebswirtschaft, Jhg. 52, Nr. 8, 1982, S. 716-734.

Milling, Peter: Strategische Planungs- und Kontrollsysteme zur Unterstützung betrieblicher Lernprozesse, in: *Milling*, Peter (Hrsg.): Systemmanagement und Managementsysteme, Berlin: Duncker & Humblot 1991, S. 11-31.

Milling, Peter: Systems Research and Corporate Policy Making, in: Lasker, George E.; Tetsunori Koizumi und Jens Pohl (eds.): Advances in Information Systems Research, Windsor: The international Institute for Advanced Studies in Systems Research and Cybernetics 1991, S. 44-49.

Milling, Peter: Forschung und Innovation in der Industrie, in: *Dichtl*, Erwin (Hrsg.): Standort Bundesrepublik Deutschland - die Wettbewerbsbedingungen auf dem Prüfstand, Frankfurt: Frankfurter Allg. Zeitung, Verl.-Bereich Wirtschaftsbücher 1994, S. 51-73.

Milling, Peter: Organisationales Lernen und seine Unterstützung durch Managementsimulatoren, in: *Wildemann*, Horst *Albach* und Horst: Lernende Unternehmen, Zeitschrift für Betriebswirtschaft, Ergänzungsheft 3/95: 1995, S. 93-112.

Milling, Peter: Computer integrated manufacturing in German industry: aspirations and achievements, in: International Journal of Operations & Production Management, Jhg. 17, Nr. 10, 1997, S. 1034-1045.

Milling, Peter M.: Kybernetische Überlegungen beim Entscheiden in komplexen Systemen, in: *Milling*, Peter (Hrsg.): Entscheiden in komplexen Systemen, Berlin: Duncker & Humblot 2002, S. 11-26.

Milling, Peter und Jörn-Henrik *Thun*: Steigerung der Flexibilität in Produktionsprozessen durch integrierte Fertigung, in: Kaluza, Bernd und Thorsten Blecker (Hrsg.): Erfolgsfaktor Flexibilität. Strategien und Konzepte für wandlungsfähige Unternehmen, Berlin: Erich Schmidt 2005, S. 251-268.

Milling, Peter; Uwe *Schwellbach* und Jörn-Henrik *Thun*: The Role of Speed in Manufacturing, in: *Machuca*, José A. D. und Tomislav *Mandakovic* (eds.): POM Facing the New Millennium - Evaluating the past, leading with the present and planning the future of Operations, Sevilla: 2000, S. M3S01.1-10.

Mintzberg, Henry: Patterns in Strategy Formation, in: Management Science, Jhg. 24, Nr. 9, 1978, S. 934-948.

Mintzberg, Henry: The Structuring of Organizations. A Synthesis of the Research, Englewood Cliffs: Prentice Hall 1979.

Mintzberg, Henry: Crafting Strategy, in: Harvard Business Review, Jhg. 65, Nr. 4, 1987, S. 66-75.

Mintzberg, Henry: The Pitfalls of Strategic Planning, in: California Management Review, Jhg. 35, Nr. 3, 1993, S. 32-47.

Mintzberg, Henry: The Rise and Fall of Strategic Planning, New York et al.: The Free Press 1994.

Mintzberg, Henry: That's not 'turbulence' chicken little, it's really opportunity, in: Planning Review, Jhg. 22, Nr. 6, 1994, S. 7.

Mintzberg, Henry und James A. *Waters*: Of Strategies, Deliberate and Emergent, in: Strategic Management Journal, Jhg. 6, Nr. 3, 1985, S. 257-272.

Mintzberg, Henry; Bruce *Ahlstrand* und Joseph *Lampel*: Strategy Safari. A Guides Tour through the Wilds of Strategic Management, New York: The Free Press 1998.

Moldoveanu, Mihnea C. und *Bauer*, Robert M.: On the Relationship between Organizational Complexity and Organizational Structuration, in: Organization Science, Jhg. 15, Nr. 1, 2004, S. 98-118.

Mooney, James D.: The Principles of Organization, New York: Harper & Brothers 1947.

Morel, Benoit und Rangaraj *Ramanujam*: Through the Looking Glass of Complexity: The Dynamics of Organizations as Adaptive and Evolving Systems, in: Organization Science, Jhg. 10, Nr. 3, 1999, S. 278-293.

Nicolis, Grégorie und Ilya *Prigogine*: Die Erforschung des Komplexen. Auf dem Weg zu einem neuen Verständnis der Naturwissenschaften., München und Zürich: Piper 1987.

Niedersen, Uwe und Ludwig *Pohlmann*: Komplexität, Singularität und Determination. Die Koordination der Heterogenität, in: Niedersen, Uwe und Ludwig Pohlmann (Hrsg.): Selbstorganisation. Jahrbuch für Komplexität in den Natur-, Sozial- und Geisteswissenschaften. Band 1, Selbstorganisation und Determination, Berlin: Duncker & Humblot 1990, S. 25-53.

Niemeier, Norbert: Organisationaler Wandel aus Sicht der Synergetik: Das Beispiel ökologischer Veränderungsprozesse, Wiesbaden: Deutscher Universitätsverlag 2000.

Nieschlag, Robert; Erwin *Dichtl* und Hans *Hörschgen*: Marketing, 16., durchgesehene Auflage, Berlin: Duncker & Humblot 1991.

Nunnally, Jum C.: Psychometric Theory, 2nd Ed., New York et al.: McGraw-Hill 1978.

Parthasarthy, Raghavan und S. Prakash *Sethi*: Relating Strategy and Structure to Flexible Automation: A Test of Fit and Performance Implications, in: Strategic Management Journal, Jhg. 14, Nr. 7, 1993, S. 529-549.

Paslack, Rainer: Urgeschichte der Selbstorganisation: zur Archäologie eines wissenschaftlichen Paradigmas, Wiesbaden: Vieweg 1991.

Pennings, Johannes M.: The Relevance of the Structural-Contingency Model for Organizational Effectiveness, in: Administrative Science Quarterly, Jhg. 20, Nr. 3, 1975, S. 393-410.

Pfeffer, Jeffrey: Organizational Design, Arlington Heights: Harlan Davidson 1978.

Picot, Arnold und Heino *Freudenberg*: Neue organisatorische Ansätze zum Umgang mit Komplexität, in: *Adam*, Dietrich (Hrsg.): Komplexitätsmanagement, SzU, Band 61, Wiesbaden: Gabler 1998, S. 69-88.

Piller, Frank T.: Kundenindividuelle Massenproduktion: die Wettbewerbsstrategie der Zukunft, München und Wien: Hanser Verlag 1998.

Piller, Frank T. und Daniela *Waringer*: Modularisierung in der Automobilindustrie - neue Formen und Prinzipien. Modular Sourcing, Plattformkonzept und Fertigungssegmentierung als Mittel des Komplexitätsmanagements, Aachen: Shaker Verlag 1999.

Pinkwart, Andreas: Chaos und Unternehmenskrise, Wiesbaden: Gabler 1991.

Pohlmann, Ludwig und Uwe *Niedersen*: Dynamisches Verzweigungsverhalten bei Wachstums- und Evolutionsprozessen, in: *Niedersen*, Uwe und Ludwig *Pohlmann* (Hrsg.): Selbstorganisation. Jahrbuch für Komplexität in den Natur-, Sozial- und Geisteswissenschaften. Band 1, Selbstorganisation und Determination, Berlin: Duncker & Humblot 1990, S. 63-81.

Porter, Michael E.: Competitive Strategy - Techniques for Analyzing Industries and Competitors, New York: Free Press 1980.

Prahalad, C. K. und Gary *Hamel*: The Core Competence of the Corporation, in: Harvard Business Review, Jhg. 68, Nr. 3, 1990, S. 79-91.

Prigogine, Ilya und Isabelle *Stengers*: Dialog mit der Natur. Neue Wege naturwissenschaftlichen Denkens, 4. Auflage, München und Zürich: R. Piper & Co. Verlag 1983.

Prigogine, Ilya und Isabelle *Stengers*: Entwicklung und Irreversibilität, in: Niedersen, Uwe und Ludwig Pohlmann (Hrsg.): Selbstorganisation. Jahrbuch für Komplexität in den Natur-, Sozial- und Geisteswissenschaften. Band 1, Selbstorganisation und Determination, Berlin: Duncker & Humblot 1990, S. 3-18.

Providoli, Alexa: Die Organisationstheorie am Bifurkationspunkt: die epistemologische Umorientierung der Organisationstheorie, Frankfurt am Main: Peter Lang 1998.

Rathnow, Peter J.: Integriertes Variantenmanagement. Bestimmung, Realisierung und Sicherung der optimalen Produktvielfalt, Göttingen: Vandenhoeck & Ruprecht 1993.

Reichwald, Ralf und Peter *Behrbohm*: Flexibilität als Eigenschaft produktionswirtschaftlicher Systeme, in: Zeitschrift für Betriebswirtschaft, Jhg. 53, Nr. 9, 1983, S. 831-853.

Reiß, Michael: Komplexitätsmanagement (I), in: WISU, Jhg. Nr. 1993, S. 54-59.

Rescher, Nicholas: Complexity: A Philosophical Overview, New Brunswick et al.: Transaction Publishers 1998.

Riebel, Paul: Die Elastizität des Betriebes. Eine produktions- und marktwirtschaftliche Untersuchung, Köln und Opladen: Westdeutscher Verlag 1954.

Rifkin, Jeremy: Entropie. Ein neues Weltbild, Hamburg: Hoffmann und Campe 1982.

Roberto, Michael A.: Lessons from the Everest: The Interaction of Cognitive Bias, Psychological Safety and System Complexity, in: California Management Review, Jhg. 45, Nr. 1, 2002, S. 136-158.

Rosen, Robert: Complexity and System Descriptions, in: *Hartnett*, William E. (ed.): Systems, Approaches, Theories and Applications, Dordrecht: Reidel Publishing 1977, S. 169-178.

Roters, Monica: Komplexität und Dynamik als Einflußgrößen der Effizienz von Organisationen. Eine empirische Untersuchung, Frankfurt am Main u.a.: Peter Lang 1989.

Safizadeh, M. Hossein; Larry P. *Ritzman*; Deven *Sharma* und Craig *Wood*: An Empirical Analysis of the Product-Process Matrix, in: Management Science, Jhg. 42, Nr. 11, 1996, S. 1576-1591.

Sakakibara, Sadao; Barbara B. *Flynn* und Roger G. *Schroeder*: A Framework and Measurement Instrument for Just-In-Time Manufacturing, in: Production and Operations Management, Jhg. 2, Nr. 3, 1993, S. 177-194.

Sakakibara, Sadao; Barbara B. *Flynn*; Roger G. *Schroeder* und William T. *Morris*: The Impact of Just-in-Time Manufacturing and its Infrastructure on Manufacturing Performance, in: Management Science, Jhg. 43, Nr. 9, 1997, S. 1246-1257.

Sanchez, Ron: Strategic Flexibility in Product Competition, in: Strategic Management Journal, Jhg. 16, Nr. 2, 1995, S. 135-159.

Schiemenz, Bernd: Kybernetik und Systemtheorie als Hilfen zur Lösung komplexer Probleme, in: *Schiemenz*, Bernd (Hrsg.): Interaktion - Modellierung, Kommunikation und Lenkung in komplexen Organisationen, Berlin: Duncker & Humblot 1994, S. 9-29.

Schiemenz, Bernd: Die Komplexität von Geschäftsprozessen und Möglichkeiten zu deren Handhabung, in: Wildemann, Horst (Hrsg.): Geschäftsprozeßorganisation, München: Transfer-Centrum-Verlag 1997, S. 103-126.

Schiemenz, Bernd und Olaf *Schönert*: Entscheidung und Produktion, München et al.: Oldenbourg 2001.

Schilling, Melissa A.: Toward a General Modular Systems Theory and its Application to Interfirm Product Modularity, in: Academy of Management Review, Jhg. 25, Nr. 2, 2000, S. 312-334.

Schmalenbach, Eugen: Die Betriebswirtschaftslehre an der Schwelle der neuen Wirtschaftsverfassung, in: Zeitschrift für handelswissenschaftliche Forschung, Jhg. 22, Nr. 5, 1928, S. 241-251.

Schmidt, Dieter: Strategisches Management komplexer Systeme, Frankfurt am Main u.a.: Peter Lang 1992.

Schneeweiß, Christoph: Flexibilität, Elastizität und Reagibilität, Universität Mannheim, Diskussionsarbeit Nr. 53, 1995.

Schneeweiß, Christoph und Martin *Kühn*: Zur Definition und gegenseitigen Abgrenzung der Begriffe Flexibilität, Elastizität und Robustheit, in: Zeitschrift für betriebswirtschaftliche Forschung, Jhg. 42, Nr. 5, 1990, S. 378-395.

Schreyögg, Georg: Umwelt, Technologie und Organisationsstruktur: eine Analyse des kontingenztheoretischen Ansatzes, Bern: Haupt 1978.

Schroeder, Roger G.: Operations Management - Contemporary Concepts, Boston et al.: Irwin/McGraw-Hill 2000.

Schulz, Dietmar E.: Ordnung und Chaos in der Wirtschaft: zur strategischen Lenkbarkeit von Organisation aus systemtheoretischer Sicht, München: Verlag V. Florentz 1993.

Schumpeter, Joseph A.: Theorie der wirtschaftlichen Entwicklung, 5. Auflage, Berlin: Duncker & Humblot 1952.

Schwaninger, Markus: A Concept of Organisational Fitness, in: *Espejo*, Raúl und Markus Schwaninger (Hrsg.): Organisational Fitness. Corporate Effectiveness through Management Cybernetics, Frankfurt am Main und New York: Campus Verlag 1993, S. 39-62.

Senge, Peter: The Fifth Discipline - The Art and Practice of the Learning Organization, New York: Currency & Doubleday 1990.

Senge, Peter: The Leader's New Work: Building Learning Organizations, in: Sloan Management Review, Jhg. 32, Nr. 1, 1990, S. 7-23.

Shannon, Claude E. und Warren *Weaver*: The Mathematical Theory of Communication, Urbana et al.: The University of Illinois Press 1969.

Simon, Herbert A.: Administrative Behavior, 2nd Ed., New York: Macmillan 1960.

Simon, Herbert A.: The Architecture of Complexity, in: Proceedings of the American Philosophical Society, Jhg. 106, Nr. 1962, S. 467-482.

Simon, Herbert A.: Rational Decision making in Business Organizations, in: American Economic Review, Jhg. 69, Nr. 4, 1979, S. 493-513.

Simon, Herbert A.: The Sciences of the Artificial, 3. Auflage, Cambridge, Massachusetts: The MIT Press 1999.

Skinner, Wickham: Manufacturing - Missing Link in Corporate Strategy, in: Harvard Business Review, Jhg. 47, Nr. 3, 1969, S. 136-145.

Skinner, Wickham: The Focused Factory, in: Harvard Business Review, Jhg. 52, Nr. 3, 1974, S. 113-121.

Skinner, Wickham: The Productivity Paradox, in: Harvard Business Review, Jhg. 64, Nr. 4, 1986, S. 55-59.

Slack, Nigel: The Flexibility of Manufacturing Systems, in: International Journal of Operations & Production Management, Jhg. 7, Nr. 4, 1987, S. 35-45.

Smith, H. Jeff: The Shareholders vs. Stakeholders Debate, in: Sloan Management Review, Jhg. 44, Nr. 4, 2003, S. 85-91.

Spencer, Michael S. und James F. *Cox*: An analysis of the product-process matrix and repetitive manufacturing, in: International Journal of Production Research, Jhg. 33, Nr. 5, 1995, S. 1275-1294.

Stacy, Ralph D.: Complexity and Creativity in Organizations, San Francisco: Berret-Koehler 1996.

Stalk, George Jr. und Thomas M. *Hout*: Competing against Time. How Time-based Competition is reshaping Global Markets, New York und London: The Free Press 1990.

Steinbuch, Karl: Kommunikationstechnik, Berlin et al.: Springer 1977.

Sterman, John D.: Learning in and about complex systems, in: System Dynamics Review, Jhg. 10, Nr. 2-3, 1994, S. 291-330.

Sterman, John D.: System Dynamics: Tools for learning in a complex World, in: California Management Review, Jhg. 43, Nr. 4, 2001, S. 8-25.

Sterman, John D.; Nelson P. *Repenning* und Fred *Kofman*: Unanticipated Side Effects of Successful Quality Programs: Exploring a Paradox of Organizational Improvement, in: Management Science, Jhg. 43, Nr. 4, 1997, S. 503-521.

Strohhecker, Jürgen: Erklärungsansätze für die Logik des Scheiterns von Unternehmensveränderungen, in: Milling, Peter (Hrsg.): Entscheiden in komplexen Systemen, Berlin: Duncker & Humblot 2000, S. 107-126.

Stumpfe, Joachim: Interdependenzen von Produkt- und Prozessinnovationen in industriellen Unternehmen. Eine System-Dynamics-basierte Analyse, Frankfurt at al.: Peter Lang 2003.

Suárez, Fernando F. und James M. *Utterback*: Dominant Designs and the Survival of Firms, in: Strategic Management Journal, Jhg. 16, Nr. 6, 1995, S. 415-430.

Swamidass, Paul M. und William T. *Newell*: Manufacturing Strategy, Environmental Uncertainty and Performance: A Path Analytic Model, in: Management Science, Jhg. 33, Nr. 4, 1987, S. 509-524.

Teece, David J.: Design Issues for Innovative Firms: Bureaucracy, Incentives and Industrial Structure, in: *Chandler*, Alfred D. Jr.; Peter *Hagström* und Örjan *Sölvell* (eds.): The Dynamic Firm, New York et al.: Oxford University Press 1998, S. 134-165.

Teece, David J.; Gary *Pisano* und Amy *Shuen*: Dynamic Capabilities and Strategic Management, in: Strategic Management Journal, Jhg. 18, Nr. 7, 1997, S. 509-533.

Thielen, Carl Adolf Ludwig: Management der Flexibilität. Integriertes Anforderungskonzept für eine flexible Gestaltung der Unternehmung, Bamberg: Dissertation St. Gallen 1993.

Thompson, James D.: Organizations in Action, New York et al.: McGraw-Hill 1967.

Thun, Jörn-Henrik: Die zeitbasierte Fertigungsstrategie. Methoden zur Leistungssteigerung in Industriebetrieben, Wiesbaden: Gabler 2002.

Thun, Jörn-Henrik und Martin *Drüke*: Just in Sequence – Eine Erweiterung des Just in Time durch Sequenzzulieferung, Arbeitsbericht der Fakultät für Betriebswirtschaftslehre der Universität Mannheim: Nr. 2005-01, Mannheim 2005.

Tintner, Gerhard: The Theory of Choice Under Subjective Risk and Uncertainty, in: Econometrica, Jhg. 9, Nr. 3/4, 1941, S. 298-304.

Organizational transformation as punctuated equilibrium: An empirical test, in: Academy of Management Journal, Jhg. 37, Nr. 5, 1994, S. 1141-1166.

Tushman, Michael und David *Nadler*: Organizing for Innovation, in: California Management Review, Jhg. 28, Nr. 3, 1986, S. 74-92.

Ulrich, Hans: Die Unternehmung als produktives soziales System. Grundlagen einer allgemeinen Unternehmungslehre, 2., überarbeitete Auflage, Bern und Stuttgart: Haupt 1970.

Ulrich, Hans und Gilbert J.B. *Probst*: Anleitung zum ganzheitlichen Denken und Handeln. Ein Brevier für Führungskräfte, 4. Auflage, Bern u.a.: Haupt 1995.

Upton, David M.: The Management of Manufacturing Flexibility, in: California Management Review, Jhg. 36, Nr. 4, 1994, S. 72-89.

Utterback, James M.: Mastering the Dynamics of Innovation. How Companies can seize Opportunities in the Face of Technological Change, Boston: Harvard School Press 1994.

Utterback, James M. und William J. *Abernathy*: A Dynamic Model of Product and Process Innovation, in: Omega, The international Journal of Management Science, Jhg. 3, Nr. 6, 1975, S. 639-656.

Van de Ven, Andrew H. und Diane L. *Ferry*: Measuring and assessing organizations, New York: John Wiley & Sons 1980.

Vester, Frederic: Die Kunst vernetzt zu denken. Ideen und Werkzeuge für einen neuen Umgang mit Komplexität, München: DTV 2002.

Vokurka, Robert J. und Scott W. *O'Leary-Kelly*: A Review of empirical Research on Manufacturing Flexibility, in: Journal of Operations Management, Jhg. 18, Nr. 2000, S. 485-501.

Volberda, Henk W. und Charles *Baden-Fuller*: Strategic Renewal and Competence Building: Four Dynamic Mechanisms, in: *Hamel*, Gary; C. K. *Prahalad*; Howard *Thomas* und Don *O'Neal* (eds.): Strategic Flexibility: Managing in a Turbulent Environment, Chichester et al.: John Wiley & Sons 1998, S. 371-390.

Voss, Christopher A.: Alternative paradigms for manufacturing strategy, in: International Journal of Operations & Production Management, Jhg. 15, Nr. 4, 1995, S. 5-16.

Waldrop, M. Mitchell: Complexity. The Emerging Science at the Edge of Order and Chaos, New York et al.: Simon & Schuster 1992.

Ward, Peter T.; Deborah J. *Bickford* und G. Keong *Leong*: Configurations of Manufacturing Strategy, Business Strategy, Environment and Structure, in: Journal of Management, Jhg. 22, Nr. 4, 1996, S. 597-626.

Ward, Peter T.; John K. *McCreery*; Larry P. *Ritzman* und Deven *Sharma*: Competitive Priorities in Operations Management, in: Decision Science, Jhg. 29, Nr. 4, 1998, S. 1035-1046.

Warnecke, Hans-Jürgen: Die fraktale Fabrik, Berlin: Springer 1992.

Warnecke, Hans-Jürgen: Agilität und Komplexität - Gedanken zur Zukunft produzierender Unternehmen, in: *Schuh*, Günther und Hans-Peter *Wiendahl* (Hrsg.): Komplexität und Agilität, Berlin et al.: Springer 1997, S. 1-10.

Weick, Karl E.: The social psychology of organizing, 2nd ed., New York: Random House 1979.

von Weizsäcker, Carl Friedrich: Aufbau der Physik, 3. Auflage, München: DTV 1994.

Werkmeister, Clemens: Lerneffekte in einer prozessorientierten Variantenkalkulation, in: Zeitschrift für betriebswirtschaftliche Forschung, Jhg. 55, Nr. 2003, S. 382-400.

Wernerfelt, Birger: A Resource-Based View of the Firm, in: Strategic Management Journal, Jhg. 5, Nr. 1984, S. 171-180.

Westphal, Jan R.: Komplexitätsmanagement in der Produktionslogistik. Ein Ansatz zur flussorientierten Gestaltung und Lenkung heterogener Produktionssystem, Wiesbaden: Gabler 2001.

Wheelwright, Steven C.: Manufacturing Strategy: Defining the Missing Link, in: Strategic Management Journal, Jhg. 5, Nr. 1, 1984, S. 77-91.

Wildemann, Horst: Die Fabrik als Labor, in: Zeitschrift für Betriebswirtschaft, Jhg. 60, Nr. 7, 1990, S. 611-630.

Wildemann, Horst: Fertigungsstrategien. Reorganisationskonzepte für eine schlanke Produktion und Zulieferung, 3., überarbeitete Auflage, München: Transfer-Centrum-Verlag 1997.

Wildemann, Horst: Komplexitätsmanagement durch Prozeß- und Produktgestaltung, in: *Adam*, Dietrich (Hrsg.): Komplexitätsmanagement, Schriften zur Unternehmensführung Bd. 61, Wiesbaden: Gabler 1998, S. 47-68.

Wildemann, Horst: Komplexität: Vermeiden oder beherrschen lernen, in: Harvard Business Manager, Jhg. 21, Nr. 6, 1999, S. 31-42.

Wilke, Helmut: Systemtheorie, 4., überarbeitete Auflage, Stuttgart und Jena: G. Fischer 1993.

Wittmann, Waldemar: Ungewißheit und Planung, in: Zeitschrift für handelswissenschaftliche Forschung, Jhg. 10, Nr. 1958, S. 499-510.

Wittmann, Waldemar: Unternehmung und unvollkommene Information. Unternehmerische Voraussicht - Ungewißheit und Planung, Köln und Opladen: Westdeutscher Verlag 1959.

Womack, James P.; Daniel T. *Jones* und Daniel *Roos*: The machine that Changed the World, New York et al.: Rawson Assoc. 1990.

Wright, Sewall: Evolution in Mendelian Populations, in: Genetics, Jhg. 16, Nr. 2, 1931, S. 97-159.

Wuketits, Franz M.: Grundriss der Evolutionstheorie, 2., überarbeitete Auflage, Darmstadt: Wissenschaftliche Buchgesellschaft 1989.

Zahn, Erich und Marietta *Huber-Hoffmann*: Die Produktion als Wettbewerbskraft, in: *Corsten*, Hans (Hrsg.): Produktion als Wettbewerbsfaktor, Wiesbaden: Gabler 1995, S. 133-156.

Zäpfel, Günther: Moderne Produktionsstrukturen auf dem Weg zur "Fabrik der Zukunft", in: *Milling*, Peter und Günter *Zäpfel* (Hrsg.): Betriebswirtschaftliche Grundlagen moderner Produktionsstrukturen, Berlin: 1993, S. 9-54.

Peter Lang · Europäischer Verlag der Wissenschaften

Andreas Hoffjan

Risikorechnung bei industrieller Auftragsfertigung

Theoretische Konzeption und Anwendung für die Bauwirtschaft

Frankfurt am Main, Berlin, Bern, Bruxelles, New York, Oxford, Wien, 2006.
XV, 336 S., zahlr. Tab. und Graf.
Beiträge zum Controlling. Herausgegeben von Wolfgang Berens. Bd. 9
ISBN-10: 3-631-54462-6 / ISBN-13: 978-3-631-54462-4 · br. € 56.50*

Die Dynamik und Komplexität unternehmerischen Geschehens hat die Anzahl der Risiken erhöht und auch ihre Prognostizierbarkeit weiter beeinträchtigt. Davon sind im besonderen Maße Auftragsfertiger betroffen. Gerade Bauunternehmen haben in den vergangenen Jahren in erheblichem Umfang unerwartete Verluste hinnehmen müssen. Zur besseren Erfassung der Gefährdungspotentiale wird in dieser Arbeit das betriebliche Rechnungswesen um die Risikorechnung erweitert. Dabei handelt es sich um eine eigenständige Betrachtung von Risiken, die sämtliche risikorelevanten Informationen in einem Rechenkreis zusammenführt. Oberstes Ziel ist eine genaue, über alle Aufträge konsistente und zeitnahe Messung, Überwachung und Steuerung von Risiken sowie eine bessere Kalkulation der Risikokosten. Dieses Buch wendet sich an Studierende mit Schwerpunkt Controlling beziehungsweise Baubetriebslehre sowie an interessierte Praktiker der Bauindustrie.

Aus dem Inhalt: Entwurf einer Risikorechnung für Bauunternehmen · Verbesserung der Rahmenbedingungen einer Risikorechnung

Frankfurt am Main · Berlin · Bern · Bruxelles · New York · Oxford · Wien
Auslieferung: Verlag Peter Lang AG
Moosstr. 1, CH-2542 Pieterlen
Telefax 00 41 (0) 32 / 376 17 27

*inklusive der in Deutschland gültigen Mehrwertsteuer
Preisänderungen vorbehalten

Homepage http://www.peterlang.de

Kolibri 360 GmbH
Ferdinand-Jühlke-Straße 7
99095 Erfurt, Deutschland
produktsicherheit@kolibri360.de

Druck:
CPI Druckdienstleistungen GmbH
im Auftrag der
Kolibri 360 GmbH
Ferdinand-Jühlke-Str. 7
99095 Erfurt